Hasse/Wiesinger/Zischank

Handbuch für Blitzschutz und Erdung

Dr.-Ing. Peter Hasse/Prof. Dr.-Ing. Johannes Wiesinger
Dr.-Ing. Wolfgang Zischank

Handbuch für Blitzschutz und Erdung

5., völlig neu bearbeitete und erweiterte Auflage

Pflaum

Impressum

Bibliografische Information der Deutschen Bibliothek

Die Deutsche Bibliothek verzeichnet diese Publikation in der Deutschen Nationalbibliografie; detaillierte bibliografische Daten sind im Internet über http://dnb.ddb.de abrufbar.

ISBN 3-7905-0931-0

© Copyright 2006 by Richard Pflaum Verlag GmbH & Co. KG München • Bad Kissingen Berlin • Düsseldorf • Heidelberg

Alle Rechte, insbesondere die der Übersetzung, des Nachdrucks, der Entnahme von Abbildungen, der Funksendung, der Wiedergabe auf fotomechanischem oder ähnlichem Wege und der Speicherung in Datenverarbeitungsanlagen, bleiben, auch bei nur auszugsweiser Verwertung, vorbehalten. Die Wiedergabe von Gebrauchsnamen, Handelsnamen, Warenbezeichnungen usw. in diesem Werk berechtigt auch ohne besondere Kennzeichnung nicht zu der Annahme, dass solche Namen im Sinne der Warenzeichen- und Markenschutzgesetzgebung als frei zu betrachten wären und daher von jedermann benutzt werden dürften. Wir übernehmen auch keine Gewähr, dass die in diesem Buch enthaltenen Angaben frei von Patentrechten sind; durch diese Veröffentlichung wird weder stillschweigend noch sonst wie eine Lizenz auf etwa bestehende Patente gewährt.

Auszüge aus DIN-Normen mit VDE-Klassifikation sind für die angemeldete limitierte Auflage wiedergegeben mit Genehmigung 102.005 des DIN Deutsches Institut für Normung e.V. und des VDE Verband der Elektrotechnik Elektronik Informationstechnik e.V.. Für weitere Wiedergaben oder Auflagen ist eine gesonderte Genehmigung erforderlich.
Maßgebend für das Anwenden der Normen sind deren Fassungen mit dem neuesten Ausgabedatum, die bei der VDE VERLAG GMBH, Bismarckstr. 33, 10625 Berlin und der Beuth Verlag GmbH, Burggrafenstr. 6, 10787 Berlin erhältlich sind.

Satz: Alfred Leutmayr, Markt Indersdorf
Druck und Bindung: LegoPrint, Trento
Informationen über unser aktuelles Buchprogramm finden Sie im Internet unter:
http://www.pflaum.de

Vorwort zur 1. Auflage

Dieses Handbuch wendet sich an *Ingenieure, Techniker und Meister,* die sich mit der Planung, Konstruktion und Ausführung von Blitzschutzanlagen befassen, sowie an Fachkräfte in Behörden, die über Anforderungen an Blitzschutzanlagen zu entscheiden haben. Das Buch soll aber weiterhin *Lehrende und Lernende an Berufsschulen* sowie *Studierende an Fachoberschulen und Universitäten* mit den wissenschaftlichen Grundlagen der Blitzschutztechnik vertraut machen. Sicherlich können aber auch *interessierte Laien* nützliche Informationen, z. B. über den Blitzschutz eines Wohngebäudes oder über den Schutz von Personen in den Bergen oder auf Booten, entnehmen.
In dem Buch werden Grundlagen und Methoden aufgezeigt, die zum Verständnis der heute praktizierten und in Vorschriften gefassten Blitzschutztechnik beitragen, aber auch in die Lage versetzen sollen, unkonventionelle Blitzschutzprobleme zu lösen. Durch die immer subtilere Technik der elektrischen Energieversorgung und der elektronischen Steuer-, Mess- und Regelungsanlagen, aber auch der Haushaltsgeräte, werden in zunehmendem Maße detaillierte Überspannungsschutzmaßnahmen erforderlich; die gefahrlose Ableitung des Blitzes ist deshalb nur eine Teilaufgabe.
Erdungsmaßnahmen spielen in der Blitzschutztechnik – insbesondere im Hinblick auf den Potentialausgleich – eine bedeutende Rolle. In dem Abschnitt über die Erdung werden aber auch Probleme angesprochen, die bei der Erstellung von Erdungsanlagen auch außerhalb der Blitzschutztechnik Bedeutung haben.
Von einigen tausend Abhandlungen, die allein im letzten Jahrzehnt veröffentlicht wurden, werden nur einige Schlüsselveröffentlichungen angegeben, die eine Vertiefung in eine spezielle Thematik erlauben und die wiederum ein weiteres Literaturspektrum aufzeigen.

Vorwort zur 2. Auflage

Die vielfältigen neuen Erkenntnisse der Blitzforschung – insbesondere präsentiert auf den Internationalen Blitzschutzkonferenzen – und die raschen Entwicklungen auf dem Gebiet des Blitzüberspannungsschutzes haben eine Neuauflage des Handbuches erforderlich gemacht. Zu dem klassischen »äußeren« Gebäudeblitzschutz kommen in immer stärkerem Maße die breitgefächerten Aufgaben des »inneren« Blitzschutzes hinzu, des Schutzes von elektrischen, insbesondere elektronischen Geräten und Anlagen. Dieser thematischen Verschiebung trägt die Neuauflage in ihrem ersten Teil »Blitzschutz« insbesondere durch eine starke Erweiterung des Abschnittes über den Schutz gegen Überspannungen bei Blitzentladungen Rechnung; auch der Teil über Prüfverfahren und -generatoren für Blitzschutzbauteile, Geräte und Anlagen wurde entsprechend ausführlich behandelt. Neu aufgenommen wurde ein Kapitel für Blitzregistrierung und Gewitterwarnung. Im zweiten Teil „Erdung" des Handbuches wird auf die besonders aktuelle Frage der elektrolytischen Erderkorrosion detailliert eingegangen.

Die Resonanz aus dem Kreis der Leser und der Teilnehmer an den von den Verfassern abgehaltenen Seminaren hat gezeigt, dass das Handbuch vielfach auch zur Lösung unkonventioneller Blitzschutzaufgaben herangezogen wird. Dies bestätigt die Autoren in ihrer Zielsetzung, auch in den Bereichen, in denen die physikalischen Gegebenheiten noch nicht hinreichend geklärt sind, aus heutiger Sicht vertretbare Verfahren aufzuzeigen, mit denen Schutzaufgaben quantitativ gelöst werden können. Die Anregungen aus dem Leserkreis wurden gerne aufgenommen, das Handbuch mit mehr praktischen Beispielen anzureichern und insbesondere alle Formeln durch einfache Zahlenbeispiele zu untermauern.

Die Verfasser

Vorwort zur 3. und 4. Auflage

Seit dem Erscheinen der 2. Auflage dieses Handbuches ist bei der Internationalen Elektrotechnischen Kommission (IEC) das Technische Komitee TC 81 eingerichtet worden, dessen Aufgabe die Erarbeitung von internationalen Blitzschutznormen ist. An dieser Arbeit beteiligten sich die Autoren als deutsche Sprecher maßgeblich, und es konnte bereits ein erster Teil des Standards (DIN VE 0185, Teil 100; identisch mit IEC 81 [CO] 6) veröffentlicht werden. Derzeit werden die Ausführungsrichtlinien zu diesem Standard erstellt, und es sind hier Normen zum Schutz vor den elektromagnetischen Impulsen der Blitzentladungen (LEMP) in Vorbereitung.

Aus diesen internationalen Beratungen und Diskussionen haben sich ebenso wie aus den Internationalen Blitzschutzkonferenzen (ICLP) neue, weiterführende Aspekte der Blitzschutztechnik ergeben, die in dem vorliegenden Buch ihren Niederschlag gefunden haben.

Weiterhin haben die Autoren im Rahmen einer Wissenschaftlichen Beratungsgruppe (WBG) komplexe Blitz- und Überspannungsschutzkonzepte für Projekte unterschiedlicher Art und Ausdehnung, wie z. B. Großrechenzentren, Industrieanlagen und Kraftwerke, erarbeitet und

Vorwort

ihre praktische Ausführung beratend begleitet. Die hierbei gewonnenen Erfahrungen haben in dem vorliegenden Handbuch Eingang gefunden. Das vorliegende, umfangreiche Material war Anlass für eine Aufgliederung in zwei Handbücher, nämlich:
„Handbuch für Blitzschutz und Erdung" und
„EMV Blitz-Schutzzonen-Konzept".

Mit der 4., bearbeiteten Auflage dieses vorliegenden Buches erscheint gleichzeitig der zweite Titel. Er ist dem Überspannungsschutz gewidmet. Diese Thematik geht allerdings über den Schutz von elektrischen und insbesondere elektronischen Anlagen vor Überspannungen durch Blitzeinschläge hinaus, und es wird u.a. der Schutz vor Schaltüberspannungen aus dem Energienetz behandelt.

Die Autoren

Vorwort zur 5. Auflage

Aufgrund der regen Nachfrage nach diesen Handbuch für Blitzschutz und Erdung haben sich die Autoren der bisherigen Auflagen 1 bis 4 entschlossen, eine erweiterte 5. Auflage zu erstellen. Richtungsweisend für diesen Schritt sind die aktuellen Aktivitäten und Erkenntnisse auf dem Gebiet der Blitzforschung und die zahlreichen Neuerungen in der Blitzschutz-Technik. Weiterhin wurde ein jüngerer Kollege in das Autorenteam aufgenommen, um das kontinuierliche Fortschreiben dieses Buches sicherzustellen.
In dieser 5. Auflage werden sowohl die neue, durch internationale Standards geprägte Normensituation in Deutschland berücksichtigt, als auch die inzwischen gewonnenen wissenschaftlichen Erkenntnisse aufgenommen, die auf internationalen Konferenzen vorgestellt und diskutiert wurden. So sind z. B. die jüngsten Messungen von Blitzentladungen, die innovativen Blitzortungssysteme und die aktuellen Prüfmethoden für Blitzschutz-Komponenten berücksichtigt.

Die Autoren

Die Autoren

Dr.-Ing. Peter Hasse, Jahrgang 1940, absolvierte das Studium der Elektrotechnik/Starkstromtechnik an der Technischen Universität in Berlin. Für hervorragende Leistungen wurde er 1965 mit der „Medaille der Technischen Universität Berlin" ausgezeichnet. Anschließend, von 1965 bis 1972, war er im dortigen Adolf-Matthias-Institut für Hochspannungstechnik und Starkstromanlagen als Wissenschaftlicher Assistent tätig. 1972 promovierte Hasse zum Dr.-Ing.
Am 15.02.1973 übernahm er die Leitung des Bereichs Entwicklung und Konstruktion bei der Fa. Dehn + Söhne in Neumarkt/Opf. und befasste sich dort schwerpunktmäßig mit der Blitzschutztechnik und dem Arbeitsschutz in elektrischen Anlagen. Zahlreiche Patente für Blitzschutzbauteile, Überspannungs-Schutzgeräte und Sicherheitsgeräte zum Arbeiten an elektrischen Anlagen zeugen von seiner Tätigkeit in Entwicklung, Konstruktion und Laboratorium; Hasse wurde Prokurist, dann Werksleiter und 1981 Geschäftsführer dieser Firma. 2004 ging er in Pension.
Hasse war im Rahmen von technisch-wissenschaftlichen Vereinen und Institutionen, wie ABB, DKE/VDE, NE, CLC und IEC, an der nationalen und internationalen Normungsarbeit maßgeblich beteiligt. Er gehörte bis Ende 2004 dem Vorstand des „Ausschuss für Blitzschutz und Blitzforschung im VDE (ABB)" seit dessen Gründung an und war der deutsche Sprecher bei IEC im TC 81 „Lightning Protection" und im SC37A „Low-Voltage Surge Protective Devices". Im Zentralverband der Elektrotechnik und Elektroindustrie e.V.(ZVEI) leitete er den Fachausschuss 7.13 „Überspannungsschutz" und den Technischen Ausschuss des Fachverbandes 7 „Installationsgeräte und Systeme". Außerdem gehörte er dem Technischen Ausschuss des ZVEI-Vorstandes an.
Die Ergebnisse zahlreicher wissenschaftlich-technischer Untersuchungen, Entwicklungs-Projekte und Erprobungen in der Praxis hat er in Einzelvorträgen, mehrtägigen Seminaren, Konferenzen, Beiträgen für Fachzeitschriften und -büchern im In- und Ausland veröffentlicht.
Hasse wurde im November 2003 für überragende Verdienste um die Entwicklung des Blitzschutzes in Deutschland und im Ausland sowie das richtungsweisende Wirken in den nationalen und internationalen Normungsgremien mit der Benjamin-Franklin-Medaille ausgezeichnet. Im Mai 2004 wurde ihm in Anerkennung seines langjährigen und aktiven Einsatzes zur Förderung des Blitzschutzes vom Verband Deutscher Blitzschutzfirmen die Goldene Ehrennadel überreicht.

Professor Dr.-Ing. Johannes Wiesinger, Jahrgang 1936, hat an der Technischen Hochschule München Elektrotechnik studiert. Nach mehrjähriger Tätigkeit bei der Fa. Siemens war er von 1963 bis 1974 am Institut für Hochspannungs- und Anlagentechnik der Technischen Universität München Wissenschaftlicher Assistent, Obeningenieur und Wissenschaftlicher Rat. 1966 promovierte er zum Dr.-Ing. und habilitierte sich 1970 für das Fachgebiet „Hochspannungstechnik".
1974 wurde Wiesinger an die Universität der Bundeswehr München in der Fakultät Elektrotechnik auf die Professur „Hochspannungstechnik und Elektrische Anlagen" berufen. Hier war er bis zur Pensionierung 2001 tätig. Schwerpunkte der Forschung am Lehrstuhl waren die Messung und Analyse von Blitzentladungen, die Entwicklung von Prüfanlagen und -verfahren zur Nachbildung

von Blitzbeanspruchungen im Laboratorium und schließlich die komplexen Themen der Blitzschutztechnik. Die Ergebnisse der Forschungen wurden in einer Vielzahl von Veröffentlichungen in Fachzeitschriften und auf internationalen Konferenzen vorgestellt.

Wiesinger war von 1984 bis 1994 Vorsitzender des „Ausschuss für Blitzschutz und Blitzforschung im VDE (ABB)" und leitete den Technischen Ausschuss. Ihm wurde die Benjamin Fränklin verliehen. Er war in der „International Conference on Lightning Protection" ICLP deutscher Delegierter im Scientific Committee, Session Chairman und von 1985 bis 1988 President. Er erhielt die goldene Ehrennadel des ÖVE.

In den 1980er und 90er Jahren war Wiesinger sehr engagiert in internationalen und nationalen, mit dem Spektrum des Blitzschutzes befassten Normungsgremien tätig. Er war in TC 81 der IEC „Protection against lightning" Vorsitzender der Arbeitsgruppen, in denen die Themen „Protection of electrical and electronic systems against Lightning Electromagnetic Impulse (LEMP)" und „Bonding and shielding of structures against LEMP" behandelt wurden. In K251 des VDE leitete er die Spiegelgremien obiger IEC-Arbeitsgruppen. Er war Mitglied in dem mit Blitzschutz von Kernkraftwerken befassten KTA 2206 sowie in NEA 760 „NEMP- und Blitzschutz" stellvertretender Obmann und Vorsitzender der Arbeitsgruppe zur Festlegung der Blitzgefährdungs-Kennwerte.

Dr.-Ing. Wolfgang Zischank, Jahrgang 1952, studierte Elektrotechnik mit Schwerpunkt Hochspannungstechnik an der Technischen Universität München. Seit 1978 ist er Wissenschaftlicher Mitarbeiter am Institut für „Elektrische Energieversorgung" der Universität der Bundeswehr München. Er promovierte 1983 zum Dr.-Ing. und ist seitdem Leiter des Hochspannungs- und Hochstromlabors des Instituts.

In der Forschung befasst sich Zischank schwerpunktmäßig mit Fragen der Blitzforschung, mit der Entwicklung von Prüfanlagen und -verfahren zur Nachbildung von Blitzbeanspruchungen im Laboratorium sowie mit dem Blitzschutz von baulichen Anlagen, Flugzeugen und Windkraftanlagen. 1991 wurde er mit dem Nachwuchspreis des „Ausschuss für Blitzschutz und Blitzforschung im VDE (ABB)" ausgezeichnet.

Zischank ist seit 1993 Mitglied im ABB und übernahm 2001 die Leitung des Technischen Ausschusses des ABB. Er ist Mitglied des wissenschaftlichen Komitees und Session Chairman der „International Conference on Lightning and Static Electricity" ICOLSE, die sich vorwiegend mit dem Blitzschutz von Flugzeugen befasst.

Er ist in zahlreichen nationalen und internationalen Normungsgremien (DKE/VDE, NE, IEC) aktiv, die sich mit dem Blitzschutz baulicher Anlagen sowie der Prüfung und dem Einsatz von Überspannungs-Schutzgeräten befassen. Auch ist er Mitglied in Gremien, die sich mit dem Blitzschutz spezieller Anlagen und Systeme befassen, wie z.B. in der Arbeitsgruppe 31 „Lightning" der „European Organization for Civil Aviation Equipment EUROCAE" oder IEC TC 88 Project 61400-24 „Lightning Protection of Wind Turbines".

Inhalt

1	**Historie der Blitzforschung und des Blitzschutzes**	15
1.1	Geschichte der Blitzforschung	15
1.1.1	Experimente mit Reibungselekrizität	15
1.1.2	Experimente mit Stangen und Drachen im Gewitterfeld	17
1.1.3	Messungen mit magnetischen Stäbchen	19
1.1.4	Messungen mit Klydonographen	20
1.1.5	Einführung des Oszillographen in die Blitzforschung	21
1.1.6	Messungen an hohen Türmen	22
1.1.7	Messungen raketengetriggerter Blitze	25
1.1.8	Blitzzählung und Blitzortung	27
1.1.9	LEMP-Messungen	30
1.1.10	Nachbildung der Blitzentladung im Laboratorium und Modellversuche zur Schutzraumbestimmung	31
1.1.11	Simulation des Blitzstroms im Laboratorium	33
1.2	Geschichte des Blitzschutzes	35
1.2.1	Wettermaschinen und spitze Stangen	36
1.2.2	Geerdete Fangstangen	37
1.2.3	Erste Blitzschutz-Richtlinien in Deutschland	38
1.2.4	Gründung und Entwicklung des ABB	43
1.2.5	Historie der Internationalen Blitzschutzkonferenz ICLP	46
	Literatur Kap. 1	49
2	**Gewitterzellen und Blitzentladungen**	52
2.1	Gewittermeteorologie	52
2.2	Aufbau einer Gewitterzelle	53
2.3	Blitztypen	56
2.3.1	Wolke-Erde-Blitze	58
2.3.2	Erde-Wolke-Blitze	63
2.3.3	Raketengetriggerte Blitze	64
	Literatur Kap. 2	66
3	**Blitzhäufigkeit und Gewitterwarnung**	68
3.1	Keraunischer Pegel	68
3.2	Blitzzählung	70
3.3	Blitzortung	72
3.4	Einschlaghäufigkeit in Objekte	75
	Literatur Kap. 3	77

Inhalt

4 Stromkennwerte von Erdblitzen 79
4.1 Grundsätzliche Blitzstromverläufe 79
4.2 Wirkungsparameter der Blitzströme 82
4.3 Scheitelwert des Blitzstroms 84
4.4 Ladung des Blitzstroms 85
4.5 Spezifische Energie des Blitzstroms 88
4.5.1 Erwärmung von Leitern 89
4.5.2 Kraftwirkung auf Leiter 91
4.6 Steilheit des Blitzstroms 93
4.7 Kombinierte Wirkungen 95
4.8 Analytischer Verlauf des Blitzstroms 95
Literatur Kap. 4 99

5 Magnetische Felder 101
5.1 Magnetisches Feld im Nahbereich 101
5.2 Berechnung der Gegeninduktivitäten von Schleifen 102
5.2.1 Analytisches Verfahren für Rechteckschleifen 104
5.2.2 Numerisches Verfahren für beliebige Schleifen 110
5.3 Magnetisch induzierte Spannungen und Ströme 111
5.3.1 Induzierte Spannungen 112
5.3.2 Induzierte Ströme 116
Literatur Kap. 5 119

6 Elektromagnetisches Feld des Blitzkanals 120
6.1 Elektromagnetisches Feld eines Blitzkanalelements ... 120
6.2 Elektrisches Feld während eines Wolke-Erdde-Blitzes . 122
6.3 Elektromagnetisches Feld während der Hauptentladung
     eines Wolke-Erde-Blitzes 123
6.4 Gefährdungswerte des LEMP 125
Literatur Kap. 6 127

7 Prinzipien des Blitzschutzes 129
7.1 Gefährdung durch den Blitz 129
7.2 Blitzschutz für bauliche Anlagen 132
7.3 Blitzschutz für elektrische und informationstechnische
     Anlagen 133
7.3.1 Historie eines Schutzzonen-Konzepts 134
7.3.2 Prinzip des Blitz-Schutzzonen-Konzepts 136
Literatur Kap, 7 139

8 Fangeinrichtungen 140
8.1 Schutzbereich von Fangeinrichtungen 141

8.2	Schutzraummodell	141
8.3	Schutzraum grundsätzlicher Fangeinrichtungen	147
8.4	Schutzraum beliebiger Anordnungen	152
8.5	Schutzraum im Kleinen	154
8.6	Isolierte Fangeinrichtungen	154
Literatur Kap. 8		156

9 Ableitungen ... 157

9.1	Auslegung von Ableitungen	157
9.2	Isolierte Ableitungen	158
Literatur Kap. 9		162

10 Erdung ... 163

10.1	Begriffserläuterungen	163
10.2	Spezifischer Erdwiderstand und seine Messung	165
10.3	Blitzschutz-Erdungsanlagen	168
10.3.1	Ausbreitungswiderstand	168
10.3.2	Erder-Anordnungen	169
10.4.	Stoßerdungswiderstand	172
10.4.1	Effektive Erderlänge	172
10.4.2	Entladungen im Erdreich	177
10.5	Ausbreitungswiderstand des Tiefenerders	178
10.6	Ausbreitungswiderstand des Oberflächenerders	180
10.7	Ausbreitungswiderstand des Ringerders	182
10.8	Fundamenterder	183
10.9	Potentialsteuerung	187
10.10	Erderwerkstoffe und Korrosion	188
10.10.1	Begriffserläuterungen	188
10.10.2	Bildung galvanischer Elemente, Korrosion	190
10.10.3	Auswahl der Erderwerkstoffe	196
10.10.4	Zusammenschluss von Erdern aus verschiedenen Werkstoffen	196
10.10.5	Sonstige Korrosionsschutzmaßnahmen	198
10.11	Messen der Spannungsverteilung und des Ausbreitungswiderstands	199
10.11.1	Spannungstrichter	200
10.11.2	Ausbreitungswiderstand von Erdungsanlagen kleiner Ausdehnung	201
10.11.3	Ausbreitungswiderstand von Erdungsanlagen großer Ausdehnung	202
Literatur Kap. 10		203

Inhalt

11 Blitzschutz-Potentialausgleich 205
11.1 Anschluss- und Verbindungsbauteile,
 Potentialausgleichschienen 207
11.2 Einbeziehen von spannungslosen Installationen 210
11.3 Einbeziehen von spannungsführenden Installationen 211
11.4 Einbeziehen von Installationen im zu schützenden Volumen 211
11.5 Überspannungsschutz 213
11.5.1 Überspannungs-Schutzgeräte für energietechnische Anlagen 213
11.5.2 Überspannungs-Schutzgeräte für informationstechnische
 Anlagen 217
Literatur Kap. 11 220

12 Näherungen 221
Literatur Kap. 12 226

**13 Blitzschutz elektrischer und informationstechnischer
 Anlagen** 227
13.1 Blitzschutz-Management 227
13.2 Realisierung des Blitz-Schutzzonen-Konzepts 229
Literatur Kap. 13 234

14 Magnetische Schirme 235
14.1 Schirme von Gebäuden, Räumen Kabinen und Geräten 235
14.1.1 Geschlossene Blechschirme 236
14.1.2 Schirmgitter 238
14.1.3 Öffnungen in Schirmen 240
14.2 Stromdurchflossene Schirmrohre 241
Literatur Kap. 14 247

**15 Prüfverfahren und -generatoren für Blitzschutz-
 Komponenten und Schutzgeräte** 248
15.1 Grundsätzliches zu Blitz-Stoßstrom-Prüfanlagen 248
15.2 Grundgleichungen für C-L-R-Stoßstromkreise 250
15.2.1 Stoßstrom bei periodischer Dämpfung 251
15.2.2 Stoßstrom beim aperiodischen Grenzfall 252
15.2.3 Stoßstrom bei aperiodischer Dämpfung 254
15.2.4 Crowbar-Funkenstrecke in Stoßstrom-Generatoren 255
15.2.5 Sinushalbwellen-Stoßstrom 256
15.2.6 Überführung eines ungedämpften in einen aperiodisch
 gedämpften Stoßstrom 258
15.3 Prüfverfahren für Verbindungsbauteile und
 Trennfunkenstrecken 260

15.3.1	Prüfverfahren für Verbindungsbauteile	260
15.3.2	Prüfverfahren für Trennfunkenstrecken	261
15.4	Prüfverfahren für magnetische Induktionen	261
15.5	Prüfverfahren für Überspannungs-Schutzgeräte	263
15.6	Prüfverfahren für isolierte Fangeinrichtungen und Ableitungen	266
Literatur zu Kap. 15		268

16 Blitzschutz für Personen ... 269

16.1	Blitzgefahren	269
16.2	Blitzschutz-Maßnahmen	274
Literatur Kap. 16		284

17 Blitzschutzbestimmungen in der Bundesrepublik Deutschland ... 285

17.1	Normen für Schutzmaßnahmen	285
17.1.1	Blitzschutz	285
17.1.2	Überspannungsschutz, Isolationskoordinaten, Potentialausgleich und Erdung	288
17.2	Normen für Bauteile, Schutzgeräte, Prüfungen	293
17.2.1	Blitzschutz	293
17.2.2	Überspannungsschutz, Potentialausgleich	294
17.3	Verdingungsordnung für Bauleistungen	295
17.4	Standardleistungsbuch StLB	295
17.5	Verordungen der Länder	295
17.6	Ermittlung der Blitzschutzklasse durch Risikobetrachtung	298
17.7	Bestimmungen in Sonderfällen	304
17.7.1	Bundesweit geltende Regelungen verschiedener Sonderfälle	304
17.7.2	Bundeswehr	306
17.7.3	Deutsche Telekom	306
17.7.4	VdS-Merkblätter	307
17.7.5	Fundamenterder	307
17.7.6	Kathodischer Korrosionsschutz in explosionsgefährdeten Bereichen	307
17.7.7	Blitzschutz in Hoch- und Niederspannungsanlagen von Wasserwerken	308
17.7.8	Schornsteine	308

18 Sachverzeichnis ... 309

Historie der Blitzforschung und des Blitzschutzes 1

Der hier aufgezeigte geschichtliche Abriss der Blitzforschung und des Blitzschutzes ist subjektiv geprägt und kann wegen des im Rahmen des Handbuchs als angemessen erachteten Umfangs und wegen der sehr komplexen Thematik keinen Anspruch auf Vollständigkeit erheben. Insbesondere mussten die vielfältigen theoretischen Blitzforschungen, z. B. die Einschlagwahrscheinlichkeiten, die elektromagnetischen Feldtheorien und die gasphysikalischen Betrachtungen betreffend, zu Gunsten der experimentellen Aktivitäten weitgehend unbehandelt bleiben. Ähnliches gilt für die vielen Theorien und Versuche, wirkungsvolle Blitzableiter zu errichten. Intension dieses Buches ist, ein Stimmungsbild einer ungebrochen faszinierenden Forschungswelt zu entwerfen, die unverzichtbare Voraussetzung für die Entwicklung physikalisch begründeter Blitzschutzmaßnahmen insbesondere auch für unsere heutige, durch die Elektronik geprägte, hochtechnisierte Welt ist.

1.1 Geschichte der Blitzforschung

Ein ausführlicher, und aus der Sicht eines engagierten Ingenieurs interpretierter, geschichtlicher Überblick über die Blitzforschung findet sich in den Veröffentlichungen von Professor Hans Prinz (Lit. 1-1, 1-2, 1-3), die auch eine Vielzahl von Literaturhinweisen enthalten. Weitere Übersichts-Veröffentlichungen finden sich in Lit. 1-4 bis 1-8.

1.1.1 Experimente mit Reibungselektrizität

Das uralte Bestreben des Menschen, das Gewitterphänomen zu erfassen, war bis weit in die Neuzeit hinein geprägt durch mythologische Vorstellungen, insbesondere aus der altbabylonischen und altgriechischen Zeit, in der man sich die zerstörenden Wirkungen des Blitzes durch einen von den Göttern oder den Göttinnen vom Himmel geschleuderten, zündenden Feuerstrahl und durch einen zerschmetternden Donnerkeil zu erklären versucht hatte (*Bild 1.1.1a*).

1 Historie der Blitzforschung und des Blitzschutzes

Bild 1.1.1a: Etwa 4500 Jahre alte Darstellung der Blitzgöttin Zarpanit aus einem Tempel der Sumerer in Südmesopotamien

Ein bedeutsamer Schritt in der naturwissenschaftlich begründeten Erkenntnis des Blitzphänomens nach der Zeit der mystischen Deutungen erwuchs aus den Experimenten mit Reibungselektrizität. Zwar war schon den Griechen etwa 600 v. Chr. die elektrische Wirkung des geriebenen Bernsteins bekannt. Aber erst durch die Erfindungen der rotierenden Elektrisiermaschinen als Ladungserzeuger, bei denen zwei Isolierstoffe unterschiedlicher Konsistenz kontinuierlich aufeinander gerieben werden (*Bild 1.1.1b*), und der Leydener Flasche (*Bild 1.1.1c*) als Ladungs- und damit Energiespeicher, konnte die Elektrizität soweit intensiviert werden, dass deutlich leuchtende Funken, die sich prasselnd entluden, beobachtet werden konnten.

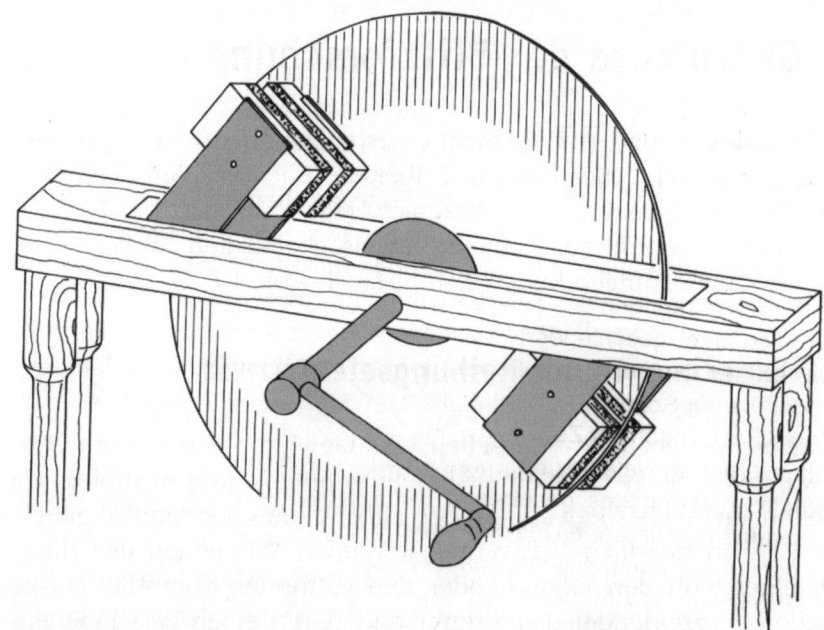

Bild 1.1.1b: Elektrisiermaschine

Bild 1.1.1c:
Leydener Flaschen und Funkenstrecke

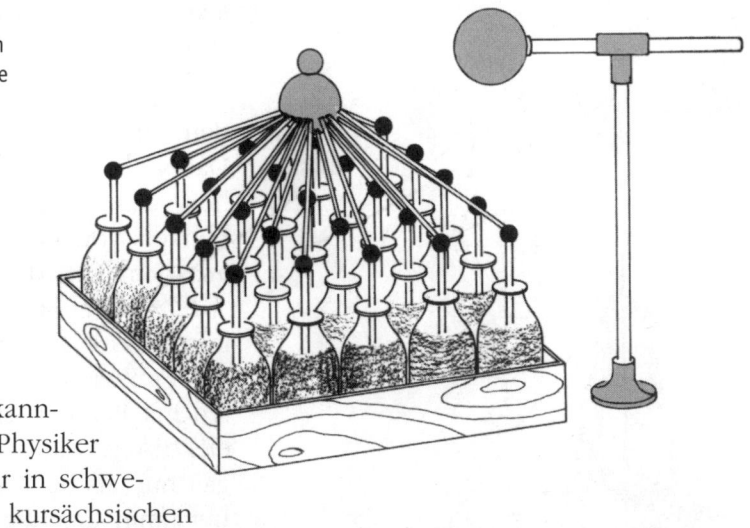

Als erster erkannte wohl der Physiker und Ingenieur in schwedischen und kursächsischen Diensten, Otto von Guericke (1602 bis 1686), der im Jahre 1670 in Magdeburg die erste Elektrisiermaschine mit einer Schwefelkugel fertigte, die Analogie zwischen einer elektrostatischen Entladung im Laboratorium und der Blitzentladung. Ergänzend stellte der Engländer William Wall 1698 die Hypothese auf: Wenn man ein genügend großes Stück Bernstein reibe, müsse es Blitz und Donner wie bei einem Gewitter geben. Johann Heinrich Winkler, Physikprofessor in Leipzig, publizierte dann 1746 die Ansicht, dass die elektrische Wolkenladung die Ursache eines Gewitters sei und sich durch Blitze zur Erde entlade.

1.1.2 Experimente mit Stangen und Drachen im Gewitterfeld

Es blieb dem Staatsmann, Schriftsteller und Naturwissenschaftler Benjamin Franklin (1706 bis 1790) vorbehalten, in einem Brief aus Philadelphia am 29. Juli 1750 an Peter Collinson von der Royal Society London sein berühmtes Schilderhaus-Experiment vorzuschlagen, mit dem die Hypothese der elektrischen Natur des Gewitters und Blitzes bewiesen werden sollte: Eine isoliert stehende Person sollte sich im Gewitterfeld mit Hilfe einer Metallstange aufladen und sodann Entladungsfunken erzeugen. Ein modifiziertes Experiment wurde dann am 10. Mai 1752 in Marly La-Ville bei Paris realisiert: Der französische Botaniker und Physiker Thomas Francois Dalibard hatte den Franklin'schen Vorschlag aufgegriffen und eine nahezu 12 m hohe Eisenstange mit vergoldeter Spitze isoliert gegen die Erde errichtet. Unter einer Gewitterwolke zog der auf

1 Historie der Blitzforschung und des Blitzschutzes

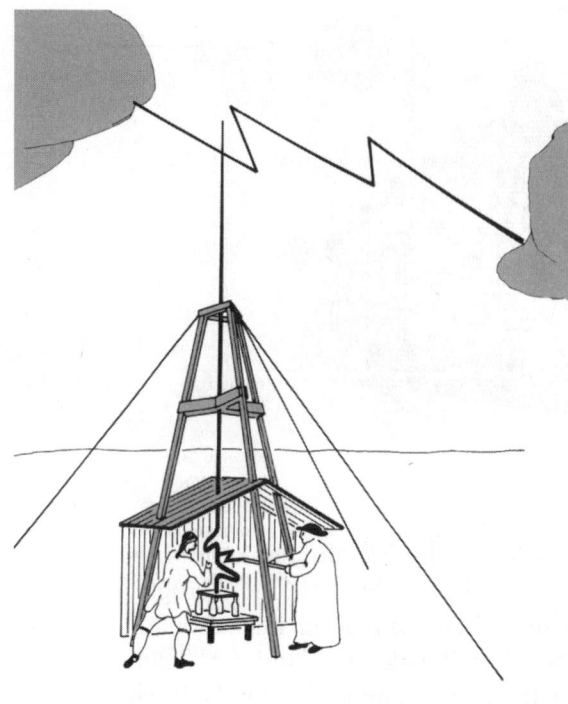

Bild 1.1.2a: Dalibard'sches Gewitterexperiment

dem Boden stehende Gehilfe Dalibards, Coiffer, bei Anwesenheit des Dorfpfarrers Raulet, Funken von einigen cm Länge aus dem Fuß der Stange (*Bild 1.1.2a*). Diese Funken waren allem Anschein nach identisch mit den Funken aus den Experimenten mit Reibungselektrizität. Die elektrische Natur des Gewitters galt nun als bewiesen.

Benjamin Franklin selbst bestätigte in analoger Weise einen Monat später die elektrische Natur des Blitzes, als es ihm während eines Gewitters gelang, aus der feuchten Schnur eines Drachens kleine Funken zu ziehen. Dieses Experiment wurde gerne, stilvoll der Zeit entsprechend, in einem „Drachen-Belvedère" nachvollzogen (*Bild 1.1.2b*).

Obwohl Franklin schon bei seinem Schilderhaus-Experiment vor möglichen Gefahren gewarnt hatte, führte die Sorglosigkeit bei den Gewitterversuchen schließlich zu einem schweren Unfall, bei dem im August 1753 der Petersburger Physikprofessor Georg Wilhelm Richmann den Tod fand: Der Blitz schlug in die aufragende Metallstange und entlud sich über den Forscher zur Erde (*Bild 1.1.2c*).

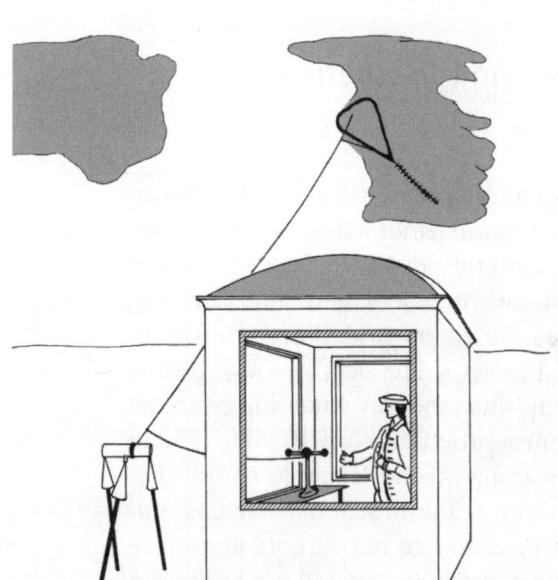

Die Stangenexperimente fanden damit ein jähes Ende.

Bild 1.1.2b: Gewitterexperiment im „Drachen-Belvedère"

1.1 Geschichte der Blitzforschung

Bild 1.1.2c:
Tödlicher Unfall Richman's bei einem Gewitterexperiment

Sie hatten aber die naturwissenschaftlichen Grundlagen geliefert, auf denen aufbauend nun in der Mitte des 18. Jahrhunderts physikalisch begründete Maßnahmen zum Schutz von Personen und Gebäuden gegen den Blitz vorgeschlagen werden konnten.

1.1.3 Messungen mit magnetischen Stäbchen

Die Methode, die Strom-Scheitelwerte von Blitzen aus der Magnetisierung feromagnetischer Stäbchen zu ermitteln, ist auf eine Entdeckung von F. Pockels in den Jahren 1897/98 zurückzuführen. Laborversuche hatten gezeigt, dass der Restmagnetismus, der in ein Stück Basalt durch ein magnetisches Feld induziert wird, nur vom Maximalwert des Feldes und damit indirekt vom Maximalwert des das Magnetfeld erzeugenden Stroms abhängt. Pockels analysierte daraufhin Blitzströme aus der Vermessung von Basaltstückchen in der Nähe blitzzerstörter Bäume und aus Basaltproben, die er in einer Entfernung von einigen Zentimetern von dem Blitzableiter auf dem Beobachtungsturm des Monte Ciomone im Appenin angebracht hatte.

M. Toepler erkannte die praktische Bedeutung dieser Messmethode und schlug 1925 der im Jahre 1921 gegründeten Studiengesellschaft für Höchstspannungsanlagen vor, Magnetstäbchen in der Nähe von Blitzableitungen einzubauen. Für die ersten Versuche im Jahre 1926 wurden Stäbchen aus Coercit A von Krupp eingesetzt (*Bild 1.1.3a*). H. Grünewald konnte 1934 die erstenMessergebnisse über die in

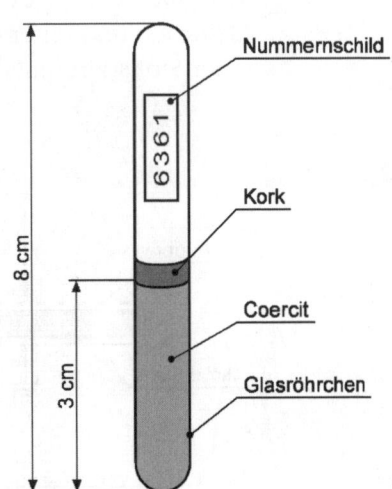

Bild 1.1.3a: Stahlstäbchen für Blitzstrommessungen

Freileitungs-Erdseilen und -Masten aufgetretenen Blitzstrom-Scheitelwerte publizieren. 1933 waren rund 10.000 hochremanente Stäbchen installiert worden. Professor H. Baatz machte 1951 die während der Jahre 1933 bis 1940 in deutschen Freileitungsnetzen durchgeführten Messungen bekannt: Als höchste Blitzstromstärke wurden 60 kA ermittelt. Hierbei ist allerdings die Verzweigung des Blitzstroms bei einem Einschlag in eine Hochspannungs-Freileitung zu berücksichtigen! Weiterhin wurde aus den Messungen erkannt, dass die Freileitungen viel häufiger von Blitzen getroffen wurden, als nach den Betriebsstörungen hätte angenommen werden müssen, und dass die Erdseile als Blitzfänger gut geeignet waren.

1.1.4 Messungen mit Klydonographen

Als der aufkommende Bedarf an elektrischer Energie die Erstellung von ausgedehnten Hochspannungs-Freileitungen erforderte, musste man erkennen, dass sowohl direkte Blitzeinschläge als auch Naheinschläge zu Durchschlägen in der Isolation führten, die wiederum einen vom Netzstrom gespeisten Kurzschluss-Lichtbogen nach sich ziehen konnten. Um diesen Störungen begegnen zu können, betrieben die Elektrizitäts-Versorgungsunternehmen Blitzforschung mit dem Ziel, die für die Durchschläge verantwortlichen Blitzüberspannungen zu messen.
Von J. F. Peters wurde 1924 mit dem Klydonographen in Weiterentwicklung einer Erfindung des Göttinger Physikprofessors G. C. Lichtenberg (*Bild 1.1.4a*) ein erstes brauchbares Gerät zur Aufzeichnung von Blitzüberspannungen geschaffen. Diese Messeinrichtung bestand im Prinzip aus einer Fotoplatte, die sich zwischen einer spitzen Hochspannungs-Elektrode und einer ebenen, geerdeten Elektrode befand. Beim Anlegen einer Stoßspannung waren nach dem Entwickeln der Fotoplatte charak-

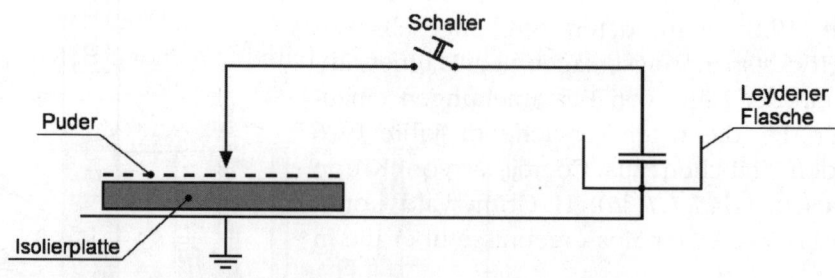

Bild 1.1.4a: Vorgänger des Klydonographen nach G. C. Lichtenberg, 1777

teristische Figuren zu erkennen, aus deren Form und Ausdehnung auf die Amplitude, die Polarität und den grundsätzlichen zeitlichen Verlauf der Spannung geschlossen werden konnte.

1.1.5 Einführung des Oszillographen in die Blitzforschung

Die Entwicklung des Kathodenstrahl-Oszillographen, auf der Basis der von A. Du Four in Frankreich 1897 erfundenen Braunschen Röhre, während des ersten Weltkrieges sollte revolutionierend für die elektrische Messtechnik, nicht zuletzt auch für die Blitzforschung werden. Durch die fotografische Aufzeichnung des Signals auf dem Oszillographenschirm konnten auch kurzzeitige, rasch veränderliche Spannungen in ihrem zeitlichen Verlauf festgehalten werden.
H. Norinder, Professor an der Universität Uppsala, besuchte Du Four 1921 in Paris, erkannte die Bedeutung der Erfindung und begann nach seiner Rückkehr, den Oszillographen für die Messung von Blitzüberspannungen in Freileitungen zu modifizieren. Es gelang ihm, die Triggerung des Oszillographen durch das Messsignal selbst zu bewirken.
Schon vier Jahre später konnte in einer Versuchsstation der Königlichen Wasserfalldirektion in Schweden erstmals die Blitz-Überspannung auf einer 20-kV-Freileitung oszillographisch registriert werden (*Bild 1.1.5a*). Obwohl die vollen Amplituden infolge Übersteuerung des Oszillographen nicht erfasst wurden und die primären, dem Blitzstrom proportionalen Überspannungen nicht eindeutig von den auf der Leitung reflektierten Spannungen zu trennen sind, konnte erstmalig nachgewiesen werden, dass die Blitzüberspannungen und damit auch die initiierenden Blitzströme aperiodisch gedämpfte, unipolare Impulse mit einer Dauer unter einer tausendstel Sekunde sind und keine schwingenden Entladungen, wie R. Rüdenberg noch 1926 vermutet hatte.
Auch Professor K. Berger, ein Nestor der Blitzforschung, dem von der Technischen Hochschule München für seine bahnbrechenden Blitzfor-

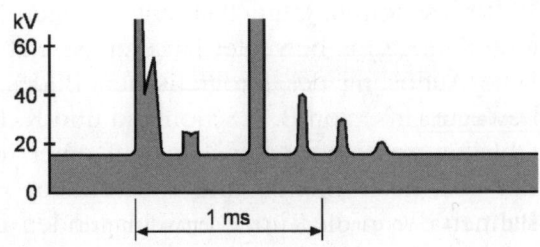

Bild 1.1.5a: Erstes Oszillogramm einer Blitzüberspannung auf einer 20-kV-Leitung (1925)

schungen die Ehrendoktorwürde zuerkannt wurde, konnte während der Gewitterperiode des Jahres 1928 mit einem Oszillographen an einer 1,2-kV-Leitung der Elektrizitätswerke des Kantons Zürich Blitz-Überspannungen messen. Die bis gegen Ende der 1930er Jahre an Freileitungen durchgeführten Messungen haben gezeigt, dass die Amplituden der Blitz-Überspannungen einige 100 kV bis mehrere MV betragen, die Stirnzeiten im µs-Bereich und die Rückenhalbwertzeiten bei einigen 10 µs liegen. Diese Messungen waren die Basis für die standardisierte Blitzstoßspannung 1/50 µs mit einer Stirnzeit von 1 µs und einer Rückenhalbwertzeit von 50 µs (heute definiert als Blitz-Stoßspannung 1,2/50 µs).

Trotz dieser Erfolge konnten die mühevollen und aufwendigen oszillographischen Messungen an Freileitungen nur unbefriedigende Ergebnisse über die primäre Störgröße, den Blitzstrom, liefern. Professor H. Norinder erkannte, dass man die Überspannungen in Freileitungen auch berechnen könnte, wenn man nur den zeitlichen Verlauf der Blitzströme kennen würde. Diese Auffassung hat sich später bestätigt: Durch moderne Computertechnik können bei vorgegebenen Blitzströmen beliebige Hochspannungsnetze individuell hinsichtlich ihres Überspannungsverhaltens analysiert werden.

1.1.6 Messungen an hohen Türmen

Professor K. Berger hatte erkannt, dass ausreichend viele Blitzeinschläge für eine messtechnische Erfassung nur an hohen Türmen erwartet werden können, und suchte sich für seine geplanten Blitzmessungen die gewitterreiche Gegend um den Luganer See in der Schweiz aus.
1942 errichtete K. Berger im Auftrag des Schweizerischen Elektrotechnischen Vereins (SEV) seine legendäre Blitz-Mess-Station auf einem Rundfunkturm auf dem Monte San Salvatore (*Bild 1.1.6a*). Mit einzigartigem Engagement auch seiner Mitarbeiter, insbesondere H. Binz und E. Vogelsanger, wurden dort etwa 30 Jahre lang die einschlagenden Blitzströme über einen Shunt geleitet und mit Oszillographen aufgezeichnet (Lit.1-9). Gleichzeitig wurden die Blitzeinschläge nach einer von Sir Ch. V. Boys schon im Jahre 1900 entwickelten Methode fotografiert, bei der eine Kamera mit bewegter Linse eingesetzt wurde: Damit war eine zeitliche Auflösung des fotografischen Bildes möglich. Später wurde die bewegte Linse von B. J. Schonland und K. Berger durch einen rasch am Objektiv vorbeibewegten Film auf einer rotierenden Trommel ersetzt: Bei geöffneter Blende und rotierendem Film konnten so nachts die Bahnen der in die Türme einschlagenden Blitze aufgezeichnet werden.

1.1 Geschichte der Blitzforschung

Bild 1.1.6a: Von Prof. K. Berger geleitete Blitz-Messstation in einem Rundfunkturm auf dem Monte San Salvatore

Boys selbst hatte sich zeitlebens vergeblich um eine gelungene Blitzaufnahme mit seiner Kamera bemüht. Berühmt ist die erste, zeitlich aufgelöste Blitzaufnahme eines Einschlags in das Empire State Building in New York im Jahre 1936, bei der von K. B. Mc Eachron erstmals ein so genannter multipler Blitz mit einer Folge von elf Teilblitzen in einer Blitzentladung nachgewiesen werden konnte (*Bild 1.1.6b*).

Die bis 1973 durchgeführten Berger'schen Messungen wurden ergänzt durch automatisierte Blitzstrom-Aufzeichnungen in Italien an zwei 40 m hohen Fernsehtürmen nahe Foligno und nahe Varese, beide etwa 900 m über dem Meeresspiegel, in den Jahren 1969 bis 1978 (Lit.1-10). Auf den genannten fotografischen Aufnahmen und elektrischen Messungen der Blitzströme bei Turmeinschlägen basieren im Wesentlichen die heutigen Vorstellungen von dem Mechanismus der Blitz-

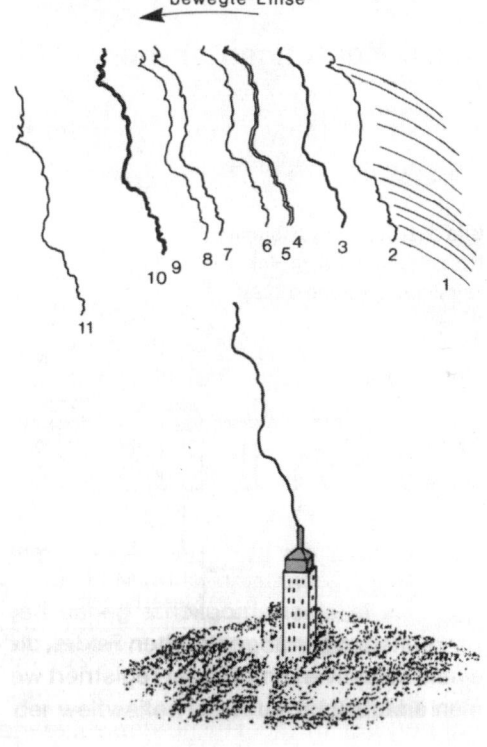

Bild 1.1.6b: Zeitlich aufgelöste fotografische Aufnahme eines Einschlags in das Empire State Building (1936)

entladungen, und es wurden die Blitzstrom-Kennwerte (Stromscheitelwert, Ladung, spezifische Energie, Stirn-Stromsteilheit) ermittelt, die den heutigen Dimensionierungen in der Blitzschutztechnik zugrunde liegen. Die Tradition dieser Blitzmessungen wurde in Deutschland mit einer vom Hochspannungsinstitut der TU München seit Ende der 1970er Jahre betriebenen, vollautomatischen Messstation auf dem Sendeturm des Hohenpeißenberg im Voralpenland fortgesetzt, wobei anstelle des bis dahin gebräuchlichen Stoßstrom-Shunts eine Induktionsschleife in definierter Position neben einem Blitzableiter-Stab auf der Turmspitze eingesetzt wurde. Hiermit wurde die zeitliche Änderung des Blitzstroms gemessen; der zeitliche Verlauf des Blitzstroms wurde dann durch numerische Integration des Signals mit einem messwertverarbeitenden Computer erhalten (Lit. 1-11).

Zu Beginn der 1990er Jahre wurde die „Blitz-Forschungsgruppe München" etabliert, getragen von den Hochspannungs-Lehrstühlen der Universität der Bundeswehr München und der Technischen Universität München, insbesondere mit dem Ziel, die Blitz-Messstation auf dem Hohen Peissenberg zu aktualisieren und wesentlich zu erweitern (*Bild 1.1.6c*).

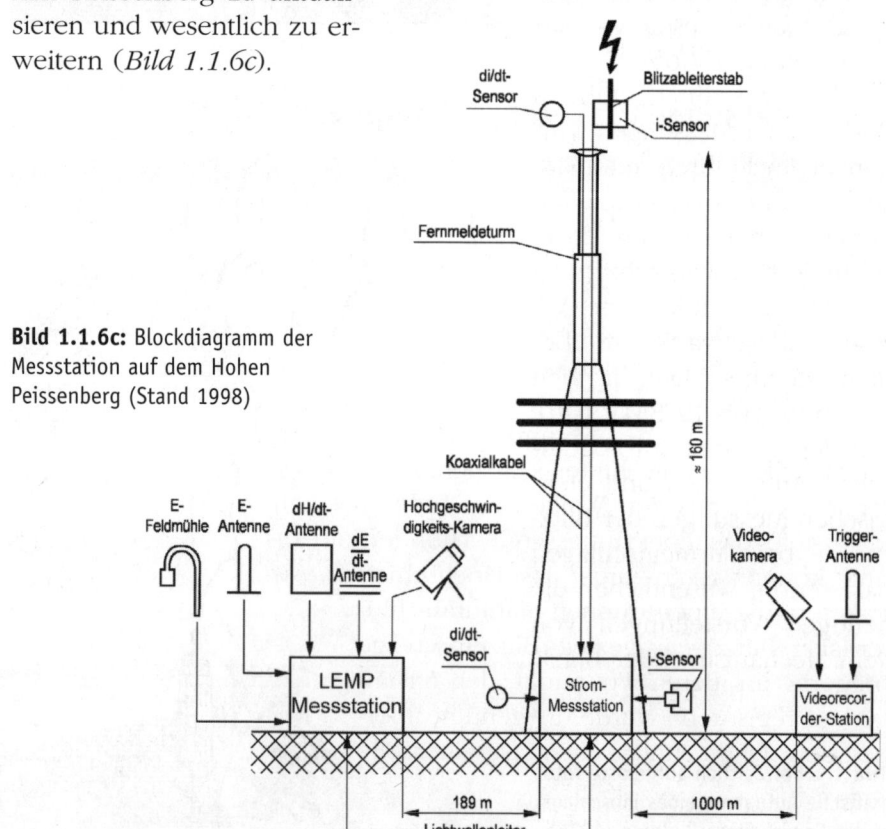

Bild 1.1.6c: Blockdiagramm der Messstation auf dem Hohen Peissenberg (Stand 1998)

Die Strom-Messstation im Fernmeldeturm wurde ergänzt durch

- einen Stromwandler auf der Turmspitze
- eine LEMP-Messstation in etwa 190 m Entfernung zur synchronen Registrierung des elektrischen und des magnetischen Nahfeldes bei einem Turmeinschlag
- eine Videorecorder-Station in 1000 m Entfernung zur synchronen Aufnahme der Entwicklung des Blitzkanals bei einem Turmeinschlag.

Die Blitzentladungen mit ihren für Turmeinschläge charakteristischen Langzeitströmen und Stoßströmen wurden über einen Zeitraum von 1 Sekunde registriert, wobei bis zu 10 Stoßströme mit einer Auflösung von 10 Nanosekunden aufgezeichnet werden konnten. Die Blitz-Messstation wurde bis Ende der 1990er Jahre betrieben; in dieser Zeit wurden 145 Blitzeinschläge dokumentiert und analysiert, sodass statistisch gesicherte Gefährdungs-Kennwerte der Blitz-Einschläge in hohe Bauwerke, wie Fernmeldetürme, hohe Schornsteine in Industrieanlagen und hohe Windenergieanlagen, festgelegt werden konnten (Lit. 1-12 bis 1-14).

1.1.7 Messungen raketen-getriggerter Blitze

Ab Mitte der 1960er Jahre werden die Blitzmessungen an hohen Türmen ergänzt durch das Vermessen so genannter raketengetriggerter Blitze.

Im Jahre 1958 griff Professor Newman in Florida, eine der gewitterreichsten Gegenden der Erde, die erstmals im Oktober 1753 von Professor Beccaria in Turin praktizierte Technik wieder auf, mit Raketen, die Drähte hinter sich herzogen, Gewitterelektrizität aus den Wolken zur Erde zu leiten: Er rüstete das Forschungsschiff Thunderbolt aus und konnte 1966 durch das Hochschießen von Raketen, die einen dünnen Stahldraht hinter sich herzogen, gezielt Blitzeinschläge triggern, an deren Fußpunkt der Stromverlauf registriert wurde. Es genügte hierbei, den Draht unter einer Gewitterzelle

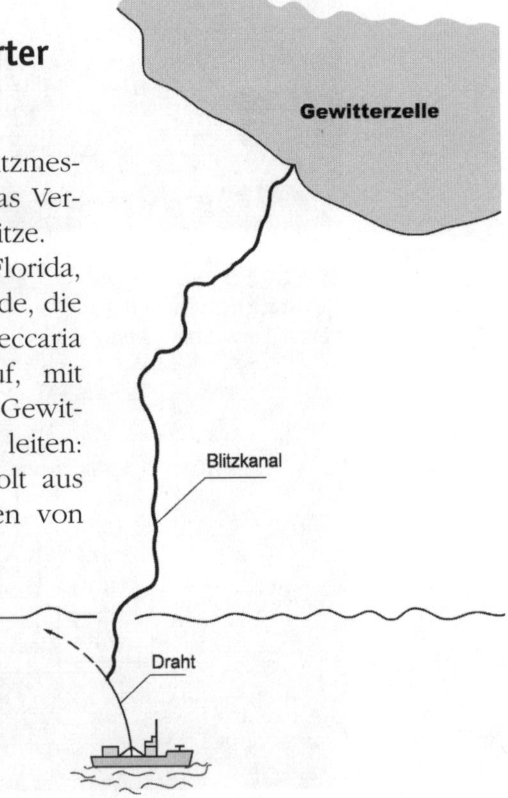

Bild 1.1.7a: Von einem Schiff aus getriggerter Blitz

einige 100 m hochzuschießen, um dann zunächst einen Aufwärtsblitz, wie er auch von einem hohen Turm ausgehen kann, unter Verdampfen des Drahtes auszulösen (*Bild 1.1.7a*). In dem einmal geschaffenen Kanal können dann Abwärtsblitze, entsprechend den Folgeblitzen in natürlichen multiplen Blitzen, folgen.

Newman vertrat zunächst die Meinung, dass die Blitztriggerung nur über dem Meer wegen der dort im Vergleich zum Land wesentlich höheren Gewitterfeldstärke möglich sei. Dies widerlegten aber französische Experimente: Die Electrizité de France (EdF) errichtete erstmals auf dem Land in St. Privat d' Allier im Massive Central eine Raketentriggerstation mit einem 26 m hohen Mast, um zunächst das Verhalten von Freileitungsmasten und ihrer Erdungsanlagen bei Blitzeinschlägen zu studieren. In den Jahren nach 1973 konnte sehr erfolgreich eine große Zahl von Blitzen getriggert und vermessen werden.

Oben Bild 1.1.7b: Blitztriggerstation in Steingaden

Links Bild 1.1.7c: Raketengetriggerter Blitz in Camp Blanding, Florida

Weitere Stationen wurden dann in Japan, New Mexico, Florida und Alabama in Betrieb genommen. In Deutschland wurden derartige Experimente von 1976 bis 1981 von den Hochspannungsinstituten der Technischen Universität München und der Universität der Bundeswehr München durchgeführt (Lit. 1-15). Dazu stand eine Messstation bei Steingaden im Voralpenland mit Startrampen für insgesamt sechs drahtbespannte Hagelabwehrraketen zur Verfügung. Etwa 100 m von der Rampe entfernt waren die mit einem Faradaykäfig umgebenen Messwagen postiert (*Bild 1.1.7b*). Die intensivsten und aktuellsten Experimente mit raketengetriggerten Blitzen werden seit 1993 von der University of Florida, Gainesville, USA, in Camp Blanding durchgeführt (*Bild 1.1.7c*, Lit. 1-16 und 1-17).

1.1.8 Blitzzählung und Blitzortung

Zunächst versuchte man, den in der Meteorologie gebräuchlichen Begriff der „Zahl der jährlichen Gewittertage" (Summe der Tage, an denen ein Donner gehört wird: keraunischer Pegel) als Kriterium für die Blitzeinschlag-Häufigkeit heranzuziehen. Da aber die Intensität und die Dauer der Gewitter unberücksichtigt bleiben, wurde nach einer objektiven, elektrischen Messmethode gesucht und ein Messsystem entwickelt, das in einem möglichst genau begrenzten Gebiet aufgrund der von den Blitzentladungen abgestrahlten Felder, die mit Hilfe einer elektrischen Antenne und einem selektiven Empfänger registriert werden, die jährliche Blitzdichte zu bestimmen erlaubt.

Vom Hochspannungsinstitut der Technischen Hochschule Darmstadt wurde Anfang der 1960er Jahre, basierend auf einem Vorschlag von E. T. Pierce und R. H. Golde, ein Zählernetz in der Bundesrepublik Deutschland errichtet (Lit. 1-18). Hierbei wurde aus dem mit einer 5 m hohen Horizontalantenne aufgefangenen elektrischen Blitzfeld eine Frequenz von 500 Hz ausgesiebt und beim Überschreiten eines Schwellwertes von 5 V/m ein Zählwerk geschaltet (Bild 1.1.8a). Aus sorgfältigen Analysen resultierte ein Einzugsbereich eines solchen Zählers um 1000 km².

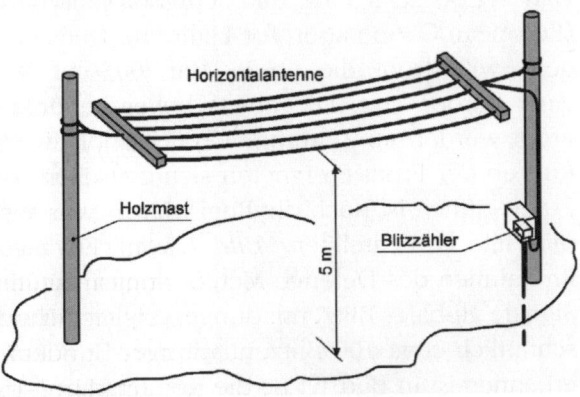

Bild 1.1.8a: Anlage zur Blitzzählung

Weitere Zählerstationen wurden unter Federführung der CIGRE (International Conference on Large High Voltage Electric Systems) in Finnland, Schweden, Norwegen, Dänemark, Großbritannien, Italien, Polen und der Tschechoslowakei in größerer Zahl aufgestellt, flankiert von Messungen in Zentral- und Südafrika, Japan, Australien, Indien, Singapur und Neuseeland, wobei die Horizontalantennen z.T. durch vertikale Stabantennen identischer Sensitivität ersetzt wurden. Aus den mehrjährigen Messungen ergab sich unter anderem, dass in Mitteleuropa mit einigen Blitzeinschlägen je km^2 und Jahr zu rechnen ist.

An die Stelle der Blitzzählungen der 1960er Jahre sind Ende der 1970er Jahre großräumig angelegte Blitzortungssysteme getreten, die in Lit. 1-19 charakterisiert werden. Es gibt drei Grundprinzipien für derartige Ortungssysteme:

Bei der *Magnetfeld-Peilmethode* werden mindestens drei richtungsselektive, magnetische Antennen (MDF: magnetic direction finder) im Abstand von typisch einigen 100 km aufgestellt und über Datenleitungen mit einer zentralen Messwertverarbeitungs-Anlage verbunden. Unter idealen Bedingungen treffen sich die Peillinien der Stationen im Punkt des Blitzeinschlags.

Bei der *Laufzeit-Methode* wird mit mindestens drei richtungsunabhängigen elektrischen Antennen gemessen, wobei die in einer Zentralstation erfassten Zeitunterschiede zwischen dem Eintreffen der Signale an den einzelnen Antennen (etwa 0, 1 bis 1000 µs) als Kriterium für die Ortung dienen (TOA: time of arrival).

Ein in Frankreich entwickeltes System (SAFIR) basiert auf einer *interferometrischen Messung* im VHF/UHF-Bereich. Hier werden die Phasenverschiebungen zwischen den einzelnen Antennen eines gebündelten Antennenfelds zur Richtungspeilung verwendet. Mit den Peilungen von mehreren derartigen Antennenfeldern ist dann wiederum eine Blitzortung möglich.

Bild 1.1.8b zeigt eine mit dem Europäischen Verbundsystem EUCLID (European Cooperation for Lightning Detection) registrierte, großräumige Gewitterfront, die am 26. Mai 2003 von West nach Ost über nahezu ganz Europa zog. Die etwas helleren Punkte an der Vorderseite der Front wurden im Zeitraum 12:00 Uhr bis 24:00 geortet, die dunklen im Rücken der Front ereigneten sich zwischen 00:00 Uhr und 12:00 Uhr.

Zu erwähnen ist noch die Registrierung der weltweiten Gewittertätigkeit mit Hilfe von Satelliten (*Bild 1.1.8c*). Etwa von 1977 bis 1982 wurden im Rahmen des Defence Meteorological Satellite Program die optischen Signale globaler Blitzentladungen aufgezeichnet. Hieraus wurden durchschnittlich etwa 100 Blitzentladungen je Sekunde gefolgert. Deutlich zu erkennen ist in Bild 1.1.8c die Konzentration von Blitzen über Kontinen-

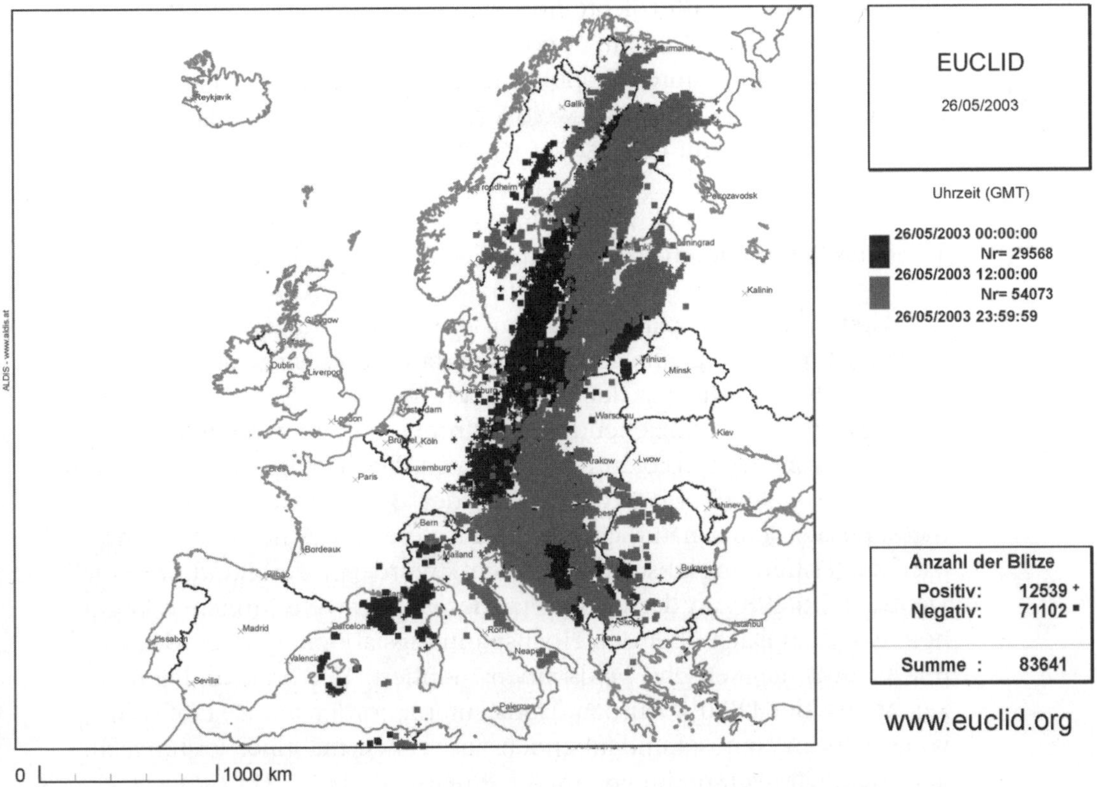

1.1 Geschichte der Blitzforschung 29

Bild 1.1.8b: Von Westen nach Osten über Europa ziehende Gewitterfront (Quelle: EUCLID)

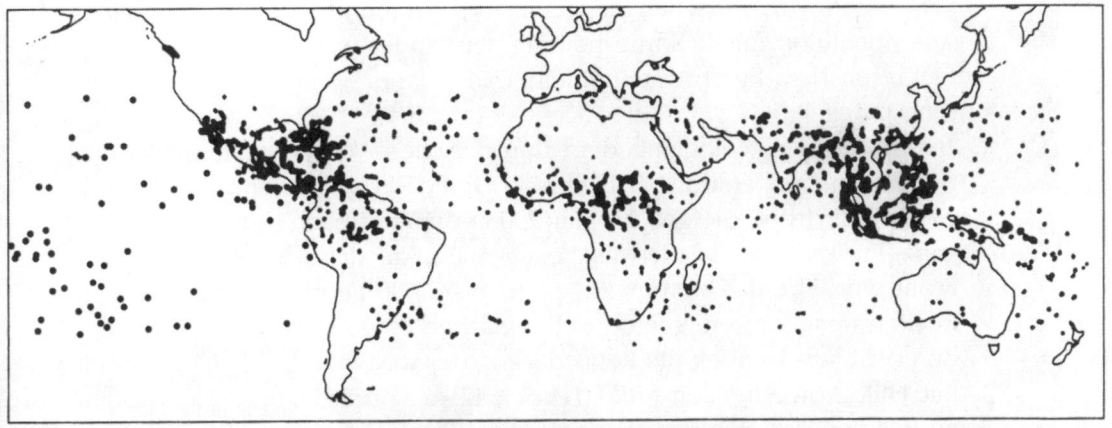

Bild 1.1.8c: Etwa 1000 Nachtgewitter, wie sie von einem Satelliten beobachtet werden

ten und Inseln. Die Blitzdichte über den Meeren ist etwa um den Faktor 5 bis 10 geringer. Mit dem Ionosphere Sounding Satellite B wurden Anfang der 1980er Jahre die elektromagnetischen Störimpulse von Blitzen registriert und hieraus weltweit auf etwa 300 Entladungen je Sekunde geschlossen. (Lit. 1-20).

1.1.9 LEMP-Messungen

Die Lightning Electromagnetic Impulses (LEMPs) haben seit Ende der 1970er Jahre ein ungeahntes Interesse erfahren – insbesondere im Hinblick auf die Gefährdung der in atemberaubendem Tempo in alle technisierten Bereiche einziehenden Elektronik mit ihren gegen Blitzstörungen besonders sensiblen Komponenten. Deshalb ist die Erforschung der LEMPs weltweit ein aktuelles Ziel der Blitzforschung. Mit der Vermessung der Felder natürlicher Blitze im Bereich des hörbaren Donners (der zur Entfernungsabschätzung dient) wurde in der Bundesrepublik Deutschland 1983 an der Universität der Bundeswehr München begonnen. Auf dem Dach über den Hochspannungslaboratorien wurden elektrische und magnetische Feldsonden montiert. Zur breitbandigen Aufzeichnung der LEMPs wurden Transientenrekorder mit Zeitauflösungsvermögen im Nanosekundenbereich zusammen mit einer leistungsfähigen Messdatenverarbeitungs-Anlage eingesetzt (Lit. 1-21, *Bilder 1.1.9a und b*). Von ähnlichen, modifizierten LEMP-Messungen wird inzwischen aus vielen Ländern berichtet.

Bild 1.1.9a:
Messdatenerfassungs-Anlage in der LEMP-Messstation der Universität der Bundeswehr München

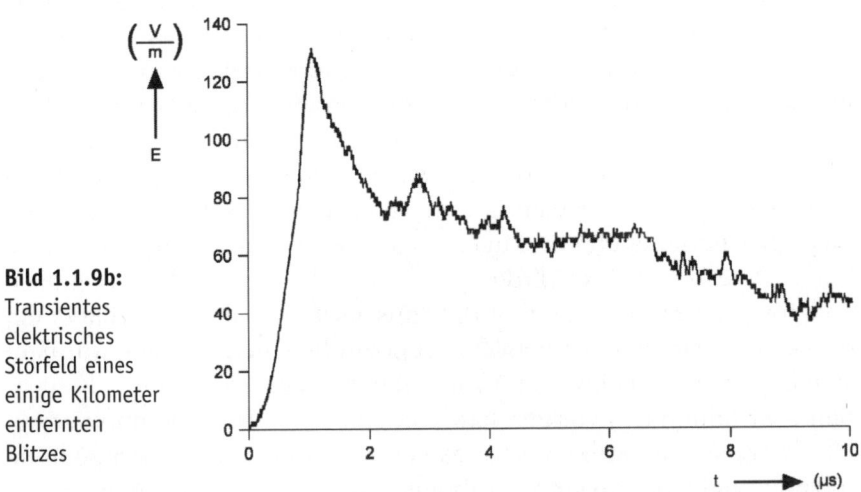

Bild 1.1.9b: Transientes elektrisches Störfeld eines einige Kilometer entfernten Blitzes

1.1.10 Nachbildung der Blitzentladung im Laboratorium und Modellversuche zur Schutzraumbestimmung

In den letzten Jahrzehnten des 18. Jahrhunderts war es zur Mode geworden, zur Unterhaltung und Belehrung das Blitzgeschehen in Experimentierkabinetten darzustellen. So beschreibt 1781 der Hamburger Kaufmann und Senator Nikolaus Anton Johann Kirchhoff eine Vorrichtung,

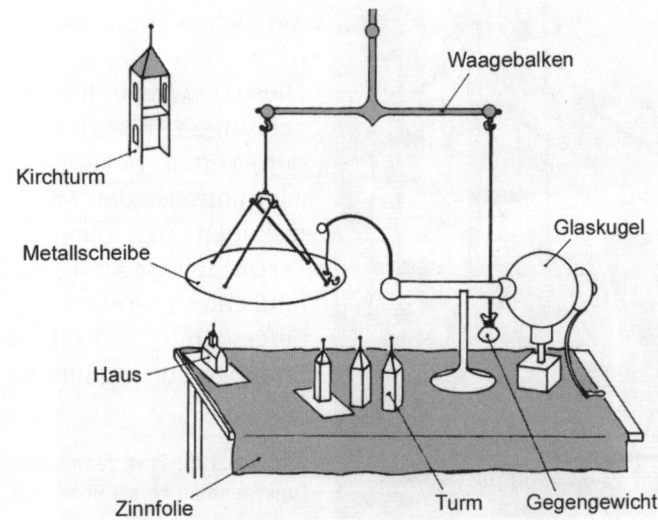

Bild 1.1.10a: Blitzexperiment nach N.A.J. Kirchhoff

die die zwischen Erde und Gewitterwolke entstehende elektrostatische Anziehungskraft sowie die Nützlichkeit eines Blitzableiters beweisen sollte. Hierzu wurden auf einem mit Zinnfolie beklebten Tisch aus Karton gefertigte Türme oder eine Kirche und ein Haus aufgestellt (*Bild 1.1.10a*). Die Gewitterwolke wurde durch eine metallene Scheibe nachgebildet, die – an einem drehbaren Waagebalken befestigt – mit einem Gegengewicht im Schwebezustand gehalten wurde. Sobald diese Scheibe mit einer geriebenen Glaskugel aufgeladen worden war, näherte sie sich den Objekten auf der „Erde" und wurde dazu gebracht, »vorzüglich auf hervorragende Körper einen Blitz auszuschiessen«. Wurde dabei ein Turm ohne Wetterableiter getroffen, entzündete sich die mit warmem Weingeist getränkte Leinwand im Inneren des Turmes.

In den 30er Jahren des vorigen Jahrhunderts setzte man die nun verfügbaren Marx'schen Stoßspannungs-Generatoren für experimentelle Schutzraumuntersuchungen im Laboratorium ein, um die durch Freileitungserdseile oder Blitzfanganordnungen auf Gebäuden zu gewährleistenden einschlaggeschützten Bereiche zu bestimmen. Bei diesen Generatoren werden Kondensatoren parallel aufgeladen und dann über Funkenstrecken schlagartig in Serie geschaltet, sodass Stoßspannungen bis in den Millionen-Volt-Bereich erreicht werden, mit denen sich (*Bild 1.1.10b*) Funken von einigen Metern Länge erzeugen lassen. Werden diese Stoßspannungen an einem Metallstab als Nachbildung des erdnahen Blitzkanals gelegt, können an geerdeten Modellen bei der Funkenentladung die möglichen Blitzeinschlagpunkte beobachtet werden.

Diese Versuche haben gegenüber Beobachtungen natürlicher Blitzentladungen den Vorteil beliebiger Wiederholbarkeit, allerdings ist der Maßstabsfaktor ein viel diskutiertes Problem geblieben. Professor Anton Schwaiger hatte seine 1936 veröffentlichte Theorie über die neuartige, im Querschnitt viertelkreisförmige Schutzraumbegrenzung aus Stoßspannungs-Fun-

Bild 1.1.10b: Etwa zehn Meter lange Funkenentladung als Blitzsimulation (Japan)

kenentladungen abgeleitet, wobei er davon ausging, dass sich der Blitzkanal, bevor er sich für den Einschlagort entscheidet, im ungünstigsten Fall bis auf die Höhe einer beliebigen Fanganordnung der Erde nähert. Damit war der bis dahin postulierte kegel- oder keilförmig begrenzte Schutzraum in Frage gestellt.

Die Modellversuche zur Schutzraumbestimmung wurden fortgesetzt von Akopian (1937), Matthias (1939), Wagner (1942), Drexler (1961), Bazelian (1967), Dertz (1969) und Rühling (1972), in dessen Dissertation (Lit. 1-22) sich eine ausführliche Darstellung der Historie dieses Gebietes findet.

1.1.11 Simulation des Blitzstroms im Laboratorium

Bei den Entladungen von Stoßspannungs-Generatoren oder auch elektrostatischen Generatoren können zwar visuell blitzähnliche Funken erzeugt werden, diese führen aber nicht die starken Stoßströme der natürlichen Blitze. Die Stoßströme mit Scheitelwerten in der Größenordnung von 100 kA, dem Ladungstransfer in der Größenordnung von mehreren 10 As und dem spezifischen Energieinhalt in der Größenordnung von einigen MJ/Ω werden mit Stoßstrom-Generatoren erzeugt, die aus parallel geschalteten Kondensatoren bestehen. Diese werden zunächst auf Spannungen um 100 kV aufgeladen und dann schlagartig über eine Funkenstrecke in die Prüfobjekte entladen.

Den ersten leistungsfähigen Blitzstrom-Generator hat wohl E. B. Steinmetz im Jahre 1921 erstellt. Er lud eine Kondensatorbatterie, bestehend aus 200 metallisierten Glasplatten, mittels eines Hochspannungs-Transformators und einer Gleichrichterröhre auf eine Spannung von 120 kV auf, um sie dann über eine Zündfunkenstrecke auf verschiedene Prüfobjekte zu entladen, die folglich von einem schwingenden Stoßstrom durchflossen wurden. Im Winter des Jahres 1922 konnte Steinmetz einer Gruppe, der auch Thomas A. Edison angehörte, sehr wirkungsvoll demonstrieren, wie durch den künstlichen Blitzstrom ein Baumstück zertrümmert wurde.

Das gleiche Prinzip verwandten auch P. L. Bellaschi und S. W. Roman im Jahre 1934 für ihre Stoßstrom-Versuche. Sie schalteten die Kondensatoren eines Marxgenerators parallel, sodass sich eine Kapazität von etwa 15 µF ergab, und luden diese auf 75 kV auf. Sie erreichten am Prüfling einen mit etwa 20 kHz schwingenden Stoßstrom mit einem Maximalwert um 100 kA. Die Versuche dienten zur Untersuchung von Schmelz- und Verdampfungs-Erscheinungen sowie von Formänderungen an Leitern, Oberflächenzerstörungen an Elektroden, mechanischen Zerstörungen und magnetischen Wirkungen.

Die heute gebräuchlichen Stoßstrom-Generatoren sind nach dem gleichen Grundprinzip wie die beiden oben beschriebenen Generatoren aufgebaut. Ihr wesentlichstes Element sind ein elektrischer, d. h. kapazitiver Energiespeicher. Durch die Einführung der „Crowbar"-Technik (siehe Kapitel 15.2.4) konnte eine Ladungsvervielfachung erreicht werden, die eine erheblich bessere Ausnutzung des Energiespeichers ermöglicht.

Die derzeit leistungsfähigste Anlage in Deutschland befindet sich im Hochspannungslaboratorium der Universität der Bundeswehr München (*Bild 1.1.11a*). Hiermit lassen sich weit überdurchschnittliche Blitzstoßströme erzeugen, die in ihrem zeitlichen Verlauf den natürlichen Blitzen angeglichen sind und in ihren Wirkungsparametern nur von weniger als 1 % der natürlichen Blitze übertroffen werden. Diese Anlagen sind heute unverzichtbar für die Entwicklung und das Testen von Komponenten in Blitzschutzanlagen. Ausschmelzungen an Tanks oder Flugzeugblechen können ebenso ermittelt werden wie die zum zerstörungsfreien Führen des Blitzstroms notwendigen Drahtquerschnitte von Blitzableitern.

Eine besondere, Anfang der 1980er Jahre erarbeitete Testprozedur ist es, einen Stoßstrom-Generator auf ein Gebäude aufzusetzen und so einen, wenn auch schwachen, Blitzeinschlag zu simulieren (*Bild 1.1.11b*). Somit können insbesondere die vielfältigen elektromagnetischen Störungen im Gebäude vermessen und analysiert werden. Da aber hier

Bild 1.1.11a: Stoßstrom-Generator (Hochspannungslaboratorium der Universität der Bundeswehr München)

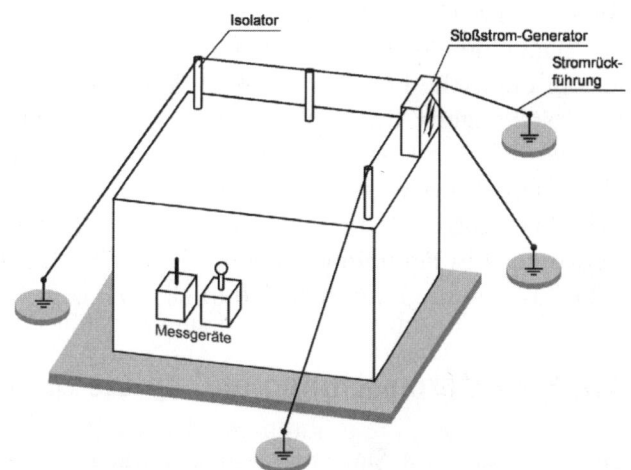

Bild 1.1.11b:
Simulation eines Blitzeinschlags in ein Gebäude

die für die Blitzschutztechnik nicht annähernd anzusetzenden, extremen Blitzströme in ihrer vollen Höhe erzeugt werden können, müssen die Messergebnisse entsprechend hochgerechnet werden.

1.2 Geschichte des Blitzschutzes

Lange bevor die elektrische Natur des Blitzes erkannt wurde, gab es Berichte über die wundersame Schutzwirkung von Metallhüllen vor Funken und Blitzen. So wird in der Legende der jüdische Gesetzgeber Moses (um 1300 v. Chr.) als „Experimentator" geschildert, der einen großen Kondensator mit atmosphärischer Elektrizität geladen habe, der unter anderem dazu diente, Strafen durch Entladungsschläge zu verabreichen. An besonderen Feiertagen ließ sich Moses mit der vergoldeten Bundeslade, in einem Metallkäfig sitzend, an dem geladenen Kondensator vorbeitragen. Die überschlagenden Funken konnten ihm nichts anhaben.
Josephus Flavius (37 bis 100 n. Chr.) berichtet in seiner „Geschichte der Juden", dass der Salomonische Tempel eine Konstruktion gewesen sei, deren Außenwände und Dach mit Goldplatten reich verziert gewesen sind. Das Regenwasser wurde vom Dach durch zahlreiche Metallröhren in Zisternen abgeleitet. Obwohl der Tempel für Blitzeinschläge besonders exponiert stand, ist in der Zeit seines Bestehens von 925 bis 587 v. Chr. kein einziger Blitzschaden aufgetreten.

1 Historie der Blitzforschung und des Blitzschutzes

Als dann im 17. Jahrhundert die ersten Vermutungen auftauchten, dass der Blitz eine elektrische Entladung sei und ein halbes Jahrhundert später der englische Physiker Stephen Gray (1670 bis 1736) als erster Leiter von Nichtleitern unterschied, dauerte es nicht mehr lange, bis der Physikprofessor Heinrich Winkler (1703 bis 1770) in Leipzig im Jahre 1753 Pläne für den Bau von Blitzableitern entwickelte. Ganz am Anfang des Blitzschutzes stehen die Namen von Prokop Divisch (1696 bis 1765) und Benjamin Franklin (1706 bis 1790). Einschlägige technik-geschichtliche Abhandlungen finden sich in Lit.1-1, Lit. 1-7 und Lit. 1.-22 bis 1-25.

1.2.1 Wettermaschinen und spitze Stangen

Der amerikanische Staatsmann und Schriftsteller B. Franklin (Lit. 1-5) hat 1749 elektrische Spitzenentladungen von etwa 6 cm Länge gegenüber einem elektrisch geladenen 3 m langen Rohr, das mit Goldpapier beklebt und an Seidenschnüren isoliert aufgehängt war, untersucht.

Der böhmische Prämonstratenser-Mönch und Naturforscher P. Divisch (Lit. 1-25) führte fast gleichzeitig Untersuchungen über Spitzenentladungen aus. Die hierbei gewonnenen Erkenntnisse wendete er 1754 zum Bau einer „Wettermaschine" (*Bild 1.2.1 a*) an. Sie bestand im Wesentlichen aus einer Anordnung von 216 Spitzen, die auf einem Holzgestell von rund 14 m Höhe (später rund 40 m) auf freiem Felde angeordnet waren. Die Spitzen standen über eine Kette mit der Erde in Verbindung. Die Anlage sollte die Gewitterwolke still entladen. Dies war der erste Versuch zur Installation einer Blitzschutzanlage in Europa.

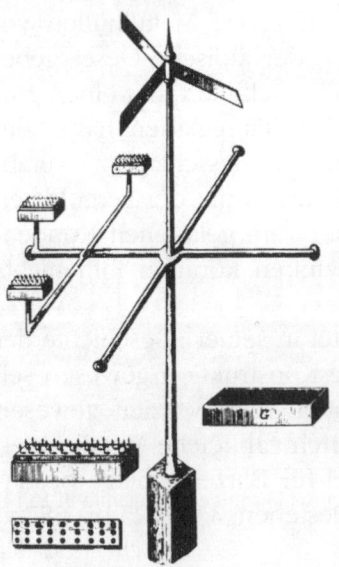

B. Franklin zog aus seinen Modellversuchen 1750 die Folgerung: Häuser, Kirchen und Schiffe sollen auf ihren höchsten Stellen mit scharf zugespitzten Stangen versehen und außerhalb der Gebäude mit der Erde durch einen Draht verbunden werden; bei Schiffen soll ein Draht entlang den Wanten herunter zum Wasser geführt werden.

Man glaubte, mit den von Spitzen ausgehenden Koronaentladungen die Gewitterwolken entladen zu können, bevor es zu Blitzentladungen kam.

Bild 1.2.1a: Wettermaschine von P. Divisch

1.2.2 Geerdete Fangstangen

Erst 1755 sprach B. Franklin nachdrücklich aus, dass der Zweck der spitzen Stangen nicht nur die stille Entladung einer Wolke sei, sondern auch den Blitz aufzufangen und gefahrlos zur feuchten Erde abzuleiten. Die Anweisung zwei Jahre vorher, längere Häuser durch zwei Spitzen von 6 bis 8 Fuß Länge (1,8 m bis 2,5 m) und einen verbindenden Firstdraht zu schützen, lässt erkennen, dass Franklin schon damals den begrenzten Schutzbereich einer Fangstange erkannte.

Im Jahre 1760 wurde auf dem Haus des Kaufmanns West in Philadelphia die vermutlich erste Franklin'sche Fangstange errichtet. Bei einem bald darauf erfolgten Einschlag wurde lediglich ein Teil der Stange abgeschmolzen. Ein sehr überzeugender Beweis – so schrieb ein Mitarbeiter Franklins – für die große Nützlichkeit dieser Methode, die schrecklichen Folgen eines Blitzschlags zu vermeiden. Noch im gleichen Jahr bekam der von Smeaton gebaute Edystone-Leuchtturm bei Plymouth den ersten Franklin'schen Blitzableiter Europas (*Bild 1.2.2a*). Bei der Bedeutung, die Franklin der Nützlichkeit seiner eisernen Stangen für die Sicherheit der gefährdeten Schifffahrt seiner Zeit beigemessen hat, ist verständlich, dass vor allem Leuchttürme und später auch Schiffe mit Franklin'schen Ableitern ausgerüstet worden sind.

Ereignisreich war die Blitzhistorie des Campanile di San Marco in Venedig bis zum Einbau einer Franklin'schen Fangstange im Jahre 1766.

Bild 1.2.2a: Franklin'scher Blitzableiter am Edystone-Leuchtturm

Bild 1.2.2b: Blitzeinschlag in den Campanile di San Marco in Venedig

Seit 1388 wurde der Campanile neunmal vom Blitz getroffen (*Bild 1.2.2b*) und wiederholt erheblich beschädigt.

In Deutschland forcierte der Hamburger Arzt J.A.H. Reimarus (Lit. 1-26 und 1-27) den Einsatz von Blitzableitern; 1769 wurde der erste „Wetterableiter" auf der Sankt-Jakobi-Kirche in Hamburg errichtet. Im selben Jahr ließ der Augustiner-Abt. J. I. von Felbinger (1724 bis 1788) auf der Stadtpfarrkirche in Sagan in Niederschlesien „einen Eisendraht an der Turmspitze befestigen und zu einer großen Eisenplatte in einem tiefen Loch am Fuße des Turmes führen".

In München bekam das Gasthaus „Schwarzer Adler" des Weinwirts K. Albert im Jahre 1776 den ersten Gebäude-Blitzableiter, veranlasst von dem geistlichen Rat und Gelehrten P. von Osterwald. Im Frühjahr 1798 erhielt das Anwesen des Dichters F. von Schiller in Jena einen Ableiter von seinem fortschrittlichen Verleger Cotta gestiftet.

1.2.3 Erste Blitzschutz-Richtlinien in Deutschland

J. A. H. Reimarus (Lit. 1-26) veröffentlichte 1769 die erste ausführliche Ursachenbeschreibung von Blitzeinschlägen. Auf Veranlassung der Chur-Bayerischen Akademie der Wissenschaften in München stellte Ph. P. Guden (Lit. 1-28) Blitzschutzrichtlinien zusammen, für die er mit einer Goldmedaille ausgezeichnet wurde.

1778 veröffentlichte der Philosoph und Experimentalphysiker G. Ch. Lichtenberg (Lit. 1-29) seine „Verhaltungs=Regeln bei nahen Donnerwettern". Er empfiehlt Auffangstangen aus Eisen oder Kupfer mit vergoldeten Spitzen. Die Ableitung soll in einen See, Sumpf oder in das Grundwasser geführt werden oder, wenn das nicht möglich ist, soll die Ableitung etwa 2 m tief im Erdreich strahlenförmig enden (*Bild 1.2.3a*).

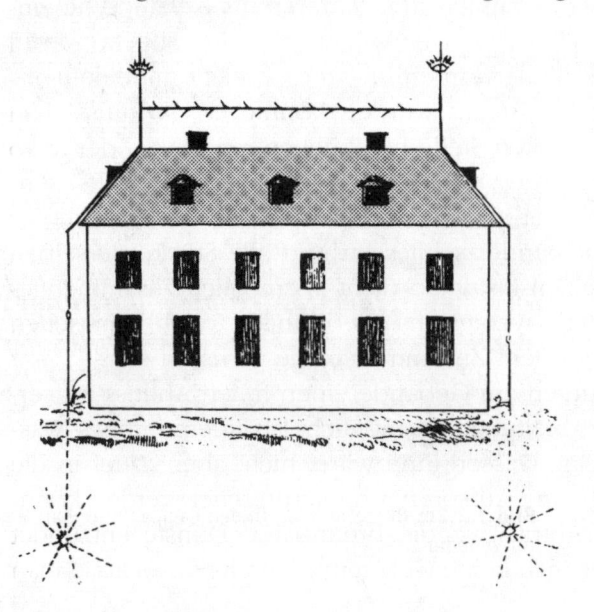

Bild 1.2.3a: Gebäude-Blitzschutzanlage nach G. Ch. Lichtenberg

1.2 Geschichte des Blitzschutzes

J. A. H. Reimarus (Lit. 1-27) gab dann 1794 die ersten „Vorschriften zur Blitzableitung" heraus, in denen z. B. gefordert wird:
„Es ist also fürs Erste die ganze First, bis über die Enden hin, wie auch die am Dache befindlichen Hervorragungen, Schornsteine, Frontispitzen, Thürmchen, hochgelegene hervorstehende Altane, und dgl. mit zusammenhängenden Metalle zu bedecken, damit der Blitz, wenn er irgend eine dieser Stellen träfe, allenthalben eine sichere äussere Ableitung finde. Dies geschieht am füglichsten mittelst eines Bleystreifens, der, nach Beschaffenheit des Gebäudes, 3 bis 6 Zoll breit seyn kann.
Eine Stange auf dem Gebäude aufzurichten, ist nicht unumgänglich erfordert, weil der Blitz, wie die Erfahrung lehrt, auch ohne dieselbe, sonder Schaden, die oben und an den Enden befindlichen Bleystreifen trifft und daran herunter fährt.
Die ganze Strecke der Ableitung muss, wo möglich, von oben bis unten aussen am Gebäude herab geführt werden ... Streifen von Bley oder Kupfer, die etwa 3 bis 6 Zoll breit seyn können, sind zur Ableitung am dienlichsten. Die Stücke derselben werden beym Bley nur mit einer einfachen Falze zusammengetrieben; beim Kupfer aber entweder durch eine einfache Falze vernietet oder mit einer doppelten Falze in einander gelegt ... Das Metall kann übrigens nicht allein an Steinen, sondern auch an Holz, wenn es nur gesund und nicht mulmig ist, dicht anliegen und mit Nägeln befestigt werden; weil der Blitz daran, wenn nur die äußere Seite frey ist, ohne Beschädigung der darunter gelegenen Theile herabfährt.
Eine besondere Aufmerksamkeit ist noch darauf zu wenden, ob der Blitz auch einen Nebenweg nehmen und dadurch ins Gebäude hineinfahren könne. Dies geschiehet ..., wenn irgendwo eine Strecke Metall auf eine ziemliche Länge niederwärts führt, und ... leicht mit einem abspringendem Nebenstrahle erreicht werden könnte, ..., so muss man den Ableiter an einer entfernten Stelle herabgehen lassen, ... oder ... so müsste eine Verbindung mit der Ableitung ... nicht bloss oberwärts, sondern auch nach unten zu, verbunden werden ... Die ganze Strecke der Ableitung muss wohl aneinander schliessen und alle Stücke derselben durch Löthen, Nieten, Falzen u.s.w. so dicht als möglich zusammengefügt seyn ... Auch sollte man wenigstens alle Frühjahr...wohl nachsehen lassen, ob irgend etwas an dem Zusammenhange zerrissen sey.
Um endlich dem Strahl unten am Gebäude einen freien Abfluss zu verschaffen, führe man die Ableitung, wo möglich, bis in ein offenes Wasser, wenn es auch nur eine Gassenrinne wäre: nicht aber ... tief in die Erde hinein, als wodurch eine Aufsprengung verursachet werden könnte, auch nicht in einen Abtritt, wo die brennbaren Dünste entzündet werden könnten. ... Wenn sich keine Gelegenheit findet ..., so lasse man

den Ableiter nur eben an der Oberfläche, doch so, dass er die bloße Erde berührt, mit einem etwa einem Fuß lang abstehenden Winkel aufhören."

Weiterhin werden von J. A. H. Reimarus beschrieben: Ableitungen an Kirchen, Pulvermagazinen, Strohdächern, Windmühlen, Krahnen, Schilderhäusern, Schäferkarren, Gutschen und Reisewägen und Schiffen.

Erst seit Mitte der 1770er Jahre begann man sich auch in Süddeutschland für die nützliche und unersetzliche Erfindung des „Wetterableiters" zu interessieren. In Johann Jakob Hemmer (Lit. 1-30 bis 1-32), dem Leiter des 1776 eingerichteten kurfürstlichen physikalischen Kabinetts in Mannheim, fand sich ein damals weit über die Grenzen Deutschlands hinaus bekannter Wissenschaftler, der engagierter Befürworter des „Wetterableiters" war und findiger Techniker dazu. Durch zahlreiche Versuche, Gutachten und seine für 20 Kreuzer selbst bei Pfarrern erhältliche Erläuterungsschrift, in der dargestellt wird, wie „Wetterableiter an allen ... Gebäuden auf die sicherste Art anzulegen" seien (Lit. 1-32), bemühte er sich um die Vertiefung und Verbreitung seines Wissens. Dank der Aufgeschlossenheit Kurfürst Carl Theodors wurde noch in den späten 1770er Jahren begonnen, nach und nach „die öffentlichen Gebäude des Staates, der Kirche und der Gemeinheiten" (Rathäuser), nicht zu vergessen auch die Pulvermagazine und viele Adelssitze, mit „Wetterstangen" zu versehen. Es handelte sich also um Gebäude, die wegen ihrer exponierten Lage und ihrer herausragenden Größe, aber auch wegen ihrer Bedeutung oder ihres Wertes besonders gefährdet bzw. schützenswert waren.

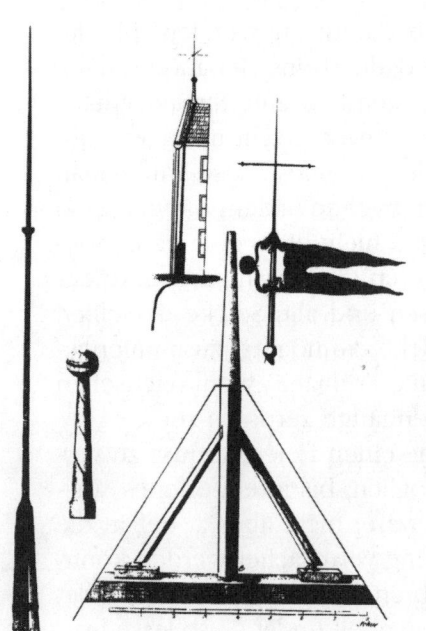

Dank J. J. Hemmers exakten Angaben und verschiedenen Bildtafeln (*Bild 1.2.3b*) in seinen Abhandlungen war es jedem Schmied in Zusammenarbeit mit einem Schlosser möglich, Blitzableiter nachzubauen. Es wird überliefert, dass er sogar mehrfach Hausmodelle mit meist zwei minuziös ausgestalteten Wetterstangen und zugehörigem Ableitungssystem angefertigt hat, da er wegen Überlastung nicht allen Aufträgen von auswärts an Ort und Stelle nachkommen konnte.

Bild 1.2.3b: Wetterableiter nach J.J. Hemmer

1.2 Geschichte des Blitzschutzes

Als erster unter den deutschen Fürsten beschloss der bayerische Kurfürst Karl Theodor, die „Wetterableiter" in seinem Lande einzuführen. Er wollte zuerst die Münchner Residenz und dann das Sommerschloss Nymphenburg damit ausrüsten. Dies gelang aber nur unter Waffenschutz, weil sich die Bevölkerung widersetzte. Ein Fortschritt der Gesinnung trat erst ein, als im Jahre 1785 das kurpfälzisch-bayerische Intelligenzblatt melden konnte: „In Weyarn (Oberbayern) ... brach den 5ten dieses nach halbe 8 Uhr abends ein fürchterliches Gewitter aus ... Gleich die ersten zween Blitzstreiche treffen in einem Zwischenraum von etwa 3 Minuten den ... in dem Turme im vorigen Herbstmonat aufgerichteten Ableiter ...." Das Kloster blieb unbeschädigt.

Jetzt gelang es dem Kurfürsten, die „Bayerische Allgemeine Feuerordnung" von 1791 zu erlassen. Einer der dort verankerten Paragraphen empfahl dringend, „zur menschenmöglichen Abwendung des Unglücks durch Blitzstrahlen nach und nach wenigstens auf den Hauptgebäuden, Kirchen, Schlössern, Klöstern, Ratshäusern und dergleichen Orten von geschickten, und in Sachen genügsam erfahrenen Leuten Wetter-Ableiter aufzustellen, und ist der unfehlbare große Nutzen von den Ortbeamten und Pfarrern dem Volk begreiflich zu machen."

Langsam aber stetig erkannten alle Länder und insbesondere alle Feuerversicherungs-Anstalten den Nutzen der Blitzableiter-Anlagen. Als Beispiel sei Württemberg genannt, wo der Bergrat Dr. Hehl 1827 vom königlichen Innenminister den Auftrag erhielt, eine Bauanleitung zu verfassen und sich um entsprechende Werbung zu kümmern. Im Jahr 1782 war in Hohenheim der erste Blitzableiter gebaut worden. 1827 hatten im ganzen Königreich schon 1253 einzelne Gebäude Blitzableiter-Anlagen, davon in Stuttgart allein 392. Die Blitzableiter wurden jährlich überprüft. Als Schutzraum wurde ein Kreis mit einem Radius von 40 Fuß (etwa 12,5 m) um jede Auffangstange angesehen. Als Erdung diente je Ableitung ein Eisenstab, 4 bis 5 Fuß tief (etwa 1,3 m bis 1,7 m) senkrecht im Erdboden.

In Schleswig-Holstein entstanden die ersten Anlagen in den Jahren 1825 bis 1840 auf weichgedeckten Dächern, und zwar überwiegend in den Marschen der Landkreise Steinburg, Pinneberg und Dithmarschen. 1874

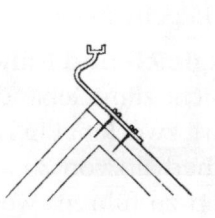

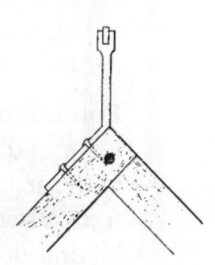

Bild 1.2.3c:
Blitzableitermaterial nach W. Holtz

gab es insgesamt 1182 Bauwerke mit Blitzschutz. 1874 wurde in Kiel die Landesbrandkasse gegründet, die im gleichen Jahre Blitzschutz-Richtlinien herausgab.

Den Stand der Blitzschutztechnik in der 2. Hälfte des 19. Jahrhunderts gibt am besten die Schrift des Dr. W. Holtz (Lit. 1-33) vom physikalischen Institut der Universität Greifswald wieder (*Bild 1.2.3c*), aus der nachfolgend zitiert wird.

Auffangstangen: „Ein guter Blitzableiter zieht den Blitz an. Der Schutzraum ist ein Kegel mit 45°, dessen Spitze mit der Spitze der Auffangstange zusammenfällt. Die wesentlichsten zu schützenden Punkte sind die unteren Dachecken, die Firstenden und was den First überragt. Jeder der genannten Punkte darf von der nächsten Auffangstange, von deren nach unten gedachten Verlängerung in horizontaler Richtung, keinen größeren Abstand haben, als selbiger Punkt, vertikal gemessen, unter der Spitze der Stange liegt. Bei gewöhnlichen Gebäuden reichen in der Regel zwei Stangen."

Ableitung: „Scharfe Biegungen sind zu vermeiden. Den Grad einer Biegung bezeichnet man am besten durch die Größe eines Kreises, der sich eben noch in eine solche Biegung einfügen lässt. Dessen Durchmesser darf 40 cm nicht unterschreiten. – Die Leitung muss vom Gebäude und namentlich von dessen metallenen Teilen durch Stützen aus Holz entfernt gehalten werden. Leiterdicke (am besten massiver Kupferdraht) 6 mm. Wo nur eine Auffangstange vorhanden ist, muss die Dicke 7 bis 8 mm betragen, auch bei höheren Kirchtürmen. Leitungsverbindungen sind in Löthülsen herzustellen. – Es sind mindestens 4 Ableitungen zu wählen, je eine an jeder Hausecke."

Erdung: „Das untere Ende der Ableitungen ist dahin zu führen, wohin der Blitz am ehesten trachten würde. Hauptanziehungspunkte sind in absteigender Linie:

a) Gas- und Wasserleitungsrohre
b) größere Gewässer, wie Seen, Flüsse, Kanäle, aber auch Gräben, welche mit größeren Gewässern in Verbindung stehen
c) Teiche, Brunnen und allgemein das Grundwasser, wenn es nicht über 10 bis15 m tief steht
d) Die vom Regenwasser vorzugsweise getränkten Stellen der Erde."

Potentialausgleich und Näherungen: „Ein Anschluss an eine Wasserleitung, die nicht zum Gebäude gehört, aber innerhalb von 10 m davon entfernt ist, ist zweckmäßig. Ist die Wasserleitung mehr als 20 m entfernt, aber innerhalb von 20 m ein größeres Gewässer, dann ist die Ableitung dorthin zu führen. Wenn beides fehlt, aber innerhalb von 20 m

ein Teich oder Brunnen ist, dann soll die Ableitung dort enden. Fehlt auch diese Möglichkeit, dann sollte die Ableitung ins Grundwasser verlegt werden. Schließlich verringern auch Erdplatten den Widerstand, besonders, wenn sie von Wasser benetzt werden. Bei Kupferleitungen muss auch die Platte aus Kupfer sein: 0,5 m² groß, 2 mm dick.
Verbindung der Ableitung mit Gebäude-Metallteilen ist soweit wie möglich zu beschränken. Teile, die nur im Inneren des Hauses liegen, sind nicht anzuschließen. Bei Fabriken sind geerdete Metallteile, die weit in die Höhe reichen, z. B. Träger, Eisengerüste, anzuschließen. Metallbedachung ist anzuschließen. Größere Teil-Metallbedachung ist mit der Regenrinne zu verbinden."

1.2.4 Gründung und Entwicklung des ABB

Am 18. Januar 1871 wurde das zweite deutsche Kaiserreich gegründet; damit mussten Recht und Wirtschaft vereinheitlicht werden. Die Wirtschaft war daher bemüht, in allen technischen Bereichen reichseinheitliche Normen zu schaffen. In der Elektrotechnik tat sich dabei besonders der Elektrotechnische Verein zu Berlin hervor. Auf Anregung des Blitzableiterherstellers Siemsen aus Hannover wurde bei diesem Verein im Jahre 1885 ein „Unterausschuss zur Untersuchung der Blitzgefahr" gegründet. Den Vorsitz übernahm der Direktor der Sternwarte in Berlin, Geheimrat Foerster (Lit. 1-7 und 1-8).
Dem Unterausschuss gehörten als bedeutende Mitglieder an: der Begründer der Starkstromtechnik und Entdecker des dynamoelektrischen Prinzips, Werner von Siemens (1816 bis 1892); der Physiker und Physiologe, Universitätsprofessor in Berlin, Hermann Ludwig Ferdinand von Helmholtz (1821 bis 1894); der Professor an der Universität Breslau, Dr. Leonhard Weber; der Physiker und Professor an der Universität Berlin, Gustav Robert Kirchhoff (1824 bis 1887); der Professor an der Universität Kiel, Dr. G. Karsten; der Telegrafen-Ingenieur Professor M. Toepler; Professor von Bezold; Professor Neesen; ferner die Herren Aron, Brix, Dr. Holtz und Paalzow.
1886 wurde von diesem Unterausschuss „Die Blitzgefahr No. 1, Mitteilungen und Ratschläge betreffend die Anlage von Blitzableitern für Gebäude" erarbeitet und im Auftrage des Elektrotechnischen Vereins veröffentlicht (Lit. 1-34 und 1-35). Zur damaligen Zeit konkurrierten zwei grundlegende Prinzipien des Gebäudeblitzableiters:
- das Gay-Lussac'sche System
- das Melsens'sche System.

In der oben genannten Veröffentlichung heißt es dazu: „Zur Konstruktion eines nach den bisherigen Erfahrungen ausreichenden Blitzableiters gelangt man:

a) auf Grund der teils von Franklin selber, teils von Epp, Hemmer, Reimarus, Imhof u. a. gegebenen Vorschriften, welche im Jahre 1823 von Gay-Lussac zu einem von der Pariser Akademie der Wissenschaften veröffentlichten System ausgearbeitet wurden. Dasselbe ist dadurch charakterisiert, dass die Gebäude mit einer oder wenigen, dafür aber sehr hohen Auffangstangen armiert werden. Von denselben führen ebenfalls einige oder wenige, aber starke Leitungen gewöhnlich nur zu einer Stelle des unter oder neben dem Gebäude vorhandenen Grundwassers, mit welchem eine möglichst gut leitende Verbindung durch große räumlich ausgedehnte Flächen der Erdleitung gesucht wird

b) auf Grund des von Melsens in Brüssel angewandten und empfohlenen Systems. Dieses ist charakterisiert durch eine möglichste Vervielfältigung der einzelnen Teile des Blitzableiters, wodurch größerer Schutz vorspringender Gebäudeteile, eine Verzweigung des Blitzschlages und dadurch die Anwendbarkeit schwächerer und leichter zu verarbeitender Konstruktionsteile bewirkt wird. Die Auffangstangen werden bei Melsens durch niedrige, aber zahlreiche Spitzenbüschel ersetzt; die Luftleitung führt in vielfachen dünneren Strängen möglichst an allen Seiten des Gebäudes nach unten und die Verbindung mit dem Erdreich wird entweder auf allen Seiten des Gebäudes oder durch Anschluss an das weitverzweigte System der Wasser- und Gasleitungen zu erreichen gesucht. Ein Melsens'scher Blitzableiter nähert sich also einem das Gebäude umhüllenden Metallnetze, wenn die leitende Verbindung des Netzes der Leitungsdrähte mit der Bodenfeuchtigkeit eine hinlänglich widerstandslose ist."

Das Melsens'sche Prinzip, das damals bereits den heute als unverzichtbar erkannten Blitzschutz-Potentialausgleich beinhaltete – d. h. den Anschluss aller in ein Gebäude eintretenden metallenen Leitungen und aller größeren Metallteile im Gebäude an die Blitzschutzanlage –, hat sich inzwischen weltweit durchgesetzt.

Im Jahre 1918 wandelte sich der Unterausschuss des Elektrotechnischen Vereins zum selbständigen Ausschuss für Blitzableiter-Bau (ABB). 1922 löste sich der ABB vom Elektrotechnischen Verein in Berlin, wurde eine selbstständige Körperschaft mit eigenen Satzungen und richtete 1924 in Berlin eine eigene Geschäftsstelle ein. Aufgabe der ABB-Geschäftsstelle war die Herausgabe des Buches „Blitzschutz". Die 1. Auflage erschien

1924 und die 8. 1968 (Lit. 1-36). Im Jahre 1945 wurde der ABB auf Befehl der Besatzungsmächte aufgelöst.

Im Juli 1949 wurde in Wuppertal der ABB in Anwesenheit von Vertretern des Verbandes der Sachversicherer, des Hauptinnungsverbandes des Schlosser- und Maschinenbauerhandwerks, der Dynamit AG, des deutschen Vereins der Gas- und Wasserfachmänner, der Arbeitsgemeinschaft des Elektrohandwerks und der Kammer der Technik der damaligen sowjetischen Besatzungszone, in der es die Fachkommission 8a „Gebäudeblitzschutz" gab, neu gegründet.

Da der „neue" ABB nur in den drei westlichen Besatzungszonen tätig war, bezeichnete er sich als „Ausschuss für Blitzableiterbau für das vereinigte Wirtschaftsgebiet" (ABBW). Als Vorsitzender des ABBW wurde Professor H. F. Schwenkhagen gewählt, als Geschäftsführer Generaldirektor C. D. Beenken, Kiel, und als Vertreter des VDE der Leiter der Vorschriftenstelle, Dr. P. Jacottet, Frankfurt a. Main.

Der ABBW bemühte sich gleich nach seiner Neugründung, internationale Kontakte zu knüpfen. Im Jahre 1951 trafen sich in Bad Reichenhall der Professor der Eidgenössischen Technischen Hochschule, Dr. K. Berger, Zürich, der Leiter der staatlich autorisierten Versuchsanstalt für Geoelektrik und Blitzschutz, Dr. V. Fritsch, Wien, der Sektionsrat im österreichischen Bundesministerium für Handel, Dipl.-Ing. W. Kostelecky, Wien, und vom ABB Professor Dr. H.F. Schwenkhagen und Dipl.-Ing. P. Schnell. Dieses Zusammentreffen war die Geburtsstunde der Internationalen Blitzschutzkonferenzen (International Conference on Lightning Protection: ICLP).

Dem ersten Kreis gesellten sich später die Vertreter weiterer Länder hinzu: aus Dänemark E. Kongstad, aus Frankreich J. Fourestier, aus England R. H. Golde, aus Holland Quintus und T.G. Brood, aus Italien T. Riccio, aus Rumänien G. Dragan, aus Schweden D. Müller-Hillebrand und S. Lundquist, aus Jugoslawien Z. Krulc und aus Ungarn T. Horvath.

Im September 1977 wurden zwischen dem ABB und dem VDE ein Kooperationsvertrag geschlossen. Der ABB nannte sich nunmehr „Arbeitsgemeinschaft für Blitzschutz und Blitzableiterbau". Im selben Jahr konstituierte sich das DKE-Komitee K 251 „Errichtung von Blitzschutzanlagen" der Deutschen Elektrotechnischen Kommission im DIN und VDE. Im Jahr 1978 wurde in Darmstadt ein Wissenschaftlicher Beirat der ABB gegründet, dem Prof. Dr. J. Wiesinger, Prof. Dr. W. Boeck, Dr. A. Fischer, Prof. Dr. Mühleisen und Prof. Dr. H. Steinbigler angehörten.

Die Zusammenarbeit zwischen der ABB und dem VDE erfolgte durch Ausarbeitung von Blitzschutzbestimmungen in Form von VDE-Richtlinien, die in das VDE-Vorschriftenwerk aufgenommen wurden. Kommentare und Merkblätter zu diesen Bestimmungen wurden von der

ABB erarbeitet, vom VDE angekündigt und von seinem Verlag vertrieben. Die Mitglieder des Komitees K 251 wurden von ABB, VDE und DKE im Einvernehmen berufen. Auf Grund dieser Vereinbarung wurde vom Komitee K 251 im Jahr 1978 der Entwurf „Blitzschutzanlagen" VDE 0185 Teil 1 und 2 herausgebracht.

Im November 1982 wurde die Norm VDE 0185: „Blitzschutzanlage, Teil 1: Allgemeines für das Errichten" und „Teil 2: Errichten besonderer Anlagen" gültig (Lit. 1-37 und 1-38). Zu dieser Norm sind in der VDE-Schriftenreihe Erläuterungen erschienen, die federführend von Dipl.-Ing. Hermann Neuhaus bearbeitet und von der ABB herausgegeben wurden (Lit. 1-39).

Am 8. Februar 1984 beschloss die Arbeitsgemeinschaft für Blitzschutz und Blitzableiterbau (ABB), sich aufzulösen und die ABB in den „Ausschuss für Blitzschutz und Blitzforschung des VDE (ABB)" überzuleiten. Neben diesem Ausschuss besteht ein Fördererkreis. Hier können Einzelpersonen, Firmen, Organisationen und Behörden Mitglied werden. Parallel dazu verliefen von 1949 bis 1990 die Blitzschutz-Aktivitäten in der DDR (über die in Lit. 1-8 berichtet wird).

Der ABB veranstaltet für seine Mitglieder und Förderer regelmäßig Workshops zu aktuellen Themen des Blitzschutzes. Ein seit 1990 eingerichteter Technischer Ausschuss erarbeitet Stellungnahmen zu grundsätzlichen Fragestellungen, erstellt Merkblätter und bewertet aktuelle Entwicklungen des Blitzschutzes. Alle zwei Jahre wird für die deutschsprachige Fachwelt eine Blitzschutztagung veranstaltet. Der ABB ist sehr engagiert in der nationalen Normung (DIN VDE) sowie der europäischen (EN) und internationalen (IEC) Normung tätig und gestaltet die International Coference on Lightning Protection (ICLP) mit.

1.2.5 Historie der Internationalen Blitzschutzkonferenz ICLP

Die seit 1983 etablierten Internationalen Blitzschutzkonferenzen ICLP (International Conference on Lightning Protection) bauen auf der Tradition von 16 europäischen Blitzschutzkonferenzen auf, die von 1951 bis 1981 veranstaltet wurden. Die Nummerierung der ICLP schließt diese vorangegangenen europäischen Konferenzen ein.

Diese Blitzschutzkonferenzen sind ein sehr bedeutendes technisch-wissenschaftliches Gremium, in dem die komplexe Blitzthematik umfassend behandelt wird. Obwohl die ICLPs abwechselnd in verschiedenen europäischen Ländern durchgeführt werden, sind in ihnen Experten aus

1.2 Geschichte des Blitzschutzes

der ganzen Welt vertreten. Dem wissenschaftlichen Steuerungskomitee gehören 15 Wissenschaftler aus 15 Ländern an. Ein umfassender Bericht über die Historie der ICLP findet sich in Lit. 1-40. In der *Tabelle 1.2.5a* sind die ICLPs zusammengestellt.

Tabelle 1.2.5a: Auflistung der ICLPs

Europäische Blitzschutzkonferenzen von 1951 bis 1981			Internationale Blitzschutzkonferenzen (ICLP)ab 1983		
Nr.	Ort	Jahr	Nr.	Ort	Jahr
1.	Bad Reichenhall (D)	1951	17.	S-Gravenhage (NL)	1983
2.	Bregenz (A)	1952	18.	München (D)	1985
3.	Lugano (CH)	1953	19.	Graz (A)	1988
4.	Merano (I)	1956	20.	Interlaken (CH)	1990
5.	Wien (A) mit Exkursion nach Primetice (CS)	1958	21.	Berlin (D)	1992
6.	Trieste (I) mit Exkursion nach Opatija (YU)	1961	22.	Budapest (H)	1994
7.	Arnheim (NL)	1963	23.	Firence (I)	1996
8.	Kraków (PL)	1965	24.	Birmingham (UK)	1998
9.	Lugano (CH)	1967	25.	Rhodes (GR)	2000
10.	Budapest (H)	1969	26.	Kraków (PL)	2002
11.	München (D)	1971	27.	Avignon (F)	2004
12.	Portoroz (YU)	1973			
13.	Venecia (I)	1976			
14.	Gdansk (PL)	1978			
15.	Uppsala (S)	1979			
16.	Szeged (H)	1981			

In den einwöchigen Konferenzen, die in der Regel alle zwei Jahre stattfinden, werden in Vorträgen und Poster-Präsentationen schwerpunktmäßig folgende Themen behandelt:

- Physik der Blitzentladung, Blitzstrommessungen und Blitzstromkennwerte
- Blitzhäufigkeit, Blitzortung und Blitzregistrierung
- Elektromagnetischer Blitzimpuls (LEMP: Lightning electromagnetic impulse) und Induktionseffekte als Störquelle für elektronische Systeme
- Blitzeinschlagmechanismus und Schutzraumbestimmung für Fanganordnungen
- Blitzschutz von elektrischen, energietechnischen Systemen
- Blitzschutz von informationstechnischen, elektronischen Systemen
- Blitzgefährdung von Personen und Schutzmaßnahmen
- Standards für Blitzschutzanlagen und Blitzstromtests.

1951 trafen sich in Bad Reichenhall, wie bereits erwähnt, erstmalig fünf Experten auf den Gebieten der Blitzforschung und des Blitzschutzes aus dem deutschsprachigen Raum zu einer Blitzschutztagung. Die offizielle Konferenzsprache der folgenden zweiten bis sechsten Blitzschutzkonferenzen in Zentraleuropa war Deutsch mit fallweiser Simultanübersetzung in Italienisch. Anlässlich der dritten Konferenz, die bereits etwa 100 Teilnehmer zählte, wurde die legendäre Blitzmessstation auf dem Monte San Salvatore besichtigt.

Die siebte bis 14. Blitzschutzkonferenz wurde abwechselnd in West- und Osteuropa abgehalten, wobei die offiziellen Konferenzsprachen Deutsch und Französisch waren. Auf der 13. Konferenz wurde 1976 erstmals über Blitzschäden an elektronischen Anlagen berichtet; diese Thematik des Blitzschutzes informationstechnischer, elektronischer Anlagen wurde in den folgenden Konferenzen von immer größerer Bedeutung.

Auf der 15. so genannten Europäischen Blitzschutzkonferenz wurde neben Deutsch erstmals Englisch als offizielle Konferenzsprache eingeführt und es wurden offizielle Tagungsberichte (Proceedings) herausgegeben.

Die offizielle Bezeichnung ICLP wurde bei der 17. Konferenz eingeführt, auf der an Prof. Berger die goldene Franklin-Medaille des ABB verliehen wurde. Ab der 21. ICLP war Englisch die alleinige Tagungssprache; damit waren die ICLPs für Experten auch aus allen außereuropäischen Ländern geöffnet, insbesondere aus USA und Japan.

Ein besonderes Ereignis für die Bundesrepublik Deutschland war die 18. ICLP in München, die vom ABB im VDE ausgerichtet und mit der 100-Jahrfeier des ABB kombiniert wurde (Lit. 1-7). Parallel zur Konferenz wurde eine einmalige historische Ausstellung über den Gebäudeblitzschutz ausgerichtet. Den etwa 300 Teilnehmern wurden 63 Beiträge präsentiert, wobei der Schwerpunkt auf der Gefährdung und dem Schutz elektronischer Anlagen lag. Übersichten und wesentliche Ergebnisse der 14. bis 25. ICLP sind in den Sonderheften zur Blitzthematik der Elektrotechnischen Zeitschrift ETZ A bzw. etz veröffentlich (Lit. 1-41 bis 1-53). Für die Anfang der 1980er Jahre in der International Electrotechnical Commission (IEC) begonnene internationale Normung des Blitzschutzes sind die in den ICLPs veröffentlichen und diskutierten wissenschaftlichen Erkenntnisse von besonderer Bedeutung.

Literatur Kap. 1

Lit. 1-1 *Prinz, H.:* Feuer, Blitz und Funke. Bruckmann-Verlag München, 1965.
Lit. 1-2 *Prinz, H.:* Fulminantes über Wolkenelektrizität. Bull. SEV Schweiz. Elektrotechn. Verein 64 (1973). H. 1, S. 1-15.
Lit. 1-3 *Prinz, H.:* Gewitterelektrizität. Nach dem nachgelassenen Manuskript bearbeitet durch Hans Steinbigler. Deutsches Museum, Abhandlungen und Berichte, 47. Jahrgang (1979) H. 1. R. Oldenbourg Verlag, München; VDI-Verlag GmbH, Düsseldorf.
Lit. 1-4 *Wiesinger, J.:* Blitzforschung und Blitzschutz. Deutsches Museum, Abhandlungen und Berichte, 40. Jahrgang (1972) H. 1/2. R. Oldenbourg Verlag, München; VDI-Verlag GmbH, Düsseldorf.
Lit. 1-5 *Boeck, W.:* Benjamin Franklin als Staatsmann, Schriftsteller und Physiker. Deutsches Museum, Abhandlungen und Berichte, 48. Jahrgang (1980) H. 2. R. Oldenbourg Verlag, München; VDI-Verlag GmbH, Düsseldorf.
Lit. 1-6 *Baatz, H.:* Mechanismus der Gewitter. VDE-Schriftenreihe 34. VDE-Verlag Berlin, Offenbach, 1985.
Lit. 1-7 Ausschuss für Blitzschutz und Blitzforschung: 100 Jahre ABB. Verlag J. Jehle, München, 1985.
Lit. 1-8 *Hasse, P.:* Der Weg zum modernen Blitzschutz. Von der Mythologie zum EMV-orientierten Blitz-Schutzzonen-Konzept. Geschichte der Elektrotechnik 20. VDE-Verlag Berlin, Offenbach, 2004.
Lit. 1-9 *Berger, K.:* Blitzstrom-Parameter von Aufwärtsblitzen, gemessen am Monte San Salvatore, Schweiz. 14th Intern. Conf. on Lightning Protection (ICLP), Gdansk- Poland, 1978, R-1.02.
Lit. 1-10 *Gargabnati, E.; Marinoni, F.; LoPiparo, G. B.:* Parameters of lightning currents. Interpretation of the results obtained in Italy. 16th Intern. Conf. on Lightning Protection (ICLP), Budapest - Hungary, 1981, R-1.03.
Lit. 1-11 *Trapp, N.:* Erfahrungsbericht über die erste Meßperiode in der Blitzmeßstation auf dem Peißenberg. 17th Intern. Conf. on Lightning Protection (ICLP), s'Gravenhage, the Netherlands, 1983, R-1.3.
Lit. 1-12 *Zundl, T.; Fuchs, F.; Heidler, F.; Hopf, C.; Steinbigler, H.; Wiesinger, J.:* Statics of current and fields measured at the Peissenberg tower. 23th Intern. Conf. on Lightning Protection (ICLP), Firence-Italy 1996, pp. 36-41.
Lit. 1-13 *Fuchs, F.; Landers, E.U.; Schmid, R.; Wiesinger, J.:* Lightning current and magnetic field parameters caused by lightning strikes to tall structures relating to interference of electronic systems. IEEE Trans. on Electromagnetic Compatibility, Vol. 40, No. 4, November 1998, pp. 444-451.
Lit. 1-14 *Heidler, F.; Zischank, W.; Wiesinger, J.:* Statistics of lightning current parameters and related nearby magnetic fields measured at the Peissenberg tower. 25th Intern. Conf. on Lightning Protection (ICLP), Rhodes-Greece, 2000, pp. 78-83.
Lit. 1-15 *Hierl, A.:* Strommessungen der Blitztriggerstation Steingaden. 16th Intern. Conf. on Lightning Protection (ICLP), Szeged-Hungary 1981, paper R-1.04.
Lit. 1-16 *Uman, M.A.; Rakov, V.A. u.a.:* Triggered lightning facility for studying lightning effects on power systems. 23th Intern. Conf. on Lightning Protection (ICLP), Firence-Italy 1996, pp. 73-78.
Lit. 1-17 *Rakov, V.A.:* Lightning discharges triggered using rocket-and-wire techniques. Recent Res. Devel. Geophysics, 2 (1999), pp. 141-171.
Lit. 1-18 *Amberg, H. U.; Frühauf, G.:* Ergebnisse von Blitzzählungen in Bayern und Schleswig-Holstein. ETZ-B Elektr.-tech. Z.B 19 (1967), S. 505-508.
Lit. 1-19 *Heidler, F.; Wiesinger, J.:* Survey of actual lightning-EMP measurement and analysis activities. 10th Intern. Zurich Symp. on Electromagnetic Compatibility, Zurich-Swiss 1993, pp. 139-144.

Lit. 1-20 The Earth's Electrical Environment. National Academic Press, Wash. D.C., 1986.

Lit. 1-21 *Hopf, C.:* Parameters and spectra of return stroke electric fields in the distance range of the audible thunder. 21th. Intern. Conf. on Lightning Protection (ICLP), Berlin-Germany 1992, pp. 7-12.

Lit. 1-22 *Rühling, F.:* Der Schutzraum von Blitzfangstangen und Erdseilen. Diss. TU München, 1972.

Lit. 1-23 *v. Urbanitzky, A.:* Blitz und Blitzschutzvorrichtungen. Wien, Hartlebensverlag, 1886

Lit. 1-24 *Müller-Hillebrand, D.:* Die Bemessung von Blitzableitern aufgrund geschichtlicher Betrachtungen. ETZ B Elektrotechn. Z. B (1963), H. 10, S. 273-279.

Lit. 1-25 *Divisch, P.:* Längst verlangte Theorie von der meteorologischen Electricite, welche Er selbst magiam naturalem benahmet. Frankfurt und Leipzig, 1768.

Lit. 1-26 *Reimarus, J.A.H.:* Die Ursachen des Einschlagens vom Blitz. Langensalza, 1769.

Lit. 1-27 *Reimarus, J.A.H.:* Ausführliche Vorschriften zur Blitzableitung. 2. Auflage, Hamburg, 1794.

Lit. 1-28 *Guden, Ph. P.:* Von der Sicherheit wider die Donnerstrahlen. Göttingen und Gotha, 1774.

Lit. 1-29 *Lichtenberg, G. Ch.:* Verhaltungs=Regeln bey nahen Donnerwettern. Ettinger Verlag, Lichtenberg, G.Ch.: Gotha, 1778.

Lit. 1-30 *Hemmer, J.J.:* Nachrichten von den in der Churpfalz angelegten Wetterableitern. Acta Academiae, Theodoro Palatinee, Mannheim, 1780, Vol. IV, pars phays., S. 1-85.

Lit. 1-31 *Hemmer, J.J.:* Quos superiore quinquennio variis locis posuit conductores fulminis paucis hic enumerat. Acta Academiae, Theodoro Palatinae, Mannheim, 1784, Vol. V, pars phys., S. 295-320.

Lit. 1-32 *Hemmer, J.J.:* Wetterableiter an allen Gattungen und Gebäuden auf die sicherste Art anzulegen. 2. Aufl., Mannheim, 1788.

Lit. 1-33 *Holtz, W.:* Anlage der Blitzableiter. Bamberg, 1878.

Lit. 1-34 Elektrotechnischer Verein: Die Blitzgefahr No. 1. Julius Springer Verlag, Berlin, 1886.

Lit. 1-35 Elektrotechnischer Verein: Die Blitzgefahr No. 2. Julius Springer Verlag, Berlin, 1891.

Lit. 1-36 Ausschuß für Blitzableiterbau e.V. (ABB): Blitzschutz. 1. bis 8. Auflage, 1924 bis 1962 (1. bis 3, 6. und 7. Auflage: Selbstverlag; 4. und 5. Auflage: Verlag W. Ernst und Solm, Berlin; 8. Auflage: VDE-Verlag GmbH. 1 Berlin 12).

Lit. 1-37 VDE 0185 Teil 1/11.82: Blitzschutzanlage. Allgemeines für das Errichten. VDE-Verlag Berlin, Offenbach.

Lit. 1-38 VDE 0185 Teil 2/11.82: Blitzschutzanlage. Errichten besonderer Anlagen. VDE-Verlag Berlin, Offenbach.

Lit. 1-39 *Neuhaus, H.:* Blitzschutzanlagen, Erläuterungen zu VDE 0185. VDE-Schriftenreihe Bd. 44, Berlin und Offenbach, VDE-Verlag, 1983.

Lit. 1-40 *Horváth, T.:* The history of the International Conference on Lightning Protection. 25th Intern. Conf. on Lightning Protection (ICLP), Rhodes-Greece, 2000, pp. 23-31.

Lit. 1-41 *Wiesinger, J.:* 14. Internationale Blitzschutzkonferenz. Resultate aus 5 Gruppen. ETZ A 99 (1978), H. 11, S. 655-658 und H. 12, S. 760.

Lit. 1-42 *Wiesinger, J.:* 15. Europäische Blitzschutzkonferenz. Tagungsbericht. etz H. 7/8, 1980, S. 446-448.

Lit. 1-43 *Hasse, P.; Wiesinger, J.:* 16. Internationale Blitzschutzkonferenz 1981 in Ungarn (Tagungsbericht). etz H. 19/20, 1981, S. 1050-1054.

Lit. 1-44 *Hasse, P.; Wiesinger, J.:* Bericht über die 17. Internationale Blitzschutzkonferenz 1983. etz H. 1, 1984, S. 6-11.

Lit. 1-45   *Hasse, P.; Wiesinger, J.*: Bericht über die 18. ICLP. etz H. 1, 1986, S. 6-11.
Lit. 1-46   *Hasse, P.; Wiesinger, J.*: Bericht über die 19. Internationale Blitzschutzkonferenz (ICLP) vom 25. bis 29. April 1988 in Graz. etz H. 15, 1988, S. 688-693.
Lit. 1-47   *Hasse, P.; Kern, A.; Wiesinger, J.;* Zischank, W.: Aktuelles aus der Blitzforschung (20. ICLP). etz H. 1, 1991, S. 10-15.
Lit. 1-48   *Heidler, F.; Kern, A.; Zahlmann, P.; Zischank, W.*: Blitzschutz (21. ICLP). etz H. 2, 1993, S. 158-160.
Lit. 1-49   *Heidler, F.; Hopf, Ch.; Zahlmann, P.; Zischank, W.*: Blitzforschung und Blitzschutz. (22. ICLP). etz H. 1, 1995, S. 14-18.
Lit. 1-50   *Drumm, F.; Heidler, F.; Zahlmann, P.; Zischank, W.*: Blitzforschung und Blitzschutz (23. ICLP) etz H. 1-2, 1997, S. 22-25.
Lit. 1-51   *Zischank, W.; Drumm, F.; Heidler, F.; Zahlmann, P.*: Trends aus Blitzforschung und -schutz (24. ICLP). etz H. 1-2, 1999, S. 20-25.
Lit. 1-52   *Zischank, W.; Heidler, F.; Brocke, R.; Zahlmann, P.*: ICLP 2000 – Internationale Blitzschutzkonferenz. etz, Heft 1-2/2001, S. 14-19.
Lit. 1-53   *Zischank, W.; Heidler, F.; Brocke, R.; Zahlmann, P.*: Trends der Blitzschutztechnik – Bericht von der ICLP 2002. etz, Heft 3-4/2003, S. 30-34.

2 Gewitterzellen und Blitzentladungen

Physikalische Details der Gewitterzellen werden in Lit. 2-1 bis 2-5 beschrieben. Abhandlungen über Blitzentladungen finden sich in Lit. 2-1 bis Lit. 2-8.

2.1 Gewittermeteorologie

Voraussetzung für die Entstehung von Gewittern ist, dass warme Luftmassen mit ausreichend hoher Feuchtigkeit in große Höhe transportiert werden. Dies kann auf dreierlei Weise geschehen:
- Bei Wärmegewittern wird der Boden lokal durch intensive Sonneneinstrahlung erhitzt. Die bodennahen Luftschichten werden hierdurch erwärmt, werden relativ leicht und steigen auf
- Bei Frontgewittern schiebt sich als Folge eines Kaltfronteinbruchs kühle Luft unter die warme und drückt diese nach oben
- Bei orographischen Gewittern wird warme, bodennahe Luft durch Überströmen ansteigenden Geländes angehoben.

Der vertikale Auftrieb der Luftmassen wird durch zwei Effekte verstärkt: Die aufsteigende Luft kühlt sich ab und erreicht schließlich die Sättigungstemperatur des Wasserdampfes. Hierbei bilden sich Wassertröpfchen und damit Wolken. Bei der Kondensation wird Wärme frei, die die Luft wieder erwärmt, leichter macht und somit weiter aufsteigen lässt. An der 0-Grad-Grenze beginnen die Wassertröpfchen zu gefrieren. Hierbei wird wiederum Gefrierwärme frei, die die Luft abermals erwärmt und auftreibt.
Es bilden sich Aufwindschläuche mit Vertikalgeschwindigkeiten bis etwa 100 km/h, die mächtig aufgetürmte, ambossförmige Quellwolken von typisch 5 bis 12 km Höhe und 5 bis 10 km Durchmesser erzeugen.
Durch elektrostatische Ladungstrennungsprozesse, z. B. Reibung und Zersprühen, werden die Wassertröpfchen und Eispartikel in der Wolke aufgeladen. Die positiv geladenen Teilchen sind üblicherweise „leichter" als die negativ geladenen, d. h., ihre Angriffsfläche für den Aufwind ist relativ groß bei relativ geringem Gewicht. Somit kann die vertikale

Luftströmung eine großflächige Ladungstrennung bewirken: Im oberen Teil der Gewitterwolke werden Partikel mit positiver Ladung (vorzugsweise Eispartikel), im unteren Teil Partikel mit negativer Ladung (vorzugsweise Wassertropfen) angehäuft. Am Fuß der Wolke findet sich nochmals ein kleines positives Ladungszentrum, das wahrscheinlich aus der positiven Koronaladung entsteht, die von Spitzen am Boden, z. B. an Pflanzen, unter der Gewitterwolke infolge des hohen elektrischen Bodenfeldes abgesprüht und durch den Aufwind hochtransportiert wird (*Bild 2.1a*).

Bild 2.1a: Entstehung einer Gewitterzelle

Aus elektrophysikalischer Sicht ist ein Gewitter also ein gigantischer elektrostatischer Generator mit Wassertröpfchen und Eispartikeln als Ladungsträger, mit dem Aufwind als Ladungstransportmittel und der Sonne als Energielieferant, die durch Wärmestrahlung erdnahe Luftschichten aufheizt und durch Verdunsten von Wasser für Feuchtigkeit sorgt.

2.2 Aufbau einer Gewitterzelle

Die Wolkenkonfiguration eines Gewitters beinhaltet in der Regel mehrere Gewitterzellen von einigen Kilometern Durchmesser, wobei jede Zelle nur etwa 30 Minuten aktiv ist und hierbei im Mittel 2 bis 4 Blitze je Minute erzeugt. Die Gewitterzellen können in verschiedenen Reifestadien nebeneinander existieren: dem Aufbaustadium, der aktiven Phase und dem Abbaustadium.

2 Gewitterzellen und Blitzentladungen

Den typischen Aufbau einer Gewitterzelle, wie sie sich bei einem örtlich fixierten Wärmegewitter entwickelt, zeigt Bild *2.2a*. Die Gewitterzelle erstreckt sich oft bis in Höhen über 10 km, während die Wolkenuntergrenze meist bei 1 bis 2 km liegt. Die Temperatur baut sich mit der Höhe ab: von einer Bodentemperatur um +25 °C bis zu einer Temperatur an der Wolkenobergrenze um –50 °C.

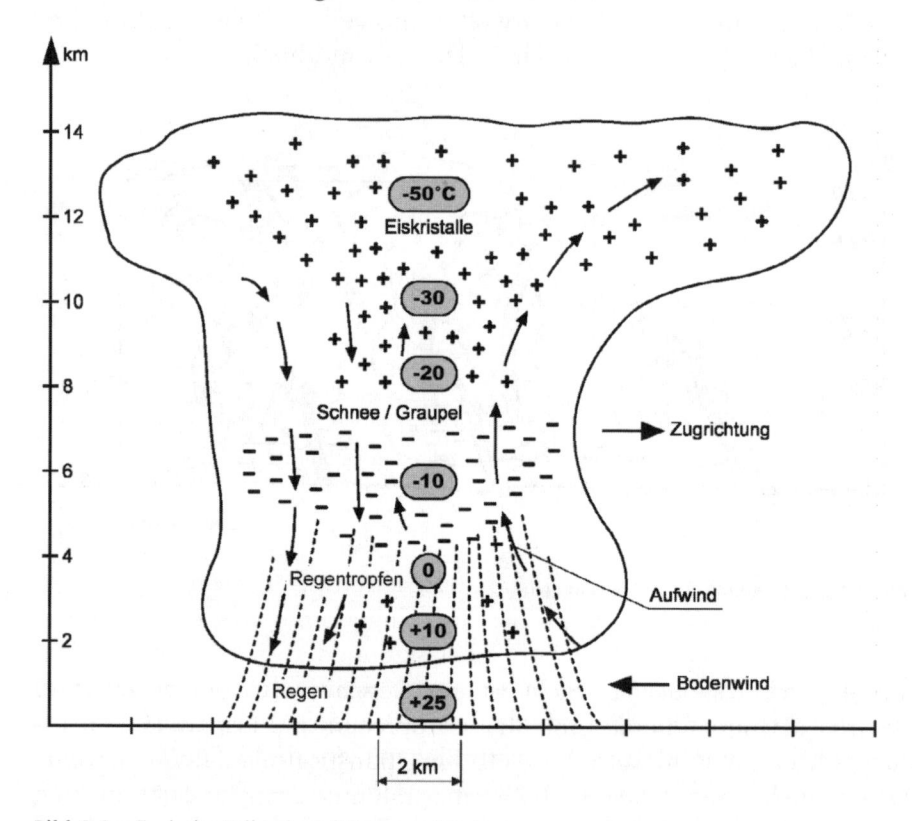

Bild 2.2a: Typische Zelle eines Wärmegewitters

Im oberen Teil der Zelle befinden sich auf Eiskristallen vorherrschend positive Ladungen, im unteren Teil auf Regentröpfchen vorherrschend negative Ladungen. Bei Frontgewittern und orographischen Gewittern kann die Ladungsverteilung in den Gewitterzellen stark verschieden von der eines Wärmegewitters sein. Den aus Bild 2.2a abgeleiteten, schematisierten Ladungsaufbau einer Gewitterzelle zeigt *Bild 2.2b*.
Positive und negative Raumladungsdichten betragen einige nC/m³ (1 nC = 10^{-9} As), wobei in Bereichen von einigen 100 m Durchmesser auch Ladungsdichten bis zu einigen 10 nC/m³ herrschen können. Im Bild 2.2b ist der örtliche Verlauf der fiktiven elektrischen Feldstärke auf dem Bo-

2.2 Aufbau einer Gewitterzelle

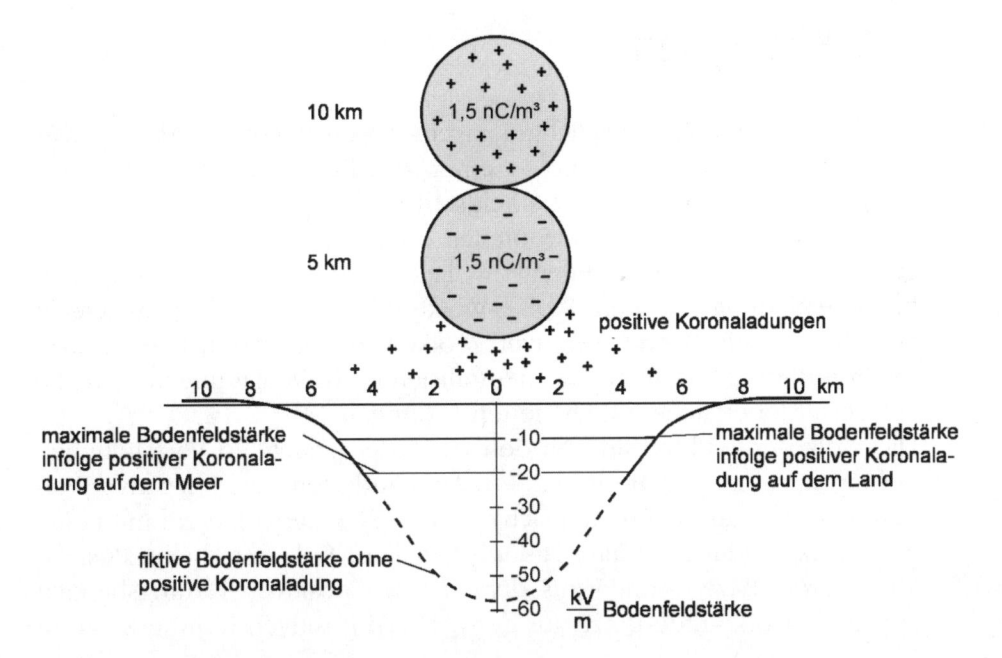

Bild 2.2b: Schematischer Aufbau einer Gewitterzelle und Verlauf der elektrischen Bodenfeldstärke

den angegeben, der sich durch die idealisierten positiven und negativen kugelförmigen Ladungsgebiete bei einer angenommenen Raumladungsdichte von 1,5 nC/m³ (bei Vernachlässigung der positiven Koronaladung) ergeben würde: Der Maximalwert würde hier über 50 kV/m betragen. Sobald aber die Bodenfeldstärke einige kV/m erreicht, werden insbesondere von den Gras- und Blattspitzen des Bodenbewuchses bzw. von den Wellenspitzen positive Koronaladungen abgesprüht: Die Flächenstromdichte kann – mit steigender Feldstärke rasch zunehmend – Werte bis etwa 10 nA/m² (1 nA = 10^{-9} A) erreichen. Diese positiven Koronaladungen mit Konzentrationen um 1 nC/m³ reduzieren in einem sich selbst stabilisierenden Prozess die Bodenfeldstärke auf maximale Werte um 10 kV/m auf dem Land. Über Wasser dagegen können, je nach Seegang, die Bodenfeldstärken bis zu einigen 10 kV/m ansteigen, da hier die Wellenspitzen erst bei höheren Bodenfeldstärken merkliche Koronaladungen absprühen.

2.3 Blitztypen

Die lokalen Raumladungsdichten in einer Gewitterzelle weisen große Unterschiede auf. Wenn infolge einer zufällig vorhandenen Raumladungskonzentration die örtliche Feldstärke Werte von einigen 100 kV/m erreicht, können, von Regentröpfchen oder Eispartikeln ausgehend, so genannte „Leader"-Entladungen bzw. Leitblitze entstehen, die eine Blitzfunkenentladung einleiten. Wolke-Wolke-Blitze führen einen Ausgleich zwischen positiven und negativen Wolkenladungszentren herbei. Wolke-Erde-Blitze (Abwärtsblitze) neutralisieren Wolkenladungen und die auf der Erdoberfläche influenzierten Ladungen.

Die Wolke-Erde-Blitze sind an den zur Erde gerichteten Verästelungen der Leitblitze erkennbar (*Bild 2.3a*). Am häufigsten treten negative Wolke-Erde-Blitze auf, bei denen sich von der Gewitterwolke ein mit negativer Wolkenladung gefüllter Ladungskanal zur Erde vorschiebt. Positive Wolke-Erde-Blitze können aus dem unteren positiven Ladungsbereich entstehen.Wolke-Erde-Blitze aus dem oberen positiven Ladungszentrum

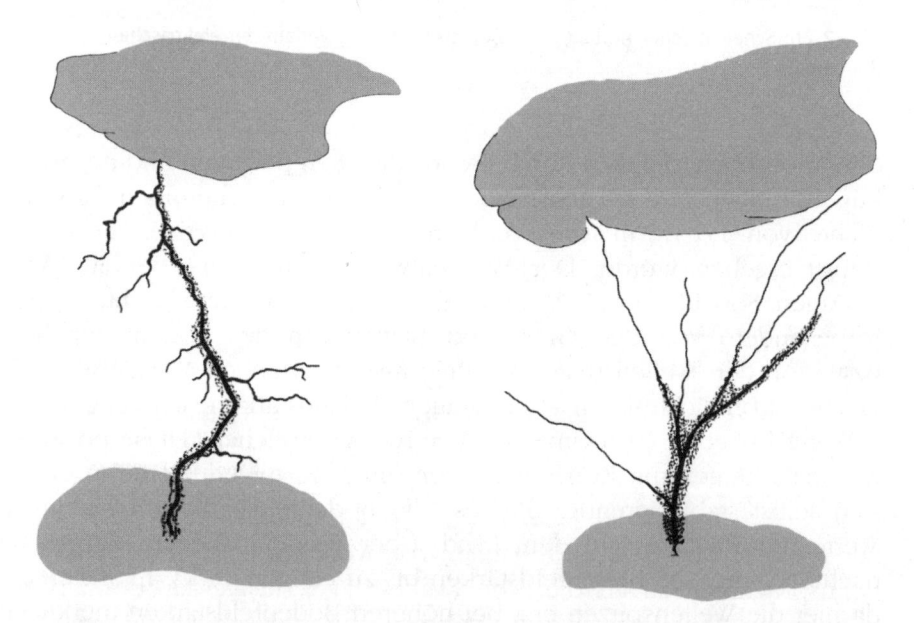

Links Bild 2.3a: Wolke-Erde-Blitz, erkennbar an den zur Erde gerichteten Verästelungen. (in Anlehnung an eine Blitzphotographie von der Blitzforschungsstation auf dem Monte San Salvatore)

Rechts Bild 2.3b: Erde-Wolke-Blitz, erkennbar an den zur Wolke gerichteten Verästelungen. (in Anlehnung an eine Blitzphotographie von einem Einschlag in den Turm der Blitzforschungsstation auf dem Monte San Salvatore)

2.3 Blitztypen

sind relativ selten und werden wohl nur am Ende der aktiven Phase einer Gewitterzelle zu finden sein, wobei sich nach einem Abbau des negativen Ladungszentrums das positive Ladungszentrum durch wenige, kräftige Blitze zur Erde entladen kann.

Von Bergspitzen und hohen Objekten, wie z. B. Fernsehtürmen, Kaminen und Windkraftanlagen, können auch Erde-Wolke-Blitze (Aufwärtsblitze) mit zur Wolke gerichteten Verästelungen ausgehen (*Bild 2.3b*). Hierbei wächst von der Erde ein Leitblitz zur Wolke vor. Eine Zusammenstellung der möglichen Blitztypen findet sich in *Bild 2.3c*.

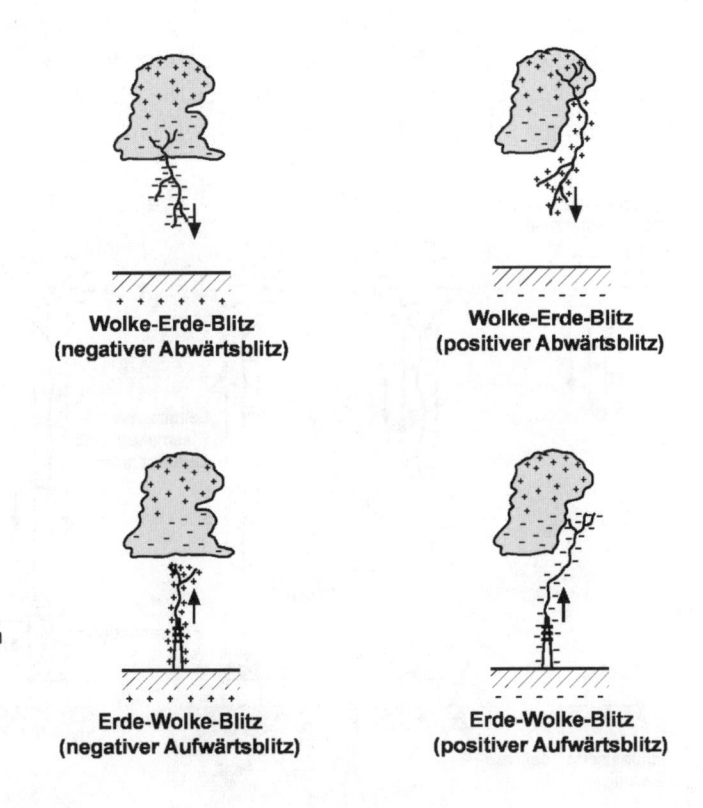

Bild 2.3c: Typen von Blitzen zwischen Wolke und Erde

- Wolke-Erde-Blitz (negativer Abwärtsblitz)
- Wolke-Erde-Blitz (positiver Abwärtsblitz)
- Erde-Wolke-Blitz (negativer Aufwärtsblitz)
- Erde-Wolke-Blitz (positiver Aufwärtsblitz)

Für die getroffenen Objekte stellen die Wolke-Erde-Blitze eine härtere Beanspruchung dar als die Erde-Wolke-Blitze; sie werden deshalb der Bemessung von Blitzschutzmaßnahmen zugrunde gelegt. Für die Gefährdung von elektrischen und elektronischen Anlagen fliegender Objekte sind auch die Wolke-Wolke-Blitze wegen ihrer abgestrahlten elektromagnetischen Impulsfelder (LEMPs) zu berücksichtigen.

2.3.1 Wolke-Erde-Blitze

Die Entstehung eines Wolke-Erde-Blitzes soll am Beispiel des am häufigsten auftretenden, negativen Typs erläutert werden. Aus dem negativen Ladungszentrum der Gewitterwolke schiebt sich ein mit Wolkenladung gefüllter, zylinderförmiger Kanal mit einem Durchmesser von typisch einigen 10 Metern und einem dünnen, hochionisierten Plasmakern mit einem Durchmesser von etwa 1 cm ruckweise zur Erde vor (*Bild 2.3.1a*). Dieser so genannte Leitblitz hat eine Vorwachsgeschwindigkeit in der Größenordnung von einem Tausendstel der Lichtgeschwindigkeit, also 300 km/s. Der Leitblitz wächst ruckweise in Abschnitten von einigen 10 m vor, wobei die Pause zwischen den Ruckstufen einige 10 Mikrosekunden beträgt (*Bild 2.3.1b*).

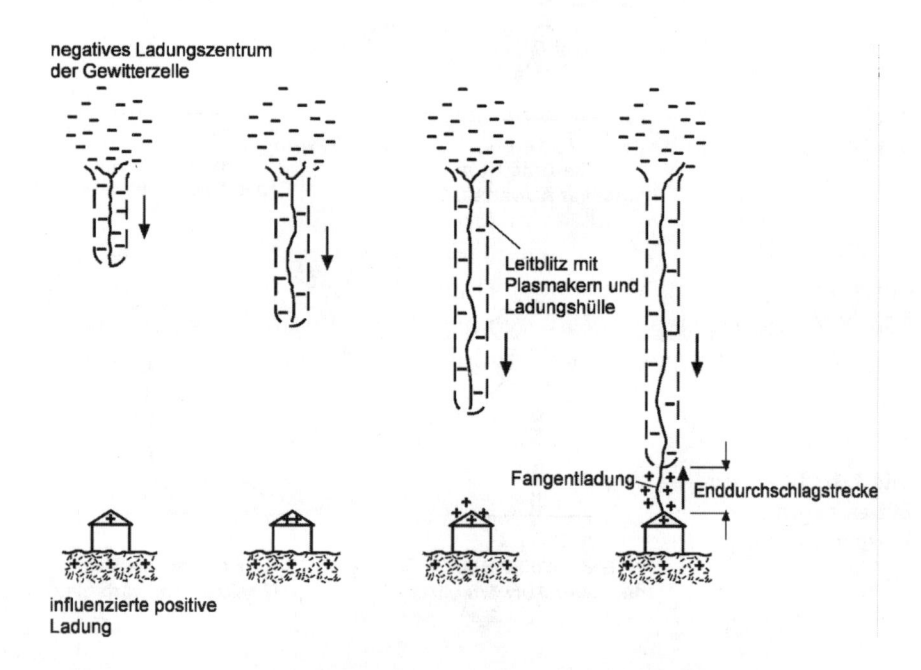

Bild 2.3.1a: Entwicklung des Leitblitzes und der Fangentladung eines negativen Wolke-Erde-Blitzes

Wenn sich der Leitblitz der Erde auf einige 10 bis einige 100 m genähert hat, erhöht sich beispielsweise an den dem Leitblitzkopf nahe gelegenen Spitzen von Bäumen oder Giebeln von Gebäuden die elektrische Feldstärke so stark, dass schließlich die elektrische Festigkeit der Luft überschritten wird und von dort aus nun ebenfalls eine dem Leitblitz ähnliche, einige 10 bis einige 100 m lange sogenannte Fangentladung

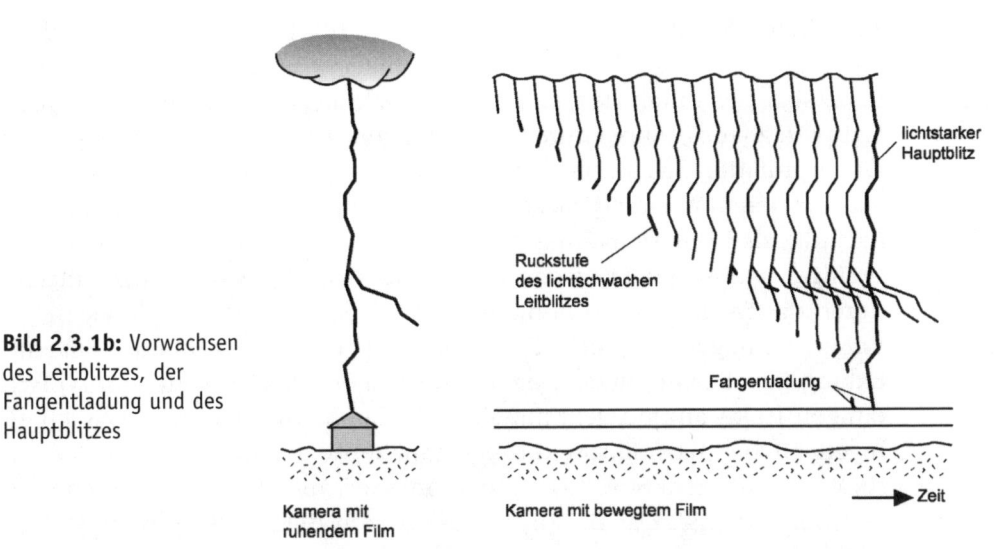

2.3 Blitztypen

Bild 2.3.1b: Vorwachsen des Leitblitzes, der Fangentladung und des Hauptblitzes

ausbricht, die dem Leitblitz entgegenwächst und schließlich mit dem Leitblitzkopf zusammentrifft. Dieser Vorgang spielt sich in der so genannten Enddurchschlagstrecke ab. Damit ist die Einschlagstelle des Blitzes festgelegt, der Leitblitz ist „geerdet" (Bilder 2.3.1a und 2.3.1b). Nunmehr „frisst" sich die Fangentladung mit einer Geschwindigkeit in der Größenordnung von einem Drittel der Lichtgeschwindigkeit, also 100 000 km/s, in den mit Ladung angefüllten Kanal des Leitblitzes hinein und führt die gespeicherte Ladung innerhalb einiger 10 bis einiger

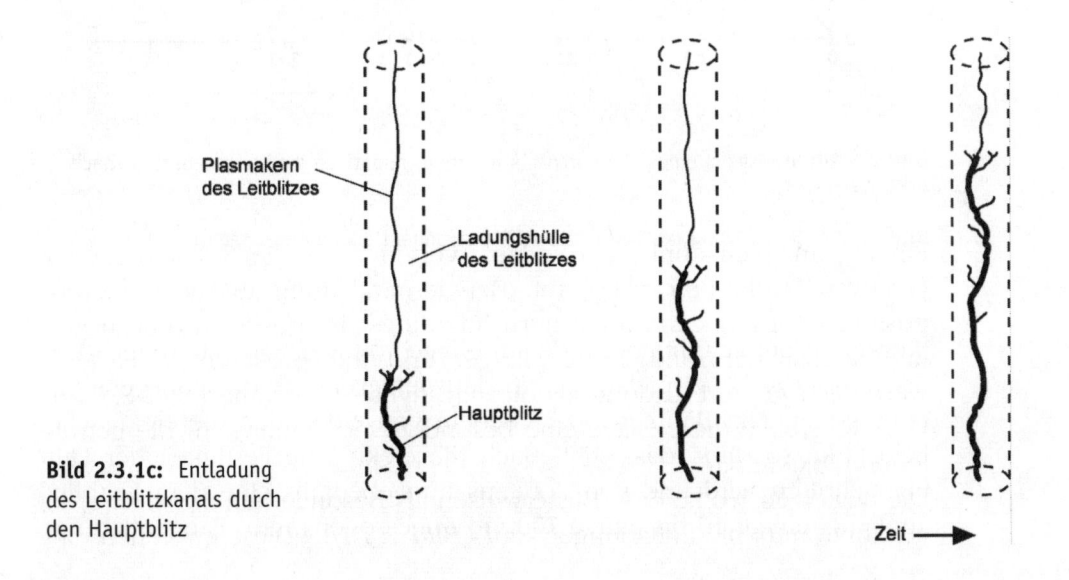

Bild 2.3.1c: Entladung des Leitblitzkanals durch den Hauptblitz

100 Mikrosekunden zur Erde ab (*Bild 2.3.1c*). Dieser Vorgang wird als die eigentliche, grell aufleuchtende Blitzentladung sichtbar. Hierbei heizt sich der durch den Leitblitz geschaffene Funkenkanal durch den Hauptblitz auf Temperaturen von einigen 10 000 °C auf, wobei sein Druck auf die Größenordnung des 100-fachen des normalen Luftdruckes ansteigt. Während dieser schlagartigen Entladung des Leitblitzkanals, die als Hauptentladung bezeichnet wird, fließt ein sehr hoher, kurzzeitiger Stoßstrom über das getroffene Objekt. Der Donner entsteht durch die Explosion des Funkenkanals infolge seines Überdrucks.

Bei einem negativen Wolke-Erde-Blitz steigt der Stoßstrom i der Blitzentladung im Mikrosekundenbereich auf seinen Maximalwert von typisch einigen 10 kA an und geht mit einer Rückenhalbwertzeit von typisch einigen 10 bis 100 Mikrosekunden annähernd exponentiell wieder zurück. Die mit dem Stoßstrom transportierte Ladung beträgt typisch einige Coulomb (As). Das Beispiel eines solchen Blitz-Stoßstroms zeigt *Bild 2.3.1d*.

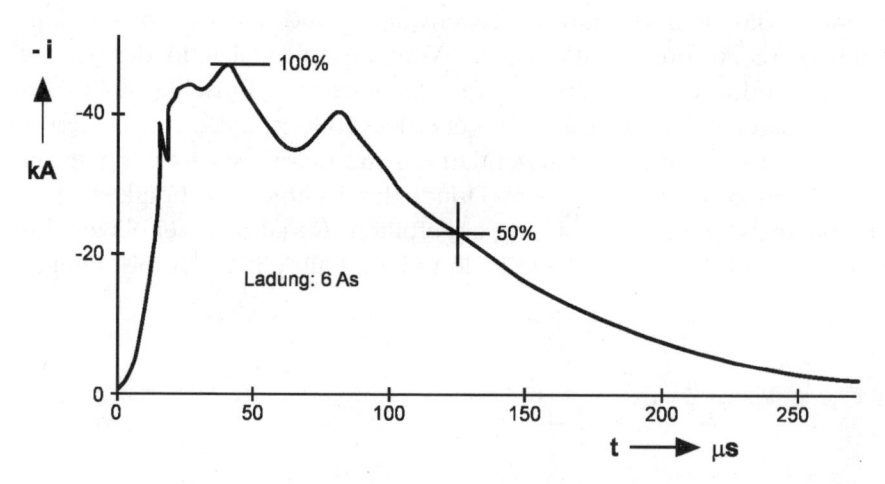

Bild 2.3.1d: Stoßstrom eines überdurchschnittlichen, negativen Wolke-Erde-Blitzes (nach Prof. Berger)

Einen prinzipiell ähnlichen Verlauf weisen auch die Stoßströme der positiven Wolke-Erde-Blitze auf. Bei der Entladung aus dem oberen, positiven Ladungszentrum dauern allerdings die positiven Stoßströme im Durchschnitt rund 10-mal länger und transportieren somit eine wesentlich größere Ladung als die negativen Stoßströme (*Bild 2.3.1e*). Deshalb stellen diese Blitze eine besondere Gefährdung für die getroffenen Objekte dar.

Die negativen Wolke-Erde-Blitze weisen als Besonderheit mehrfache, so genannte multiple Entladungen auf (*Bild 2.3.1f*). Diese entstehen da-

2.3 Blitztypen

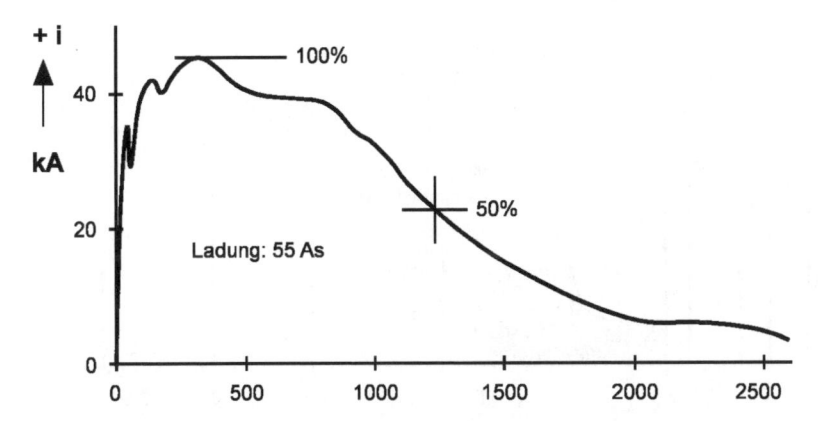

Bild 2.3.1e: Stoßstrom eines positiven Wolke-Erde-Blitzes (nach Prof. Berger)

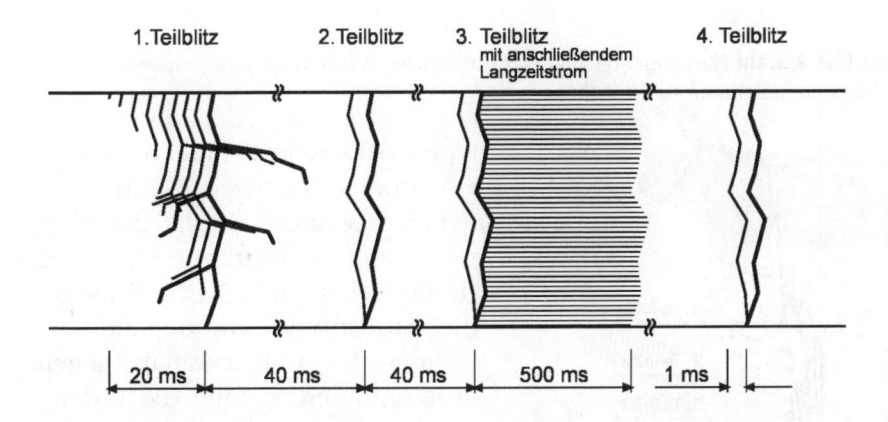

Bild 2.3.1f: Multipler, negativer Wolke-Erde-Blitz

durch, dass sich nach einer Pause von einigen 10 bis 100 Millisekunden in der noch ionisierten Funkenbahn der ersten Entladung ein neuer Leitblitz von der Gewitterwolke zur Erde vorschiebt. Da dieser Leitblitz bereits eine vorgezeichnete Bahn vorfindet, wächst er ohne Ruckstufen mit einer wesentlich höheren Geschwindigkeit in der Größenordnung von einem Hundertstel der Lichtgeschwindigkeit voran. Der sich anschließende Hauptblitz hat einen erneuten Stoßstrom über das getroffene Objekt zur Folge. Es wurden bis zu einigen 10 solcher aufeinanderfolgender Folgeblitze registriert, wobei die Gesamtdauer einer derartigen Blitzentladung eine Sekunde überschreiten kann (*Bild 2.3.1g*).
Bei manchen Blitzentladungen kann sich auch ein sogenannter Langzeitstrom an den Stoßstrom einen Teilblitzes anschließen. Hierbei fließt

2 Gewitterzellen und Blitzentladungen

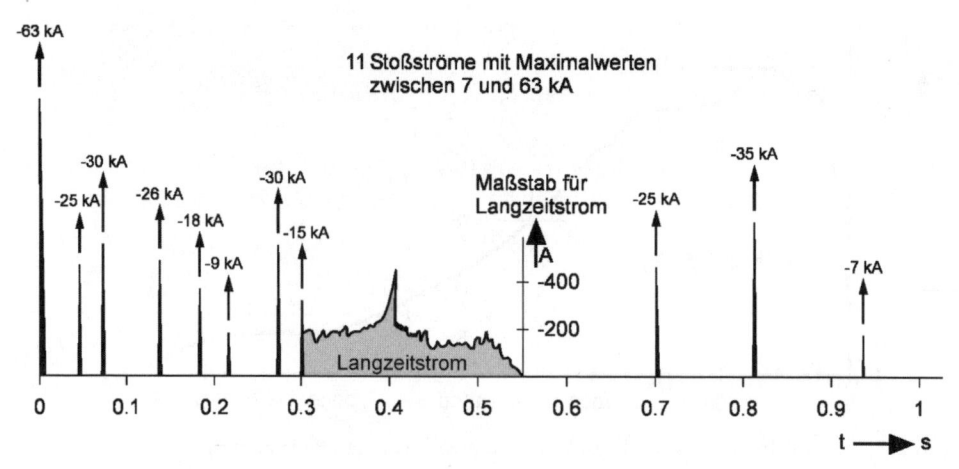

Oben Bild 2.3.1g: Strom eines multiplen, negativen Wolke-Erde-Blitzes (nach Prof. Berger)

Unten Bild 2.3.1h: Multiple Entladung eines negativen Wolke-Erde-Blitzes mit vom Gewitterwind getrennten Funkenbahnen

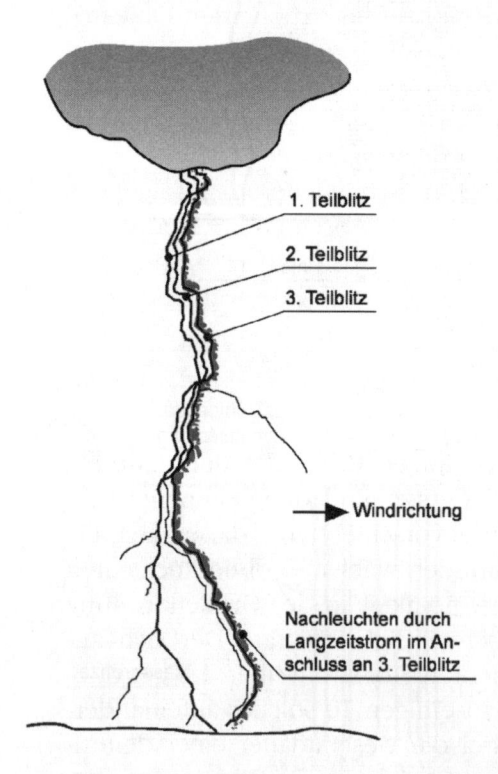

typisch für einige zehntel Sekunden ein Strom von einigen 100 Ampere, der insbesondere für die Zündung von Bränden verantwortlich ist (Bilder 2.3.1f und 2.3.1g). Während die Stoßströme vorwiegend die Ladung des Leitblitzkanals gegen Erde abführen, stammt die Ladung des Langzeitstroms vermutlich aus weiteren Ladungszellen in der Wolke.

Die multiplen Entladungen können oft auch mit normalen Kameras nachgewiesen werden, wenn der Gewitterwind die Funkenbahnen der einzelnen Teilblitze räumlich voneinander trennt (*Bild 2.3.1h*). Die abwärts gerichteten Verästelungen des ersten Teilblitzes links im Bild deuten auf einen Wolke-Erde-Blitz, die Mehrfachentladungen auf einen negativen Blitz hin. Die Folgeentladungen haben keine Verästelungen. Offenbar war die Pausenzeit zwischen der ersten und der zweiten Entladung so lange, dass sich die zweite Entladung im unteren, erdnahen Teil einen neuen Weg suchte. Die Spur des letzten Teilblitzes rechts im Bild zeigt einen Lichtschleier, der auf einen sich anschließenden Langzeitstrom hinweist.

Bei positiven Wolke-Erde-Blitzen aus dem oberen Ladungszentrum konnten bisher keine multiplen Entladungen nachgewiesen werden, wohl aber Langzeitströme, die während einiger 10 bis einiger 100 Millisekunden erhebliche Ladungsmengen von einigen 10 bis einigen 100 Coulomb (As) transportieren.

2.3.2 Erde-Wolke-Blitze

An sehr hohen Objekten oder auf Bergspitzen können im Gegensatz zu den beschriebenen Wolke-Erde-Blitzen, bei denen der Leitblitz von der Gewitterwolke zur Erde vorwächst, Erde-Wolke-Blitze entstehen (Bild 2.3.b). Hierbei wird die zur Auslösung einer „Leader"-Entladung notwendige hohe Feldstärke nicht in der Wolke, sondern infolge der extrem feldverzerrenden Wirkung an der Spitze des exponierten Objektes erreicht, und es schiebt sich von hier ausgehend ein Leitblitz mit seinem Ladungskanal zur Wolke vor. Hierbei fließt aus dem Objekt für einige zehntel Sekunden ein Strom von typisch einigen 100 Ampere (ähnlich dem Langzeitstrom bei den Wolke-Erde-Blitzen).

An einen solchen Erde-Wolke-Blitz kann sich wiederum infolge des durch ihn geschaffenen Funkenkanals ein im Abschnitt 2.3.1 beschriebener Wolke-Erde-Blitz anschließen. Diesem Auslösemechanismus der Erde-Wolke-Blitze ist zuzuschreiben, dass hohe Objekte während eines Gewitters mehrere Male getroffen werden können.

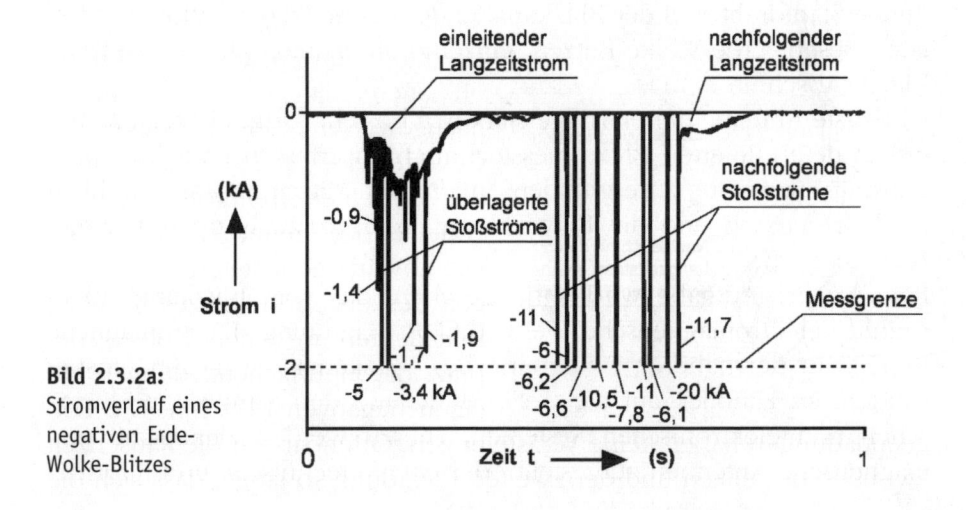

Bild 2.3.2a: Stromverlauf eines negativen Erde-Wolke-Blitzes

Den typischen Verlauf eines Erde-Wolke-Blitzes zeigt *Bild 2.3.2a*, gemessen am Fernmeldeturm auf dem Hohen Peissenberg (siehe Abschnitt 1.1.6). Der Strom beginnt mit einem einleitenden Langzeitstrom während der Leitblitz-Phase. Diesem Langzeitstrom können Stoßströme überlagert sein. Nach Abklinken des einleitenden Langzeitstroms folgen Stoßströme, die den Folgeblitzen negativer Wolke-Erde-Blitze ähnlich sind. Auch in dieser Phase kann ein (nachfolgender) Langzeitstrom eingelagert sein.

2.3.3 Raketengetriggerte Blitze

Derzeit werden in verschiedenen Ländern Blitztriggerstationen betrieben. Diese Stationen basieren auf den Experimenten von Prof. Newman, der erstmals vor der Küste Floridas von einem Forschungsschiff aus mit Hilfe von Raketen dünne Stahldrähte gegen Gewitterwolken hochschoss und hierdurch bei Drahtlängen von typisch einigen 100 m Blitze auslöste (triggerte) und auf das Schiff leitete (siehe Abschnitt 1.1.7). Während Newman auf dem Meer bei Gewitter „Boden"-Feldstärken von etwa 20 kV/m Blitze triggerte (vgl. Bild 2.2b), konnten auf dem Land Blitze auch schon bei Feldstärken von 6...10 kV/m ausgelöst werden.
Wird in einem ausreichend hohen elektrischen Feld zwischen der Gewitterzelle und dem Boden ein Draht mit Hilfe einer Rakete hochgeschossen, so entsteht bei einer Drahthöhe von einigen 10 bis einigen 100 m infolge der hohen Feldstärke am Kopf der Rakete ebenso wie an einem sehr hohen Turm ein Erde-Wolke-Blitz (Abschnitt 2.3.2). Nach Einsetzen der aufwärts gerichteten „Leader"-Entladung verdampft der dünne Stahldraht und der Blitzkanal endet in der Triggerstation. Oft folgen diesen Erde-Wolke-Blitzen einzelne oder multiple Wolke-Erde-Blitze (Abschnitt 2.3.1).
Eine erste Aufgabe dieser Triggerstationen besteht darin, die zeitlich und örtlich determinierten Blitze messtechnisch zu erfassen und den Entladungsmechanismus zu ergründen, indem der Blitzstrom am Einschlagpunkt gemessen und die Entwicklung des Blitzkanals optisch aufgezeichnet wird.
Eine weitere Aufgabe wird darin gesehen, das vom Blitzkanal abgestrahlte elektromagnetische Feld (LEMP: Lightning Electromagnetic Impuls) in der näheren Umgebung des Blitzkanals zu messen, insbesondere im Hinblick auf die Gefährdung und den Schutz von elektrischen und elektronischen Systemen. Hierzu werden elektrische und magnetische Antennen aufgestellt oder energietechnische und informa-

2.3 Blitztypen

Bild 2.3.3a: Sechs Raketenrampen der Blitztriggerstation der Blitzforschungsgruppe München

tionstechnische Versuchsleitungen in der Nähe der Triggerstation installiert.

Bild 2.3.3a zeigt Raketen-Abschussrampen der Blitztriggerstation der Blitzforschungsgruppe München (Technische Universität München und Universität der Bundeswehr München), die bis zum Anfang der 1980er Jahre bei Steingaden in Süddeutschland betrieben wurde (Lit. 2-9). Zum Hochziehen der Stahldrähte wurden Hagelabwehrraketen eingesetzt, die sich am Ende des Aufstiegs selbst zerstörten.

Die umfassendsten Triggerexperimente werden von der University of Florida, Gainesville, USA, unter Leitung von Prof. Uman und Prof. Rakov durchgeführt (Lit. 2-10 und 2-11). *Bild 2.3.3b* zeigt den typischen Stromverlauf eines raketengetriggerten Blitzes. Vergleicht man diesen Stromverlauf mit dem in Bild 2.3.2a dargestellten Stromverlauf, sind die Ähnlichkeiten der raketengetriggerten Blitze und der Blitze in hohe Türme auffallend (Lit. 2-12 und 2-13). Beide Blitztypen weisen einleitende Langzeitströme auf, die typisch für Erde-Wolke-Blitze sind. Ebenso sind die Stoßströme ähnlich, die den Langzeitströmen überlagert sind bzw. diesen nachfolgen. Auch die Stromamplituden sind vergleichbar. Unterschiede bestehen nur bei den Stoßströmen, die dem einleitenden Langzeitstrom überlagert sind. Die Besonderheit eines einleitenden Stoß-

2 Gewitterzellen und Blitzentladungen

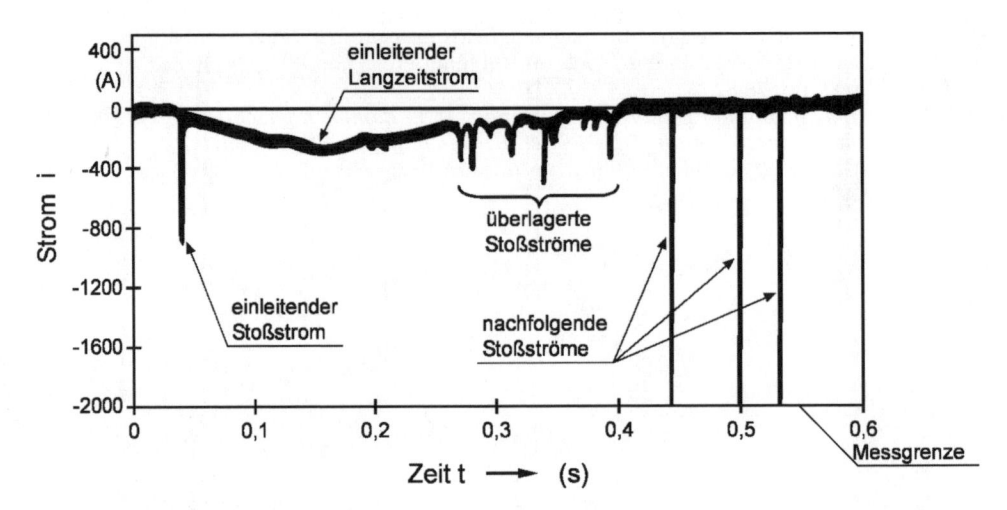

Bild 2.3.3b: Grundsätzlicher Stromverlauf eines negativen, raketen-getriggerten Blitzes (in Anlehnung an eine Messung in Camp Blanding, Florida)

stroms eines raketengetriggerten Blitzes ist wahrscheinlich durch das Verdampfen des Stahl-Triggerdrahtes bedingt.

Literatur Kap. 2

Lit. 2-1   *Golde, R. H.:* Lightning Protection. Edward Arnold Ltd. London, 1973.
Lit. 2-2   *Golde, R. H.:* Lightning, Vol. 1. Academic Press, London, New York, San Francisco, 1977.
Lit. 2-3   *Baatz, H.:* Mechanismus der Gewitter. VDE-Schriftenreihe Bd. 34. VDE-Verlag, Berlin und Offenbach, 1985.
Lit. 2-4   The Earth's Electrical Environment. National Academy Press, Wash. D.C., 1986.
Lit. 2-5   *Rakov, V.A.; Uman, M.A.:* Lightning – Physic and Effects. Cambridge University Press, Cambridge 2003.
Lit. 2-6   *Berger, K.:* Novel Observations on Lightning Discharges; Results of Research on Mount San Salvatore. Journ. Franklin Inst., 283 (1967), S. 478-525.
Lit. 2-7   *Wiesinger, J.:* Blitzforschung und Blitzschutz. Deutsches Museum. 40 (1972) H. 1/2. R. Oldenbourg Verlag, München.
Lit. 2-8   *Berger, K.; Vogelsanger, E.:* Fotografische Blitzuntersuchungen der Jahre 1955 ... 1965 auf dem Monte San Salvatore. Bull. SEV Schweiz. Elektrotech. Verein 57 (1966), S. 599-620.
Lit. 2-9   Blitzforschungsgruppe München: Aktuelle Aufgaben und Methoden der Blitzforschung. ETZ A Elektrotech. Z. A 99 (1978), S.652-654.
Lit. 2-10 *Uman, M.A.; Rakov, V.A., u.a.:* Triggered-lightning facility for studying lightning effects on power systems. 23rd ICLP Intern. Conf. on Lightning Protection, Firenze-Italy, 1996, pp. 73-78.
Lit. 2-11 *Rakov, V.A.:* Lightning discharges triggered using rocket-and-wire techniques. Recent Res. Devel. Geophysics, 2(1999), pp. 141-171.
Lit. 2-12 *Heidler, F., Zischank, W., Wiesinger, J.:* Statistics of lightning current para-

meters and related nearby magnetic fields measured at the Peissenberg tower. 25th ICLP Intern. Conf. on Lightning Protection, Rhodes-Greece, 2000, pp. 78-82.

Lit. 2-13 *Miki, M.; Shindo T.; Rakov, V.A.; Uman, M.A.; Rambo, K.J.; Schnetzer, G.H.; Diendorfer, G.; Mair, M.; Heidler, F.; Zischank, W.; Thottappillil, R.; Wang, D.:* Die Anfangsphase von Aufwärtsblitzen. etz, Heft 3-4/2003, S. 50-55.

3 Blitzhäufigkeit und Gewitterwarnung

3.1 Keraunischer Pegel

In der meteorologischen Forschung ist die Anzahl der Gewittertage in einem Jahr (keraunischer Pegel) ein Maß für die Gewitterhäufigkeit in einem Gebiet. Die Verbindungslinie von Gebieten mit gleicher Gewitterhäufigkeit ergibt sogenannte Isokeraunen. Hierbei ist ein Gewittertag definiert als ein Tag, an dem auf einer Beobachtungsstation Donner gehört wurde. Einen Überblick über die Anzahl der jährlichen Gewittertage im europäischen Raum gibt *Bild 3.1a*. Im nördlichen Teil der Bundesrepublik Deutschland wurden im langjährigen Mittel etwa 15 bis 30, im südlichen Teil etwa 20 bis 35 Gewittertage im Jahr registriert (*Tabelle 3.1a*).

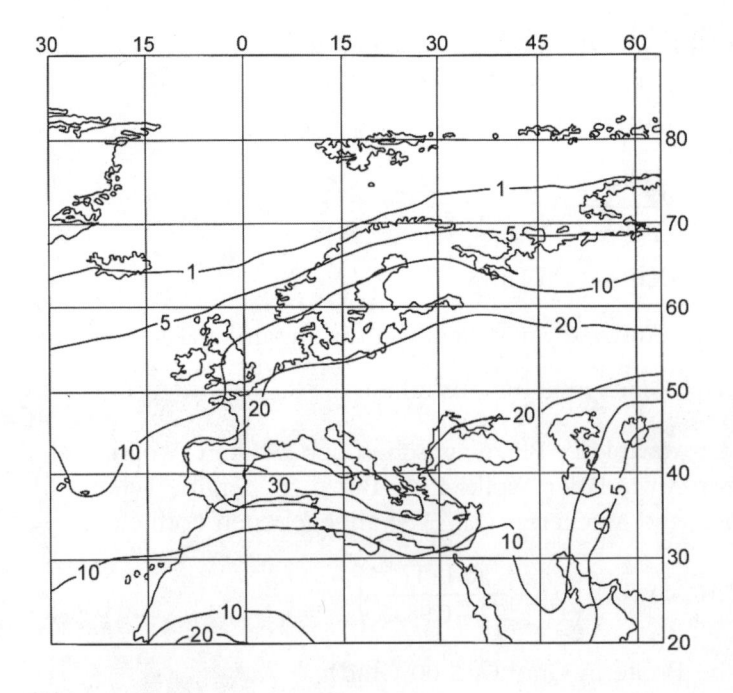

Bild 3.1a: Anzahl der jährlichen Gewittertage in Europa (Aus „World Distribution of Thunderstorms Days" WMO/OMM-No. 21. TP.21.1956)

3.1 Keraunischer Pegel

Tabelle 3.1a: Anzahl der jährlichen Gewittertage in der Bundesrepublik Deutschland. Aus: Generalisierte Zonenkarte" (Zeitraum 1951 bis 1970) des Zentralamtes des Deutschen Wetterdienstes

Weniger als 20	20 bis 24	25 bis 29	30 und mehr
Flensburg	Aachen	Augsburg	Freiburg
Hannover	Bad Kissingen	Bremen	Kempten
Kiel	Bayreuth	Karlsruhe	München
Lübeck	Bielefeld	Konstanz	Rosenheim
	Dortmund	Landshut	Stuttgart
	Gießen	Mannheim	
	Hamburg	Nürnberg	
	Heide	Regensburg	
	Meschede	Saarbrücken	
	Kassel	Schwäbisch Hall	
	Koblenz	Ulm	
	Köln	Weiden	
	Leer		
	Münster		
	Rottweil		
	Siegen		
	Uelzen		
	Würzburg		

Aus den jährlichen Gewittertagen einer Region T_d kann, nach einer in Lit. 3-1 angegebenen Formel die Anzahl der Wolke-Erde-Blitze je km² und Jahr, n_g, berechnet werden.

$$n_g = 0{,}04 \cdot T_d^{1{,}25} \quad \text{in} \quad \frac{1}{\text{km}^2 \cdot \text{a}}.$$

Weitere Formeln finden sich in Lit. 3-2:

$n_g = 0{,}023 \cdot T_d^{1{,}3}$ nach Anderson und Eriksson für Südafrika (Lit. 3-5)

$n_g = 0{,}01 \cdot T_d^{1{,}4}$ nach Mackerras für Australien.

Das Verhältnis der Anzahl der Blitze zwischen den Wolken (Wolke-Wolke-Blitze), n_c, zur Anzahl der Wolke-Erde-Blitze, n_g, ergibt sich nach einer von Prentice und Mackerras (Lit. 3-3) angegebenen Formel:

$$n_c / n_g = (4{,}16 + 2{,}16 \cdot \cos 3\lambda) \cdot \left(0{,}6 + \frac{0{,}4 \cdot T_d}{72 - 0{,}98 \cdot \lambda}\right).$$

λ = geographische Breite in Grad ($\lambda \leq 60$ Grad)
T_d = Anzahl der jährlichen Gewittertage

Wenn der keraunische Pegel, d. h. die Anzahl der jährlichen Gewittertage T_d, nicht bekannt ist, kann näherungsweise der zweite Klammerausdruck in obiger Formel gleich 1 gesetzt werden.

Wird für die Bundesrepublik Deutschland der 50. Breitengrad betrachtet und werden als Mittel 23 jährliche Gewittertage angesetzt, so ergibt sich: n_c/n_g = 2,29. Dies bedeutet, dass etwa 30 % aller Blitze Wolke-Erde-Blitze sind!

Aus Betrachtungen verschiedener Autoren (Lit. 3-4) kann für 40 Grad $\leq \lambda \leq$ 60 Grad eine Abschätzung angegeben werden:

$$n_C / n_g \approx 5 - \lambda/20$$

λ = geographische Breite in Grad.

3.2 Blitzzählung

Zur Messung der lokalen Dichte der Erdblitze in einem Areal in der Größenordnung von 1000 km² wurde in den 1960er bis Anfang der 1980er Jahre international ein von der CIGRE (International Conference on Large High Voltage Electric Systems) empfohlener Zähler eingeführt (Lit. 3-6 bis 3-8). Dieser „CIGRE-Zähler" registriert einen Blitzschlag mit einem Zählwerk, wenn im VLF-Band bei einer selektiven Frequenz von 500 Hz in Folge eines Blitzschlags eine elektrische Bodenfeldstärke von 5 V/m am Ort des Zählers erreicht wird. Diese Feldstärke wurde zunächst mit einer 5 m hohen Horizontal-Antenne erfasst; später wurden nach einem Vorschlag von Prentice, Mackerras und Tolmie zweckmäßig etwa 5 m hohe Stabantennen (mit einer aktiven Länge von 3,3 m) eingesetzt (Lit. 3-9, 3-10). Den kompletten Antennenaufbau mit dem Gehäuse für das Zählgerät zeigt *Bild 3.2a*.

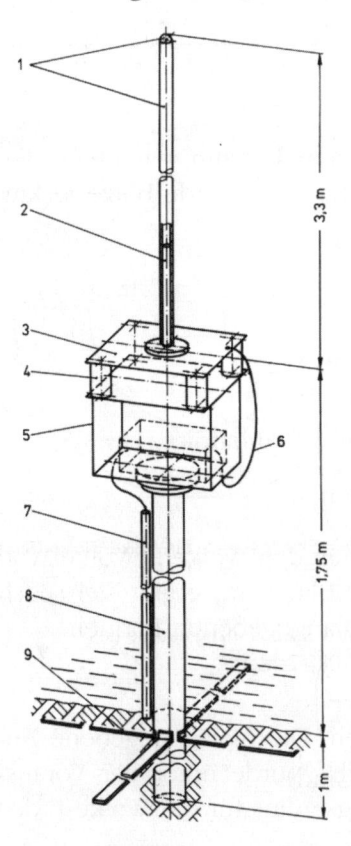

Dieser Zähler erfasst sowohl Wolke-Erde-Blitze als auch zu einem gewissen Grad

Bild 3.2a: Aufbau des modifizierten „CIGRE-Zählers"

3.2 Blitzzählung

Wolke-Wolke-Blitze. Der kreisflächige Einzugsbereich für Wolke-Erde-Blitze liegt in Mitteleuropa in der Größenordnung von 1000 km². Der Einzugsbereich ist zu verstehen als *mittlerer* Einzugsbereich für die Blitze sehr unterschiedlicher Intensität, wobei „starke" Blitze aus größeren Entfernungen erfasst werden als „schwache". So ergibt sich für etwa 10 % der Blitze ein Einzugsbereich um 7000 km², für etwa 90 % ein Einzugsbereich um 110 km², d. h., dass 10 % der Blitze auch noch aus etwa 50 km Entfernung erfasst werden!

Für die aus den Zählungen des „CIGRE-Zählers" folgende Anzahl der Wolke-Erde-Blitze je km² und Jahr, n_g, gilt (siehe *Bild 3.2b*):

$$n_g = \frac{n}{r_g^2 \cdot \pi \cdot \left[1 + \frac{n_c}{n_g} \cdot \left(\frac{r_c}{r_g}\right)^2\right]} \quad \text{in} \quad \frac{1}{\text{km}^2 \cdot a}.$$

n = Zählungen des »GIGRE-Zählers« je Jahr in 1/a
n_c/n_g = Verhältnis der Wolke-Wolke-Blitze zu den Wolke-Erde-Blitzen (siehe Kapitel 3.1)
r_c = mittlerer Einzugsradius für Wolke-Wolke-Blitze in km
r_g = mittlerer Einzugsradius für Wolke-Erde-Blitze in km.

Für „CIGRE-Zähler" gilt näherungsweise:

$r_c/r_g \approx 2/3$.

Die für r_g von den einzelnen Autoren in verschiedenen Ländern angegebenen Werte variieren von etwa 12 bis 30 km entsprechend einem Einzugsbereich von etwa 450 bis 2800 km². Für Mitteleuropa ist ein Wert für r_g um 20 km am wahrscheinlichsten, entsprechend einem Einzugsbereich von etwa 1250 km².

In der *Tabelle 3.2b* sind Messdaten für die Bundesrepublik Deutschland zusammen gestellt, die mit den breitgestreuten „CIGRE"-Zählerstationen über viele Jahre hinweg gewonnen wurden.

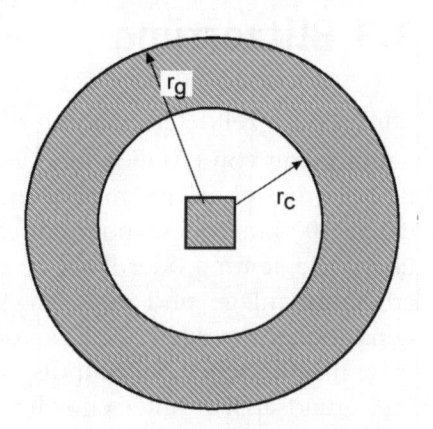

r_c = Einzugsradius für Wolke-Wolke-Blitze
r_g = Einzugsradius für Erde-Wolke-Blitze

Bild 3.2b: Einzugsradius des „CIGRE-Zählers"

Die hier angegebene Anzahl der Wolke-Erde-Blitze je km² und Jahr wurde unter der Voraussetzung bestimmt, dass der mittlere Einzugsradius für die Wolke-Erde-

Tabelle 3.2b: Ergebnisse von »GIGRE«-Blitzzählungen in der Bundesrepublik Deutschland

Gebiet	Gemittelte Zählungen je Zähler pro Jahr n	Wolke-Erde-Blitze je km² und Jahr n_g
Schleswig-Holstein	2860	um 1,1
Franken	5630	um 2,2
Donaugebiet	6110	um 2,4
Oberpfalz	6210	um 2,4
Voralpenland	7580	um 3,0

Blitze r_g = 20 km beträgt, r_c/r_g = 2/3 und n_c/n_g = 2,3 ist (siehe Kapitel 3.1). Es wurden auch ähnliche Zähler eingesetzt, die bei einer maximalen Empfindlichkeit von 10 kHz das elektrische Bodenfeld registrieren, wobei erwartet wurde, dass diese Zähler eine geringere Anzahl von Wolke-Wolke-Blitzen registrieren.

3.3 Blitzortung

Zur ort- und zeitdeterminierten Blitzregistrierung in Arealen bis zur Größenordnung von 1 Million km² sind Blitzortungssysteme entwickelt worden. Sie bestehen aus mindestens drei Antennenstationen, die typisch einige 100 km voneinander entfernt aufgestellt sind und die ihre Daten über Datenleitung oder Funk an eine Zentralstation mit einer Datenverarbeitungsanlage und diversen Anzeigegeräten liefern. In den Antennenstationen werden die von den Blitzen abgestrahlten elektrischen bzw. magnetischen Blitzimpulse empfangen (Lit. 3-11 bis 3-19). Es gibt drei grundsätzlich unterschiedliche Prinzipien der Blitzortungssysteme.
Das eine System, *Magnetic Direction Finding System (MDF)*, arbeitet mit Antennenstationen, in denen gekreuzte, magnetische Peilantennen errichtet sind, wobei aus den empfangenen magnetischen Feldimpulsen Peilgeraden ermittelt werden (*Bild 3.3a* und Lit. 3-11). Aus drei sich überschneidenden Geraden ergibt sich ein „Peildreieck", in dem oder in dessen Nähe die Blitzentladung stattgefunden hat.
Ein zweites System, *Time of Arrival System (TOA)*, betreibt Antennenstationen mit (richtungsunabhängigen) elektrischen Antennen (Lit. 3-12), wobei die zeitlichen Unterschiede des Auftretens der elektrischen Feld-

3.3 Blitzortung

Bild 3.3a: Blitzpeilung mit richtungsabhängigen, magnetischen Antennen (Magnetic Direction Finding System)

impulse an den einzelnen Stationen (Größenordnung 0, 1 bis 1000 µs) gemessen werden (*Bild 3.3b*). Hieraus lassen sich mit komplexen kugelhyperbolischen Gleichungen mit Hilfe von Peilkreisen, deren Radien r den den Laufzeiten T proportionalen Abständen der Blitzentladungen entsprechen, „Peildreiecke" ermitteln, in denen oder in deren Nähe die Blitzentladung stattgefunden hat.

Das dritte System basiert auf einer schmalbandigen, *interferometrischen Messung* im Hochfrequenzbereich (VHF/UVF-Bereich). Hier werden die Phasenverschiebungen zwischen einer Reihe von Antennen eines an einem Mast gebündelten Antennenfelds zur Richtungspeilung verwendet (*Bild 3.3c* und Lit. 3-13).

In der Praxis werden mehr als die drei mindestens notwendigen Antennenstationen erstellt, um aus deren Signalen den wahrschein-

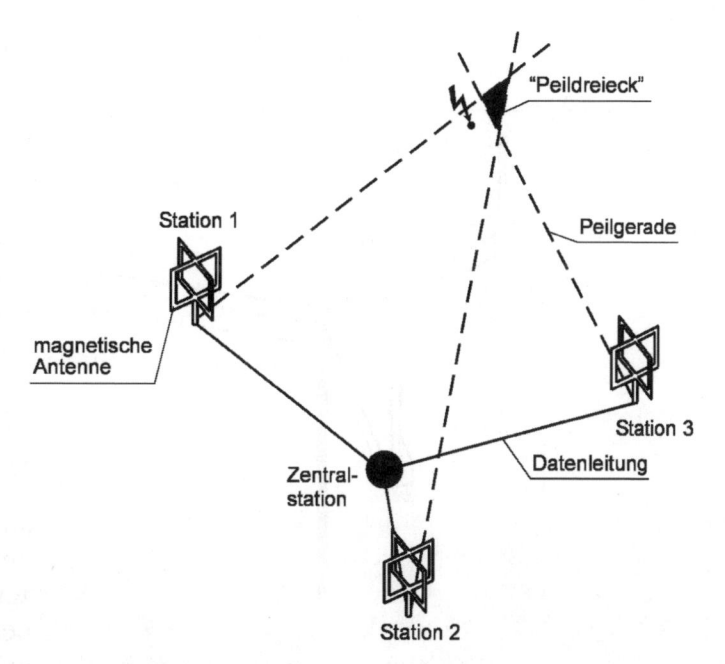

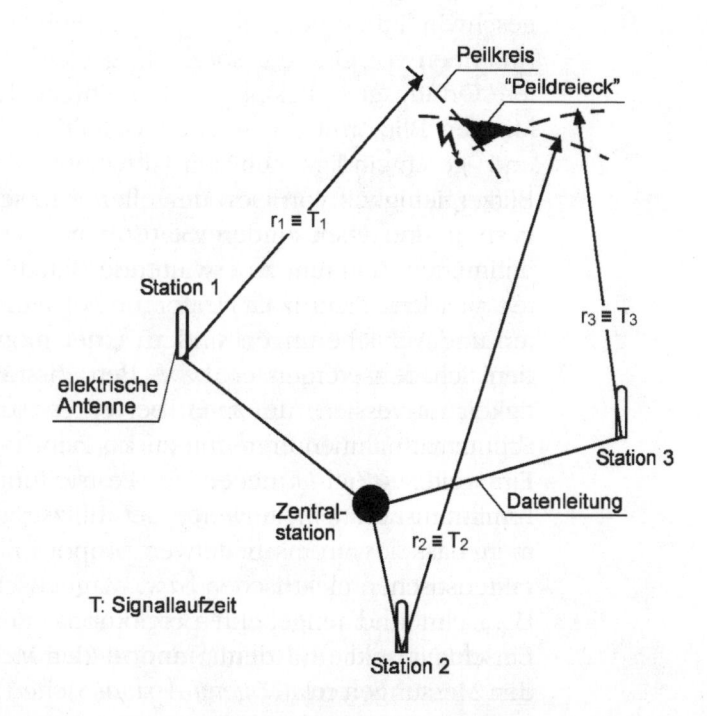

Bild 3.3b: Blitzpeilung mit richtungsunabhängigen, elektrischen Antennen mit Messung der Laufzeitunterschiede zwischen den Stationen (Time of Arrival System)

3 Blitzhäufigkeit und Gewitterwarnung

Antennenfeld

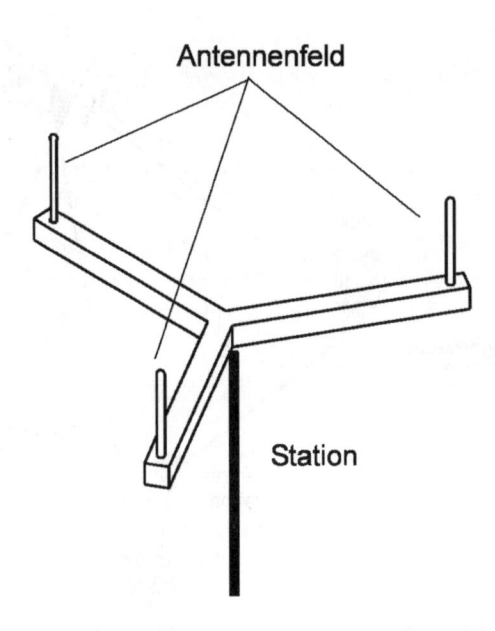

Station

Bild 3.3c: Interferometrische Blitzpeilung

lichsten Einschlagort mit einer höheren Genauigkeit bestimmen zu können. Bei diesen Blitzortungen muss naturgemäß mit Peilfehlern gerechnet werden. Wie aus den Bildern 3.3a und 3.3b ersichtlich ist, kann der registrierte Blitz auch außerhalb des „Peildreiecks" liegen! Die Fehler sind durch die Grenzen der Signalauswertung gegeben, entstehen aber auch durch feldverzerrende Einflüsse der Antennenumgebung und durch von der Bodenkonsistenz abhängige Felddämpfungen, die unter anderem eine etwas von der Lichtgeschwindigkeit abweichende Ausbreitungsgeschwindigkeit bedingen. Um die Fehler zu verkleinern, werden die Antennen vor Ort sehr sorgfältig geeicht (Lit. 3-14 und 3-15). Die mittlere Ortungsgenauigkeit liegt bei einigen 100 m (Lit. 3-16).

Mit den Blitzortungen werden vielfältige Ziele verfolgt: Zugrichtungen und -geschwindigkeiten von Gewittern können bildlich dargestellt, die Blitzergiebigkeit von Gewitterzellen erforscht, mögliche Blitznester aufgespürt und insbesondere Statistiken über die jährlich oder in einem definierten Zeitraum zu erwartende Blitzdichte für große Gebiete ermittelt werden. Elektrizitätsversorgungs-Unternehmen, Telefongesellschaften und Versicherungen sind an einer möglichen Korrelation zwischen den Schadensereignissen bzw. Betriebsstörungen und der Gewittertätigkeit interessiert, um z. B. bei erkennbaren Schwachstellen gezielte Schutzmaßnahmen ergreifen zu können.

Ein weiteres Ziel ist neben der Feststellung der Polarität der Blitze die Ermittlung der Scheitelwerte der Blitzströme. Hierbei wird angenommen, dass der Stromscheitelwert proportional dem Scheitelwert des charakteristischen elektrischen bzw. magnetischen Feldimpulses, E_{max} bzw. H_{max}, ist und umgekehrt proportional der Entfernung zwischen dem Einschlagpunkt und dem Standort der Messstation. Während sich aus den Messungen relativ genaue statistische Daten (Mittelwerte und Streuung) der Stromscheitelwerte bestimmen lassen, können die Einzelereignisse erhebliche Fehler aufweisen (Lit. 3-17).

Kommerzielle Blitzortungssysteme wurden entwickelt von der Firma „Lightning Location and Protection, Inc." (LLP-System) auf der Basis der Magnetfeld-Peilmethode und von „Atlantic Scientific Coorporation", später umbenannt in „Atmospheric Research Systems, Inc. (ARSI)" auf der Basis der Laufzeitmethode (LPATS-System). Anfang der 1990er Jahre fusionierten diese beiden Firmen zur „Global Atmospherics, Inc." und brachten einen Sensor (IMPACT) auf den Markt, in dem beide Messmethoden kombiniert wurden. Das interferometrische System „SAFIR" wurde ursprünglich vom französischen „Office National d'Etudes et de Recherches Aerospatiales ONERA" entwickelt.

Die Ortungssysteme sind inzwischen weltweit installiert worden (Lit. 3-18). In Deutschland hat Siemens ein kommerzielles Ortungssystem „BLIDS" des „Time of Arrival"-Prinzips aufgebaut. Das Netzwerk verfügt zur Zeit über 20 Messstationen in Deutschland und der Schweiz. In Österreich wurde beispielsweise ein aus dem „Time of Arrival"- und dem „Magnetic Field Direction Finding"-System ein kombiniertes Ortungssystem („IMPACT") installiert (ALDIS).

Heute haben sich zahlreiche Europäische Länder zur „European Cooperation for Lightning Detection" (EUCLID) zusammengeschlossen (Belgien, Dänemark, Deutschland, Finnland, Frankreich, Holland, Italien, Luxemburg, Norwegen, Österreich, Polen, Schweden, Slowakei, Slowenien, Tschechische Republik, Ungarn). Das Netzwerk umfasst ca. 75 Messstationen.

Bei der aus den Zählungen ermittelten, besonders interessierenden Zahl der jährlichen Blitze je km² ist zu berücksichtigen, dass nicht alle Blitze erfasst werden. Die Erfassungsrate moderner Blitzortungssysteme liegt über 90 % (Lit. 3-15).

3.4 Einschlaghäufigkeit in Objekte

Im Technischen Komitee TC 81 der IEC wurde ein Verfahren entwickelt, mit dem die Anzahl der jährlichen Direkteinschläge in Objekte, n_d, berechnet werden kann (Lit. 3-20). Für quaderförmige bauliche Anlagen mit den Seitenlängen a und b und der Höhe h gilt:

$$n_d = n_g \cdot 10^{-6} \cdot \left[9 \cdot \pi \cdot h^2 + a \cdot b + 6 \cdot h \cdot (a+b)\right] \quad \text{in} \quad \frac{1}{a}.$$

n_g = Anzahl der Wolke-Erde-Blitze zu km² und Jahr
a, b, h = Objektabmessungen in m.

3 Blitzhäufigkeit und Gewitterwarnung

Beispiel

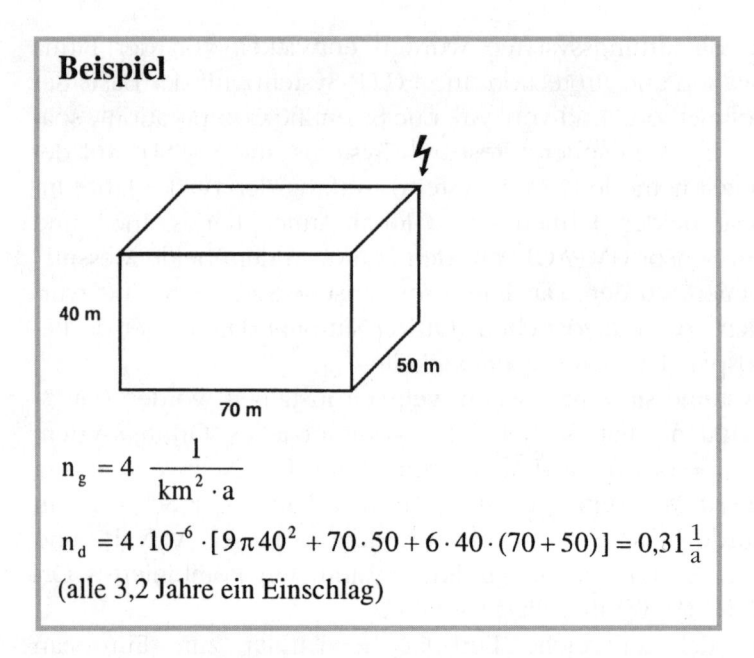

40 m
50 m
70 m

$$n_g = 4 \; \frac{1}{km^2 \cdot a}$$

$$n_d = 4 \cdot 10^{-6} \cdot [9\pi 40^2 + 70 \cdot 50 + 6 \cdot 40 \cdot (70 + 50)] = 0{,}31 \tfrac{1}{a}$$

(alle 3,2 Jahre ein Einschlag)

Für turmartige bauliche Anlagen mit der Höhe h (h >> a, b) bis zu etwa 100 m gilt nach IEC:

$$n_d = n_g \cdot 10^{-6} \cdot 9 \cdot \pi \cdot h^2 \quad \text{in} \; \frac{1}{a} \;.$$

Eriksson gibt für turmartige bauliche Anlagen (Lit. 3-21) folgende Formel an:

$$n_d = n_g \cdot 24 \cdot 10^{-6} \cdot h^{2{,}05} \quad \text{in} \; \frac{1}{a} \;.$$

Für Freileitungen mit der maximalen Höhe h, der maximalen Breite b und der Länge l gilt nach IEC:

$$n_d = n_g \cdot 10^{-6} \cdot (b + 6 \cdot h) \cdot \ell \quad \text{in} \; \frac{1}{a}$$

l = Freileitungslänge in m.

In CIGRE wird für Freileitungen (Lit. 3-22) folgende Formel angegeben:

$$n_d = n_g \cdot 1{,}8 \cdot 10^{-6} \cdot (b + 10{,}5 \cdot h^{0{,}75}) \cdot \ell \quad \text{in} \; \frac{1}{a}$$

Die maximal und minimal zu erwartende Anzahl von Einschlägen können sich vom Mittelwert bis etwa um den Faktor 3 unterscheiden.

Bei Objekten mit einer Höhe über etwa 100 m im Flachland und bei Objekten an sehr exponierten Stellen, wie auf Bergkuppen, sind neben den Wolke-Erde-Blitzen auch Erde-Wolke-Blitze in Betracht zu ziehen, die in vielen Fällen wiederum Wolke-Erde-Blitze in derselben Blitzbahn nach sich ziehen. So ist bei exponiert stehenden Sendetürmen mit Höhen über 150 m mit bis zu einigen zehn Einschlägen je Jahr zu rechnen, einem weit größeren Wert also, als er sich nach den obigen Formeln ergeben würde.

Literatur Kap. 3

Lit. 3-1 *Eriksson, A.J.:* The incidence of lightning strikes to power lines. IEEE Trans. On Power Delivery, Vol. PWRD-2, Nr. 3, July 1987, pp. 859-870.

Lit. 3-2 *Andrews, C.J., et al.:* Lightning injuries: Electrical, medical and legal aspects. 1992 CRC Press, Inc. Florida, USA.

Lit. 3-3 *Prentice, S.A.; Mackerras, D.:* The ratio of cloud to cloud-ground lightning flashes in thunderstorms. Journ. Appl. Meteorol. 16 (1977), S. 545-549.

Lit. 3-4 *Golde, R. H.:* Lightning, Vol. 1 und 2. Academic Press, London, New York, San Francisco, 1977.

Lit. 3-5 *Anderson, R. B.; Eriksson, A. J.:* Lightning parameters for engineering application. Electra (1980) H.69, S.65-102.

Lit. 3-6 *Anderson, R. B.; Eriksson, A. J.:* Lightning parameters for engineering application. Electra 69 (1980), S.65-102.

Lit. 3-7 *Amberg, H.U.; Frühauf, G.:* Ergebnisse von Blitzzählungen in Bayern und Schleswig-Holstein. ETZ B Elektrotechn. Z. B. 19 (1967), S. 505-508.

Lit. 3-8 *Fischer, A.:* Auswertung der CIGRE-Blitzzählung in Schleswig-Holstein und Bayern. ETZ A Elektrotechn. Z. A 99 (1978), S. 72-76.

Lit. 3-9 *Prentice, S.A.; Mackerras, D.; Tolmie, R.P.:* Development and field testing of a vertical aerial lightning flash counter. Proc. IEEE 122 (1975), S. 487-491.

Lit. 3-10 *Anderson, R.B.; Nikerek, H.R.; Prentice, S.A., Mackerras, D.:* Improved lightning flash counter. Electra 66 (1979), S. 85-98.

Lit. 3-11 *Krider, E.P.; Noggle, R.C.; Uman, M.A.:* A gated wide-band magnetic direction finder for lightning return strokes. Journal of Applied Meteorology 15, 1976, S. 301-306

Lit. 3-12 *Bent, R. B.; Gasper, P. W.:* A unique Time-of-arrival Technique for accurately locating lightning over large areas. 5th Symp. on Meteorol. Observations and Instrumentation, Toronto, 1983, S. 505-511.

Lit. 3-13 *Richard, P; Delannoy, A.; Labaunde, G.; Laroche, P.:* Results of spatial and temporal characterization of the VHF-UHF radiation of lightning. Journal of geophysical research, Vol. 21, No. D1, S. 1248-1260, 1986.

Lit. 3-14 *Pisler, E.; Schütte, T.:* Eine neue Methode zur Messung des Peilfehlers bei Blitzpeilsystemen. 18th ICLP Intern. Conf. on Lightning Protection, Munich, 1985, Ref.1.7.

Lit. 3-15 *Schütte, Th.; Israelsson, S.:* Die Qualität von Blitzpeilungen. 19th ICLP Intern. Conf. on Lightning Protection, Graz, 1988, Ref. 1.2.

Lit. 3-16 *Diendorfer, G.; Hadrian, W.; Hofbauer, F.; Mair, M.; Schulz, W.:* Evaluation of lightning location data employing measurements of direct strikes to a radio tower. CIGRE Session 2002, Paris, August 2002.

Lit. 3-17 *Diendorfer, G.; Schulz, W.:* Möglichkeiten und Grenzen der Bestimmung von Blitzstromparametern mit Hilfe von Blitzortungssystemen. e&i, 112. Jg. (1995), H.6, S. 279-283.

Lit. 3-18 *Cummins, K.L.; Krider, E.P.; Malone, M.D.:* The U.S. National Lightning Detection Network and applications of cloud-to-ground lightning data by electric power utilities, IEEE Trans. on EMC, 40(4), 465-480, November 1998.

Lit. 3-19 *Rakov, V.A.; Uman, M.A.:* Lightning – Physic and Effects. Cambridge University Press, Cambridge 2003.

Lit. 3-20 *Hasse, P.; Wiesinger, J.:* Blitzschutz der Elektronik. Pflaum Verlag, VDE Verlag GmbH, 1999.

Lit. 3-21 CIGRE, 1 JWG 64(Sec.)116, 1997: Protection of MV and LV networks against lightning. Part 1: Basic Information.

Lit. 3-22 *Eriksson, A.J.:* The incidence of lightning strikes to power lines. IEEE PAS Winter Meeting (1986).

Stromkennwerte von Erdblitzen   4

Unter Erdblitzen werden sowohl Wolke-Erde-Blitze als auch Erde-Wolke-Blitze verstanden.

4.1 Grundsätzliche Blitzstromverläufe

Wolke-Erde-Blitze können die in *Bild 4.1a* zusammengestellten, typischen Blitzstromverläufe aufweisen und aus folgenden Komponenten bestehen (Lit. 4-1 bis 4-5):

- einem ersten positiven oder negativen Stoßstrom mit einem typischen Scheitelwert i_{max} des Stroms von einigen 10 kA und einer Zeitdauer T_s kleiner 2 ms (Teilbild a)
- einem ersten positiven oder negativen Stoßstrom nach Teilbild a mit einem sich anschließenden Langzeitstrom gleicher Polarität mit einem typischen Gleichstrom i um 100 A und einer Zeitdauer T_l kleiner 500 ms (Teilbild b)
- einer negativen Stoßstromfolge aus mehreren Teilblitzen (multiple Stoßströme) mit einem ersten Stoßstrom nach Teilbild a und Folge-Stoßströmen, deren typische Scheitelwerte i_{max} des Stroms um 10 kA betragen und damit kleiner sind als i_{max} des ersten Teilblitzes; die Pausenzeit T_p zwischen den Teilblitzen liegt bei einigen 10 ms bis etwa 100 ms (Teilbild c)
- einer negativen Stoßstromfolge nach Teilbild c, wobei ein negativer Langzeitstrom eingelagert ist (Teilbild d).

Bipolare Blitzentladungen sowie multiple positive Stoßströme, analog zu den Teilbildern c und d, sind sehr selten.

Erde-Wolke-Blitze, die nur an sehr hohen Objekten oder auf Bergspitzen auftreten, können die in *Bild 4.1 b* zusammengestellten, typischen Blitzstromverläufe aufweisen und aus folgenden Komponenten bestehen:

- einem positiven oder negativen Langzeitstrom mit einem typischen Gleichstrom i um 100 A und einer Zeitdauer T_l kleiner 500 ms (Teilbild a)

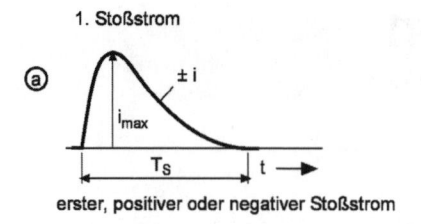

Bild 4.1a: Typische, schematische Blitzstromverläufe von Wolke-Erde-Blitzen

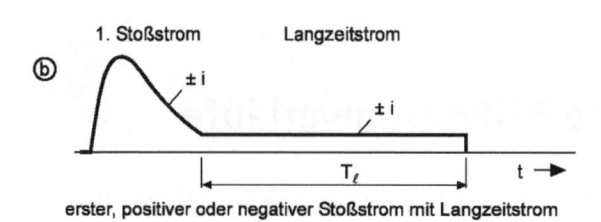

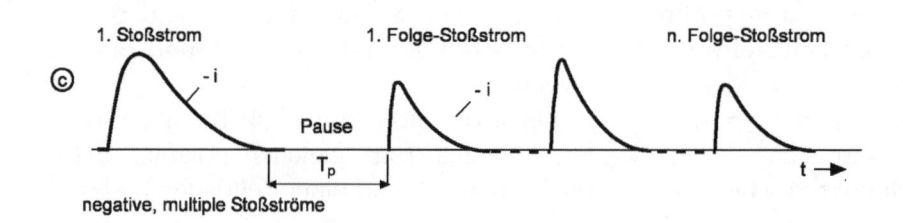

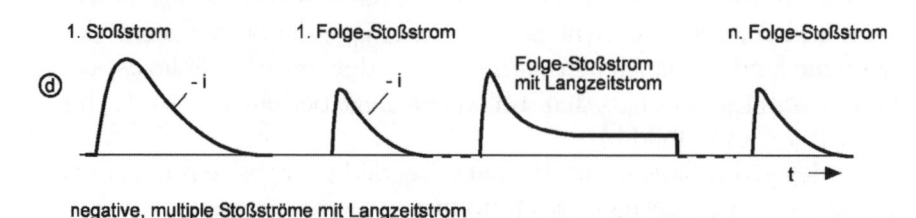

- einem positiven oder negativen einleitenden Langzeitstrom mit einem anschießenden Folge-Stoßstrom gleicher Polarität (Teilbild b)
- einem einleitenden negativen Langzeitstrom mit einer anschließenden Stoßstromfolge aus mehreren negativen Teilblitzen (Teilbild c)
- einem einleitenden negativen Langzeitstrom mit einer anschließenden Stoßstromfolge aus mehreren negativen Teilblitzen, wobei ein nachfolgender, negativer Langzeitstrom eingelagert sein kann (Teilbild d).

4.1 Grundsätzliche Blitzstromverläufe

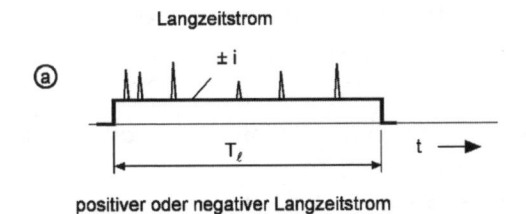

Bild 4.1b: Typische, schematische Blitzstromverläufe von Erde-Wolke-Blitzen

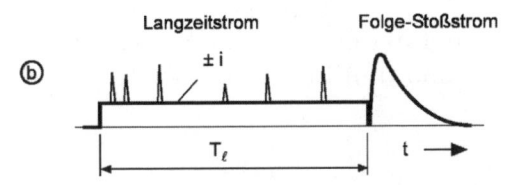

(a) positiver oder negativer Langzeitstrom

(b) positiver oder negativer Langzeitstrom mit Folge-Stoßstrom

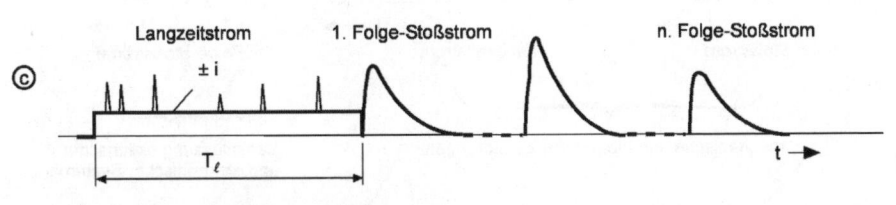

(c) negativer Langzeitstrom mit Folge-Stoßströmen

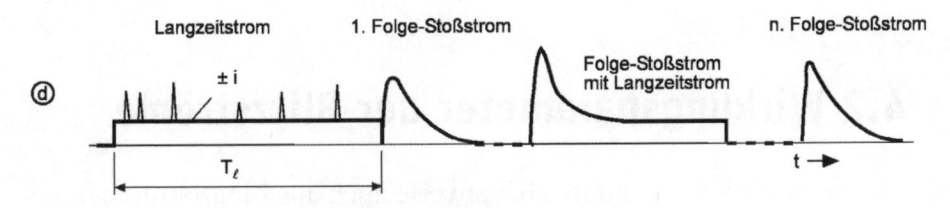

(d) negativer Langzeitstrom mit Folge-Stoßströmen und nachfolgendem Langzeitstrom

Die Folge-Stoßströme bei Erde-Wolke-Blitzen sind denen von Wolke-Erde-Blitzen hinsichtlich Strom-Scheitelwert und Zeitverlauf sehr ähnlich. Eine dem ersten Stoßstrom von Wolke-Erde-Blitzen vergleichbare Komponente tritt bei Erde-Wolke-Blitzen nicht auf. Bipolare Blitzentladung sowie multiple positive Stoßströme sind auch bei Erde-Wolke-Blitzen selten.

Dem einleitenden Langzeitstrom von Erde-Wolke-Blitzen sind in etwa der Hälfte aller Fälle Stoßströme überlagert. Die Strom-Scheitelwerte der überlagerten Stoßströme sind ca. halb so groß wie der Folge-Stoßströme.

4 Stromkennwerte von Erdblitzen

Blitzströme, die für Prüfzwecke im Laboratorium erzeugt werden (siehe Kapitel 15), bestehen typischerweise aus einzelnen oder kombinierten Komponenten obiger Blitzströme (*Bild 4.1c*):

- einem positiven oder negativen Stoßstrom zur Simulation des ersten Stoßstroms der Teilbilder a bis d in Bild 4.1a
- einem negativen Stoßstrom zur Simulation der Folge-Stoßströme der Teilbilder c und d in Bild 4.1 a bzw. der Teilbilder b, c und d in Bild 4.1b
- einem positiven oder negativen Langzeitstrom zur Simulation der Langzeitströme der Teilbilder b und d in Bild 4.1a bzw. der Teilbilder a bis d in Bild 4.1b.

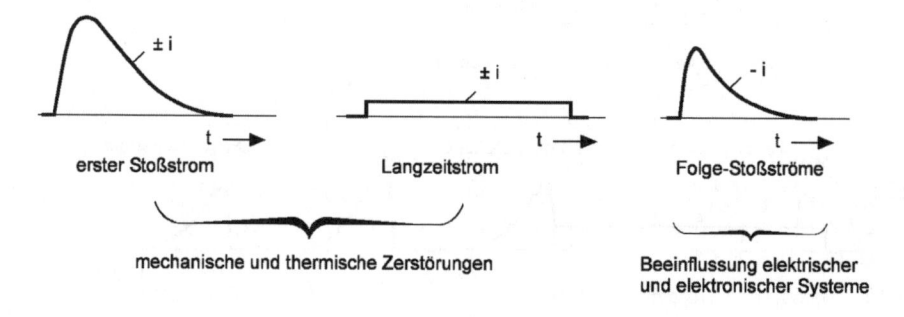

Bild 4.1c: Schematisierte Komponenten von laborsimulierten Blitzströmen

4.2 Wirkungsparameter der Blitzströme

Die aus Stoßströmen und möglicherweise auch aus Langzeitströmen bestehenden Blitzströme sind weitgehend „eingeprägte" Ströme, die von den getroffenen Objekten kaum beeinflusst werden. Aus den sehr variablen, in den Bildern 4.1a und 4.1b typisierten Blitzströmverläufen lassen sich vier für die Blitzschutztechnik besonders bedeutsame Wirkungsparameter entnehmen (Lit. 4-6 bis 4-10):

- der *Scheitelwert* des Blitz-Stoßstroms i_{max}, gemessen in A; er wird bei den multiplen Blitzen in der ersten Stoßstromkomponente erreicht.
- die Ladung des Blitzstroms, gemessen in As bzw. C, die sich unterteilt in
  - die *Ladung* der Stoßströme Q_s: sie wird als Zeitintegral über die Stoßstrom-Komponenten eines Blitzes erhalten
  - die Ladung der Langzeitströme Q_l: Sie wird als Zeitintegral übe die Langzeitstrom-Komponenten eines Blitzes erhalten.

4.2 Wirkungsparameter der Blitzströme

- die *spezifische Energie* W/R des Blitzstroms, die gleichbedeutend mit dem Stromquadratimpuls („Aktions-Integral") W/R = $\int i^2 \, dt$ ist, gemessen in J/Ω bzw. A^{2}s. Dieser Wirkungsparameter wird als Zeitintegral über die quadrierten Ströme der Stoßstrom-Komponenten eines Blitzes erhalten; der Betrag der Langzeitströme ist vernachlässigbar
- die *Stromsteilheit* in der Stirn eines Blitz-Stoßstroms $\Delta i/\Delta t$, gemessen in A/s, die während der Zeit Δt wirksam ist. Dieser Wirkungsparameter wird erhalten als Quotient aus einer im einzelnen näher zu definierenden Stromdifferenz Δi und der zugehörigen Zeitdifferenz Δt in der Stirn eines Stoßstroms. Bei multiplen Blitzen wird zwischen den Stromsteilheiten des ersten Teilblitzes und der Folgeblitze unterschieden.

Im Folgenden wird aufgezeigt, für welche Wirkungen die einzelnen Wirkungsparameter verantwortlich sind und welche Grenzwerte der Dimensionierung von Blitzschutzanlagen zugrunde zu legen sind. Hierbei wird unterschieden zwischen normalen, erhöhten und hohen Anforderungen an die Schutzwirkung von Blitzschutzanlagen.

In TC 81 der IEC und in VDE V 0185 Teil 1 (Lit.4-1 und 4-2) werden hohe Anforderungen als „Protection Level I (Gefährdungspegel I)", erhöhte Anforderungen als „Protection Level II (Gefährdungspegel II)" und normale Anforderungen als „Protection Level III/IV (Gefährdungspegel III/IV)" definiert.

Normale Anforderungen können z.B. zugrunde gelegt werden bei Wohn-/Bürogebäuden und landwirtschaftlichen Gebäuden. Erhöhte Anforderungen sind z. B. gerechtfertigt bei kulturhistorisch wertvollen Bauten, Krankenhäusern und größeren Industrieanlagen. Hohe Anforderungen werden z. B. bei technischen Anlagen zugrunde zu legen sein, bei denen ein nicht beherrschter Blitzschlag zu unübersehbaren Folgen führen würde, wie bei explosions- oder explosivstoffgefährdeten Anlagen oder Kernkraftwerken.

Es konnte nachgewiesen werden, dass die Wirkungsparameter der Erdblitze dann angenähert einer Gauß'schen Normalverteilung folgen, wenn sie im Wahrscheinlichkeitsnetz auf der Abszisse im logarithmischen Maßstab aufgetragen werden. Die anzusetzenden Gefährdungswerte wurden insbesondere aus den Forschungsergebnissen von Prof. Berger abgeleitet, die in dem CIGRE-Organ Electra (Lit. 4-8 und 4-9) zusammengestellt sind. Die Festlegungen der Gremien von IEC, DIN VDE sowie der Verteidigungsgerätenorm VG 95371-10 sind weitgehend deckungsgleich (Lit. 4-1 bis 4-5).

4.3 Scheitelwert des Blitzstroms

Der Scheitelwert des Blitz-Stoßstroms i_{max} ist insbesondere für den maximal auftretenden Spannungsfall u_{max} am Widerstand der Erdungsanlage R_E eines getroffenen Objektes maßgebend (*Bild 4.3a*), d. h. für die Potentialanhebung gegenüber der fernen Umgebung (ferne Erde). Auf die Berechnung von R_E wird im Kapitel 10.3 eingegangen:

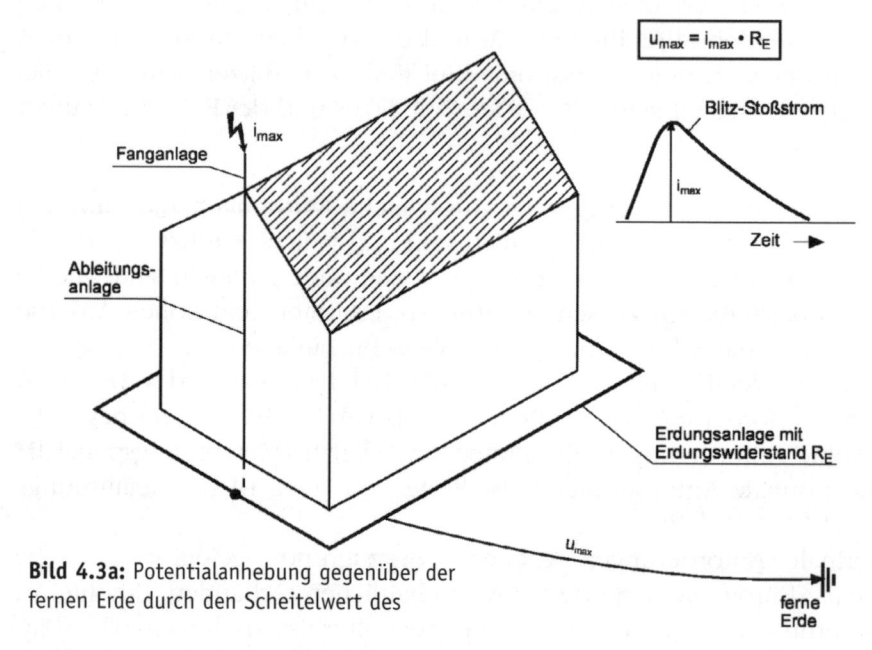

Bild 4.3a: Potentialanhebung gegenüber der fernen Erde durch den Scheitelwert des

$u_{max} = i_{max} \cdot R_E$ in V
i_{max} = Scheitelwert des Blitz-Stoßstroms in A
R_E = Erdungswiderstand in Ω.

Beispiel:

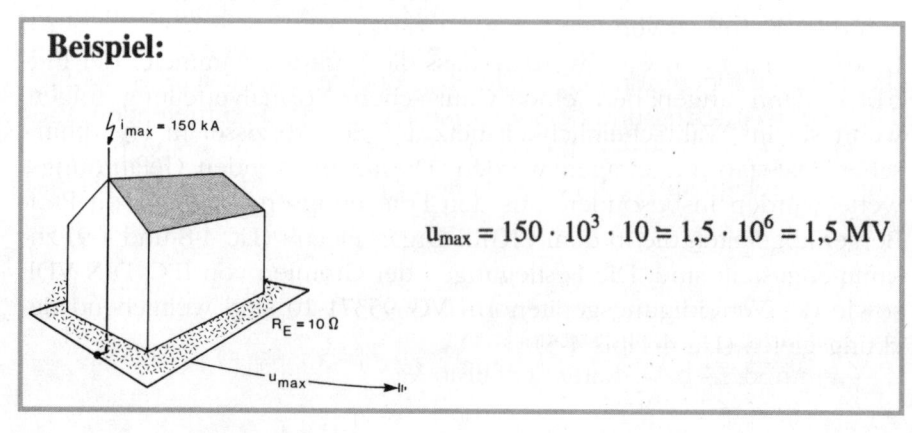

$u_{max} = 150 \cdot 10^3 \cdot 10 = 1{,}5 \cdot 10^6 = 1{,}5$ MV

Der Scheitelwert des Blitz-Stoßstroms i_{max} ist ferner maßgebend für die maximal auftretende Momentankraft zwischen zwei stromdurchflossenen Leitern. Für eine Anordnung zweier paralleler Leiter mit dem Abstand s, die jeweils vom Strom $i_{max}/2$ durchflossen sind (siehe auch Bild 4.5.2a), ergibt sich die maximale, längenbezogene Kraft F'_{max} zu:

$$F'_{max} = \frac{\mu_0}{2 \cdot \pi \cdot s} \cdot \left(\frac{i_{max}}{2}\right)^2 \quad \text{in } \frac{N}{m}.$$

Für die Dimensionierung von Blitzschutzanlagen können die in der *Tabelle 4.3a* zusammengestellten Grenzwerte für den Maximalwert des Blitzstroms herangezogen werden, der identisch ist mit dem Maximalwert des (ersten) positiven oder negativen Stoßstroms (siehe Bilder 4.1a und 4.1b).

Tabelle 4.3a: Grenzwerte für den Maximalwert des Blitzstroms i_{max}

Gefährdungspegel	Grenzwert für i_{max} [kA]
III / IV	100
II	150
I	200

4.4 Ladung des Blitzstroms

Die Ladung des Blitzstroms, $Q = \int i \cdot dt$, ist maßgebend verantwortlich für den Energieumsatz W unmittelbar am Einschlagpunkt des Blitzes und an allen Stellen, wo der Blitzstrom sich in Form eines Lichtbogens über eine Isolierstrecke hinweg fortsetzt. Damit bewirkt die Ladung z. B. Ausschmelzungen an einer Blitzableiterspitze oder der Aluminiumhaut eines Flugzeugs, aber auch an den Elektroden einer Schutzfunkenstrecke. Die am Lichtbogenfußpunkt umgesetzte Energie ergibt sich als das Produkt aus der Ladung und dem im Mikrometerbereich auftretenden Anoden- bzw. Kathodenspannungsfall, $U_{A,K}$, der im Mittel einige 10 V beträgt und relativ unabhängig ist von Stromhöhe und Stromform (*Bild 4.4a*):

$W = Q \cdot U_{a,K}$ in J

Q = Ladung des Blitzstroms in As
$U_{A,K}$ = Anoden- bzw. Kathodenfall in V.

4 Stromkennwerte von Erdblitzen

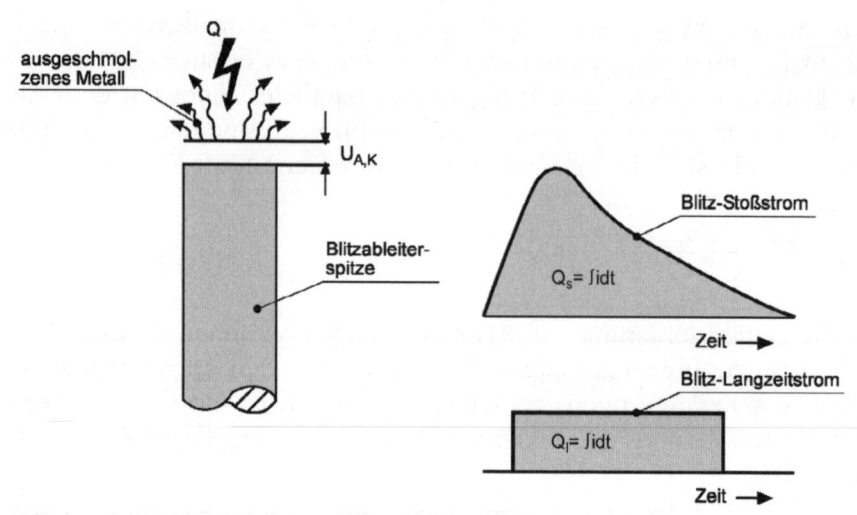

Bild 4.4a: Energieumsatz am Einschlagpunkt durch die Ladung des Blitzstroms

Für die Dimensionierung von Blitzschutzanlagen können die in der *Tabelle 4.4a* zusammengestellten Grenzwerte für die Ladung herangezogen werden. Die Einwirkungsdauer der Stoßstrom-Ladung ist kleiner 2 ms, die der Langzeitstrom-Ladung etwa 0,5 s.

Tabelle 4.4a: Grenzwerte für die Ladung des Blitzstroms

Gefährdungspegel	Grenzwert für Q	
	Stoßstrom-Ladung Q_s [As]	Langzeitstrom-Ladung Q_l [As]
III / IV	50	100
II	75	150
I	100	200

Unter der vereinfachenden Annahme, dass die Lichtbogenenergie W ausschließlich zum Schmelzen des Metalls dient und das ausgeschmolzene Metall unter dem Lichtbogendruck – der die Größenordnung von 10 MPa erreicht – versprizt, kann bei einem konstant angenommenen Anoden- bzw. Kathodenfall, $U_{A,K}$, das ausgeschmolzene Metallvolumen V berechnet werden:

$$V = \frac{W}{\gamma} \cdot \frac{1}{c_w \cdot (\vartheta_s - \vartheta_u) + c_s} \quad \text{in m}^3$$

4.4 Ladung des Blitzstroms

W = Lichtbogenenergie in J
γ = Massedichte in kg/m³
c_W = spezifische Wärmekapazität in J/(kg · K)
ϑ_s = Schmelztemperatur in °C
ϑ_u = Umgebungstemperatur in °C
c_s = spezifische Schmelzwärme in J/kg.

Tabelle 4.4b: Kennwerte von Materialien

Kennwert		Aluminium	Kupfer	Eisen	nicht rostende Stähle
γ	$[\frac{kg}{m^3}]$	2700	8920	7700	ca. 8000
ϑ_s	[°C]	658	1080	1530	ca. 1500
c_W	$[\frac{J}{kg \cdot K}]$	908	385	469	ca. 500
c_s	$[\frac{J}{kg}]$	397 · 10³	209 · 10³	272 · 10³	ca. 300 · 10³

In der *Tabelle 4.4b* sind die zur Lösung in obiger Gleichung benötigten Kennwerte für die in der Blitzschutztechnik besonders bedeutsamsten Materialien, Aluminium, Kupfer, Eisen und nicht rostende Stähle zusammengestellt.

Beispiel:

Q_l = 150 As
ϑ_u = 20°C

Für $U_{A,K}$ wird ein Mittelwert von 20V angenommen.
W = 20 · 150 = 3000 J

Aluminium: $V = \frac{3000}{2700} \cdot \frac{1}{908 \cdot (658 - 20) + 397 \cdot 10^3} = 1{,}1 \cdot 10^{-6} \; m^3 = 1{,}1 \; cm^3$

Kupfer: $V = 0{,}55 \; cm^3$
Eisen: $V = 0{,}40 \; cm^3$
nicht rostender Stahl: $V = 0{,}36 \; cm^3$

Experimentelle Untersuchungen haben gezeigt, dass nicht die Stoßstrom-Ladung Q_s, sondern die Langzeitstrom-Ladung Q_l für die Durchlöcherung von Blechen ausschlaggebend ist. Ausschmelzungen durch die Stoßstrom-Ladung Q_s sind in der Regel nur oberflächlich mit einer Schmelztiefe von wenigen 1/10 mm. Obwohl an der Oberfläche hohe Temperaturen (im Bereich der Siedetemperatur) auftreten, kann die Schmelzfront aufgrund der begrenzten Wärmeleitfähigkeit der Werkstoffe während der kurzen Dauer (< 2ms) von Blitz-Stoßströmen nicht tiefer in das Material eindringen. Bei Blitz-Langzeitströmen mit einer Einwirkungs-Dauer von bis zu 0,5 s kann die Schmelzfront jedoch tief in das Material eindringen. Bei Untersuchungen im Hochspannungslabor der Universität der Bundeswehr München (Lit. 4-11) wurden hierbei folgende Ergebnisse erzielt:

Bei Q_l = 100 As werden in jedem Fall Bleche mit Stärken von 1,5 mm aus Stahl, Messing und Kupfer und Bleche mit Stärken von 2 mm aus Aluminium durchlöchert, wobei die Lochdurchmesser etwa 4 bis 8 mm betragen. Bei Q_l = 200 As werden in jedem Fall Bleche mit Stärken von 2 mm aus Stahl, Messing und Kupfer und Bleche mit Stärken von 2,5 mm aus Aluminium durchlöchert, wobei die Lochdurchmesser bei Stahl, Messing und Kupfer etwa 4 bis 12 mm und bei Aluminium etwa 7 bis 13 mm betragen (in ca. 25 % der Fälle konnten Aluminiumbleche sogar mit einer Stärke von 3 mm durchschmolzen werden).

Weiterführende Untersuchungen zu Ausschmelzungen und zur Erwärmung von Metalloberflächen finden sich in Lit. 4-12 bis 4-17. Es zeigt sich insbesondere, dass für dünnere Bleche (wenige mm) die Wärmekapazität der dominierende Werkstoffparameters ist, während für dickere Bleche ($\geq$ 5 mm) die Wärmeleitfähigkeit den Durchmesser der Schmelzpunkte bestimmt.

4.5 Spezifische Energie des Blitzstroms

Die spezifische Energie des Blitzstroms, $W/R = \int i^2 \, dt$, ist für die Erwärmung und die elektrodynamische Beanspruchung blitzstromdurchflossener, metallener Leiter maßgebend (*Bild 4.5a*). Für die Dimensionierung von Blitzschutzanlagen können die in der *Tabelle 4.5a* zusammengestellten Grenzwerte für die spezifische Energie herangezogen werden.

4.5 Spezifische Endergie des Blitzstroms

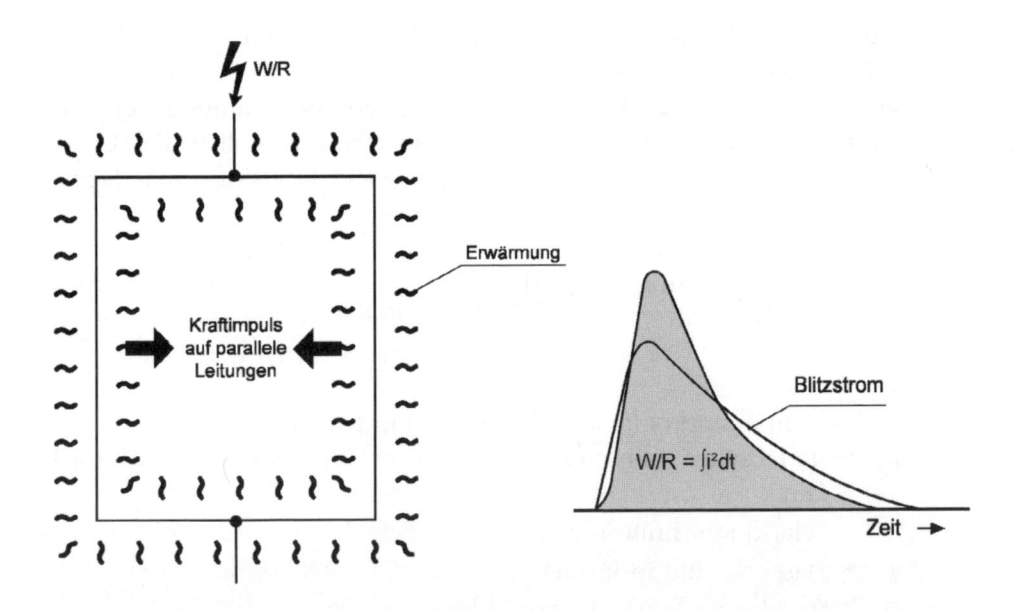

Bild 4.5a: Erwärmung und Kraftwirkung durch die spezifische Energie des Blitzstroms

Tabelle 4.5a: Grenzwerte für die spezifische Energie W/R des Blitzstroms

Gefährdungspegel	Grenzwert für W/R [MJ/Ω] bzw. [(kA)² · s]
III / IV	2,5
II	5,6
I	10

4.5.1 Erwärmung von Leitern

Für die in einem Leiter mit dem Widerstand R umgesetzte Energie W gilt:

$$W = R \cdot \frac{W}{R} \quad \text{in J}$$

R = (temperaturabhängiger) Gleichstromwiderstand des Leiters in Ω
W/R = spezifische Energie in J/Ω.

Bei der Berechnung der Leitererwärmung durch Blitzströme oder deren Teile können, wie Steinbigler nachgewiesen hat (Lit. 4-18), die Stromverdrängungseffekte weitgehend vernachlässigt werden, d. h., es kann

4 Stromkennwerte von Erdblitzen

eine gleichmäßige Stromverteilung in den stromführenden Leitern aller Materialien angenommen werden. Weiterhin kann ein Temperaturausgleich zwischen den Leitern und der Umgebung während der kurzen Stromeinwirkung vernachlässigt werden. Damit lässt sich die Temperaturerhöhung $\Delta\vartheta$ von Leitern beliebiger Querschnittsform mit folgender Beziehung ausreichend genau bestimmen:

$$\Delta\vartheta = \frac{1}{\alpha}\left(\exp\left[\frac{(W/R)\cdot\alpha\cdot\rho_0}{q^2\cdot\gamma\cdot c_w}\right] - 1\right) \text{ in K}$$

α = Temperaturkoeffizient des Widerstands in 1/K
ρ_0 = spezifischer ohmscher Widerstand bei Umgebungstemperatur in Ωm
q = Leiterquerschnitt in m²
γ = Massendichte in kg/m³
c_w = spezifische Wärmekapazität in $\frac{J}{kg\cdot K}$.

In den *Tabellen* 4.4b und *4.5.1a* sind die für vorstehende Gleichung benötigten Kennwerte für die in der Blitzschutztechnik besonders bedeutsamen Materialien, Aluminium, Kupfer, Eisen und nicht rostender Stahl angegeben.

Tabelle 4.5.1a: Kennwerte von Materialien

Kennwert		Aluminium	Kupfer	Eisen	nicht rostender Stahl
ρ_0	[Ωm]	$29\cdot 10^{-9}$	$17,8\cdot 10^{-9}$	$120\cdot 10^{-9}$	$\approx 700\cdot 10^{-9}$
α	[1/K]	$4,0\cdot 10^{-3}$	$3,92\cdot 10^{-3}$	$6,5\cdot 10^{-3}$	$\approx 0,8\cdot 10^{-3}$

Beispiel:

$W/R = 5,6$ MJ/Ω

$q = 16$ mm²
Kupfer

$$\Delta\vartheta = \frac{1}{3,92\cdot 10^{-3}}\left(\exp\left[\frac{5,6\cdot 10^6 \cdot 3,92\cdot 10^{-3} \cdot 17,8\cdot 10^{-9}}{(16\cdot 10^{-6})^2 \cdot 8920\cdot 385}\right] - 1\right) = 143 \text{ K}$$

Tabelle 4.5.1 b: Temperaturerhöhung $\Delta\vartheta$ in K verschiedener Leitermaterialien

q [mm²]	Aluminium W/R [MJ/Ω]			Kupfer W/R [MJ/Ω]			Eisen W/R [MJ/Ω]			nicht rostender Stahl W/R [MJ/Ω]		
	2,5	5,6	10	2,5	5,6	10	2,5	5,6	10	2,5	5,6	10
4	*	*	*	*	*	*	*	*	*	*	*	*
10	564	*	*	169	542	*	*	*	*	*	*	*
16	146	454	*	56	143	309	1120	*	*	*	*	*
25	52	132	283	22	51	98	211	913	*	940	*	*
50	12	28	52	5	12	22	37	96	211	190	460	940
100	3	7	12	1	3	5	9	20	37	45	100	190

*: Schmelzen bzw. Verdampfen

In der *Tabelle 4.5.1b* sind für einige gängige Leiterquerschnitte die aus vorstehender Gleichung ermittelten Temperaturerhöhungen zusammengestellt, die sich für die verschiedenen Grenzwerte von W/R ergeben. Im Regelfall werden Temperaturerhöhungen von einigen 100 K durchaus akzeptabel sein.

4.5.2 Kraftwirkung auf Leiter

Die vektorielle Momentankraft $d\vec{F}$ in einem Magnetfeld $\vec{B}$, die auf ein Längeelement $d\vec{l}_1$ eines den Strom i_1 führenden Leiters einwirkt, ergibt sich aus der Lorentz-Kraft zu:

$$d\vec{F} = i_1 \cdot (d\vec{l}_1 \times \vec{B}).$$

Die magnetische Flussdichte $\vec{B}$, verursacht durch den Strom i_2 im Längenelement $d\vec{l}_2$ eines anderen stromführenden Leiters, bestimmt sich nach dem Gesetz von Biot-Savart zu:

$$d\vec{B} = i_2 \cdot \frac{\mu_0}{4\pi \cdot s^3} \cdot (d\vec{l}_2 \times \vec{s})$$

$\vec{s}$ = Abstandsvektor zwischen den Längenelementen $d\vec{l}_1$ und $d\vec{l}_2$.

Für den einfachen Fall zweier im Abstand s parallel geführter Leiter, die jeweils vom halben Blitzstrom ($i_1 = i_2 = i/2$) durchflossen werden (*Bild 4.5.2a*), ergibt sich eine Momentankraft F(t) von:

$$F(t) = F'(t) \cdot \ell = \frac{\mu_0 \cdot \ell}{8 \cdot \pi \cdot s} \cdot i^2 = \frac{10^{-7}}{2 \cdot s} \cdot i^2 \cdot \ell \quad \text{in } \frac{N}{m}$$

l = Leiterlänge in m
s = Leiterabstand in m
i = Strom in A.

Die Momentankraft ist damit proportional zum Quadrat des fließenden Stroms i². Diese Momentankraft ist jedoch nicht ausreichend, um Veränderungen bzw. Schäden am einem Körper zu beschreiben. Das Ausmaß einer Veränderung hängt zudem von der Einwirkungsdauer der Kraft ab. Die Wirkungen elektrodynamischer Kräfte auf blitzstrom-durchflossene Leiter sind damit proportional zum Zeitintegral über das Quadrat des Stroms und damit zur spezifischen Energie W/R:

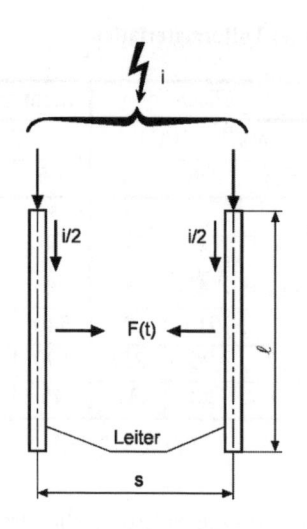

Bild 4.5.2a: Kraftimpulswirkung auf parallele, gleichsinnig stromdurchflossene Leiter

$$\int F \cdot dt \sim \int i^2 \cdot dt \sim W/R.$$

Grundsätzlich lassen sich die elektrodynamischen Kraftwirkungen auf einen mechanischen Körper durch eine Differentialgleichung beschreiben (Lit. 4-19):

$$m \cdot \frac{d^2 x}{dt^2} + d \cdot \frac{dx}{dt} + c \cdot x = F(t)$$

m = Masse in kg
d = Dämpfung in kg/s
c = Steifigkeit in kg/s²
x = Weg in m
$\frac{dx}{dt}$ = Geschwindigkeit in m/s
$\frac{d^2 x}{dt^2}$ = Beschleunigung in m/s²
F(t) = Kraft in N.

Die Berechnung der Reaktion eines mechanischen Systems (z. B. Leiteranordnung, Klemmverbindung) auf elektrodynamische Kräfte ist in der Regel kaum möglich, da nahezu alle Größen der obigen Differentialgleichung zeit- oder/und ortsabhängig sind und die Materialgrößen (insbesondere d und c) oft nicht hinreichend bekannt sind. Zur Ermittlung der Wirkungen elektrodynamischer Kräfte sind daher Laborexperimente mit simulierten Blitzströmen meist unumgänglich.

Beispiel:

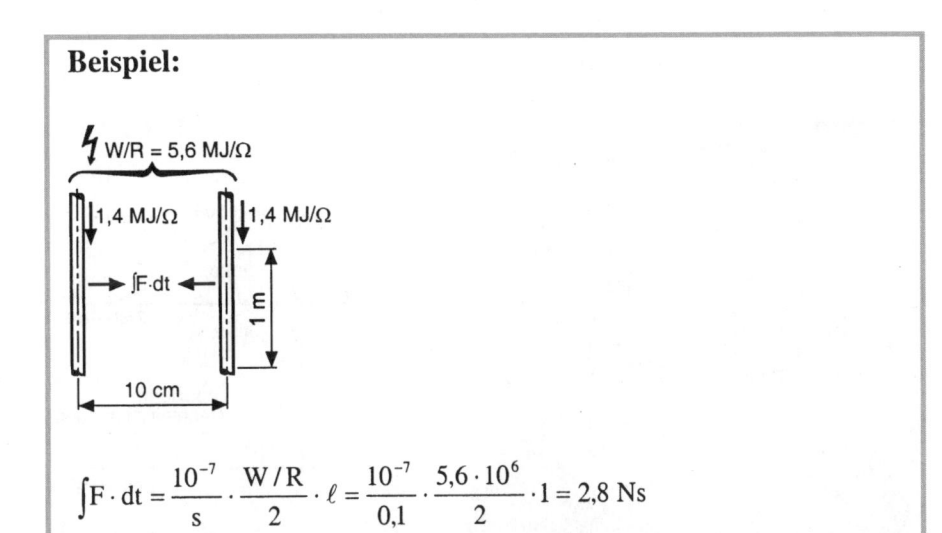

$$\int F \cdot dt = \frac{10^{-7}}{s} \cdot \frac{W/R}{2} \cdot \ell = \frac{10^{-7}}{0,1} \cdot \frac{5,6 \cdot 10^6}{2} \cdot 1 = 2,8 \text{ Ns}$$

4.6 Steilheit des Blitzstroms

Die Stromsteilheit in der Stirn des Blitzstroms, $\Delta i/\Delta t$, die während der Zeit Δt wirksam ist, ist für die Höhe der elektromagnetisch induzierten Spannungen in allen offenen oder geschlossenen Installationsschleifen verantwortlich, die sich in der Umgebung von blitzstromdurchflossenen Leitern befinden (Lit. 4-20). Die während der Zeit Δt magnetisch induzierte Rechteckspannung U in einer metallenen Schleife ist:

$$U = M \cdot \frac{\Delta i}{\Delta t} \quad \text{in V}$$

M = Gegeninduktivität der Schleife in H
$\Delta i/\Delta t$ = Stromsteilheit in A/s.

Auf die Berechnung von M wird im Kapitel 5.2 eingegangen.
Für die mittlere, während der Stirnzeit T_1 eines Blitzstroms induzierte Spannung u in einer Schleife gilt (*Bild 4.6a*):

$$u = M \cdot \frac{i_{max}}{T_1} \quad \text{in V}$$

M = Gegeninduktivität der Schleife in H
i_{max} = Scheitelwert des Blitzstroms in A
T_1 = Stirnzeit des Blitzstroms in s.

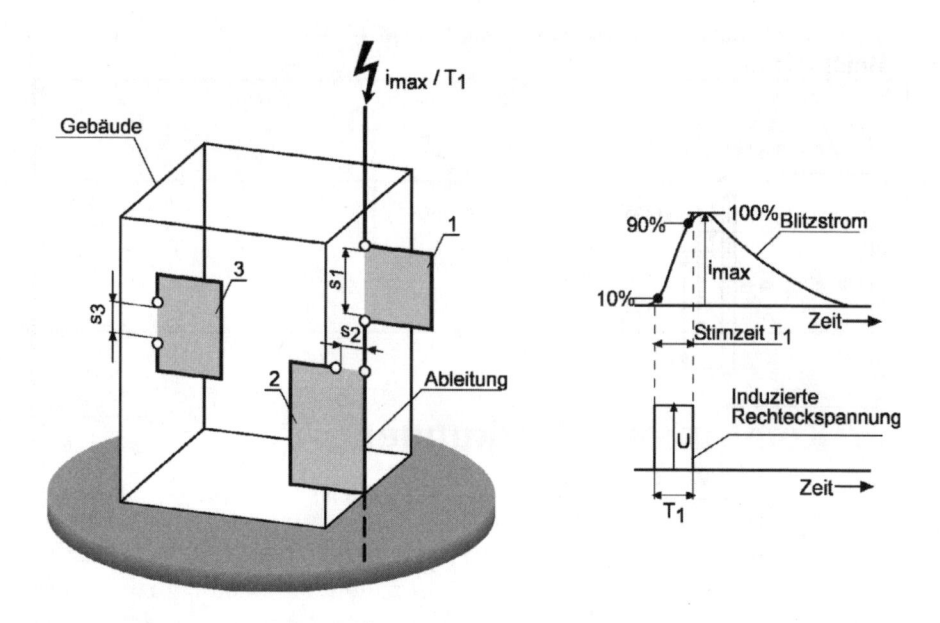

4 Stromkennwerte von Erdblitzen

1 Eigenschleife der Ableitung mit möglicher Überschlagsstrecke s_1
2 Schleife aus Ableitung und Installationsleitung mit möglicher Überschlagsstrecke s_2
3 Installationsschleife mit möglicher Überschlagstrecke s_3

Bild 4.6a: Induzierte Rechteckspannungen in Schleifen durch die Stirn-Stromsteilheit i_{max}/T_1 des Blitzstroms

Für die Dimensionierung von Blitzschutzanlagen können die in der *Tabelle 4.6a* zusammengestellten Grenzwerte für die Stirn-Stromsteilheit i_{max}/T_1, die während der Stirnzeit T_1 wirksam ist, herangezogen werden.

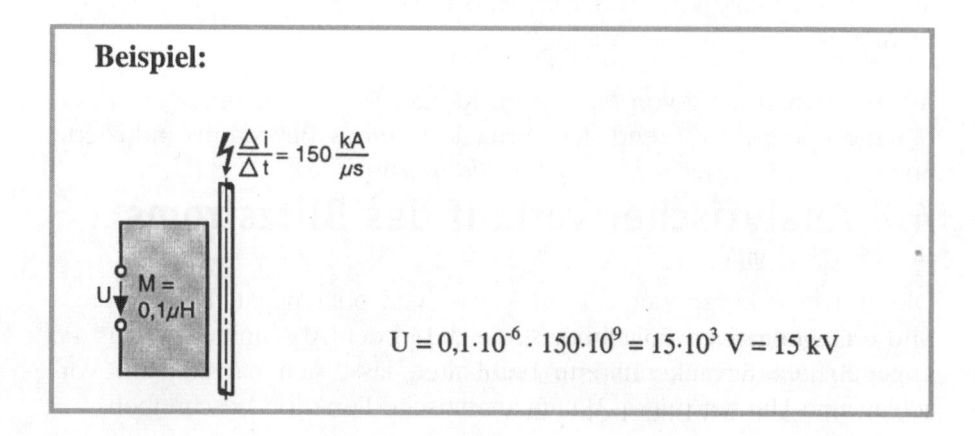

Beispiel:

$$\frac{\Delta i}{\Delta t} = 150 \frac{kA}{\mu s}$$

$M = 0{,}1\,\mu H$

$$U = 0{,}1 \cdot 10^{-6} \cdot 150 \cdot 10^9 = 15 \cdot 10^3 \text{ V} = 15 \text{ kV}$$

Tabelle 4.6a: Grenzwerte für die Stirn-Stromsteilheit i_{max}/T_1

Gefährdungspegel	Grenzwert für i_{max}/T_1 in kA/µs			
	positiver Blitz		negativer Folgeblitz	
III / IV	10	für $T_1 = 10$ µs	100	für $T_1 = 0{,}25$ µs
II	15		150	
I	20		200	

4.7 Kombinierte Wirkungen

In den Abschnitten 4.3 bis 4.6 wurden die einzelnen Wirkungsparameter von Blitzströmen beschrieben. Durch Blitzströme verursachte Schäden sind jedoch häufig nicht nur einem einzigen Parameter zuzuordnen, sondern entstehen erst durch das gleichzeitige Auftreten mehrerer Wirkungsparameter. Wird z. B. der Werkstoff eines Verbindungsbauteils an einer Kontaktstelle weich, an der hohe Stromdichten herrschen, so wird ein erheblich größerer Schaden eintreten als durch die mechanische Kraftwirkung allein.

Bei mechanischen Kraftwirkungen ist beispielsweise zu beachten, dass häufig erst ein bestimmter Schwellwert der Momentankraft überschritten werden muss, um einen Schaden zu ermöglichen (z. B. Überschreiten der Reibungskraft in einer Klemmverbindung). Hier ist dann die Kombination der Parameter i_{max} und W/R ausschlaggebend.

Konsequenz dieser kombinierten Wirkungen für die Laborsimulation von Blitzströmen ist, dass es nicht ausreichend ist, nur einen einzelnen Wirkungsparameter zu simulieren. Insbesondere bei den für Zerstörungen maßgebenden Parametern i_{max}, Q und W/R muss stets die Kombination aller für eine bestimmte Wirkung maßgebender Parameter in einer einzigen Stoßstrombelastung realisiert werden.

4.8 Analytischer Verlauf des Blitzstroms

Die Stoßstromkomponente i eines positiven oder negativen Erstblitzes und eines negativen Folgeblitzes, die die in den Abschnitten 4.3 bis 4.6 angegebenen Stromkennwerte beinhaltet, lässt sich nach einem Vorschlag von Heidler (Lit. 4-21) als analytische Funktion beschreiben:

4 Stromkennwerte von Erdblitzen

$$i = \frac{i_{max}}{\eta} \cdot \frac{(t/T)^{10}}{1+(t/T)^{10}} \cdot e^{-t/\tau} \quad \text{in A für } t \geq 0$$

i_{max} = Scheitelwert des Blitzstroms in A
η = Amplituden-Beiwert
t = Zeit in s
T = Stirnzeitkonstante in s
τ = Rückenzeitkonstante in s.

Tabelle 4.8a: Parameter für analytische Blitz-Stoßstromverläufe

	Wellenform T_1/T_2		
	10/350 µs	1/200 µs	0,25/100 µs
η	0,930	0,986	0,993
T	19,0 µs	1,82 µs	0,454 µs
τ	485 µs	285 µs	143 µs

Tabelle 4.8b: Kennwerte genormter Stoßströme

Gefährdungspegel	i_{max} [kA]	Q [As]	W/R [kJ/Ω]	i_{max}/T_1 [kA/µs]
Wellenform 10/350 µs				
III / IV	100	50	2500	10
II	150	75	5600	15
I	200	100	10000	20
Wellenform 0,25/100 µs				
III / IV	25	3,6	45	100
II	37,5	5,4	100	150
I	50	7,1	180	200
Wellenform 1/200 µs				
normal	50	14	360	50
hoch	100	30	1400	100

4.8 Analytischer Verlauf des Blitzstroms

Die Parameter für diese analytische Funktion sind in *Tabelle 4.8a* zusammengestellt für einen ersten positiven oder negativen Blitz-Stoßstrom der Wellenform 10/350 μs (*Bild 4.8a*) und einen negativen Folge-Stoßstrom der Wellenform 0,25/100 μs (*Bild 4.8b*) gemäß IEC bzw. VDE (Lit. 4-1 und 4-2). Ferner sind die Parameter für einen in VG 95371-10 (Lit. 4-3) zusätzlich definierten ersten negativen Blitz-Stoßstrom der Wellenform 1/200 μs angegeben.

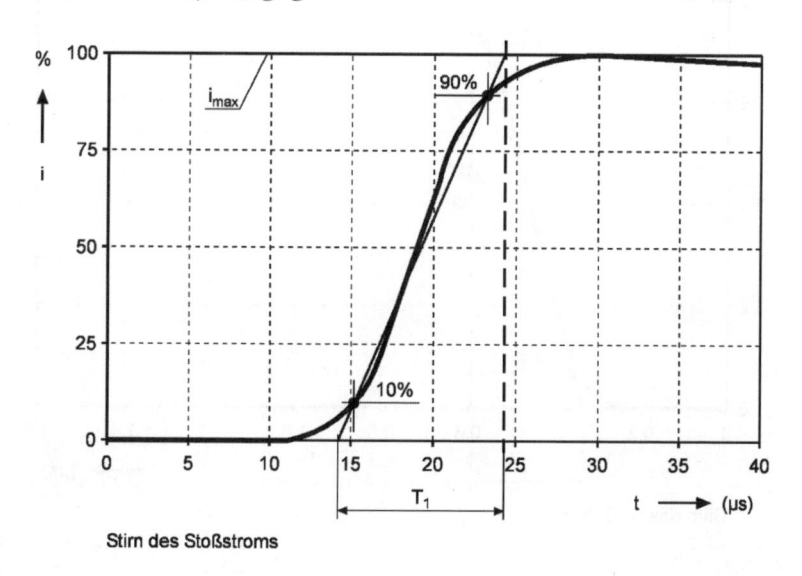

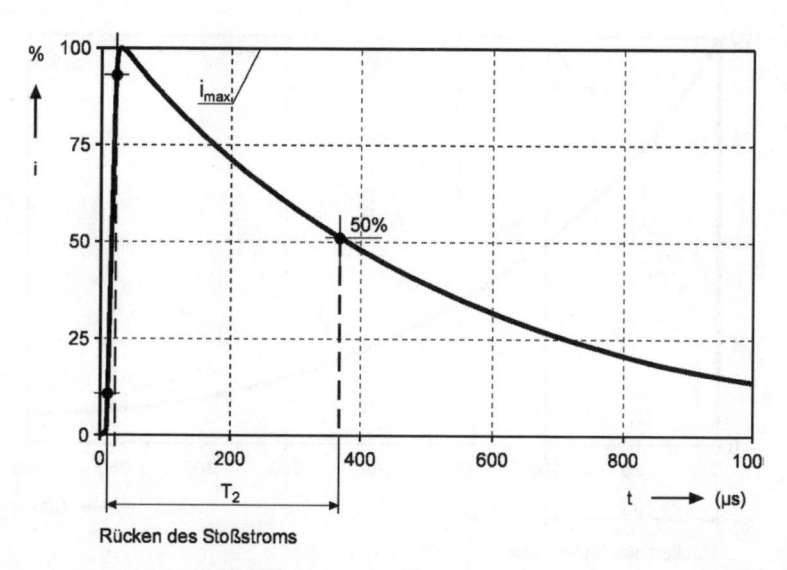

Bild 4.8a: Zeitlicher Verlauf eines Blitz-Stoßstroms der Wellenform 10/350 μs – siehe DIN V VDE 0185-4 (VDE V 0185-4):2002-11

4 Stromkennwerte von Erdblitzen

Die sich ergebenden Kennwerte i_{max}, Q, W/R und i_{max}/T_1 dieser Stoßstrom-Wellenformen sind in *Tabelle 4.8b* für die Gefährdungspegel I, II und III/IV zusammengestellt (in VG 95371-10 sind nur zwei Gefährdungspegel, „hoch" und „normal", entsprechend den IEC-Pegeln I und III / IV festgelegt).

Stirn des Stoßstroms

Rücken des Stoßstroms

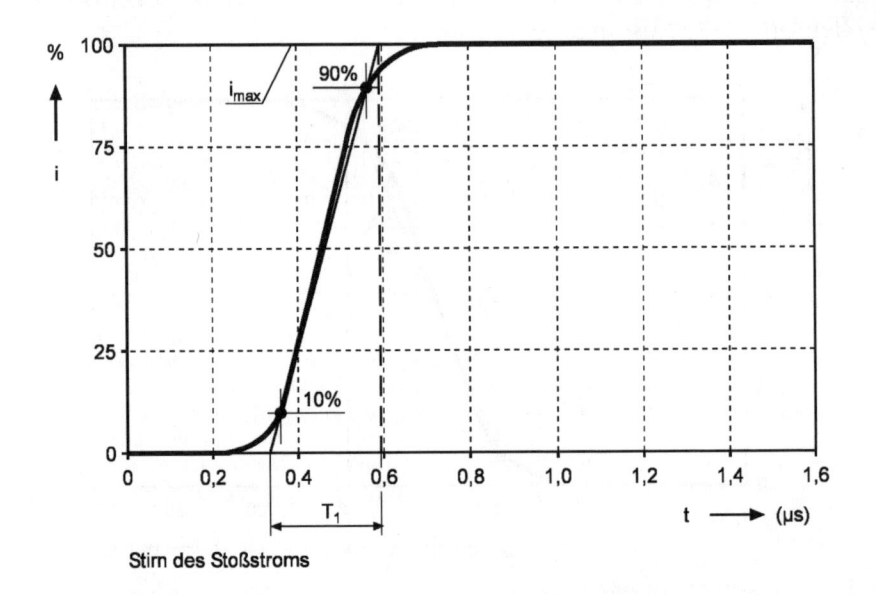

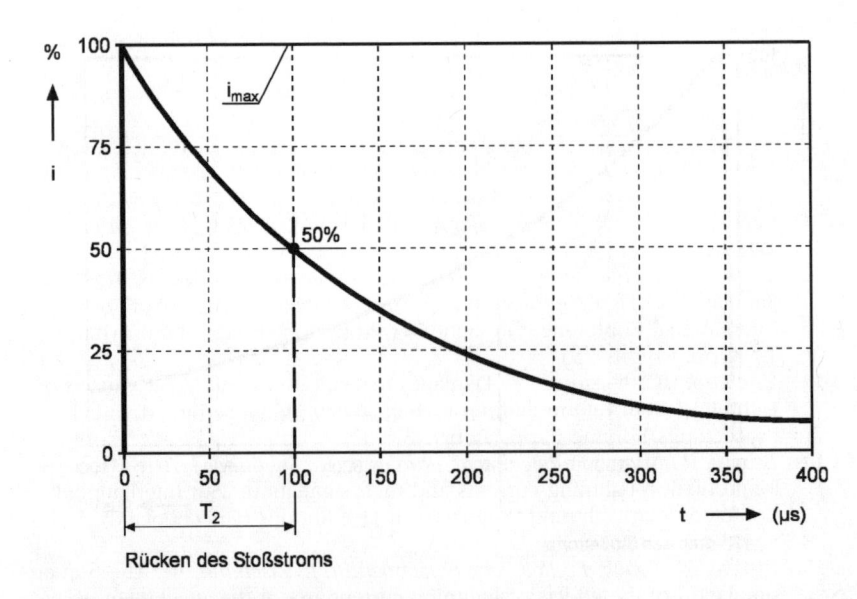

Bild 4.8b: Zeitlicher Verlauf eines Blitz-Stoßstroms der Wellenform 0,25/100 µs – siehe DIN V VDE 0185-4 (VDE V 0185-4):2002-11

Den analytischen Verlauf eines positiven oder negativen ersten Blitz-Stoßstrom 10/350 µs gemäß IEC bzw. VDE zeigt Bild 4.8a. Der entsprechende Verlauf eines negativen Folgeblitz-Stoßstrom 0,25/100 µs ist in Bild 4.8b angegeben.

Literatur zu Kap. 4

Lit. 4-1   IEC 81/216/CDV / IEC 62305-1, Ed. 1:2003-05: Protection against lightning – Part 1: General Principles".

Lit. 4-2   DIN V VDE V 0185-1 (VDE V 0185 Teil 1), 2002-11: Blitzschutz – Teil 1: Allgemeine Grundsätze.

Lit. 4-3   VG 95371-10, 2003-08: Elektromagnetische Verträglichkeit (EMV) einschließlich Schutz gegen den elektromagnetischen Impuls (EMP) und Blitz – Allgemeine Grundlagen – Teil 10: Bedrohungsdaten für den NEMP und Blitz.

Lit. 4-4   VG 95371-10 Beiblatt 1, 1993-09: Elektromagnetische Verträglichkeit (EMV) einschließlich Schutz gegen den elektromagnetischen Impuls (EMP) und Blitz; Allgemeine Grundlagen; Bedrohungsdaten für den NEMP und Blitz; Erläuterung der Blitzbedrohungsdaten für Erdblitze.

Lit. 4-5   VG 95371-10 Beiblatt 2, 1993-08: Elektromagnetische Verträglichkeit (EMV) einschließlich Schutz gegen den elektromagnetischen Impuls (EMP) und Blitz; Allgemeine Grundlagen; Bedrohungsdaten für den NEMP und Blitz; Erläuterung der Blitz-Bedrohungsdaten für multiple Blitzentladungen und multiple Bursts.

Lit. 4-6   *Wiesinger, J.:* Blitzforschung und Blitzschutz. Deutsches Museum 40 (1972) H. 1/2. R. Oldenbourg Verlag, München.

Lit. 4-7   *Prinz, H.:* Die Blitzentladung in Vierparameterdarstellung. Bull. SEV Schweiz. Elektr.-tech. Verein 68 (1977), S. 600-603.

Lit. 4-8   *Berger, K.; Anderson, R.B.; Kröninger, H.:* Parameters of lightning flashes. Electra 41 (1975), S. 23 bis 37.

Lit. 4-9   *Anderson, R.B.; Eriksson, A.J.:* Lightning parameters for engineering application. Electra 69 (1980), S. 65 bis 102.

Lit. 4-10 *Neuhaus, H.; Pigler, F.:* Blitzkennwerte als Grundlage der Bemessung von Blitzschutzmaßnahmen. etz Elektr.-tech. Z. 103 (1982), H. 9, S. 463 bis 467.

Lit. 4-11 *Kern, A.:* Time dependent distribution in metal sheets caused by direct lightning strikes. 6th ISH Intern. Symp. on High Voltage Eng., New Orleans, 1989.

Lit. 4-12 *Zischank, W.J.; Drumm, F.; Fisher, R.J.; Schnetzer, G.H.; Morris, M.E.:* Simulation of Lightning Continuing Current Effects on Metal Surfaces. 23rd International Conference on Lightning Protection (ICLP), Firenze (Italy), 1996, pp. 519 bis 526.

Lit. 4-13 *Zischank, W.; Wiesinger, J.:* Damages to Optical Ground Wires caused by Lightning. 10th Intern. Symp. on High Voltage Engineering, Montreal, 1997, Proceedings Volume 5, pp. 55 bis 58.

Lit. 4-14 *Brocke, R.; Noack, F.;Reichert, L.; Ruales, L. K.; Schönau, J.:* The effects of long duration lightning currents and their simulation. 25th International Conference on Lightning Protection (ICLP); Rhodos (Griechenland), 2000, S. 423 bis 428.

Lit. 4-15 *Brocke, R.; Noack, F.; Reichert, F.; Schoenau, J.; Zischank, W.:* The numerical simulation of the effects of lightning current arcs at the attachment point. ICOLSE 2001, Seattle, WA, USA, 10 bis 14 September 2001, paper 2001-01-2873.

Lit. 4-16 *Metwally, I.A.; Heidler, F.; Zischank, W.:* Factors influencing the surface – temperature rise of metals exposed to different lightning currents. 26th International Conference on Lightning Protection (ICLP), Krakau (Polen), 2002, paper 9p7.

Lit. 4-17 *Gonzales, D.; Noack, F.:* Die Festigkeit von Blechen bei der Einwirkung von Blitzlangzeitstrom-Lichtbögen. 5. VDE/ABB-Blitzschutztagung, Neu-Ulm, 2003.

Lit. 4-18 *Steinbigler, H.:* Die Stoßstromerwärmung unmagnetischer und ferromagnetischer Leiter in Blitzschutzanlagen. Habilitationsschrift, TU München, 1977.

Lit. 4-19 *Noack, F.; Schönau, J.:* Electrodynamic and Thermal Stresses of Lightning Conductors and connection components. 23rd. ICLP Intern. Conf. on Lightning Protection, Firenze-Italy, 1996, pp 501 bis 506.

Lit. 4-20 *Wiesinger, J.:* Bestimmung der induzierten Spannung in der Umgebung von Blitzableitern und hieraus abgeleitete Dimensionierungsrichtlinien. Bull. SEV Schweiz. Elektrotechn. Verein 61 (1970), S. 669 bis 767.

Lit. 4-21 *Heidler, F.:* Analytische Blitzstromfunktion zur LEMP-Berechnung. 18th ICLP Intern. Conf. on Lightning Protection, Munich, 1985, Ref.1.9.

Magnetische Felder

5.1 Magnetisches Feld im Nahbereich

In der Nähe blitzstromdurchflossener Leitungen treten als Folge der hohen Scheitelwerte der Blitzströme relativ hohe magnetische Feldstärken und als Folge der raschen Stromänderungen während der Blitzstromanstiege relativ hohe magnetische Feldstärkeänderungen auf. Wird als ungünstigster Fall eine unendlich ausgedehnte, vertikale Leitung angenommen, die vom Blitzstrom durchflossen wird, so gilt für den Zusammenhang zwischen dem Blitzstrom und der magnetischen Feldstärke:

$$H(t) = \frac{i}{2\pi s} \quad \text{in A/m}$$

Für den Scheitelwert der magnetischen Feldstärke gilt somit:

$$H_{max} = \frac{i_{max}}{2\pi s} \quad \text{in A/m}$$

und für die magnetische Feldstärkeänderung $\Delta H/\Delta t$, die während der Zeit Δt wirksam ist:

$$\frac{\Delta H}{\Delta t} = \frac{\Delta i / \Delta t}{2\pi s} \quad \text{in } \frac{A/m}{s}$$

i = Blitzstrom in A
i_{max} = Maximalwert des Blitzstroms in A
$\Delta i/\Delta t$ = Änderung des Blitzstroms in A/s
s = waagerechter Abstand von der blitzstromdurchflossenen, senkrechten Leitung in m.

Mit diesen Formeln kann bis zu Abständen in der Größenordnung von 100 m gerechnet werden. Werden die Formeln auch für größere Abstände eingesetzt, ergeben sich etwas zu hohe Werte für H_{max} und $\Delta H/\Delta t$. Die magnetische Feldstärkeänderung $\Delta H/\Delta t$ ist verantwortlich für die magnetischen Induktionswirkungen in metallenen Schleifen. Die induzierten, eingeprägten Schleifenspannungen lassen sich aus den Gegeninduktivitäten M zwischen den Schleifen und den blitzstromdurchflossenen Ableitungen bestimmen (siehe Abschnitt 5.2).

Der analytische Verlauf i(t) des ersten positiven Blitzstroms, des ersten negativen Blitzstroms und der negativen Blitz-Folgeströme findet sich im Abschnitt 4.8.

Aus dem jeweiligen zeitlichen Stromverlauf i(t) können das Amplitudenspektrum, das Amplitudendichtespektrum und das Phasenspektrum als Funktion der Kreisfrequenz $\omega = 2\pi f$ ermittelt werden (Lit. 5-1). Für das Amplitudenspektrum des Blitzstroms gilt:

$$\underline{F_i}(j\omega) = \int_{-\infty}^{+\infty} i(t) \cdot e^{-j\omega t} \cdot dt$$

Für das Amplitudendichtespektrum des Blitzstroms gilt:

$$A(\omega) = \left| \underline{F_i}(j\omega) \right| = \left| \int_{-\infty}^{+\infty} i(t) \cdot e^{-j\omega t} \cdot dt \right|$$

Für das Phasenspektrum des Blitzstroms gilt:

$$\varphi(\omega) = \arctan \frac{\mathrm{Im}\{\underline{F_i}(j\omega)\}}{\mathrm{Re}\{\underline{F_i}(j\omega)\}}$$

Aus der Abhängigkeit H(t) = f(i) können die Spektren für die magnetischen Felder berechnet werden.

5.2 Berechnung der Gegeninduktivitäten von Schleifen

Im Folgenden wird erläutert, wie die Gegeninduktivitäten M von Schleifen berechnet werden können. Sie sind die Voraussetzung für die Bestimmung der in metallenen Leiterschleifen durch das magnetische Blitzfeld induzierten Spannungen und Ströme. Die Methode beschränkt sich auf den ungünstigsten Fall, dass die von den Schleifen eingeschlossenen Flächen und die blitzstromführenden Ableitungen in der selben Ebene liegen. Weiterhin werden in Ableitungen und Schleifen quasistationäre Vorgänge angenommen, d. h., Laufzeiteffekte werden nicht berücksichtigt. In vielen Fällen wird es zur Abschätzung der induzierten Spannungen ausreichen, diese Vereinfachung zu treffen und idealisierte Anordnungen mit einfachen Geometrien anzunehmen.

5.2 Berechnung der Gegeninduktivitäten von Schleifen

In einem ersten Schritt wird die vom Blitzstrom oder Blitzteilstrom durchflossene Ableitung in gerade Teilstücke zerlegt. Die von der offenen oder geschlossenen Schleife eingeschlossene Schleifenfläche A wird in Teilflächen ΔA aufgeteilt (*Bild 5.2a*). In einem zweiten Schritt werden in jeder Teilfläche ΔA die durch die einzelnen Ableitungs-Teilstücke bestimmten Teilflächen-Gegeninduktivitäten ΔM bestimmt und vorzeichenrichtig addiert. Zur vorzeichenrichtigen Benennung der einzelnen ΔM kann beispielsweise vereinbart werden: Man sieht das betreffende Ableitungsteilstück entlang in Richtung des Blitzstroms; wenn die betrachtete Teilfläche der Schleife links vom Ableitungsstück oder seiner Verlängerung liegt, wird der Wert von ΔM positiv gezählt, wenn die Teilfläche rechts liegt, dagegen negativ.

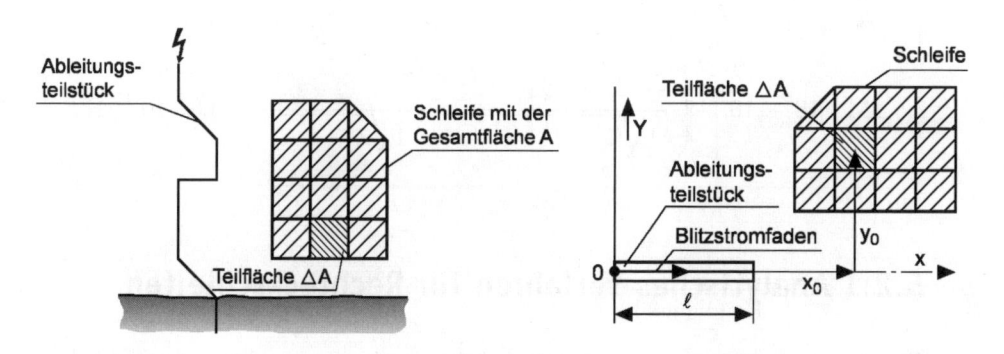

Links Bild 5.2a: Zur Berechnung der Gegeninduktivitäten M von Schleifen

Rechts Bild 5.2b: Zur Berechnung der Teilflächen-Gegeninduktivität ΔM, die durch ein Ableiterteilstück bestimmt wird

Wird in einem x-y-Koordinatensystem ein Ableitungsteilstück mit der Länge l vom Nullpunkt aus in die x-Achse gelegt und hat eine Teilfläche ΔA die Flächenschwerpunkt-Koordinaten x_0 und y_0, so errechnet sich die in der Teilfläche durch das Ableitungsteilstück bestimmte Gegeninduktivität (*Bild 5.2b*):

$$\Delta M = 10^{-7} \cdot \Delta A \cdot \left(\frac{\ell - x_0}{y_0 \sqrt{(\ell - x_0)^2 + y_0^2}} + \frac{x_0}{y_0 \sqrt{x_0^2 + y_0^2}} \right) \text{ in H}$$

ΔA = Teilfläche in m²
x_0, y_0 = Koordinate des Schwerpunkts der Teilfläche ΔA in m
l = Länge des Ableitungs-Teilstücks in m.

In einem dritten Schritt werden die in allen Teilflächen ΔA durch alle Ableitungs-Teilstücke bestimmten Teilflächen-Gegeninduktivitäten ΔM addiert, so dass sich die Gegeninduktivität M der Schleife ergibt.

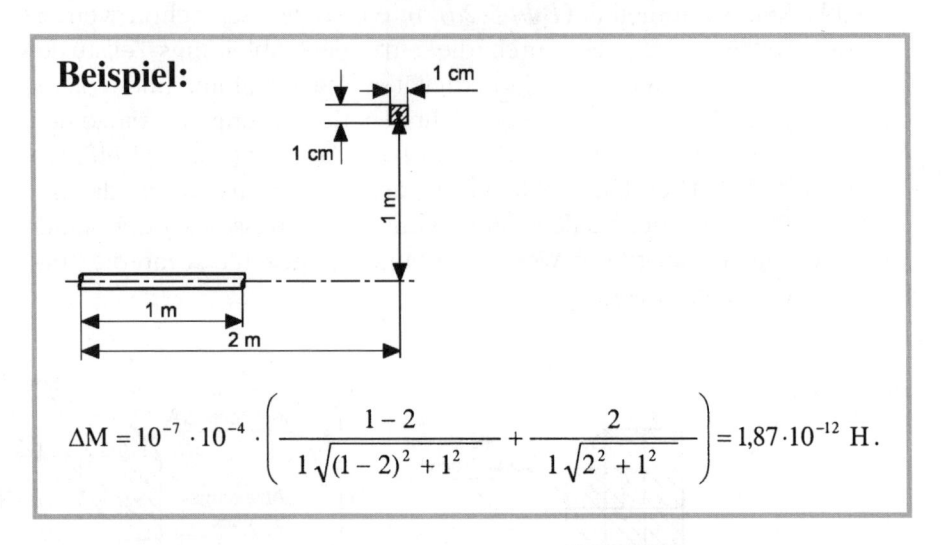

Beispiel:

$$\Delta M = 10^{-7} \cdot 10^{-4} \cdot \left(\frac{1-2}{1\sqrt{(1-2)^2 + 1^2}} + \frac{2}{1\sqrt{2^2 + 1^2}} \right) = 1{,}87 \cdot 10^{-12} \text{ H}.$$

5.2.1 Analytisches Verfahren für Rechteckschleifen

Bei der Berechnung der Gegeninduktivität von rechteckförmigen Schleifen geht man zweckmäßigerweise von den beiden, im *Bild 5.2.1a* angegebenen, grundlegenden Schleifenkonfigurationen aus. Durch Superposition dieser Schleifen mit ihren Zuleitungen erhält man dann die resultierende Gegeninduktivität beliebiger Rechteckschleifen. Auch hier kann für die vorzeichenrichtige Superposition vereinbart werden: Liegt die Schleifenfläche links vom zugehörigen Ableitungsteilstück oder seiner Verlängerung, wird der Wert von M_1 bzw. M_2 positiv gezählt, liegt die Schleifenfläche rechts, dagegen negativ.

$$M_1 = 2 \cdot 10^{-7} \left(\sqrt{s_1^2 + s_2^2} - \sqrt{s_2^2 + r^2} + r - s_1 + s_2 \cdot \ln \frac{s_1 \cdot (1 + \sqrt{1 + (r/s_2)^2})}{r \cdot (1 + \sqrt{1 + (s_1/s_2)^2})} \right) \quad \text{in H}$$

$$M_2 = 10^{-7} \left(\sqrt{s_4^2 + r^2} - \sqrt{s_3^2 + s_4^2} + s_3 - r + s_4 \cdot \ln \frac{1 + \sqrt{1 + (s_3/s_4)^2}}{1 + \sqrt{1 + (r/s_4)^2}} \right) \quad \text{in H}$$

Alle geometrischen Größen in m.

5.2 Berechnung der Gegeninduktivitäten von Schleifen

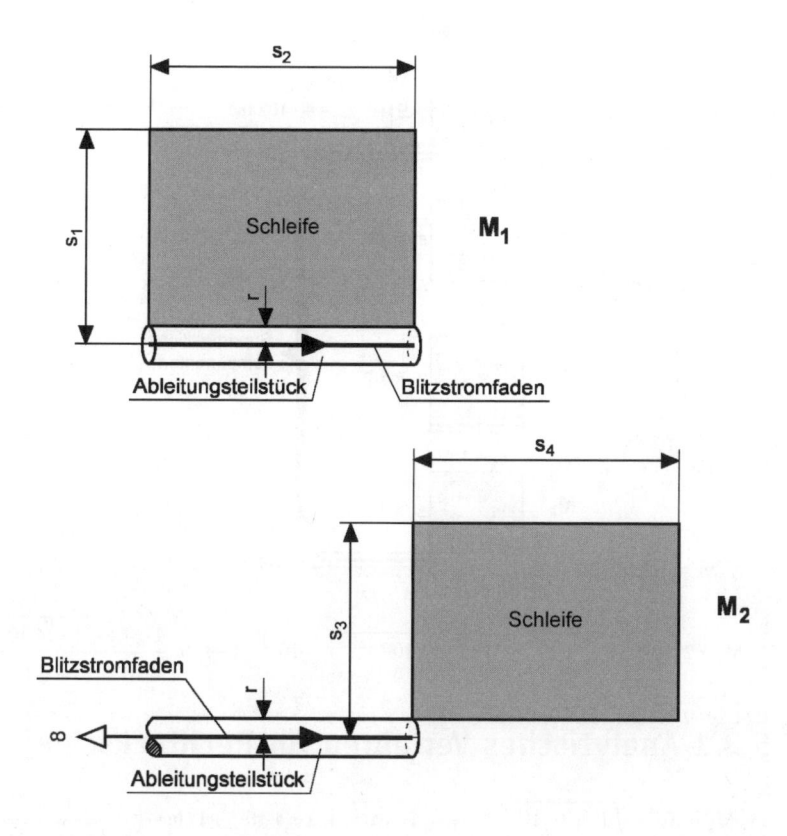

Bild 5.2.1a: Grundlegende Schleifenkonfigurationen für Superpositionen von Gegeninduktivitäten

In den *Bildern 5.2.1b bis 5.2.1i* sind für eine Reihe typischer Schleifenanordnungen die durch Superposition gewonnenen Gegeninduktivitäten zusammengestellt, mit denen die induzierten Spannungen bestimmt werden können, die bei offenen Schleifen zwischen den Enden auftreten und bei geschlossenen Schleifen induzierte Ströme zur Folge haben.

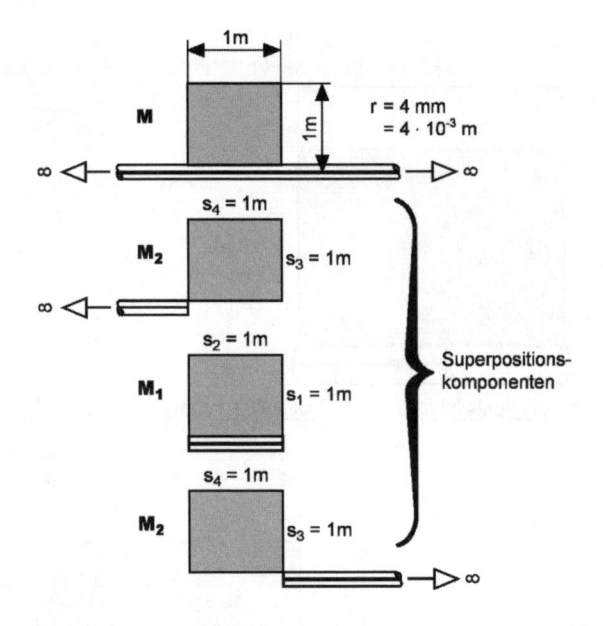

Beispiel:

$$M_1 = 2 \cdot 10^{-7} \left(\sqrt{1^2 + 1^2} - \sqrt{1^2 + (4 \cdot 10^{-3})^2} + 4 \cdot 10^{-3} - 1 + 1 \cdot \ln \frac{1 \cdot (1 + \sqrt{1 + (4 \cdot 10^{-3}/1)^2}\ )}{4 \cdot 10^{-3} \cdot (1 + \sqrt{1 + (1/1)^2}\ )} \right)$$

$$= 0{,}948 \cdot 10^{-6} \text{ H} = 0{,}950 \,\mu\text{H}.$$

$$M_2 = 10^{-7} \left(\sqrt{1^2 + (4 \cdot 10^{-3})^2} - \sqrt{1^2 + 1^2} + 1 - 4 \cdot 10^{-3} + 1 \cdot \ln \frac{1 + \sqrt{1 + (1/1)^2}\ }{1 + \sqrt{1 + (4 \cdot 10^{-3}/1)^2}\ } \right)$$

$$= 0{,}077 \cdot 10^{-6} = 0{,}077 \,\mu\text{H}.$$

$$M = M_1 + 2 \cdot M_2 = 1{,}104 \,\mu\text{H}$$

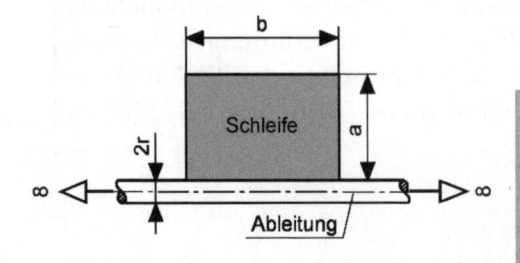

$$M = 0{,}2 \cdot b \cdot \ln \frac{a}{r} \quad \text{in } \mu\text{H}$$

Beispiel

$a = 1\text{ m} \quad b = 1\text{ m} \quad r = 4\text{ mm}$

$$M = 0{,}2 \cdot 1 \cdot \ln \frac{1}{4 \cdot 10^{-3}} = 1{,}104 \,\mu\text{H}$$

Bild 5.2.1b: Rechteckschleife, anschließend an eine Ableitung

5.2 Berechnung der Gegeninduktivitäten von Schleifen

Rechts Bild 5.2.1c: Rechteckschleife neben einer Ableitung

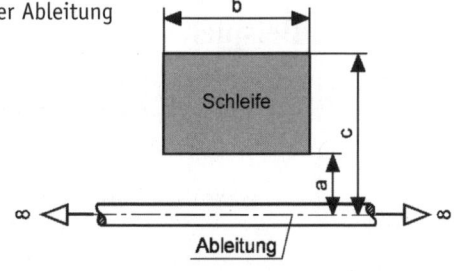

Beispiel

$a = 1\,m \quad b = 1\,m \quad c = 2\,m$

$M = 0{,}2 \cdot 1 \cdot \ln\dfrac{2}{1} = 0{,}139\,\mu H$

$M = 0{,}2 \cdot b \cdot \ln\dfrac{c}{a}$ in μH

$M = 0{,}2 \cdot b \cdot \ln\dfrac{a \cdot c}{d \cdot e}$ in μH

Beispiel

$a = 1\,m \quad b = 1\,m \quad c = 2\,m \quad d = 2\,m \quad e = 1\,m$

$M = 0{,}2 \cdot 1 \cdot \ln\dfrac{1 \cdot 2}{2 \cdot 1} = 0\,\mu H$

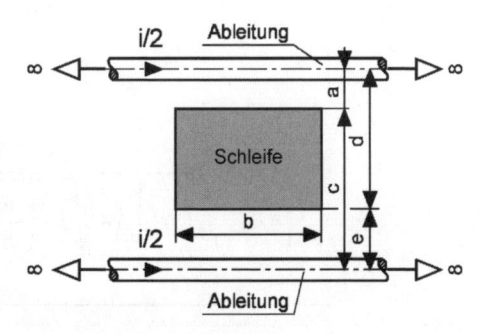

Bild 5.2.1d: Rechteckschleife zwischen zwei Ableitungen

Bild 5.2.1e: Durch eine Ableitung gebildete Rechteckschleife

Beispiel

$a = 1\,m \quad b = 1\,m \quad r = 4\,mm$

$M = 3{,}953\,\mu H$

$r \ll a, b$

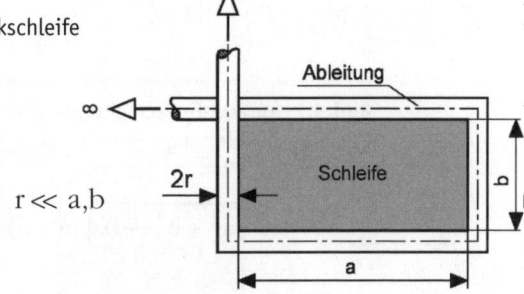

$$M = 0{,}6\sqrt{a^2 + b^2} - 0{,}6(a+b) + 0{,}4\,a \cdot \ln\dfrac{2b}{r\left[1 + \sqrt{1 + \left(\dfrac{b}{a}\right)^2}\right]} + 0{,}4\,b \cdot \ln\dfrac{2a}{r\left[1 + \sqrt{1 + \left(\dfrac{a}{b}\right)^2}\right]}$$

$$+ 0{,}1\,a \cdot \ln\dfrac{1 + \sqrt{1 + \left(\dfrac{b}{a}\right)^2}}{2} + 0{,}1\,b \cdot \ln\dfrac{1 + \sqrt{1 + \left(\dfrac{a}{b}\right)^2}}{2} \quad \text{in } \mu H$$

5 Magnetische Felder

Beispiel:

$a = 1\,m \quad b = 1\,m \quad r = 4\,mm$
$M = 2{,}054\,\mu H$

$r \ll a, b$

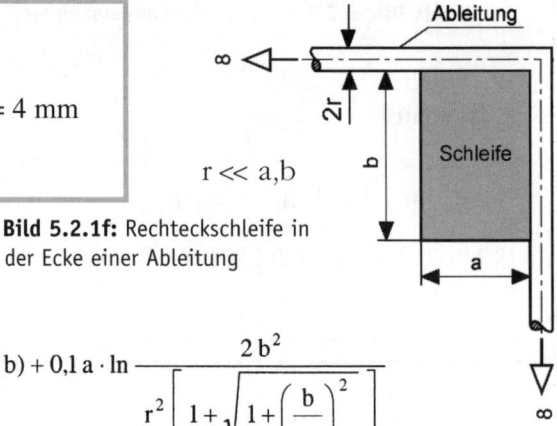

Bild 5.2.1f: Rechteckschleife in der Ecke einer Ableitung

$$M = 0{,}2\sqrt{a^2+b^2} - 0{,}2(a+b) + 0{,}1\,a \cdot \ln \frac{2b^2}{r^2\left[1+\sqrt{1+\left(\dfrac{b}{a}\right)^2}\right]}$$

$$+\, 0{,}1\,b \cdot \ln \frac{2a^2}{r^2\left[1+\sqrt{1+\left(\dfrac{a}{b}\right)^2}\right]} \qquad \text{in } \mu H$$

Beispiel:

$a = 1\,m \quad b = 1\,m \quad r = 4\,mm$

$M = 3{,}003\,\mu H$

$r \ll a, b$

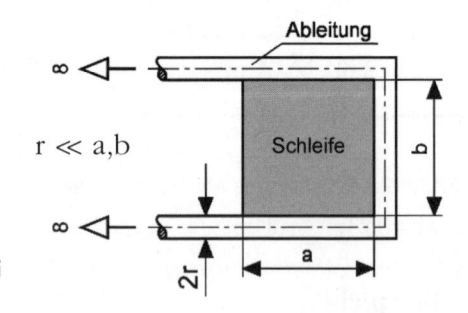

Bild 5.2.1g: Rechteckschleife zwischen zwei Ecken einer Ableitung

$$M = 0{,}4\sqrt{a^2+b^2} - 0{,}4(a+b) + 0{,}2\,a \cdot \ln \frac{2b^2}{r^2\left[1+\sqrt{1+\left(\dfrac{b}{a}\right)^2}\right]}$$

$$+\, 0{,}2\,b \cdot \ln \frac{2a}{r\left[1+\sqrt{1+\left(\dfrac{a}{b}\right)^2}\right]} \qquad \text{in } \mu H$$

5.2 Berechnung der Gegeninduktivitäten von Schleifen

Beispiel:

$a = 1\,m \quad b = 1\,m \quad r = 4\,mm$

$M = 2{,}870\,\mu H$

Bild 5.2.1h: Rechteckschleife zwischen zwei Ecken einer Ableitung

$r \ll a, b$

$$M = 0{,}8\sqrt{a^2 + b^2} - 0{,}8(a+b) + 0{,}4\,a \cdot \ln \frac{2b}{r\left[1 + \sqrt{1 + \left(\frac{b}{a}\right)^2}\right]}$$

$$+ 0{,}2\,b \cdot \ln \frac{4a}{r\left[1 + \sqrt{1 + \left(\frac{a}{b}\right)^2}\right]} \quad \text{in } \mu H$$

Beispiel

$a = 2\,m \quad b = 1\,m \quad c = 1\,m \quad d = 2\,m$

$M = 0{,}221\,\mu H$

Bild 5.2.1i: Rechteckschleife neben der Ecke einer Ableitung

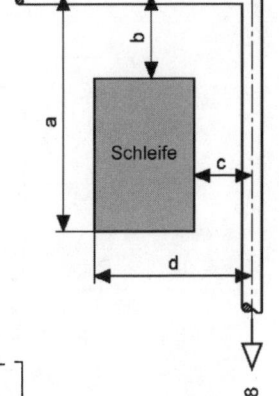

$$M = 0{,}2\left(\sqrt{a^2 + d^2} + \sqrt{b^2 + c^2} - \sqrt{a^2 + c^2} - \sqrt{b^2 + d^2}\right)$$

$$+ 0{,}1\,a \cdot \ln \frac{d^2\left[1 + \sqrt{1 + \left(\frac{c}{a}\right)^2}\right]}{c^2\left[1 + \sqrt{1 + \left(\frac{d}{a}\right)^2}\right]} + 0{,}1\,b \cdot \ln \frac{c^2\left[1 + \sqrt{1 + \left(\frac{a}{b}\right)^2}\right]}{d^2\left[1 + \sqrt{1 + \left(\frac{c}{b}\right)^2}\right]}$$

$$+ 0{,}1\,c \cdot \ln \frac{b^2\left[1 + \sqrt{1 + \left(\frac{a}{c}\right)^2}\right]}{a^2\left[1 + \sqrt{1 + \left(\frac{b}{c}\right)^2}\right]} + 0{,}1\,d \cdot \ln \frac{a^2\left[1 + \sqrt{1 + \left(\frac{b}{d}\right)^2}\right]}{b^2\left[1 + \sqrt{1 + \left(\frac{a}{d}\right)^2}\right]} \quad \text{in } \mu H$$

5.2.2 Numerisches Verfahren für beliebige Schleifen

Im *Bild 5.2.2a* ist das Flussdiagramm eines Digital-Rechenprogramms angegeben, mit dem für beliebig räumlich angeordnete Schleifen, die durch ebenfalls beliebig räumlich angeordnete Ableitungen hervorgerufenen Gegeninduktivitäten berechnet werden können, wenn die Blitzstromaufteilung auf die Ableitungen vorgegeben ist (Lit. 5-2).

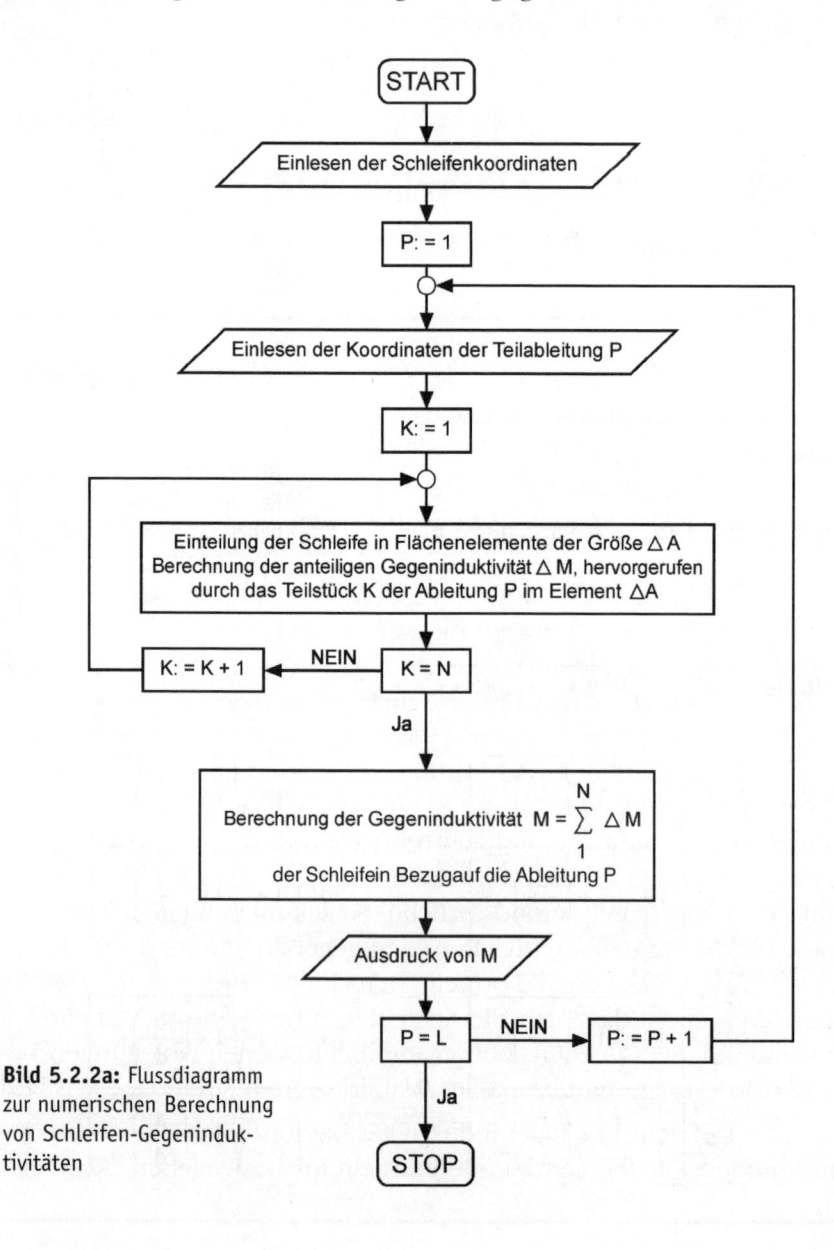

```
                    START
                      │
                      ▼
         /Einlesen der Schleifenkoordinaten/
                      │
                      ▼
                    P:= 1
                      │
                      ▼ ◄─────────────────────────┐
         /Einlesen der Koordinaten der Teilableitung P/
                      │                           │
                      ▼                           │
                    K:= 1                         │
                      │                           │
                      ▼ ◄──────────┐              │
   Einteilung der Schleife in Flächenelemente     │
   der Größe ΔA                                   │
   Berechnung der anteiligen Gegeninduktivität    │
   ΔM, hervorgerufen durch das Teilstück K        │
   der Ableitung P im Element ΔA                  │
                      │                           │
                      ▼                           │
      ┌──────────┐ NEIN   ┌───────┐               │
      │ K:= K+1  │ ◄──────│ K = N │               │
      └──────────┘        └───────┘               │
                            │ Ja                  │
                            ▼                     │
        Berechnung der Gegeninduktivität          │
        M = Σ₁ᴺ ΔM                                │
        der Schleife in Bezug auf die Ableitung P │
                            │                     │
                            ▼                     │
                   /Ausdruck von M/               │
                            │                     │
                            ▼                     │
                        ┌───────┐  NEIN  ┌──────┐ │
                        │ P = L │ ─────► │P:=P+1│─┘
                        └───────┘        └──────┘
                            │ Ja
                            ▼
                         STOP
```

Bild 5.2.2a: Flussdiagramm zur numerischen Berechnung von Schleifen-Gegeninduktivitäten

5.3 Magnetisch induzierte Spannungen und Ströme

Vorbereitung:

1. Zerlegen der ebenen Schleife in einen Polygonzug. Festlegung der x-, y-, z- Koordinaten der Polygoneckpunkte
2. Festlegen der Stromaufteilung auf die L einzelnen Teilableitungen mit der Ordnungszahl P
3. Zerlegen der einzelnen Teilableitungen P in N geradlinige Abschnitte mit der Ordnungszahl K. Festlegen der x-, y-, z-Koordinaten der Teilableitungs-Eckpunkte.

5.3 Magnetisch induzierte Spannungen und Ströme

Entsprechend den Ausführungen in den Abschnitten 4.6 und 5.1 werden in metallenen Installationsschleifen, die mit der Blitzschutzanlage im Rahmen des Blitzschutz-Potentialausgleichs leitend verbunden sind, aber auch in Schleifen, die von der Blitzschutzanlage isoliert sind, durch das sich ändernde magnetische Feld des Blitzstroms Spannungen induziert. Die Größe der Spannung kann für beliebige Schleifenkonfigurationen bei bekannter Stromänderung di/dt bzw. $\Delta i/\Delta t$ oder i_{max}/T_1 (siehe Abschnitt 4.6) mit Hilfe der Gegeninduktivität M (siehe Abschnitt 5.2) berechnet werden. Bei kurzgeschlossenen Schleifen (auch bei Kurzschlüssen infolge von Überschlägen durch zu hohe induzierte Spannungen) fließen, getrieben von den magnetisch induzierten Spannungen, Ströme, deren Größe bei vernachlässigtem ohmschen Schleifenwiderstand von der Gegeninduktivität M und der Eigeninduktivität L abhängt. Um ohne zu großen Rechenaufwand abschätzen zu können, mit welchen maximalen induzierten Rechteckspannungen U in Installationsschleifen zu rechnen ist, z. B. innerhalb von Gebäuden, werden im Abschnitt 5.3.1 für einige grundsätzliche Schleifenkonfigurationen Diagramme für die Gegeninduktivitäten M angegeben, die mit Hilfe der im Anschnitt 5.2 angegebenen Formeln berechnet worden sind. Hierbei wird angenommen, dass sich die Schleifen in der Nähe von unendlich ausgedehnt angenommenen, blitzstromdurchflossenen Ableitungen befinden. Zur Bestimmung der maximalen induzierten Ströme $i_{i/max}$ ist zusätzlich die Kenntnis der Eigeninduktivität L erforderlich: Für rechteckige und runde Schleifen werden die Formeln für L angegeben (Abschnitt 5.3.2).

5.3.1 Induzierte Spannungen

Für eine quadratische Schleife, die aus einer unendlich ausgedehnten, blitzstromdurchflossenen Ableitung und einer Installationsleitung (z. B. Schutzleiter der Elektroinstallation, der an der Potentialausgleichschiene mit der Blitzableitung verbunden ist) gebildet wird, gilt für die Rechteckspannung U, die als Mittelwert während der Stirnzeit T_1 des Blitzstroms induziert wird:

$U = M_1 \cdot \Delta i / \Delta t \quad$ in kV

$M_1 \quad = \quad$ Gegeninduktivität der Schleife in μH
$\Delta i / \Delta t \quad = \quad$ Stromänderung während der Stirnzeit in der blitzstrom durchflossenen Leitung in $kA/\mu s$.

M_1, abhängig von der Seitenlänge a der Schleif und dem Querschnitt q der blitzstromdurchflossenen Leitung, kann aus *Bild 5.3.1a* entnommen werden. $\Delta i / \Delta t$ ist entsprechend der Anforderung aus Tabelle 4.6a zu entnehmen.

Beispiel:

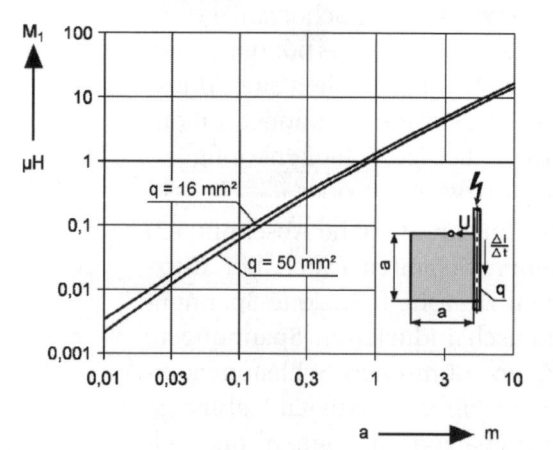

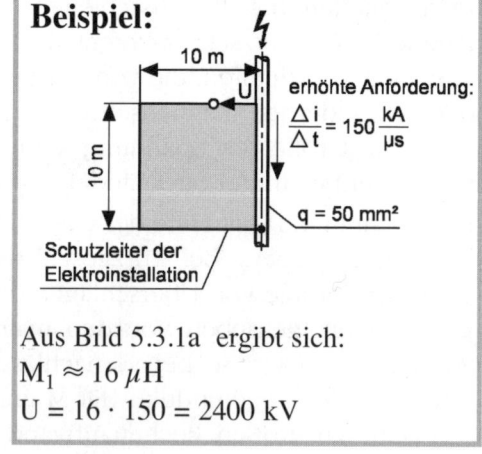

erhöhte Anforderung:
$\frac{\Delta i}{\Delta t} = 150 \frac{kA}{\mu s}$

q = 50 mm²

Aus Bild 5.3.1a ergibt sich:
$M_1 \approx 16 \, \mu H$
$U = 16 \cdot 150 = 2400$ kV

Bild 5.3.1a: Gegeninduktivität M_1, zur Berechnung der Rechteckspannungen in quadratischen Schleifen, gebildet aus blitzstromdurchflossener Ableitung und Installationsleitung

Für eine quadratische Schleife, die aus einer Installationsleitung gebildet wird und isoliert von einer unendlich ausgedehnten, blitzstromdurchflossenen Leitung ist, gilt für die Rechteckspannung:

$U \quad = \quad M_2 \cdot \Delta i / \Delta t \quad$ in kV

$M_2 \quad = \quad$ Gegeninduktivität der Schleife in μH
$\Delta i / \Delta t \quad = \quad$ Stromänderung während der Stirnzeit in der blitzstromdurchflossenen Leitung in $kA/\mu s$

5.3 Magnetisch induzierte Spannungen und Ströme

Bild 5.3.1b: Gegeninduktivität M_2 zur Berechnung der Rechteckspannungen in quadratischen Schleifen, gebildet aus eigenständiger Installationsleitung

Anmerkung: Eine Potentialausgleichleitung - - - zwischen der Schleife und der blitzstromdurchflossenen Ableitung hat keinen Einfluss auf M_2!

Beispiel:

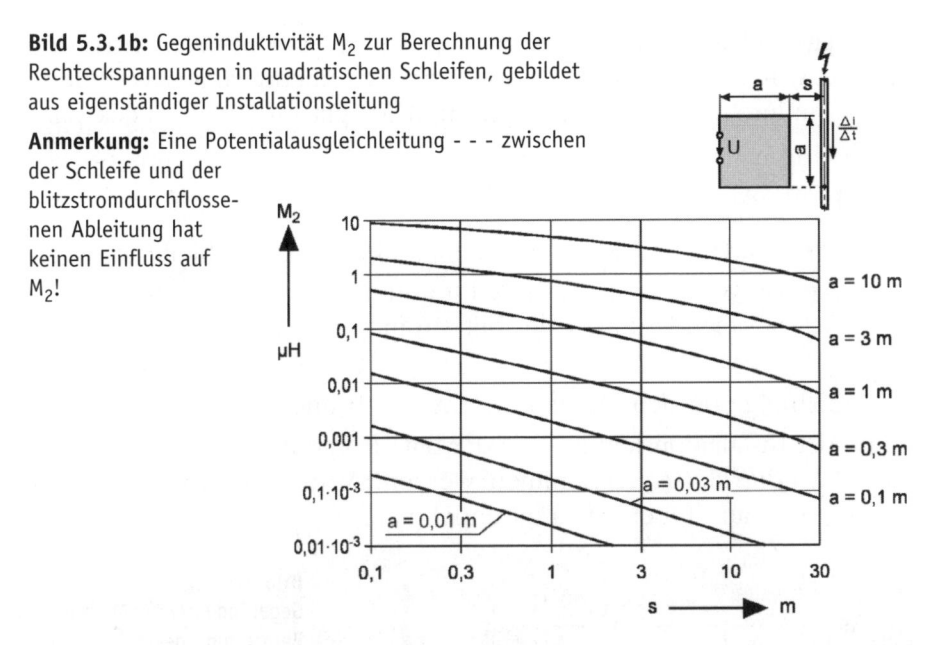

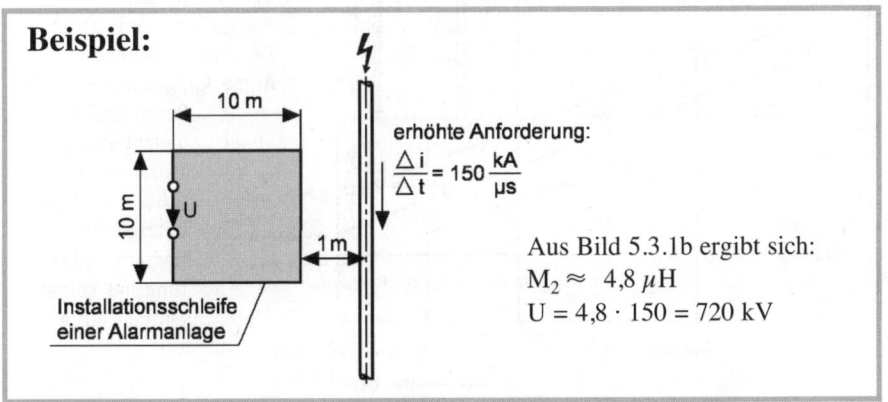

erhöhte Anforderung:
$$\frac{\Delta i}{\Delta t} = 150 \frac{kA}{\mu s}$$

Aus Bild 5.3.1b ergibt sich:
$M_2 \approx 4{,}8\ \mu H$
$U = 4{,}8 \cdot 150 = 720\ kV$

M_2, abhängig von der Seitenlänge der Schleife a und dem Abstand s zwischen der Schleife und der blitzstromdurchflossenen Ableitung, kann aus *Bild 5.3.1b* entnommen werden. $\Delta i/\Delta t$ ist entsprechend der Anforderung aus Tabelle 4.6a zu entnehmen.

Außer den oben behandelten Induktionswirkungen in „flächigen" Schleifen, die durch Installationskonfigurationen bedingt sind, interessieren auch Induktioneffekte in sehr schmalen, langgestreckten Schleifen, die z. B. durch parallellaufende Adern ungeschirmter, lagenweise verseilter Leitungen in der Umgebung von blitzstromdurchflossenen Leitungen gebildet werden. Die induzierten Spannungen, die zwischen den Adern entstehen und die als „Querspannungen" bezeichnet werden, können insbesondere für elektronische Geräte gefährlich sein. Für eine schma-

5 Magnetische Felder

le, langgestreckte Schleife, die aus den Adern einer Installationsleitung gebildet wird und im Abstand parallel zu einer unendlich ausgedehnten, blitzstromdurchflossenen Leitung geführt ist, gilt für die Rechteckspannung:

$U = M'_3 \cdot l \cdot \Delta i/\Delta t$ in V

M'_3 = aderlängenbezogene Gegeninduktivität der Schleife in nH/m
l = Länge der Installationsleitung in m
$\Delta i/\Delta t$ = Stromänderung in der blitzstromdurchflossenen Leitung in kA/µs.

M'_3, abhängig von dem Abstand der Adern b und dem Abstand s zwischen der Installationsleitung und der blitzstromdurchflossenen Leitung, kann aus *Bild 5.3.1c* entnommen werden. $\Delta i/\Delta t$ ist entsprechend der Anforderung aus Tabelle 4.6a zu ennehmen.

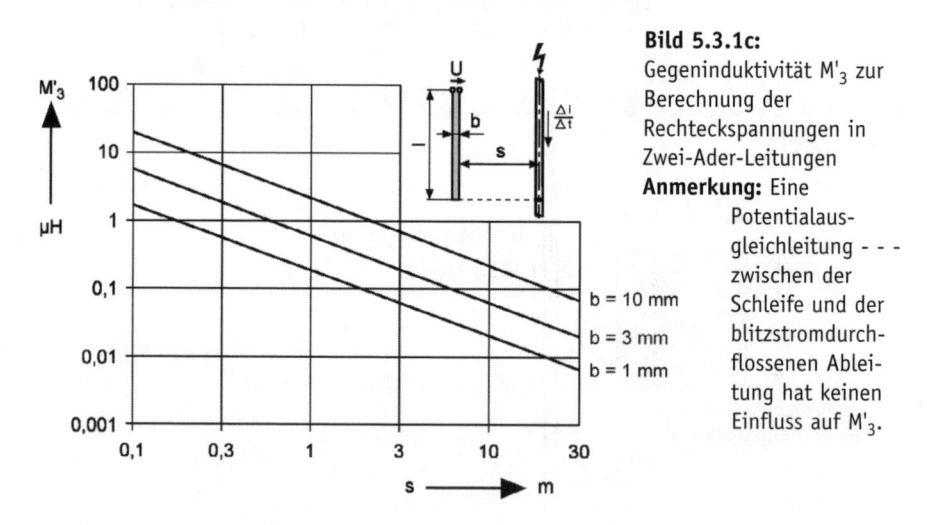

Bild 5.3.1c: Gegeninduktivität M'_3 zur Berechnung der Rechteckspannungen in Zwei-Ader-Leitungen

Anmerkung: Eine Potentialausgleichleitung - - - zwischen der Schleife und der blitzstromdurchflossenen Ableitung hat keinen Einfluss auf M'_3.

Beispiel:

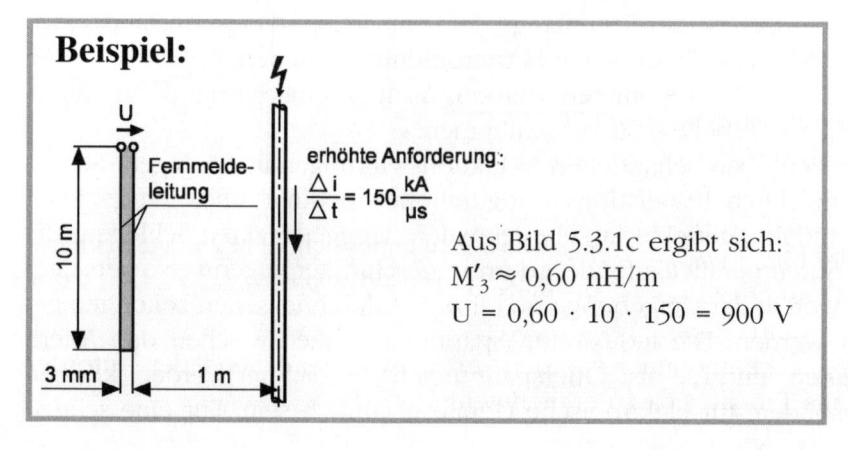

erhöhte Anforderung:
$\left|\dfrac{\Delta i}{\Delta t}\right| = 150 \dfrac{kA}{\mu s}$

Aus Bild 5.3.1c ergibt sich:
$M'_3 \approx 0{,}60$ nH/m
$U = 0{,}60 \cdot 10 \cdot 150 = 900$ V

5.3 Magnetisch induzierte Spannungen und Ströme

Für eine schmale, langgestreckte Schleife, die aus den Adern einer Installationsleitung gebildet wird und im Abstand senkrecht zu einer unendlich ausgedehnten, blitzstromdurchflossenen Leitung geführt ist, gilt für die Rechteckspannung:

$U = M'_4 \cdot b \cdot \Delta i / \Delta t$ in V

M'_4 = aderabstandsbezogene Gegeninduktivität der Schleife in nH/mm
b = Aderabstand in mm
$\Delta i / \Delta t$ = Stromänderung während der Stirnzeit in der blitzstromdurchflossenen Leitung in kA/µs.

Bild 5.3.1d:
Gegeninduktivität M'_4 zur Berechnung der Rechteckspannungen in Zwei-Ader-Leitungen.
Anmerkung:
Eine Potentialausgleichleitung - - - zwischen der Schleife und der blitzstromdurchflossenen Leitung hat keinen Einfluss auf M'_4!

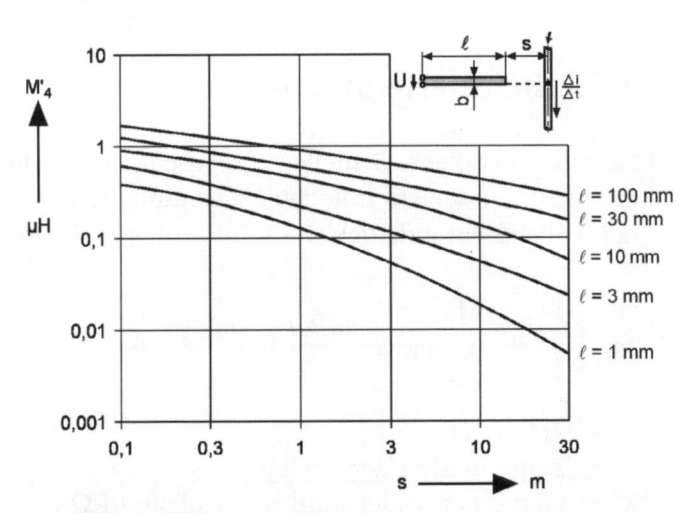

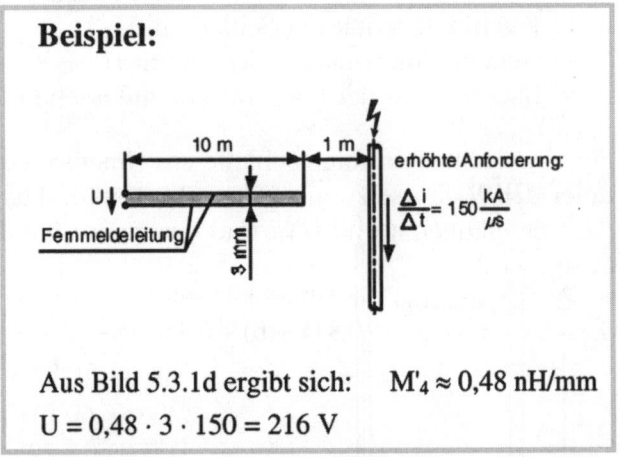

M'_4, abhängig von der Leitungslänge l und dem Abstand s zwischen der Installationsleitung und der blitzstromdurchflossenen Leitung, kann aus Bild 5.3.1d entnommen werden. $\Delta i / \Delta t$ ist entsprechend der Anforderung aus Tabelle 4.6a zu entnehmen.

Beispiel:

erhöhte Anforderung: $\frac{\Delta i}{\Delta t} = 150 \frac{kA}{\mu s}$

Aus Bild 5.3.1d ergibt sich: $M'_4 \approx 0{,}48$ nH/mm
$U = 0{,}48 \cdot 3 \cdot 150 = 216$ V

Gegenüber den hohen Spannungswerten bei „flächigen" Schleifen ergeben sich in den schmalen, langgestreckten Schleifen nur induzierte Spannungen bis zu einigen 100 V. Dabei ist aber zu beachten, dass es sich hierbei um Querspannungen auf informationstechnischen Leitungen handelt, die bei Nennspannungen in der Größenordnung von 1 V bis 10 V betrieben werden und die an überspannungsempfindliche elektronische Geräte angeschlossen sind. Bei Leitungen mit verdrillten Adern und insbesondere bei elektromagnetisch geschirmten Leitungen reduzieren sich die induzierten Rechteckspannungen gegenüber den nach obigen Gleichungen berechneten Werte sehr stark und die Querspannungen haben in der Regel ungefährliche Werte.

5.3.2 Induzierte Ströme

Ist eine metallene Schleife kurzgeschlossen oder ihre Isolierstrecke infolge der induzierten Rechteckspannung U durchschlagen, so fließt in der Schleife ein induzierter Strom i_i, für den folgende Gleichung gilt:

$$\frac{di_i}{dt} + \frac{1}{\tau} \cdot i_i = \frac{M}{L} \cdot \frac{di}{dt} \quad \text{in A/s} \quad \text{mit } \tau = \frac{L}{R} \text{ in s}$$

t = Zeit in s
τ = Zeitkonstante der Schleife in s
R = Ohmscher Widerstand der Schleife in Ω
L = Eigeninduktivität der Schleife in H
M = Gegeninduktivität der Schleife in H
i = Blitzstrom in der blitzstromdurchflossenen Leitung in A.

Für eine rechteckförmige Schleife errechnet sich die Eigeninduktivität L_1 unter den Voraussetzungen, dass der Leiterradius r sehr viel kleiner als die Seitenlängen a und b ist und der innere Induktivitätsanteil vernachlässigt wird:

$$L_1 = 0{,}8\sqrt{a^2 + b^2} - 0{,}8(a+b) + 0{,}4\,a \cdot \ln \frac{2b}{r\left[1 + \sqrt{1 + (b/a)^2}\right]}$$

$$+ 0{,}4\,b \cdot \ln \frac{2a}{r\left[1 + \sqrt{1 + (a/b)^2}\right]} \quad \text{in } \mu H$$

5.3 Magnetisch induzierte Spannungen und Ströme

a und b = Seitenlängen in m
r = Leiterradius in m.

Für eine quadratische Schleife errechnet sich die Eigeninduktivität L_2:

$$L_2 = 0{,}8 \cdot a \cdot \left(\ln \frac{a}{r} - 0{,}77 \right) \quad \text{in } \mu H$$

a = Seitenlänge in m
r = Leiterradius in m.

Für eine kreisförmige Schleife gilt für die Eigeninduktivität L_3:

$$L_3 = 0{,}628 \cdot d \cdot \ln \frac{d}{2r} \quad \text{in } \mu H$$

d = Schleifendurchmesser in m
r = Leiterradius in m.

Bei kurzgeschlossenen Kupferschleifen ergeben sich für die Zeitkonstante τ Werte um einige 10 µs. Wird als ungünstiger Fall $\tau \to \infty$ gesetzt, d. h. angenommen, dass $\tau \gg T_1$ ist (T_1: Stirnzeit des Blitzstroms, siehe Bilder 4.8a und b), ergibt sich für den Scheitelwert des induzierten Stroms:

$$i_{i/max} = \frac{M}{L} \cdot i_{max} \quad \text{in kA}$$

M = Gegeninduktivität der Schleife in µH
L = Eigeninduktivität der Schleife in µH
i_{max} = Maximalwert des Blitzstroms in der blitzstromdurchflossenen Leitung in kA.

Für eine quadratische Schleife, die aus einer Installationsleitung gebildet wird und im Abstand von einer unendlich ausgedehnten, blitzstromdurchflossenen Leitung ist, gilt für den Scheitelwert des induzierten Stroms:

$$i_{i/max} = \frac{M_2}{L_2} \cdot i_{max} \quad \text{in kA}$$

M_2/L_2 = Verhältnis der Gegen- zur Eigeninduktivität der Schleife
i_{max} = Scheitelwert des Blitzstroms in der blitzstromdurchflossenen Leitung in kA.

M_2/L_2, abhängig von der Seitenlänge der Schleife a und dem Abstand s zwischen der Schleife und der blitzstromdurchflossenen Leitung, kann aus *Bild 5.3.2a* entnommen werden, wobei für den Leiterquerschnitt der Schleife 1 mm² angenommen ist. i_{max} ist entsprechend der Anforderung aus Tabelle 4.3a zu entnehmen.

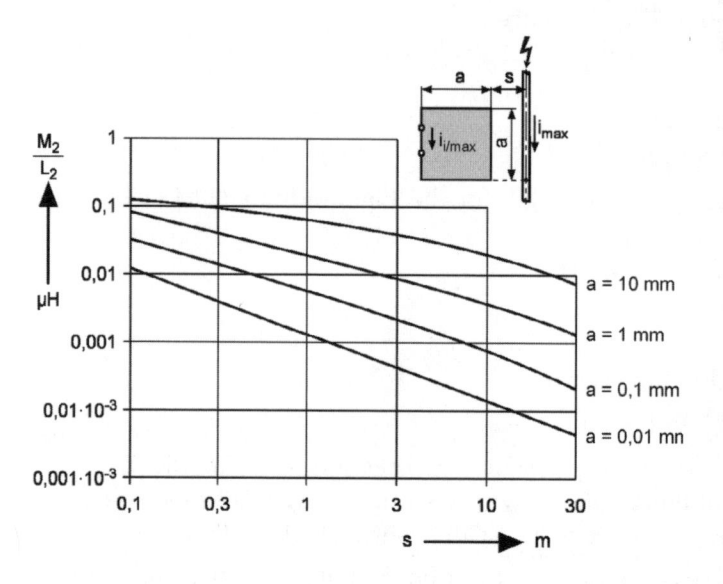

Bild 5.3.2a: Verhältnis der Gegen- zur Eigeninduktivität M_2/L_2 zur Berechnung der Scheitelwerte induzierter Ströme in quadratischen Schleifen, gebildet aus eigenständiger Installationsleitung
Anmerkung: Eine Potentialausgleichleitung - - - zwischen der Schleife und der blitzstromdurchflossenen Leitung hat keinen Einfluss auf M_2/L_2.

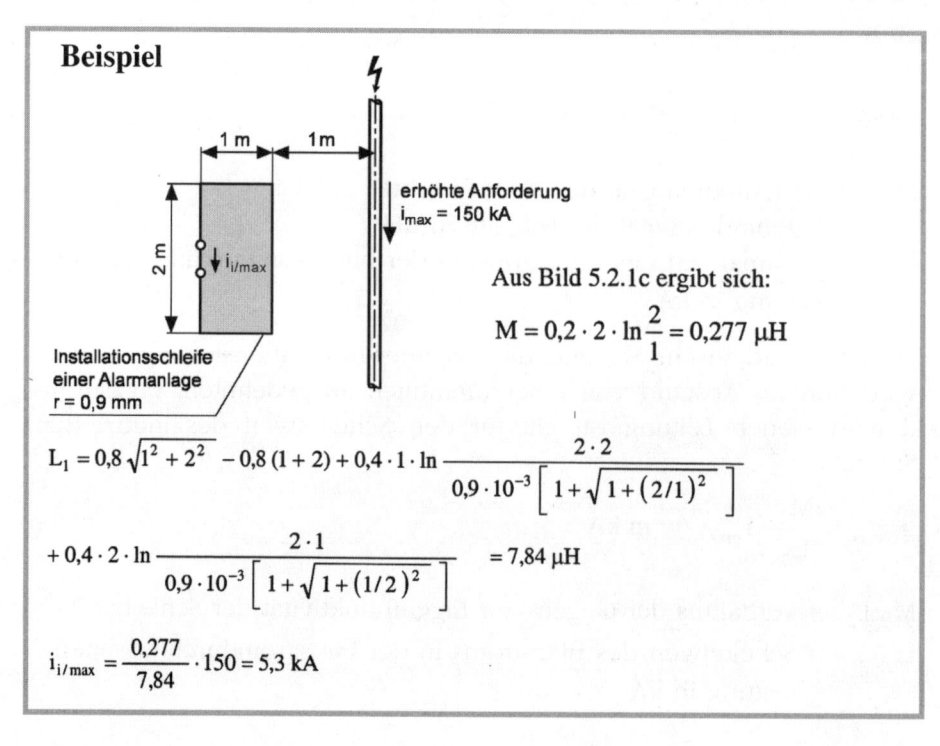

Beispiel

erhöhte Anforderung
i_{max} = 150 kA

Installationsschleife einer Alarmanlage
r = 0,9 mm

Aus Bild 5.2.1c ergibt sich:

$$M = 0{,}2 \cdot 2 \cdot \ln\frac{2}{1} = 0{,}277\ \mu H$$

$$L_1 = 0{,}8\sqrt{1^2 + 2^2} - 0{,}8(1+2) + 0{,}4 \cdot 1 \cdot \ln\frac{2 \cdot 2}{0{,}9 \cdot 10^{-3}\left[1 + \sqrt{1 + (2/1)^2}\right]}$$

$$+\ 0{,}4 \cdot 2 \cdot \ln\frac{2 \cdot 1}{0{,}9 \cdot 10^{-3}\left[1 + \sqrt{1 + (1/2)^2}\right]} = 7{,}84\ \mu H$$

$$i_{i/max} = \frac{0{,}277}{7{,}84} \cdot 150 = 5{,}3\ kA$$

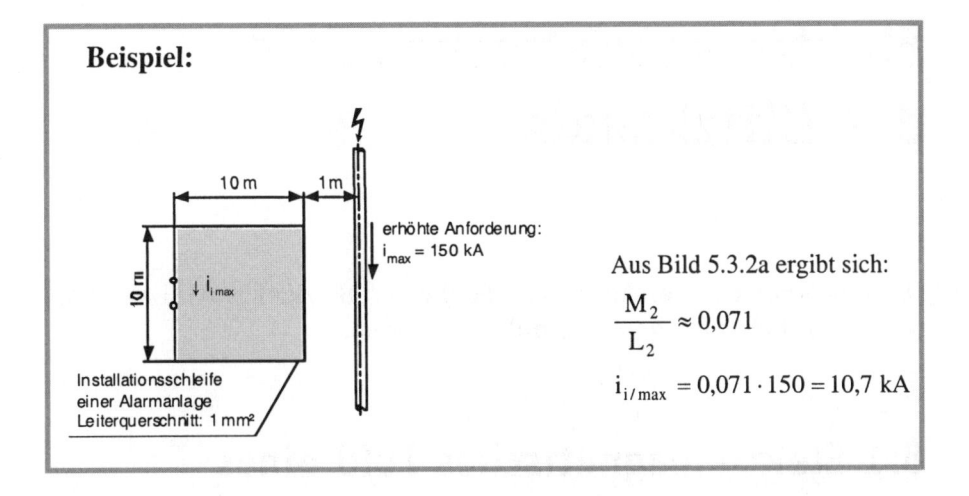

Beispiel:

erhöhte Anforderung:
$i_{max} = 150$ kA

Installationsschleife einer Alarmanlage
Leiterquerschnitt: 1 mm²

Aus Bild 5.3.2a ergibt sich:

$$\frac{M_2}{L_2} \approx 0{,}071$$

$i_{i/max} = 0{,}071 \cdot 150 = 10{,}7$ kA

Literatur zu Kap. 5

Lit. 5-1   DIN VG 96901 Teil 4/10.85: Schutz gegen Nuklear-Elektromagnetischen Impuls (NEMP) und Blitzschlag. Allgemeine Grundlagen. Bedrohungsdaten.

Lit. 5-2   *Müller, E.; Steinbigler, H.; Wiesinger, J.:* Zur numerischen Berechnung von induzierten Schleifenspannungen in der Umgebung von Blitzableitern. Bull; SEV Schweiz. Elektrotech. Verein 63 (1972), S. 1025 bis 1032.

6 Elektromagnetisches Feld des Blitzkanals

Das transiente elektromagnetische Feld eines Blitzkanals wird als LEMP (**L**ightning **E**lectro**m**agnetic im**p**ulse) bezeichnet.

6.1 Elektromagnetisches Feld eines Blitzkanalelements

Die Berechnungen der LEMPs basieren auf den Gleichungen für das elektromagnetische Feld eines Blitzkanalstücks der Länge Δh in der Höhe h, das vom Blitzstrom i durchflossen wird, wobei die Erdoberfläche als Spiegelebene angesehen wird (*Bild 6.1a*). Für das parallel zur Erdoberfläche gerichtete magnetische Feld ΔH, das vom stromdurchflossenen Blitzkanalstück in der Entfernung s erzeugt wird, gilt:

$$\Delta H = \frac{\Delta h}{2\pi} \left(\frac{s}{a^2 \cdot c} \cdot \frac{di}{dt} + \frac{s}{a^3} \cdot i \right) \quad \text{in A/m}$$

mit $a = \sqrt{h^2 + s^2}$.

Bild 6.1a: Zur Berechnung des elektromagnetischen Feldes eines Blitzes

Für das senkrecht zur Erdoberfläche gerichtete elektrische Feld ΔE, das vom stromdurchflossenen Blitzkanalstück in der Entfernung s erzeugt wird, gilt:

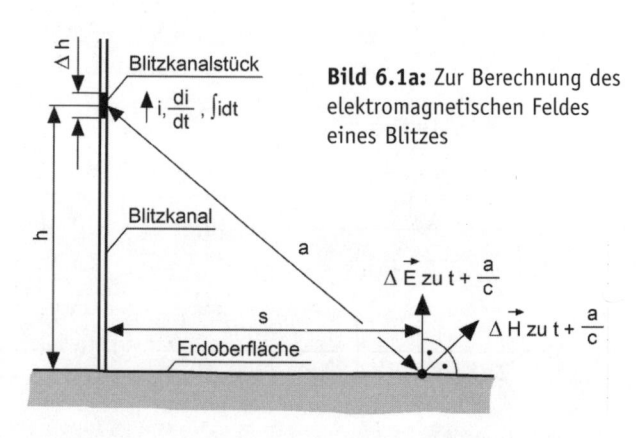

$$\Delta E = \frac{\Delta h}{2\pi\varepsilon_0} \left(\frac{s^2}{a^3 \cdot c^2} \cdot \frac{di}{dt} + \frac{3s^2 - 2a^2}{a^4 \cdot c} \cdot i + \frac{3s^2 - 2a^2}{a^5} \cdot \int i \, dt \right) \quad \text{in V/m}$$

6.1 Elektromagnetisches Feld eines Blitzkanalelements

c = Lichtgeschwindigkeit, $300 \cdot 10^6$ m/s
h = Höhe des Kanalelements in m
Δh = Länge des Kanalelements in m
i = Strom im Kanalelement zum betrachteten Zeitpunkt t in A
di/dt = zeitliche Änderung des Stromes im Kanalelement zum betrachteten Zeitpunkt t in A/s
$\int$idt = bis zum betrachteten Zeitpunkt t durch das Kanalelement geflossene Ladung in As
s = Abstand vom Blitzkanal in m
ε_o = elektrische Feldkonstante, $8{,}85 \cdot 10^{-12}$ F/m.

Beispiel

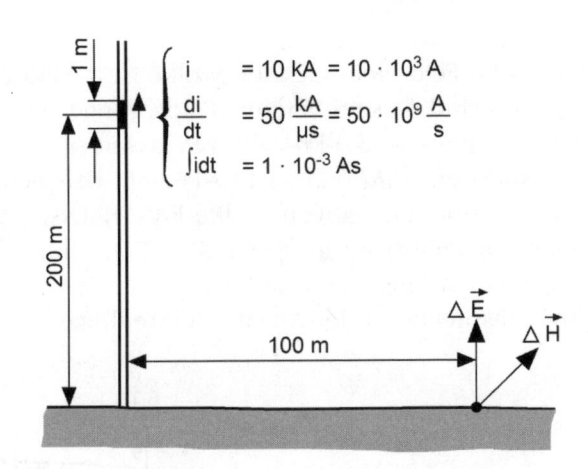

$$\begin{cases} i = 10 \text{ kA} = 10 \cdot 10^3 \text{ A} \\ \dfrac{di}{dt} = 50 \dfrac{kA}{\mu s} = 50 \cdot 10^9 \dfrac{A}{s} \\ \int idt = 1 \cdot 10^{-3} \text{ As} \end{cases}$$

$$s = \sqrt{200^2 + 100^2} = 224 \text{ m}$$

$$\Delta H = \frac{1}{2\pi}\left(\frac{100}{224^2 \cdot 300 \cdot 10^6} \cdot 50 \cdot 10^9 + \frac{100}{224^3} \cdot 10 \cdot 10^3\right) = 67{,}0 \cdot 10^{-3} \text{ A/m}$$

$$\Delta E = \frac{1}{2\pi 8{,}85 \cdot 10^{-12}}\left(\frac{100^2}{224^3 \cdot (300 \cdot 10^6)^2} \cdot 50 \cdot 10^9 + \frac{3 \cdot 100^2 - 2 \cdot 224^2}{224^4 \cdot 300 \cdot 10^6} \cdot 10 \cdot 10^3 \right.$$

$$\left. + \frac{3 \cdot 100^2 - 2 \cdot 224^2}{224^5} \cdot 1 \cdot 10^{-3}\right) = -10{,}1 \text{ V/m}$$

6 Elektromagnetisches Feld des Blitzkanals

Wenn die Stromparameter i, di/dt und $\int i\,dt$ in Δh zum Zeitpunkt t betrachtet werden, treten die zugehörigen Felder ΔH und ΔE im Abstand s vom Blitzkanal wegen der Laufzeit der elektromagnetischen Wellen zum Zeitpunkt t + a/c auf! Die Feldbeiträge aller Kanalelemente, zeitrichtig addiert, ergeben die resultierenden Feldstärken H und E im Abstand s. Für das Fernfeld mit s >> h ergibt sich:

$$\frac{\Delta E}{\Delta H} = \frac{1}{\varepsilon_0 \cdot c} = 376\,\Omega.$$

6.2 Elektrisches Feld während eines Wolke-Erde-Blitzes

Das quasistationäre elektrische Feld einer Gewitterwolke ist in Bild 2.2b gezeigt. Bei Blitzentladungen sind diesem Verlauf „Feldsprünge" überlagert. Die Teilblitze eines multiplen Wolke-Erde-Blitzes lassen sich dabei im Millisekundenbereich auflösen: *Bild 6.2a* (Lit. 6-1) zeigt beispielhaft das elektrische Feld eines multiplen negativen Wolke-Erde-Blitzes, der 6 Teilblitze (TB) und einen Langzeitstrom aufweist. Die Entfernung beträgt etwa 4 km. Da negative Ladung zur Erde abgeführt wird, ist der Feldsprung ΔE_{ges} positiv! Entsprechend der Anzahl der Teilblitze erfolgt

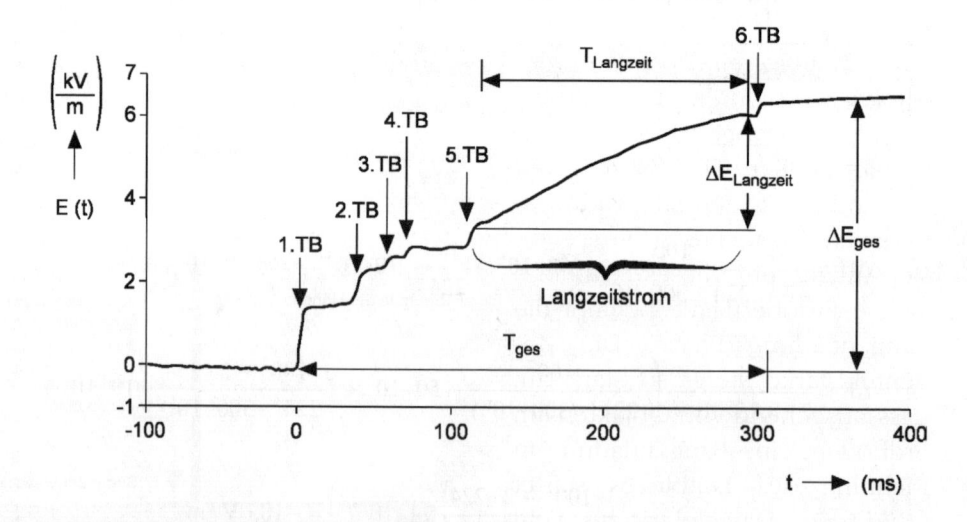

Bild 6.2a: Elektrisches Feld eines multiplen Erdblitzes in 4 km Entfernung mit 6 Teilblitzen und einem Langzeitstrom

der „Feldsprung" ΔE_{ges} in mehreren Stufen, wobei die schnellen Feldänderungen zu Beginn jeder Stufe vom Ladungstransfer der einzelnen Teilblitze herrühren. Die wesentlich langsamere Feldänderung $\Delta E_{Langzeit}$ zwischen dem 5. und 6. Teilblitz wird von einem Langzeitstrom hervorgerufen, der $T_{Langzeit} \approx 180$ ms dauert. Die Gesamtdauer der Blitzentladung vom Erstblitz bis zum letzten Teilblitz ist $T_{ges} \approx 320$ ms.

Die Feldänderung durch den Langzeitstrom $\Delta E_{Langzeit}$ ist im Mittel etwa halb so groß wie die Feldänderung durch den Gesamtblitz ΔE_{ges} (Lit. 6-1). Hieraus lässt sich schließen, dass bei Auftreten eines Langzeitstroms etwa die halbe Ladung eines negativen Blitzes durch den Langzeitstrom und die andere Hälfte durch die Stoßströme zur Erde abgeführt wird.

6.3 Elektromagnetisches Feld während der Hauptentladung eines Wolke-Erde-Blitzes

Der zeitliche Verlauf der elektrischen und magnetischen Feldstärken auf dem Boden kann angenähert mit Hilfe der Abstrahlungstheorie einer vertikalen Antenne berechnet werden. Heidler hat, gestützt auf Messungen, das nachfolgend beschriebene Modell entwickelt (Lit. 6-2 bis 6-4).

Jeder Teilblitz eines Wolke-Erde-Blitzes wird durch den Leitblitz eingeleitet. Dabei schiebt sich innerhalb einiger 10 ms ein mit Wolkenladung gefüllter Ladungsschlauch in Richtung Erde vor. Bei Annäherung dieses Leitblitzes an die Erdoberfläche beginnt die Fangentladungs-Phase. Die Bodenfeldstärke steigt so stark an, dass, ausgehend von Objekten am Erdboden, eine Fangentladung in Richtung des Leitblitzes startet (*Bild 6.3a*). Das elektrische Feld am Kopf der Fangentladung ist

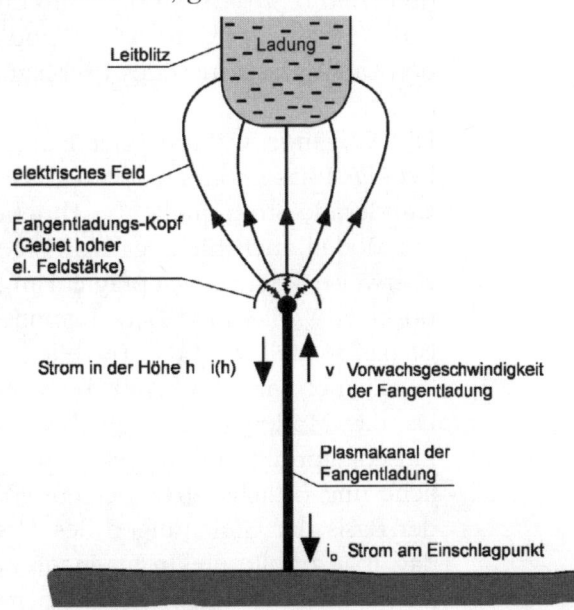

Bild 6.3a: Fangentladungs-Phase

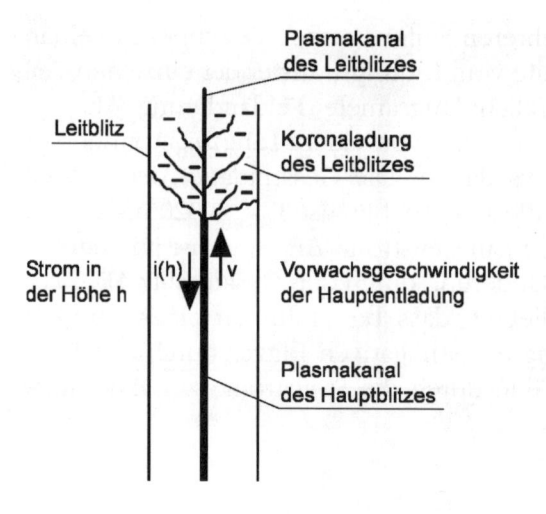

Bild 6.3b: Entladung des Leitblitzes

stark überhöht, sodass hier durch Stoß- und Fotoionisationsprozesse Ladungsträger erzeugt werden. Diese werden im elektrischen Feld beschleunigt, wodurch es zu einem Stromfluss am Fangentladungs-Kopf kommt. Im elektrischen Ersatzschaltbild können diese Prozesse als Stromquelle i(h) in der Höhe h dargestellt werden, die sich mit der Geschwindigkeit v bewegt. Der thermoionisierte Plasmakanal der Fangentladung kann näherungsweise als metallener Leiter angesehen werden, auf dem sich die elektromagnetischen Vorgänge mit Lichtgeschwindigkeit c fortpflanzen.

Nach dem Zusammentreffen des Fangentladungskopfes mit dem Leitblitzkopf beginnt die Hauptentladungs-Phase. Der Leitblitz wird über den thermoionisierten Plasmakanal des Hauptblitzes zur Erde hin entladen (*Bild 6.3b*). Durch das „Einsammeln" der im Leitblitz gespeicherten Ladungsträger wird auch hier eine Stromquelle i(h) erzeugt, die sich in den Ladungsschlauch des Leitblitzes mit der Geschwindigkeit v „hineinfrisst".

Die Vorgänge während der Fangentladungs-Phase und der Hauptentladungs-Phase können durch dasselbe elektrische Ersatzschaltbild, eine wandernde Stromquelle, beschrieben werden (*Bild 6.3c*). Somit ist dieses Modell auch für negative Folgeblitze anwendbar, bei denen möglicherweise keine ausgeprägte Fangentladungs-Phase vorliegt. Weil bei positiven Wolke-Erde-Blitzen ähnliche Gasentladungsprozesse auftreten, ist das Modell, das als „Traveling current source"-Modell (TCS-Modell) bezeichnet wird, für sämtliche Wolke-Erde-Blitze verwendbar.

Da das Modell bei vorgegebenem zeitlichen Blitzstromverlauf i_0 am Einschlagpunkt und vorgegebener Vorwachsgeschwindigkeit v die zeitliche und örtliche Strombelegung des Blitzkanals liefert, kann nun auf der Basis der Gleichungen des Abschnitts 6.1 mit Hilfe eines Rechners das abgestrahlte elektromagnetische Feld des Blitzkanals, der LEMP, in jedem beliebigen Raumpunkt berechnet werden. Für die Berechnung des LEMP in einem bestimmten Abstand vom Einschlagpunkt auf der

Bild 6.3c: Elektrisches Ersatzschaltbild für die Hauptentladungs-Phase

Erdoberfläche können üblicherweise folgende vereinfachende Annahmen getroffen werden:

- der vertikale Blitzkanal wird als ideale, verlustlose Wanderwellenleitung angenommen,
- die Erdoberfläche wird als ideal leitend betrachtet (Spiegelebene!),
- es treten keine Stromreflexionen am Einschlagpunkt auf.

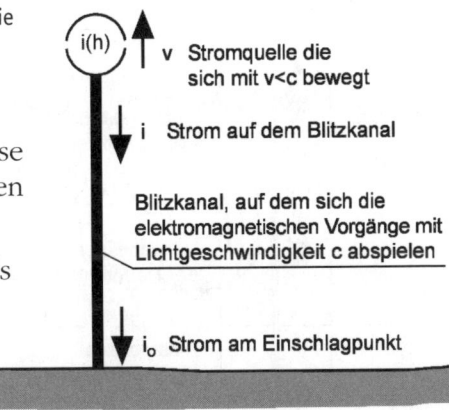

Travelling Current Source (TCS) Szenarium

Auf weitere Entladungsmodelle, die teilweise als eine Modifikation des TCS-Modells angesehen werden können, wird hier nicht näher eingegangen. Details finden sich u.a. in Lit. 6-5 und 6-6.

6.4 Gefährdungswerte des LEMP

Von den Wolke-Erde-Blitzen weisen die negativen Folgeblitze die höchsten Stromsteilheiten in der Stirn auf und liefern deshalb die für Störungen elektrischer und informationstechnischer Systeme bedeutsamen, größten Änderungen der elektrischen und magnetischen Feldstärken. Bei der Entwicklung von Schutzkonzepten gegen LEMP-Gefährdungen kann man sich deshalb in der Regel auf die Berücksichtigung dieses Blitztyps beschränken.

Nachfolgend wird nach Berechnungen von Heidler für den Stoßstrom eines negativen Folgeblitzes mit einer Stirnzeit T_1 von 0,25 µs, einer Rückenhalbwertzeit T_2 von 100 µs und einem Maximalwert des Blitzstroms i_{max} von 50 kA (siehe Abschnitt 4.8) der entfernungsabhängige LEMP angegeben. Der angenommene Stoßstrom weist in der Stirn bei etwa 25 kA eine maximale Stromänderung von 280 kA/µs auf. Hierbei wird ein senkrechter Blitzkanal angenommen, und eine Vorwachsgeschwindigkeit v der Stromquelle im TCS-Modell zu 1/3 Lichtgeschwindigkeit angesetzt.

Im *Bild 6.4a* werden das elektrische Feld E(t) und die Änderung des elektrischen Feldes dE/dt auf der Erdoberfläche in Abhängigkeit von der

6 Elektromagnetisches Feld des Blitzkanals

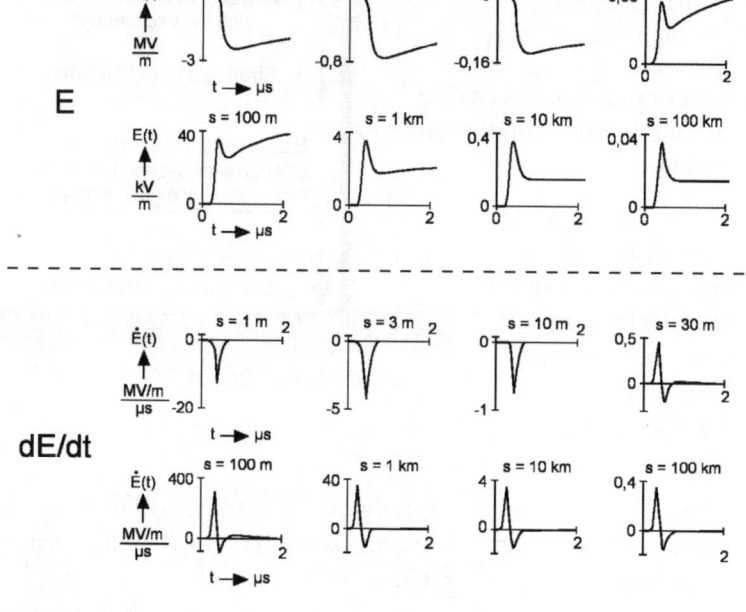

Bild 6.4a: Elektrische Komponente des LEMP

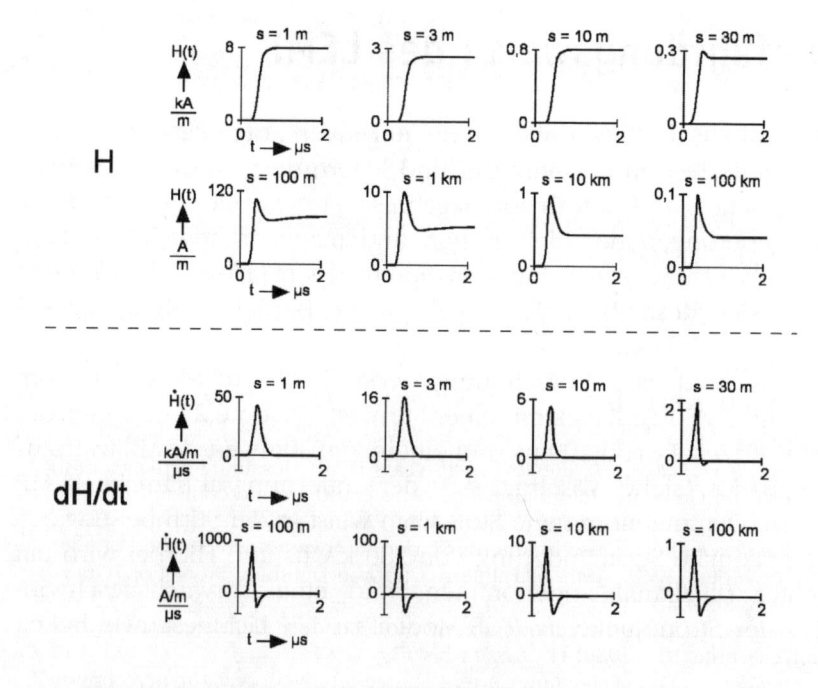

Bild 6.4b: Magnetische Komponente des LEMP

Entfernung s vom Einschlagpunkt angegeben. Im *Bild 6.4b* finden sich die analogen Aufzeichnungen für das magnetische Feld H(t) und die Änderung des magnetischen Feldes dH/dt.

Für die elektrische Komponente des Fernfeld-LEMP, hervorgerufen durch negative Folgeblitze, gilt bei Entfernungen s größer etwa 1 km:

$$E(t) = \frac{1}{2\pi\varepsilon_0 \cdot c} \cdot \frac{1}{s} \left[k \cdot i_0(kt) - i_0(t) \right] \quad \text{in V/m}.$$

Für die magnetische Komponente des Fernfeld-LEMP unter obigen Bedingungen gilt:

$$H(t) = \frac{1}{2\pi} \cdot \frac{1}{s} \left[k \cdot i_0(kt) - i_0(t) \right] \quad \text{in A/m}$$

mit:

$$k = \left(1 + \frac{v}{c}\right)$$

c = Lichtgeschwindigkeit, $300 \cdot 10^6$ m/s
i_0 = Strom im Kanalelement zum betrachteten Zeitpunkt in A
s = Abstand vom Blitzkanal in m
t = Zeit in s
v = Vorwachsgeschwindigkeit der Hauptentladung in m/s
ε_0 = elektrische Feldkonstante, $8{,}85 \cdot 10^{-12}$ F/m

Für das durch obige Gleichungen beschriebene, vertikal polarisierte, ebene Feld des LEMP gilt:

E(t) / H(t) = 376 Ω.

Literatur zu Kap. 6

Lit. 6-1 *Heidler, F.; Hopf, Ch.*: Review of 15 years LEMP Measuring activities in the south of Germany. International aerospace and ground conference on lightning and static electricity, Williamsburg Virginia, USA, 1995, paper 51.

Lit. 6-2 *Heidler, F.*: Rechnerische Ergebnisse der zu erwartenden Blitzbedrohung durch den LEMP . 19th ICLP Intern. Conf. on Lightning Protection, Graz, 1988, Ref.4.6.

Lit. 6-3 *Heidler, F.*: LEMP-Berechnungen mit Modellen. etz Elektrotechnische Zeitschrift. 107 (1988) H. 1, S. 14 bis 17.

Lit. 6-4 *Heidler, F.*: Das »Travelling Current Source« (TCS)-Modell zur Berechnung der abgestrahlten Felder eines natürlichen Blitzes. Mikrowellen Magazin 12 (1986) H.4, S. 338 bis 341.

Lit. 6-5 Uman, M.A.: Lightning return stroke electric and magnetic fields. Journal of Geophysical Research 90 (1985) H. D4, S. 6121 bis 6130.

Lit.6-6 Rakov, V.A.; Uman, M.A.: Review and evaluation of lightning return stroke models including some aspects of their application. IEEE Trans. on Electromagnetic compatibility. Vol. 40, No. 4, Nov. 1998, pp. 403 bis 426.

Prinzipien des Blitzschutzes 7

Der hier betrachtete Blitzschutz umfasst (Lit. 7-1):
- den Schutz stationärer baulicher Anlagen vor mechanischen Beschädigungen und Feuer sowie den Schutz von Personen vor Blitzverletzungen innerhalb der baulichen Anlagen,
- den Schutz technischer Installationen und Geräte, insbesondere elektrischer und informationstechnischer Systeme in oder an baulichen Anlagen.

Besondere Objekte, wie Schiffe oder Flugzeuge, werden hier nicht betrachtet; für sie gelten aber grundsätzlich auch die aufgeführten Schutzprinzipien.

7.1 Gefährdung durch den Blitz

Die primäre Gefährdungsquelle ist der eingeprägte Blitzstrom am Einschlagpunkt. Aus den sehr komplexen und variablen Blitzstromverläufen wurden für den Blitzschutz standardisierte Blitzstrom-Komponenten festgelegt, definiert durch ihren zeitlichen Verlauf und ihren Scheitelwert bzw. ihre Ladung. Die Scheitelwerte i_{max} und die Ladungen Q variieren entsprechend gestaffelten Schutzanforderungen in den Normen, definiert als Gefährdungspegel I bis IV.

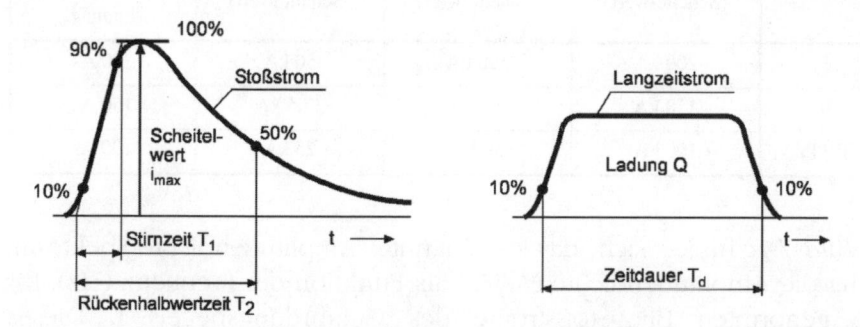

Bild 7.1a: Zur Definition von Blitz-Stoßströmen und -Langzeitströmen – siehe DIN V VDE 0185-1 (VDE V 0185-1):2002-11

7 Prinzipien des Blitzschutzes

Die Blitzstrom-Komponenten beinhalten unipolare Stoßströme und unipolare Langzeitströme. Der zeitliche Verlauf der Stoßströme wird über die Stirnzeit T_1 und die Rückenhalbwertzeit T_2 definiert, der zeitliche Verlauf der Langzeitströme über die Zeitdauer T_d (*Bild 7.1a*).

In den internationalen, europäischen und deutschen Normen (siehe Kapitel 17) werden vier Blitzstrom-Komponenten definiert, die in unterschiedlichen Kombinationen auftreten können (*Bild 7.1b*):

- ein erster positiver Stoßstrom 10/350 µs (T_1 = 10 µs, T_2 = 350 µs)
- ein erster negativer Stoßstrom 1/200 µs (T_1 = 1µs, T_2 = 200 µs)
- negative Folge-Stoßströme 0,25/100 µs (T_1 = 0,25 µs, T_2 = 100 µs)
- ein positiver oder negativer Langzeitstrom 0,5 s (T_d = 0,5 s).

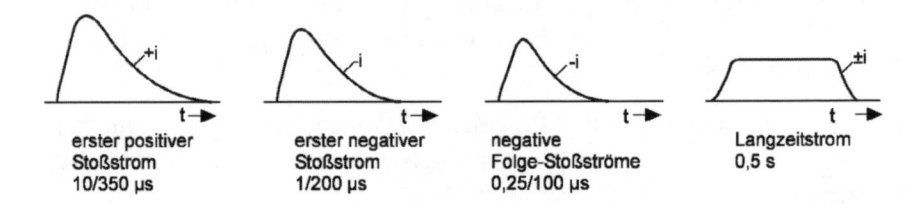

Bild 7.1b: Mögliche Komponenten eines Blitzstroms

In *Tabelle 7.1a* sind die Scheitelwerte für die Stoßströme und die Ladung für den Langzeitstrom in Abhängigkeit von dem Gefährdungspegel zusammengestellt.

Tabelle 7.1a: Scheitelwerte i_{max} bzw. Ladung Q der Blitzstrom-Komponenten für die Gefährdungspegel I bis IV

Gefährdungs-pegel	positiver Stoßstrom (Scheitelwert)	erster negativer Stoßstrom (Scheitelwert)	negative Folge-Stoßströme (Scheitelwert)	positiver oder negativer Langzeitstrom (Ladung)
I	200 kA	100 kA	50 kA	200 As
II	150 kA	75 kA	37,5 kA	150 As
III / IV	100 kA	50 kA	25 kA	100 As

In *Bild 7.1c* findet sich das so genannte Amplitudendichte-Spektrum, d. h., die Amplitudendichte (A/Hz) als Funktion der Frequenz (Hz), für die genormten Blitz-Stoßströme des Gefährdungspegels I. Dieses Spektrum ist insbesondere für den Blitzschutz (LEMP-Schutz) technischer Installationen und Geräte von Bedeutung.

7.1 Gefährdung durch den Blitz

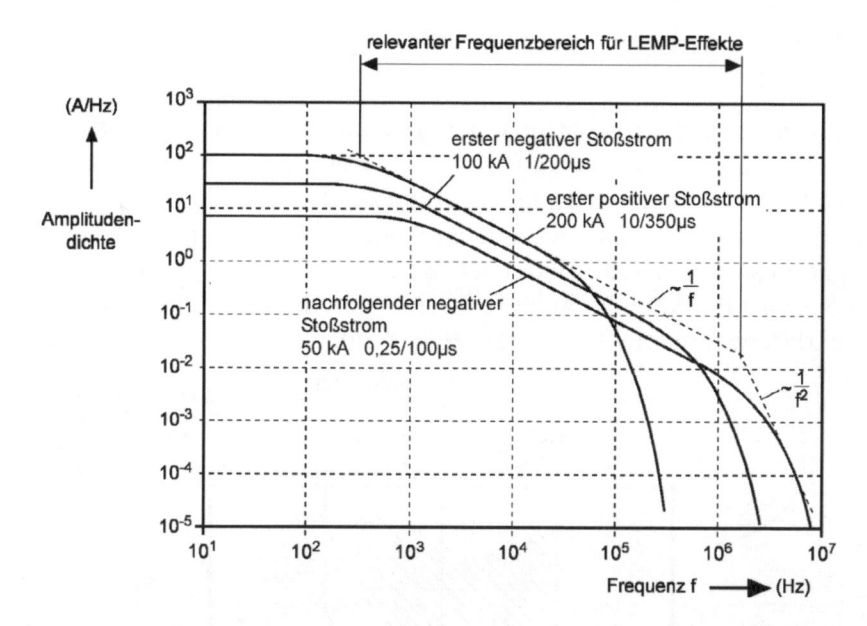

Bild 7.1c: Amplitudendichte-Spektrum von Blitz-Stoßströmen (Gefährdungspegel I) – siehe DIN V VDE 0185-4 (VDE V 0185-4):2002-11

Anmerkung: Bei einer Frequenz unter 100 Hz ist die Amplitudendichte (A/Hz) zahlenmäßig gleich der Ladung (As) des jeweiligen Stoßstroms!

Eine dominante, sekundäre Gefährdungsquelle ist das eingeprägte Blitz-Magnetfeld im Nahbereich eines Blitzeinschlags, das durch den Blitzstrom erzeugt wird. Dieses transiente Magnetfeld ist für die vielfältigen magnetischen Induktionseffekte in der betrachteten baulichen Anlage verantwortlich. Es wird postuliert, dass dieses „nahe" Magnetfeld bis zu einer Distanz vom Einschlagort von einigen 100 m den gleichen zeitlichen Verlauf wie der felderzeugende Blitzstrom hat; damit ist auch der Verlauf des Amplitudendichte-Spektrums des Blitzstroms (A/Hz) und des Magnetfelds (A/m/Hz) identisch.

Der Bereich, in dem die Amplitudendichte proportional $1/f$ ist (Bild 7.1c), ist besonders bedeutend für die magnetischen Induktionseffekte: Dieser Frequenzbereich liegt zwischen einigen 100 Hz und einigen MHz.

7.2 Blitzschutz für bauliche Anlagen

Die Grundprinzipien des Gebäudeblitzschutzes werden seit über 200 Jahren erfolgreich angewandt (Lit. 7-2). In den im Kapitel 17 aufgeführten Normen für den Gebäudeblitzschutz ist die aktuelle Schutztechnik gegen mechanische Beschädigungen, Feuer und Lebensgefahr beschrieben. Dieses so genannte Blitzschutzsystem LPS (LPS: **L**ightning **P**rotection **S**ystem) für bauliche Anlagen besteht aus dem so genannten Äußeren und dem Inneren Blitzschutz (*Bild 7.2a*).

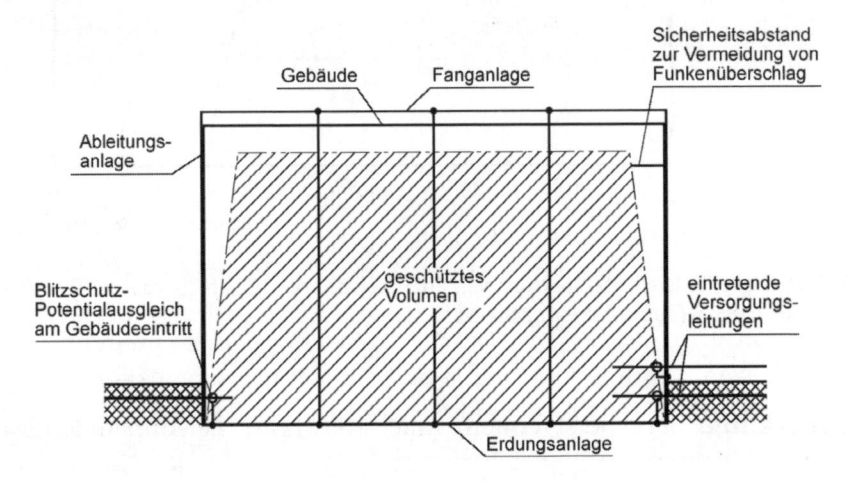

Bild 7.2a: Blitzschutzsystem (LPS) mit Äußerem und Innerem Blitzschutz für ein Gebäude

Der Äußere Blitzschutz beinhaltet:

- die Fangeinrichtungen zum Auffangen der Blitze
- die Ableitungseinrichtungen (als leitende Verbindung zwischen den Fangeinrichtungen und der Erdungsanlage)
- die Erdungsanlage zur Einleitung der Blitzströme in die Erde.

Der Innere Blitzschutz beinhaltet:

- den Blitzschutz-Potentialausgleich zur leitenden Verbindung der metallenen Komponenten im Gebäude mit der Erdungsanlage sowie zum direkten oder indirekten (mittels Überspannungs-Schutzgeräten) Anschluss aller in das Gebäude eintretenden Versorgungsleitungen an die Erdungsanlage
- die Einhaltung von Trennungsabständen zwischen den zu schützenden metallenen Komponenten im Gebäude und der Fang- und Ableitungseinrichtung zur Vermeidung von Funkenüberschlägen infolge magnetisch induzierter Spannungen.

7.3 Blitzschutz f. elektrische/ informationstechnische Alagen

Durch die Maßnahmen des Äußeren und Inneren Blitzschutzes wird ein geschütztes Volumen innerhalb des Gebäudes gegen mechanische Schäden, Feuer und Lebensgefahr geschaffen, in dem keine gefährlichen Spannungen zwischen den metallenen Komponenten entstehen und in das keine gefährliche Spannungen über die Versorgungsleitungen von außen eindringen können.

In VDE V 0185 Teil 3 (Lit. 7-3) werden für Blitzschutzsysteme Schutzklassen (I bis IV) definiert: Sie stellen einen Satz von Konstruktionsregeln dar, wobei z. B. Maschenweiten, Schutzwinkel und Blitzkugelradien für Fangeinrichtungen, Abstände von Ableitungen und Ringleitern oder Mindestlängen von Erdungsleitern entsprechend den Gefährdungspegeln festgelegt sind. Die Wirksamkeit nimmt von Schutzklasse I zu Schutzklasse IV ab.

Wegen der typischen Maschenweite des Äußeren Blitzschutzes von 5 bis 20 m herrscht in dem geschützten Volumen ein hohes und nahezu ungedämpftes magnetisches Feld, erzeugt durch die blitzstromdurchflossenen Fang- und Ableitungseinrichtungen. Dieses Feld ist eine massive Störquelle für die elektrischen und informationstechnischen Installationen und Geräte im Gebäude. Folglich kann ein Blitzschutzsystem für bauliche Anlagen keinen Schutz für diese Installationen und Geräte gewährleisten. Hierfür ist vielmehr ein umfassender so genannter LEMP-Schutz (Schutz gegen die komplexen elektromagnetischen Einwirkungen des Blitzes) notwendig.

7.3 Blitzschutz für elektrische und informationstechnische Anlagen

Bild 7.3a zeigt die prinzipielle Gefährdung einer informationstechnischen Anlage bei einem Blitzschlag infolge gestrahlter magnetischer und elektrischer Felder H und E sowie infolge leitungsgeführter Störungen (Überspannungen u und -ströme i) auf Leitungen und Kabeln, die von außen eingeführt werden. Dieses komplexe Gefährdungspotential wird als LEMP (LEMP: **L**ightning **E**lectro**m**agnetic Im**p**ulse) beschrieben. Der Begriff LEMP beinhaltet *hier* alle transienten, elektrischen Phänomene eines Blitzschlags, d. h. Blitzströme bzw. Blitz-Teilströme, elektrische und magnetische Blitzfelder sowie induzierte Spannungen und Ströme, die Schäden in elektrischen und speziell in informationstechnischen Anlagen bewirken können.

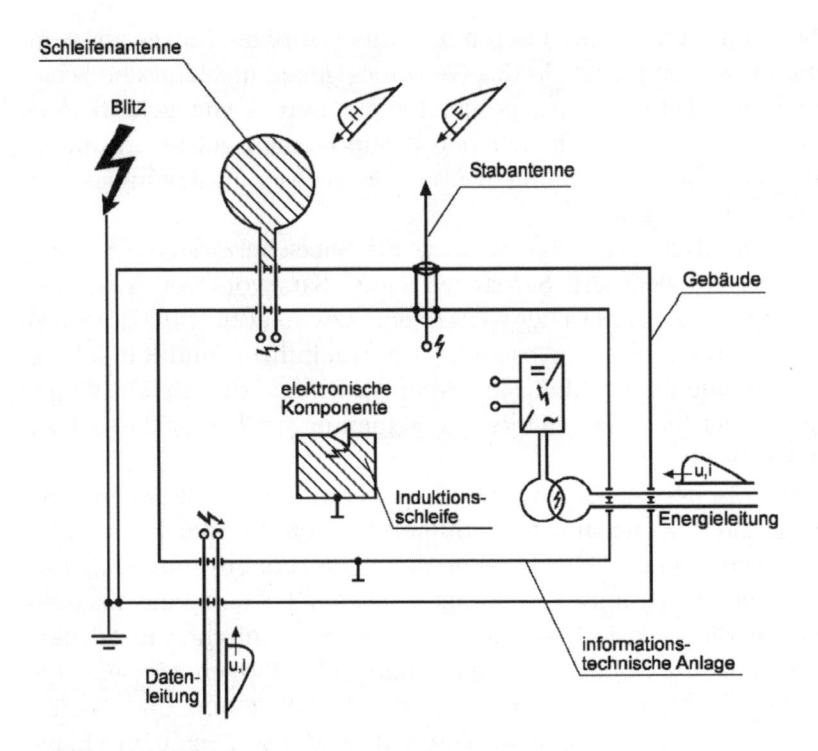

Bild 7.3a: Gefährdung einer informationstechnischen Anlage durch den LEMP

Im Folgenden wird nur die grundsätzliche Philosophie des LEMP-Schutzes aufgezeigt. Weiterführende Ausführungen und detaillierte Anweisungen für den Planer des komplexen LEMP-Schutzes finden sich in Lit. 7-1 und 7-4 bis 7-6.

7.3.1 Historie eines Schutzzonen-Konzepts

Vor mehr als 20 Jahren wurde in den USA von E.F. Vance (Lit. 7-7) und anderen eine neue Schutzphilosophie entwickelt, die zunächst schwerpunktmäßig den Schutz informationstechnischer Anlagen gegen den NEMP (NEMP: **N**uclear **E**lectro**m**agnetic Im**p**ulse) zum Ziel hatte. Das Schutzkonzept, realisiert durch so genannte Schutzzonen (environmental zones), zeigt *Bild 7.3.1a*. In jeder Schutzzone herrschen definierte elektromagnetische Umgebungsbedingungen.

In der externen Zone 0 ist die originale und ungedämpfte Störquelle vorhanden: das originale elektrische, magnetische und elektromagnetische Feld sowie die originalen transienten Überspannungen und -ströme auf

7.3 Blitzschutz f. elektrische/ informationstechnische Alagen

Bild 7.3.1a: Prinzip von Schutzzonen (environmental zones) nach E.F. Vance

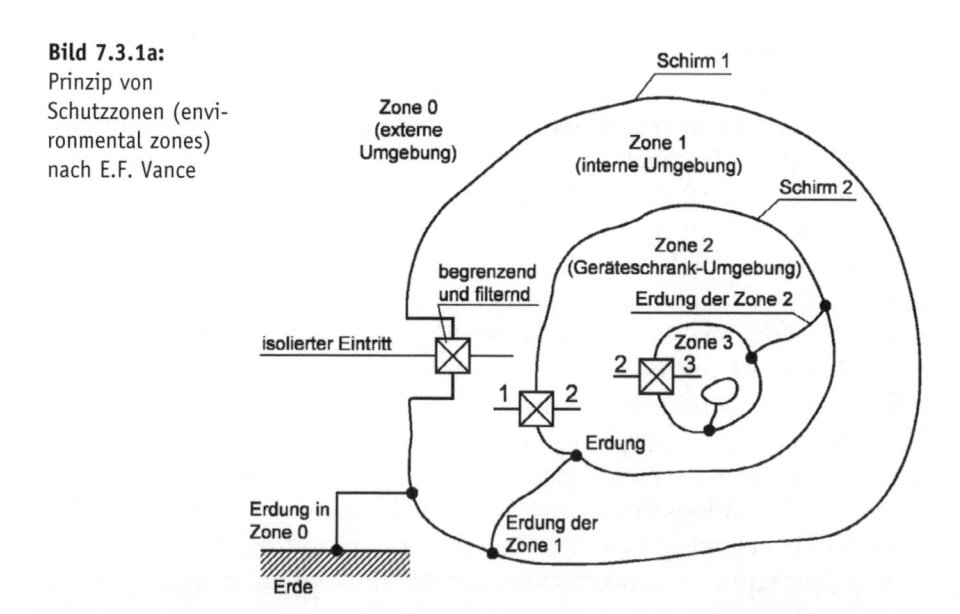

Bild 7.3.1b: Anwendung von Schirmen, um externe Störquellen auszuschließen und interne Störquellen einzuschließen (E.F. Vance)

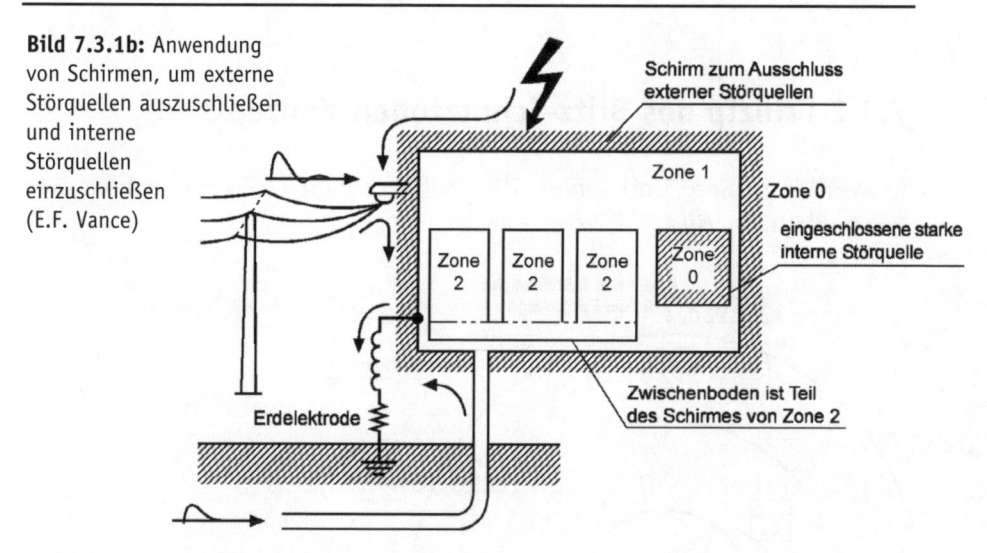

Leitungen und Kabeln. Diese Störquelle wird hier als (externer) EMP gekennzeichnet. Die originalen Felder werden sukzessive gedämpft durch die räumlichen, elektromagnetischen Schirme 1 bis 3 der internen Schutzzonen 1 bis 3.

Zu der damaligen Zeit war das Prinzip der „Einpunkterdung" Stand der Technik. Die Schirme wurden deshalb nur über eine einzige Leitung verbunden. Alle Leitungen und Kabel, die in eine interne Schutzzone eintreten, werden am Eintrittspunkt mit Störschutzgeräten beschaltet, um so die leitungsgeführten Störungen sukzessive zu reduzieren.

7 Prinzipien des Blitzschutzes

Es wurde erkannt, dass diese Schutzphilosophie auch beim Schutz gegen Blitze effektiv sein kann, wie im *Bild 7.3.1b* gezeigt ist.

Im Bild 7.3.1b ist auch eine sehr interessante Erweiterung des Schutzzonen-Konzepts aufgezeigt: Eine interne Störquelle, z. B. eine elektrische Schaltanlage, die SEMP (SEMP: **S**witching **E**lectro**m**agnetic Im**p**ulse) erzeugt, kann als individuelle, interne Zone 0 definiert werden. Sie wird eingeschlossen durch einen lokalen Schirm und die austretenden Leitungen werden mit Störschutzgeräten beschaltet.

Hasse/Wiesinger haben erkannt, dass die grundsätzliche Idee des Schutzzonen-Konzepts mit externen und internen Zonen ein sehr effektives Prinzip für den Schutz von informationstechnischen Anlagen gegen den LEMP ist. Auf dieser Basis haben sie das generelle LPZ-Konzept (LPZ: **L**ightning **P**rotection **Z**one), das Blitz-Schutzzonen-Konzept, entwickelt und in die Normungsarbeit des Technical Committees 81 der Internationalen Electrotechnical Commission (IEC) mit einbezogen. Dieses Konzept wurde dann in den einschlägigen LEMP-Normen festgelegt (siehe Kapitel 13).

7.3.2 Prinzip des Blitz-Schutzzonen-Konzepts

Es werden äußere und innere Blitz-Schutzzonen LPZ eingerichtet, wie beispielhaft im *Bild 7.3.2a* gezeigt ist.

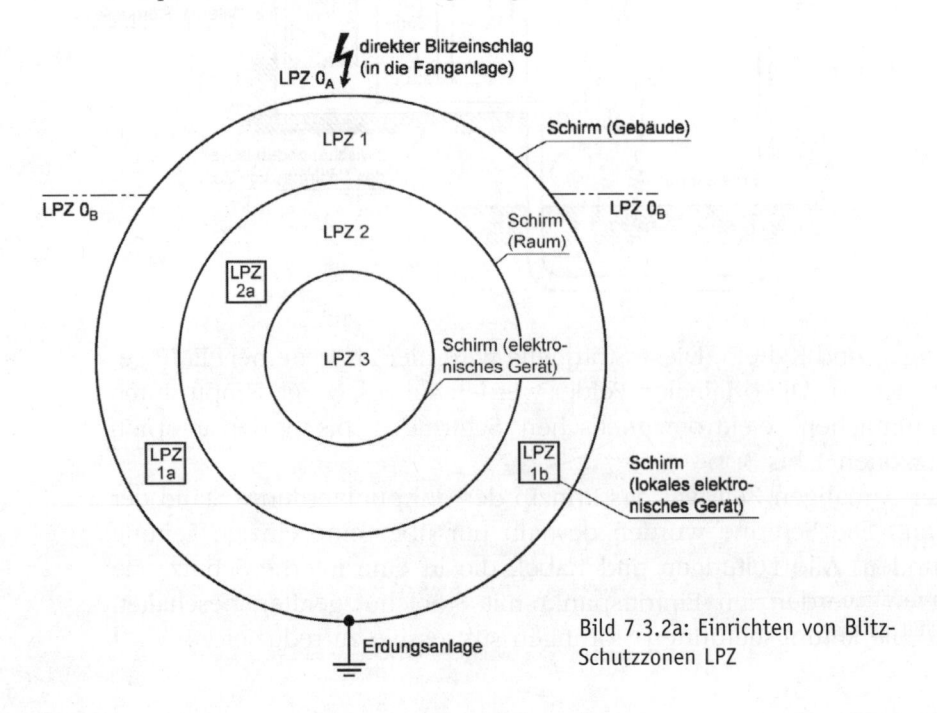

Bild 7.3.2a: Einrichten von Blitz-Schutzzonen LPZ

7.3 Blitzschutz f. elektrische/ informationstechnische Alagen

Die äußere LPZ 0 wird in LPZ 0_A und LPZ 0_B unterteilt. In LPZ 0_A sind direkte Blitzeinschläge möglich; in LPZ 0_B sind direkte Blitzeinschläge ausgeschlossen, aber das originale, ungedämpfte elektrische und magnetische Feld des Blitzes ist wirksam.

Die inneren LPZ sind ineinander geschachtelte Zonen, in Bild 7.3.2a LPZ 1 bis LPZ 3, und möglicherweise lokale Zonen, in Bild 7.3.2a LPZ 1a, 1b und 2a für lokale, informationstechnische Geräte.

Typischerweise wird das Gebäudeinnere als LPZ 1 definiert, wobei die hier installierten elektrischen und informationstechnischen Anlagen eine relativ hohe Störfestigkeit gegen den LEMP aufweisen müssen. Weiterhin kann z. B. ein Raum mit informationstechnischen Geräten, die eine relativ niedrige Zerstörfestigkeit gegen den LEMP aufweisen, als LPZ 2 installiert werden und schließlich z. B. das Gehäuse eines Geräts mit relativ sehr niedriger Zerstörfestigkeit als LPZ 3. Weiterhin können individuelle, lokale LPZ für lokale, informationstechnische Geräte eingerichtet werden, die keine in der Raumzone geforderte Zerstörfestigkeit aufweisen.

Es ist anzumerken, dass der magnetische und elektrische Schirm von LPZ 1, in aller Regel realisiert durch bauseitig vorhandene, metallene

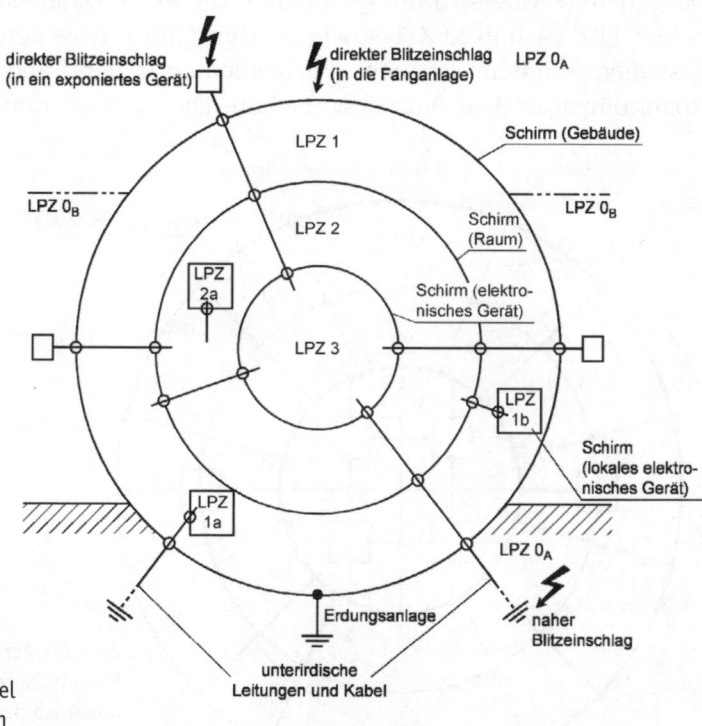

Bild 7.3.2b:
Schnittstellen für Leitungen und Kabel zur Installation von Störschutzgeräten

○ Schnittstelle für eine Leitung oder ein Kabel an der LPZ-Grenze

Komponenten der Gebäudeperipherie, gleichzeitig auch die Aufgabe eines Äußeren Blitzschutzes ganz (oder zumindest teilweise) übernehmen kann. Hierbei wird im Fall eines Direkteinschlags der Blitzstrom über den Schirm von LPZ 1 zur Erdungsanlage abgeleitet.

Alle Leitungen und Kabel, die in eine individuelle innere LPZ eintreten, werden durch begrenzende oder filternde Überspannungs-Schutzgeräte SPD (SPD: **S**urge **P**rotective **D**evice) gepegelt, wie in *Bild 7.3.2b* gezeigt ist. Diese SPDs werden unmittelbar am Schutzzonen-Eintritt positioniert. Die SPDs für elektrische und informationstechnische Leitungen und Kabel bestehen aus verschiedenartigen, teilweise nicht linearen Komponenten, z.B. Funkenstrecken, Varistoren, L-C-Filtern oder $\lambda/4$-Kurzschluss-Stücken.

Anmerkung: Beim Einsatz von Kabeln mit äußeren, geschlossenen, elektromagnetischen Schirmen kann es in speziellen Fällen ausreichend sein, anstelle eines SPD-Einsatzes nur diese Kabelschirme an die Schirme der inneren LPZ anzuschließen.

So genannte Blitzstrom-Ableiter, die als SPDs an der Grenze zwischen LPZ 0_A und LPZ 1 installiert werden, können wesentliche Teile des von eintretenden Leitungen und Kabeln geführten Blitzstroms beherrschen; so genannte Überspannungs-Ableiter, die als SPDs an der Grenze zwischen LPZ 0_B und LPZ 1 sowie an den Grenzen weiterer, innerer LPZ installiert werden, können die verbleibenden und induzierten Überspannungen und -ströme beherrschen. Die SPDs an den LPZ-Eintritten,

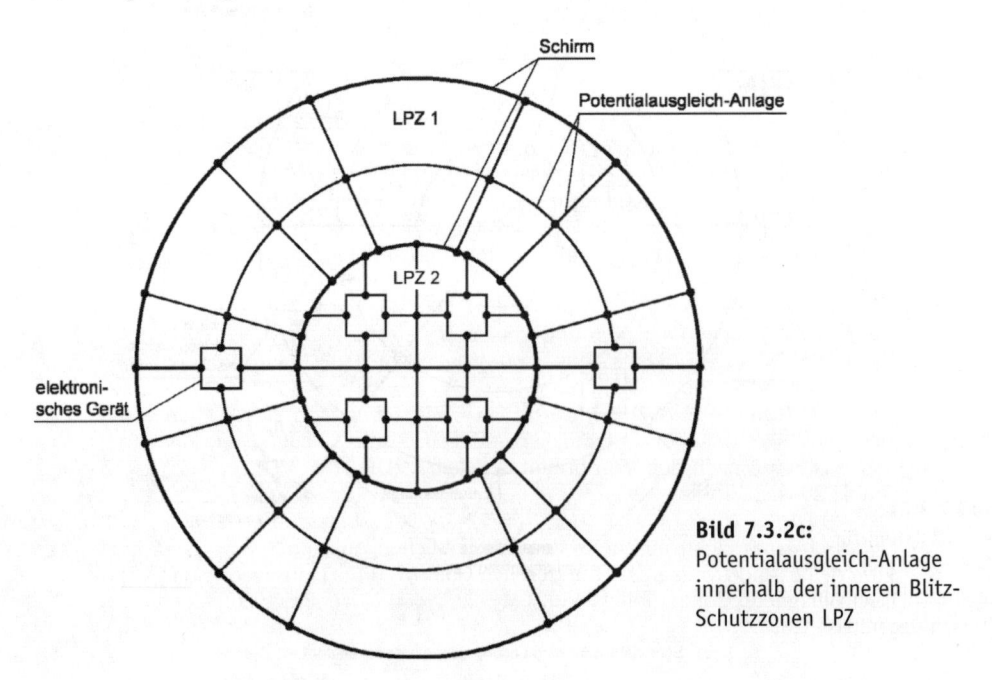

Bild 7.3.2c:
Potentialausgleich-Anlage innerhalb der inneren Blitz-Schutzzonen LPZ

die entlang einer Leitung oder eines Kabels eingesetzt werden, müssen sowohl untereinander als auch mit den Eingängen der elektrischen und informationstechnischen Geräte am Ende koordiniert werden.

Um gefährliche, transiente Potentialunterschiede für die informationstechnischen Anlagen in den inneren LPZs zu vermeiden, wird eine vermaschte Potentialausgleich-Anlage (meshed bonding network) errichtet, in die alle verfügbaren natürlichen, metallenen Komponenten im Gebäude integriert werden: siehe *Bild 7.3.2c*. Die mittlere Maschenweite dieses Netzwerks muss sehr viel kleiner sein als die Wellenlänge des oberen Frequenzlimits des LEMP, das zu beachten ist. Deshalb ist für einige MHz in den einschlägigen Normen (siehe Kapitel 17) eine typische Maschenweite kleiner/gleich 5 m festgelegt.

Die vermaschte Potentialausgleich-Anlage, in die auch die Schirme der inneren LPZ integriert sind, wird vielfach an die ebenfalls vermaschte Erdungsanlage angeschlossen (im Gegensatz zu der von E.F. Vance im Abschnitt 7.3.1 dargelegten Philosophie).

Die üblicherweise gitterförmigen Raumschirme der inneren LPZ werden so weit wie möglich durch die natürlichen, metallenen Komponenten eines Gebäudes realisiert. Solche Komponenten sind typischerweise Armierungen aus Eisenstangen im Beton (z. B. im Dach, in den Decken, den Böden, den Wänden und im Keller), Metallrahmen, metallene Fensterelemente, metallene Säulen und Blechdächer.

Literatur zu Kap. 7

Lit 7-1 *Wiesinger, J.:* LEMP hazard for electronic systems and their protection. 25th Intern. Conf. on Lightning Protection ICLP, Rhodes-Greece, 2000, pp. 32-38.

Lit. 7-2 *Lichtenberg, G., Ch.:* Verhaltungsregeln bei nahen Donnerwettern, nebst Mitteln sich gegen die schädlichen Wirkungen des Blitzes in Sicherheit zu setzen: Zum Unterricht für Unkundige. Bey Carl Wilhelm Ettinger Verlag, Gotha, 1778.

Lit. 7-3 DIN V VDE V 0185-3 (VDE V 0185 Teil 3), 2002-11: Blitzschutz – Teil 3: Schutz von baulichen Anlagen und Personen.

Lit. 7-4 *Hasse, P.; Wiesinger, J.:* EMV-Blitz-Schutzzonen-Konzept. Pflaum Verlag, vde-verlag 1994.

Lit. 7-5 *Hasse, P.; Landers, E. U.; Wiesinger, J.:* EMV, Blitzschutz von elektrischen und elektronischen Systemen in baulichen Anlagen, Risiko-Management, Planen und Ausführen nach den Vornormen der Reihe VDE 0185. VDE Verlag GmbH 2004.

Lit. 7-6 *DIN V VDE V 0185-4 (VDE V 0185 Teil 4), 2002-11:* Blitzschutz – Teil 4: Elektrische und elektronische Systeme in baulichen Anlagen.

Lit. 7-7 *Vance, E.F.:* Electromagnetic-Interference Control. IEEE Transactions on Electromagnetic Compatibility, Vol. EMC-22, No.4, November 1980, pp. 319-328

8 Fangeinrichtungen

Die Fangeinrichtungen einer Blitzschutzanlage haben die Aufgabe, die möglichen Einschlagpunkte eindeutig festzulegen, unkontrollierte Einschläge zu vermeiden und das zu schützende Volumen vor direkten Einschlägen zu bewahren. Ihre Komponenten müssen den Ausschmelzungen am Einschlagpunkt standhalten und den Blitzstrom zu den Ableitungen ohne unzulässig hohe Erwärmung weiterleiten können. Für Fangeinrichtungen kommen als grundsätzliche Typen Fangstäbe und Fangleitungen in Frage, wobei letztere auch maschenförmig aufgebaut sein können.

Bei der Auslegung von Fangeinrichtungen sind gefährliche Näherungen zwischen Fangeinrichtungen und metallenen Installationen (z. B. Wasser- und Gasleitungen, Aufzugschienen) bzw. elektrischen Anlagen innerhalb der baulichen Anlagen zu vermeiden (*Bild 8a*). Hierzu ist ein Trennungsabstand s zwischen diesen Teilen einzuhalten (siehe Kapitel 12).

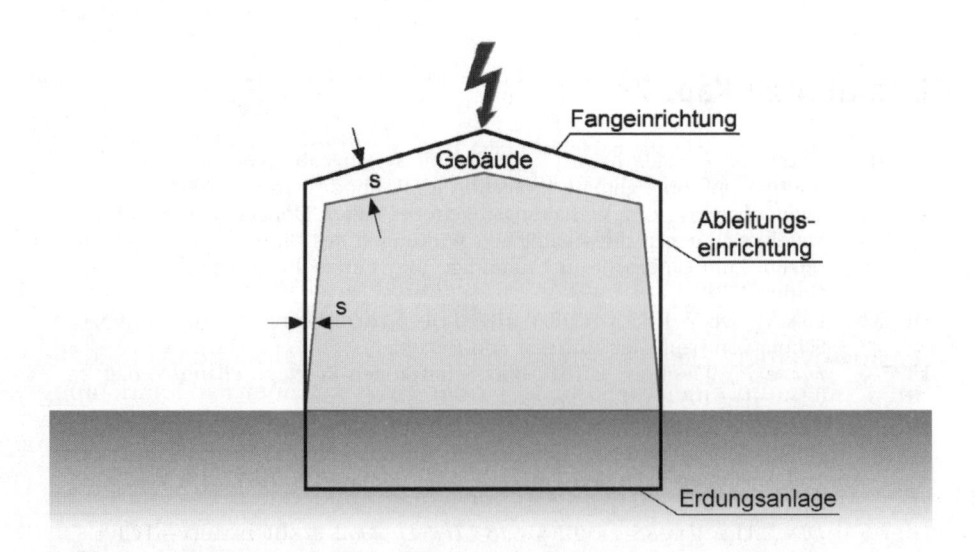

s: Trennungsabstand

Bild 8a: Trennungsabstand s zur Vermeidung von Näherungen

8.1 Schutzbereich von Fangeinrichtungen

Im Folgenden werden Fangeinrichtungen behandelt, die aus einer beliebigen Kombination von

– Stangen
– horizontalen Drähten
– zu Maschen angeordneten Drähten bestehen.

Mit dem im Abschnitt 8.4 angegebenen „Blitzkugel"-Verfahren kann darüber hinaus der Schutzbereich für beliebige Anordnungen ermittelt werden, die z. B. aus metallenen Komponenten eines Gebäudes oder einer Anlage gebildet werden und als Fangeinrichtungen wirken sollen, wie Geländer und Maste, Blechabdeckungen oder -einfassungen.

8.2 Schutzraummodell

Startpunkte für die Fangentladungen von Wolke-Erde-Blitzen können z. B. sein (*Bild 8.2a*):

– im Zuge von Blitzschutzanlagen installierte metallene Fangleitungen oder Fangstäbe
– vorhandene exponierte, metallene Installationen wie Dachantennen, Niederspannungs-Freileitungen mit Dachständern
– zu Fangeinrichtungen umgebildete nichtmetallene, exponierte Objekte, wie Bäume, Holzmaste und Fahnenstangen, die mit einer metallenen Ableitung versehen sind.

Bei der Konzeption einer Blitzschutzanlage müssen vorhandene exponierte Installationen auf Gebäuden als Fangeinrichtungen berücksichtigt und soweit notwendig durch zusätzliche Fangleitungen oder Fangstäbe ergänzt werden. Liegt ein Gebäude mit seinen Installationen vollständig im Schutzraum eines Metallmastes oder eines zu einer Fangeinrichtung umgebildeten exponierten Objekts, so sind am Gebäude selbst keine Maßnahmen zum Auffangen (und Ableiten) der Blitze notwendig.
Bei Wolke-Erde-Blitzen wird der Einschlagpunkt durch den Startpunkt der Fangentladung festgelegt. Der von der Wolke zur Erde vorwachsende Leitblitz bewirkt eine ständig zunehmende Erhöhung der elektrischen Bodenfeldstärke. Wenn sich der Leitblitz einem Objekt auf der Erde auf einige 10 bis einige 100 m genähert hat (bezeichnet als End-

8 Fangeinrichtungen

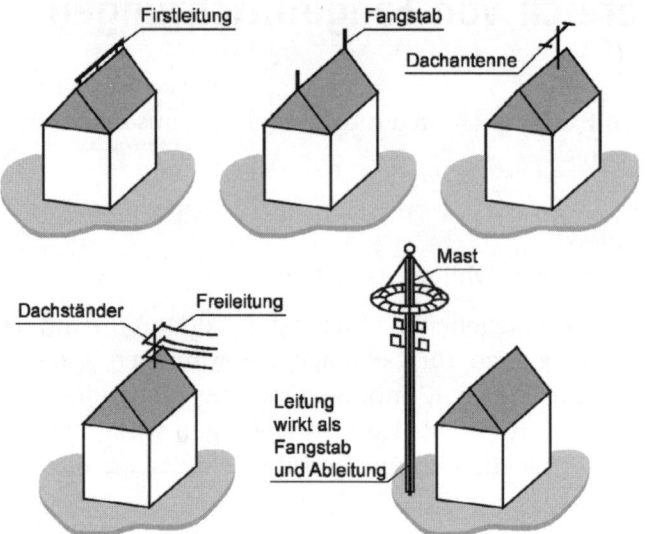

Bild 8.2a: Beispiele für Fangeinrichtungen

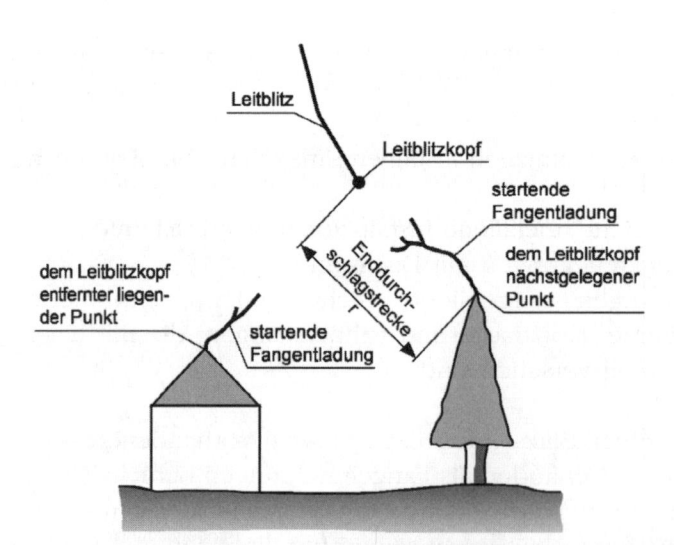

Bild 8.2b: Startende Fangentladung, die den Einschlagpunkt festlegt

durchschlagstrecke r), und damit die Bodenfeldstärke ausreichend hoch geworden ist, starten Fangentladungen, und die dem Leitblitzkopf nächstgelegene bestimmt den Einschlagpunkt (*Bild 8.2b*). Dieser Vorgang wird nachfolgend am Einschlag in eine Fangstange aufgezeigt (*Bild 8.2c*).

Der von einer Koronahülle umgebene Plasmakanal des Leitblitzes nähert sich der Erde bis zu einer tiefstmöglichen Position, bei der an einem

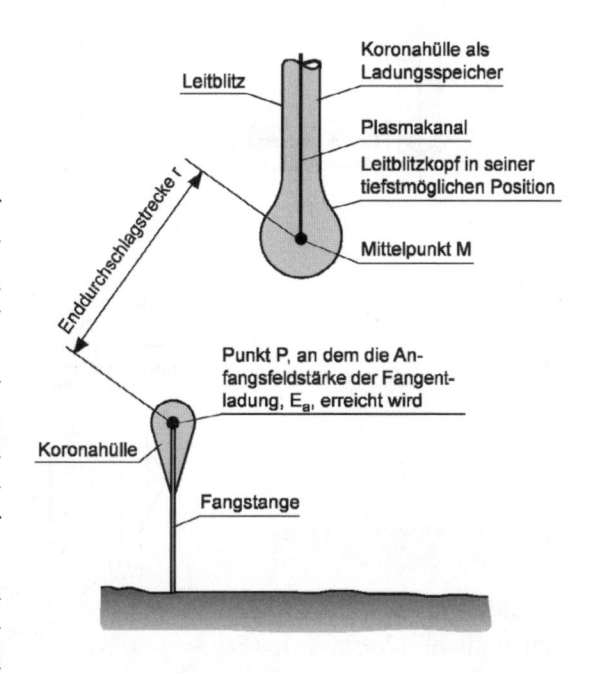

8.2 Schutzraummodell

Bild 8.2c: Situation unmittelbar vor dem Enddurchschlag

geerdeten Objekt, hier der Fangstange, die elektrische Anfangsfeldstärke E_a für den Start einer Fangentladung erreicht wird. Diese Fangentladung startet aus einer Koronahülle, die sich schon während der Annäherung des Leitblitzes bei zunehmender Feldstärke ausgebildet hat. Die Distanz zwischen dem Punkt, an dem die Fangentladung ausbricht, und dem Leitblitzkopf in seiner tiefstmöglichen Position (Mittelpunkt M) wird als Enddurchschlagstrecke r bezeichnet. Unmittelbar nach dem Überschreiten der Anfangsfeldstärke E_a an der Spitze der Fangstange (Punkt P) entstehen aufwärts gerichtete Fangentladungen, denen abwärts gerichtete Fangentladungen des Leitblitzes entgegenwachsen, bis schließlich die Enddurchschlagstrecke r überbrückt ist (*Bild 8.2d*).

Nun kann die Entladung des zylinderförmigen Leitblitz-Ladungsspeichers, die Hauptentladung, beginnen, bei der die im Leitblitz gespeicherte, längenbezogene Ladung Q' mit der Geschwindigkeit v, die ca. 1/3 der Lichtgeschwindigkeit beträgt, über die Fangstange zur Erde abgeführt wird (*Bild 8.2e*). Den aus diesen Phänomenen

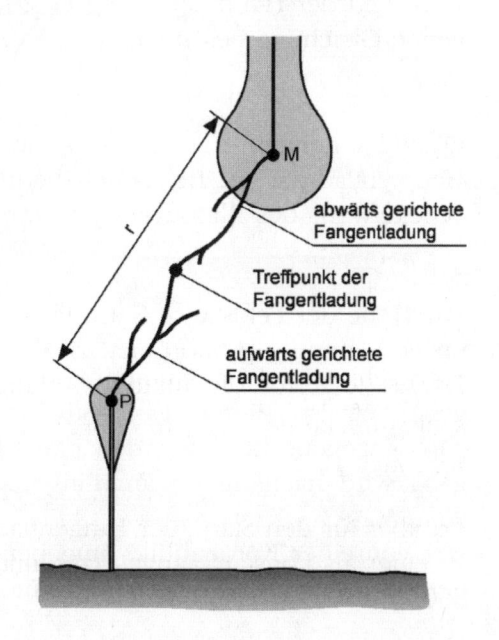

Bild 8.2d: Situation unmittelbar nach dem Enddurchschlag

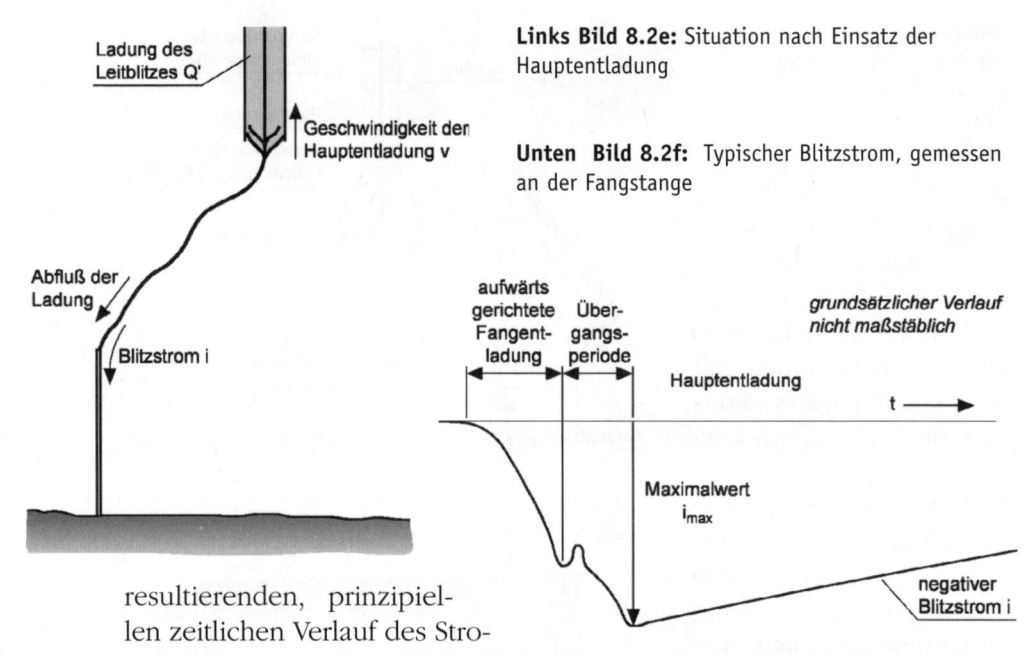

8 Fangeinrichtungen

Links Bild 8.2e: Situation nach Einsatz der Hauptentladung

Unten Bild 8.2f: Typischer Blitzstrom, gemessen an der Fangstange

resultierenden, prinzipiellen zeitlichen Verlauf des Stromes i eines negativen Wolke-Erde-Blitzes zeigt das *Bild 8.2*f.

Im Folgenden wird ein quantitativer Zusammenhang zwischen der Enddurchschlagstrecke r und dem Scheitelwert des Blitzstroms i_{max} hergestellt. Für die Schutzraumbetrachtungen sind als ungünstiger Fall die negativen Blitzentladungen maßgebend, da sie kleinere Enddurchschlagstrecken r als positive Blitzentladungen aufweisen. Der Strom i während der Hauptentladung lässt sich in erster Näherung durch folgende Gleichung beschreiben:

$i = Q' \cdot v$ in A.

Q' und v nehmen mit der Höhe der im Leitblitzkanal vorwachsenden Hauptentladung ab. Bei angenähertem, konstantem v im Bereich des Scheitelwerts des Blitzstroms gilt somit:

$i_{max} \sim Q'$.

Die Höhe der Feldstärke E am Punkt P (siehe Bilder 8.2c und d) ist in erster Näherung proportional zu Q' und umgekehrt proportional zu r. Daraus folgt für die mittlere Anfangsfeldstärke E_a in der Enddurchschlagstrecke r:

$E_a \sim Q' / r$.

Da aber für den Start der Fangentladung aus dem Koronagebiet um P eine als konstant angesetzte, mittlere Anfangsfeldstärke von etwa 500 kV/m erforderlich ist, gilt:

8.2 Schutzraummodell

Q' ~ r bzw. r ~ i_{max} .

Hieraus folgt unter der Voraussetzung stark vereinfachenden Annahmen:

r = k · i_{max} in m

E_a = Anfangsfeldstärke in der Enddurchschlagstrecke r in V/m
i = Blitzstrom in A
i_{max} = Maximalwert des Blitzstromes in A
k = Konstante in m/A
Q' = längenbezogene Ladung des Leitblitzes in As/m
r = Enddurchschlagstrecke in m
v = Vorwachsgeschwindigkeit der Hauptentladung in m/s.

Da die Beziehung r = k · i_{max} aus stark vereinfachenden Annahmen gewonnen wurde, versuchte die Arbeitsgruppe 33 der International Conference on Large High Voltage Electric Systems (CIGRE) aufgrund von langjährigen, weltweiten Blitzmessungen an Hochspannungsfreileitungen und -masten eine exaktere Beziehung für r = f (i_{max}) zu ermitteln (Lit. 8-4 bis 8-7). Von dieser Gruppe wurde schließlich eine Gleichung für die Enddurchschlagstrecke r erarbeitet, bei der der Faktor k gleich $2 \cdot 10^{-3}$ gesetzt wird und ein Korrekturglied als Summand eingeführt wird:

$$r = 2 \cdot i_{max} + 30 \cdot \left(1 - e^{-i_{max}/6,8}\right) \quad \text{in m}$$

i_{max} = Maximalwert des ersten negativen Teilblitzes in kA.

Untersuchungen dieser CIGRE-Gruppe haben ergeben, dass die Enddurchschlagstrecke r nur unwesentlich von der Form und Art des getroffenen Objektes (Mast, Leitung, Baum) abhängt und tendenziell mit der Objekthöhe zunimmt.

Mit der zusätzlichen Hypothese, dass sich der Leitblitzkopf den Objekten auf der Erde willkürlich und unbeeinflusst bis auf die Enddurchschlagstrecke nähert und sich dann die Fangentladung desjenigen Objektes durchsetzt, das die kürzeste Entfernung vom Leitblitzkopf aufweist (Bild 8.2b), wurde nun von der CIGRE-Gruppe das „geometrisch-elektrische Modell" kreiert, mit dem die Schutzwirkung von Erdseilen und Hochspannungsmasten erklärt werden kann.

Obwohl bis heute wegen fehlender, statistisch begründeter Untersuchungen nicht eindeutig nachgewiesen ist, dass das „geometrisch-elektrische Modell" auf beliebige Fangeinrichtungen angewendet werden kann, bietet es als einzige Schutzraumtheorie die Möglichkeit, alle bisher bekannten Einschlagphänomene, z. B. auch Seiteneinschläge in

8 Fangeinrichtungen

Türme, zu erklären und quantitative Aussagen für alle möglichen Fangeinrichtungen zu machen. Das Prinzip des „geometrisch-elektrischen Modells" ist z.B. bereits seit 1962 im ungarischen Blitzschutz-Code für alle baulichen Anlagen verankert und hat sich in der praktischen Anwendung bewährt (Lit. 8-3 und 8-11).

In der Folgezeit wurde die von der CIGRE-Gruppe angegebene Gleichung von verschiedenen Gremien und Autoren weiter modifiziert und zu einer heute aktuellen und den internationalen Standards (Lit. 8-1) zugrundeliegenden Gleichung entwickelt (Lit. 8-8, 8-9, 8-12):

$$r = 10 \cdot i_{max}^{0,65} \quad \text{in m}$$

i_{max} = Maximalwert des ersten negativen Teilblitzes in kA.

Anmerkung: Obiger Wert für r beschreibt den wahrscheinlichsten Wert der Enddurchschlagstrecke für den Fall eines Einschlags in die Ebene oder eine Leitung; er erhöht sich tendenziell um 10 % bis 20 % bei Turmeinschlägen. Damit kann obiger Wert als „worst case" für alle möglichen Einschläge angesetzt werden.

Unter Berücksichtigung der statistischen Streuung von r kann als minimaler und damit sehr sicherer Wert von r ein gegenüber dem wahrscheinlichsten Wert um 20 % reduzierter Wert angesetzt werden.

Die Beziehung für $r = f(i_{max})$ besagt, dass sich die Leitblitze stromschwacher Blitze den Objekten auf der Erde auf eine viel kürzere Distanz nähern als die Leitblitze stromstarker Blitze. Je höher die Anforderungen an die Fangeinrichtungen hinsichtlich ihres Schutzeffektes sind, desto niedrigere Blitzstrom-Maximalwerte sind bei ihrer Auslegung zu berücksichtigen! In Übereinstimmung mit VDE V 0185 Teil 1 (Lit. 8-1), werden in der *Tabelle 8.2a* die für Schutzraumaufgaben anzusetzenden, wahrscheinlichen Enddurchschlagstrecken aufgezeigt. Hier sind auch die zugehörigen Blitzstromscheitelwerte angegeben.

Tabelle 8.2a: Anzusetzende Enddurchschlagstrecken r für verschiedene Anforderungen

Gefährdungspegel	Anforderung	Grenzwert für Q	
		Enddurchschlagstrecke r [m]	zu r gehörender Stromscheitelwert in i_{max} [kA]
I	hoch	20	2,9
II	erhöht	30	5,4
III	normal	45	10,1
IV	niedrig	60	15,7

8.3 Schutzraum grundsätzlicher Fangeinrichtungen

Das „geometrisch-elektrische Modell" wird – unter Berücksichtigung der tabellarisch angegebenen Enddurchschlagstrecken r (Tabelle 8.2a) – zur Bestimmung des Schutzraums einiger grundsätzlicher Fangeinrichtungen mit den Höhen h herangezogen.

Schutzraum einer vertikalen Fangstange mit $h \leq r$

Es wird das *Bild 8.3a* betrachtet. Dringt der Leitblitz senkrecht oder in einem von der Senkrechten abweichenden Winkel bis zur Grenzfläche A vor, erfolgt ein Einschlag in die Fangstange; dringt der Leitblitz bis zur Grenzfläche B vor, erfolgt ein Einschlag in den Boden. Die Grenzflächen berühren sich im Kreis M_k. Bei der Position des Mittelpunkts M des Leitblitzkopfes auf M_k ergibt sich der kleinstmögliche Schutzraum; diese Position ist also der ungünstigste Fall. Wird in der zweidimensionalen Darstellung um M_k ein Kreis mit dem Radius r geschlagen, der gerade die Fangstangen-Spitze und den Boden berührt, so erhält man im dreidimensionalen Raum um den Stab einen rotationssymmetrischen, vor Einschlägen geschützten Raum (Schutzraum), der durch die Fläche C begrenzt wird.

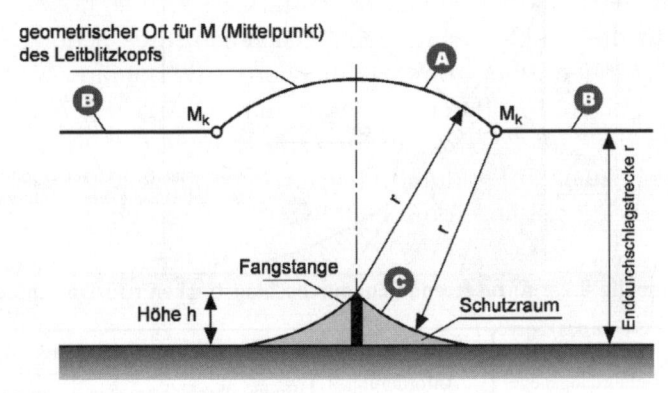

Bild 8.3a: Schutzraum einer Fangstange mit $h \leq r$

Will man den Schutzraum für praktische Anwendungen durch einen Schutzwinkel φ bzw. α beschreiben, der einen Schutzraumkegel mit der Höhe h der Fangstange festlegt, ist das *Bild 8.3b* zu betrachten. Der Winkel φ ergibt sich, wenn an die Fläche C in der Fangstangen-Spitze die Tangente gelegt wird:

8 Fangeinrichtungen

$$\varphi = \frac{180}{\pi} \cdot \arcsin\left(1 - \frac{h}{r}\right) \quad \text{in Grad, wobei } h \leq r$$

h = Höhe der Fangstange in m
r = Enddurchschlagstrecke in m.

Diese Umrechnung auf den durch den Schutzwinkel φ festgelegten Schutzraumkegel liegt auf der sicheren Seite. In VDE V 0185-3 (Lit. 8-2) wird eine Umrechnung gemäß dem Schutzwinkel α zugrunde gelegt, wobei gemäß *Bild 8.3b* ein Flächenausgleich durchgeführt wird. Für den Winkel α gilt dann:

$$\alpha = \frac{180}{\pi} \cdot \arctan\left(\frac{a}{h} + \frac{r \cdot a}{h^2} - \frac{r^2}{h^2} \cdot \arccos\frac{r-h}{r}\right) \quad \text{in Grad, wobei } h \leq r$$

mit

$$a = \sqrt{2rh - h^2} \quad \text{in m}$$

h = Höhe der Fangstange in m
r = Enddurchschlagstrecke in m.

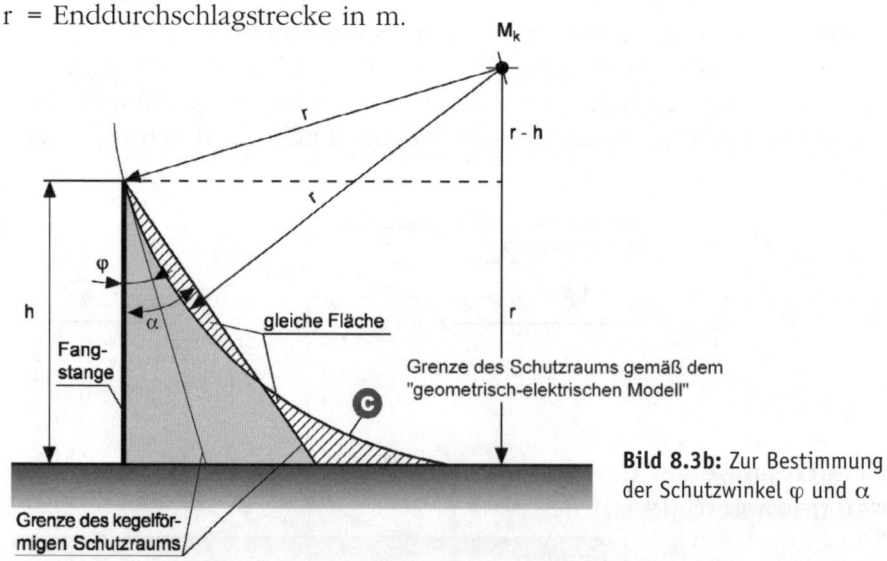

Bild 8.3b: Zur Bestimmung der Schutzwinkel φ und α

In *Tabelle 8.3a* sind für verschiedene Anforderungen und Fangstangenhöhen die sich aus obigen Gleichungen ergebenden Schutzwinkel angegeben. Gemäß Tabelle 8.2a wird für hohe Anforderungen r = 20 m, für erhöhte Anforderungen r = 30 m, für normale Anforderungen r = 45 m und für niedrige Anforderungen r = 60 m angesetzt (entsprechend den Gefährdungspegeln I bis IV).

8.3 Schutzraum grundsätzlicher Fangeinrichtungen

Tabelle 8.3a: Schutzwinkel φ und α in Grad in Abhängigkeit von der Höhe h der Fangstange

Höhe h der Fangstange [m]	Gefährdungspegel							
	I (hoch)		II (erhöht)		III (normal)		IV (niedrig)	
	φ	α	φ	α	φ	α	φ	α
5	49	59	56	65	63	70	66	72
10	30	45	42	54	51	61	56	65
15	14	34	30	45	42	54	49	59
20	0	23	19	37	34	48	42	54
25	nicht definiert, da h > r		9,6	30	26	43	36	49
30	nicht definiert, da h > r		0	23	19	37	30	45
35	nicht definiert, da h > r		nicht definiert, da h > r		13	33	25	41
40	nicht definiert, da h > r		nicht definiert, da h > r		6,4	28	19	37
45	nicht definiert, da h > r		nicht definiert, da h > r		0	23	14	34
50	nicht definiert, da h > r		nicht definiert, da h > r		nicht definiert, da h > r		10	30
55	nicht definiert, da h > r		nicht definiert, da h > r		nicht definiert, da h > r		5	27
60	nicht definiert, da h > r		nicht definiert, da h > r		nicht definiert, da h > r		0	23

Schutzraum einer vertikalen Fangstange mit h > r

Aus analogen Überlegungen wie für die Fangstange mit h ≤ r erhält man für eine hohe Fangstange, z. B. einen Sendeturm, ebenfalls einen rotationssymmetrischen Schutzraum, der begrenzt wird durch die Fläche C (*Bild 8.3c*). Die Fangstange mit der Höhe h ist also hinsichtlich des Schutzraums nur so wirksam wie eine Fangstange der Höhe h = r, da bis zu h = r hinab Seiteneinschläge möglich sind!

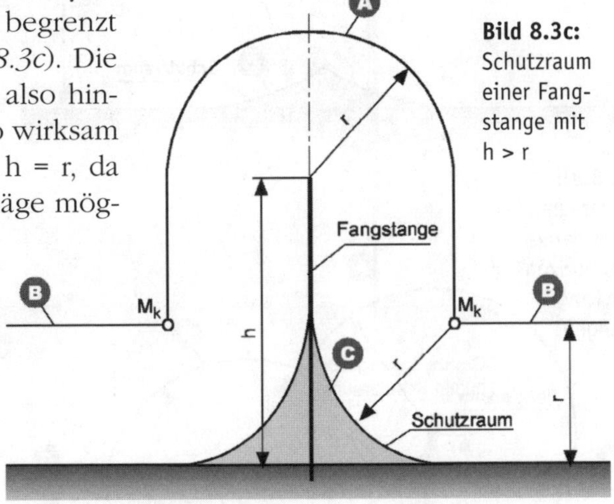

Bild 8.3c: Schutzraum einer Fangstange mit h > r

Schutzraum einer horizontalen Fangleitung mit h ≤ r

Aus analogen Überlegungen wie für die Fangstange mit h ≤ r erhält man einen die Leitung begleitenden Schutzraum, der begrenzt wird durch die Fläche C im *Bild 8.3d*. Für die Schutzwinkel φ und α gelten die selben Formeln wie für die vertikale Fangstange mit h ≤ r (siehe Tabelle 8.3a). Es ergeben sich dann zeltförmige Schutzräume.

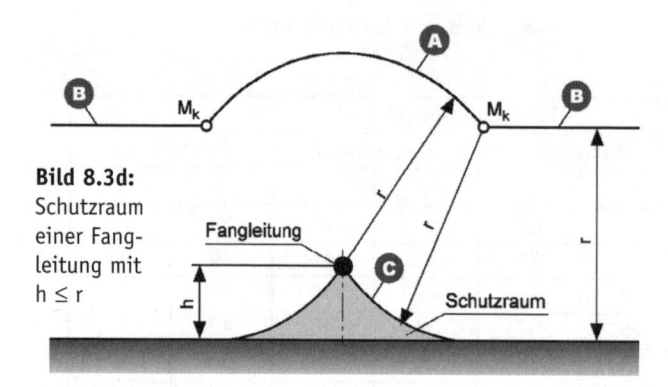

Bild 8.3d:
Schutzraum einer Fangleitung mit $h \leq r$

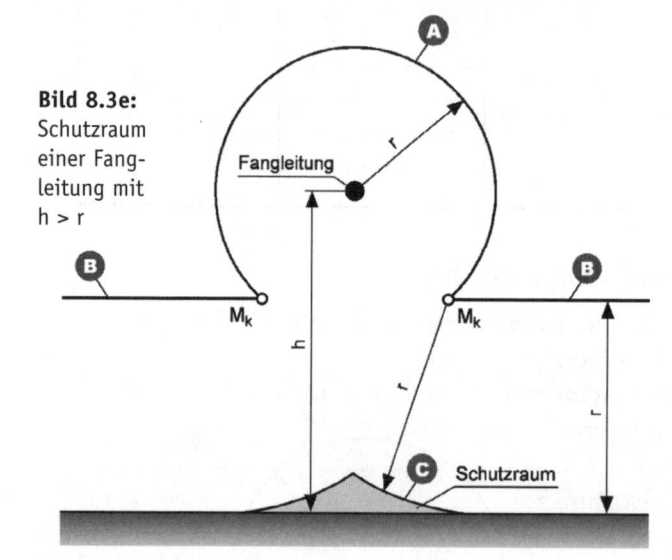

Bild 8.3e:
Schutzraum einer Fangleitung mit $h > r$

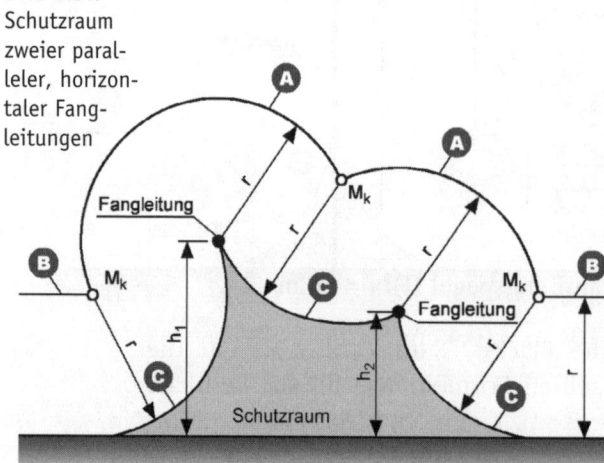

Bild 8.3f:
Schutzraum zweier paralleler, horizontaler Fangleitungen

Schutzraum einer horizontalen Fangleitung mit h > r

Unter der Fangleitung erhält man einen durch die Teilflächen C begrenzten Schutzraum, der für den Fall $h > 2 \cdot r$ verschwindet (*Bild 8.3e*).

Schutzraum zweier horizontaler Fangleitungen

Der Schutzraum wird durch drei Teilflächen C begrenzt, die durch drei Kreise um die Punkte M_k mit dem Radius r festgelegt werden (*Bild 8.3f*).

Schutzraum von Maschen

Der Schutzraum von Maschen kann auf der Basis des Schutzraums zwischen zwei parallelen Fangleitungen ermittelt werden. Hierbei ist w die kürzere Seitenlänge einer rechteckigen Masche. Gemäß *Bild 8.3g* ergibt sich aufgrund des „geometrisch-elektrischen Modells" zwischen den Fangleitungen (als Teil der Masche) ein Schutzraum, der durch die Fläche C begrenzt wird. Für praktische Anwendungen kann die Schutzraumgrenze durch eine Ebene als Tangente an C beschrieben werden, die um die Strecke d gegenüber der Maschenhöhe abgesenkt ist. d ist unabhängig von der Höhe der Masche über dem Boden.

8.3 Schutzraum grundsätzlicher Fangeinrichtungen

Bild 8.3g: Schutzraum einer Masche

Bei vorgegebener zulässiger Strecke d gilt für die Maschenweite w:

$$w = 2 \cdot \sqrt{d \cdot (2r - d)} \quad \text{in m.}$$

Bei vorgegebener Maschenweite w gilt für die Strecke d:

$$d = r - \sqrt{r^2 - (w/2)^2} \quad \text{in m}$$

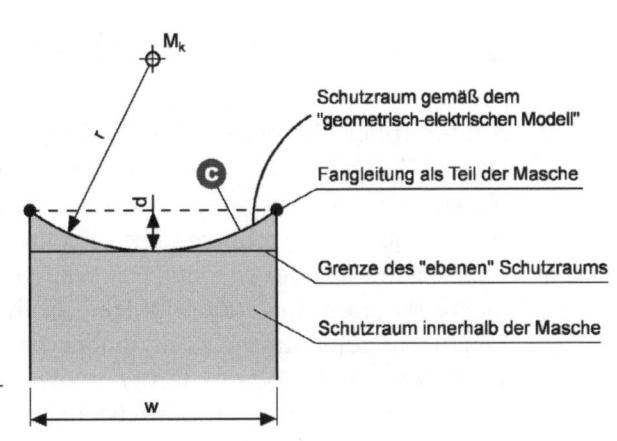

d = Strecke in m
r = Enddurchschlagstrecke in m entsprechend den Anforderungen (siehe Tabelle 8.2 a)
w = kürzere Seitenlänge einer rechteckförmigen Fangleitungsmasche in m.

In VDE V 0185-3 (Lit. 8-2) werden je nach Anforderungen Maschenweiten w von 5 bis 20 m gefordert. Allerdings wird hier vereinfachend d zu Null angenommen! Die hier aufgezeigten Betrachtungen gelten prinzipiell auch für nicht horizontale (geneigte) Maschen!

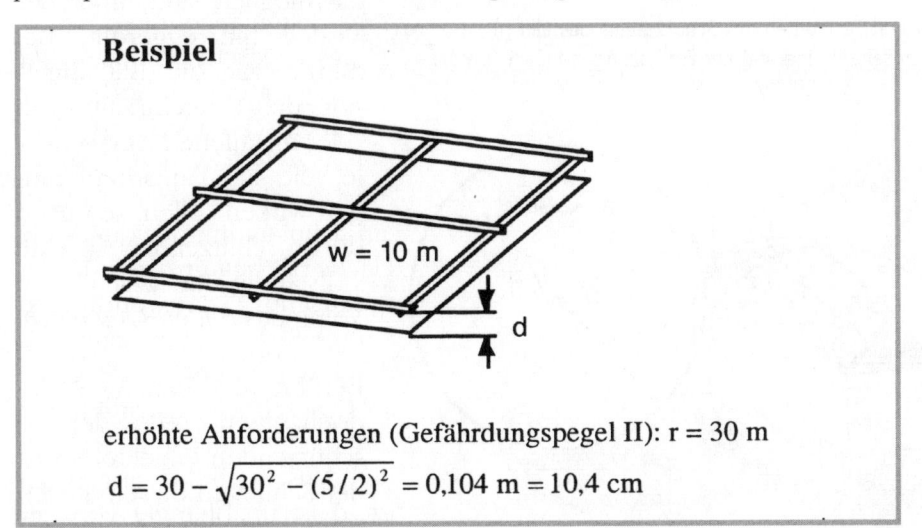

Beispiel

w = 10 m

erhöhte Anforderungen (Gefährdungspegel II): r = 30 m

$$d = 30 - \sqrt{30^2 - (5/2)^2} = 0{,}104 \text{ m} = 10{,}4 \text{ cm}$$

8.4 Schutzraum beliebiger Anordnungen

Aufgrund der Hypothese des „geometrisch-elektrischen Modells" haben Hasse/Wiesinger ein allgemeines Verfahren angeben, das es gestattet, bei beliebiger Anordnung und Anzahl von Fangeinrichtungen zu überprüfen, ob die zu schützenden Objekte im Schutzbereich der Fangeinrichtungen, d. h. im geschützten Volumen, liegen (Lit. 8-10). Man bildet hierzu die zu schützenden Objekte in ihren Umrissen und die vorgesehenen Fangeinrichtungen in einem Modell nach – z. B. im Maßstab 1:100 bis 1:500. Sodann fertigt man eine maßstabgerechte Kugel mit einem Radius, der der Enddurchschlagstrecke r (je nach Anforderungen 20, 30, 45 m oder 60 m) entspricht. Im Mittelpunkt M dieser „Blitzkugel" ist der Kopf des Leitblitzes anzunehmen, der sich den geerdeten Objekten bzw. dem Boden bis auf die Enddurchschlagstrecke r genähert hat. Die „Blitzkugel" wird nun sowohl auf der Bodenebene um das Modell herumgerollt als auch in allen Richtungen, die möglich sind, über das Modell hinweggerollt. Berührt hierbei die „Blitzkugel" nur die Fangeinrichtungen oder metallenen Anlagenteile, die als Fangeinrichtungen wirken sollen, so liegen die zu schützenden Objekte vollständig im geschützten Volumen (*Bilder 8.4 a bis d*).

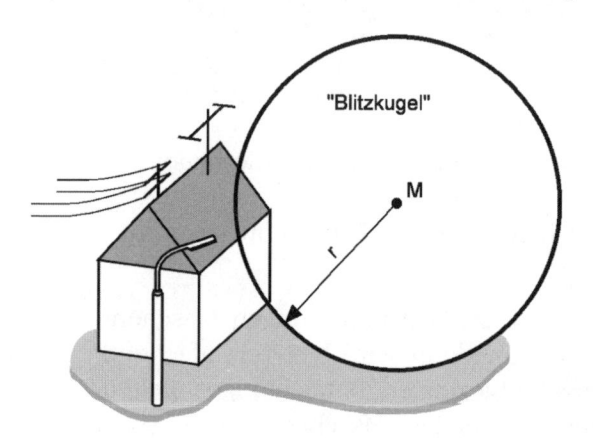

Bild 8.4a: Feststellen des Schutzraums des Lichtmasts, der Fernsehantenne und der Freileitung mit Dachständer

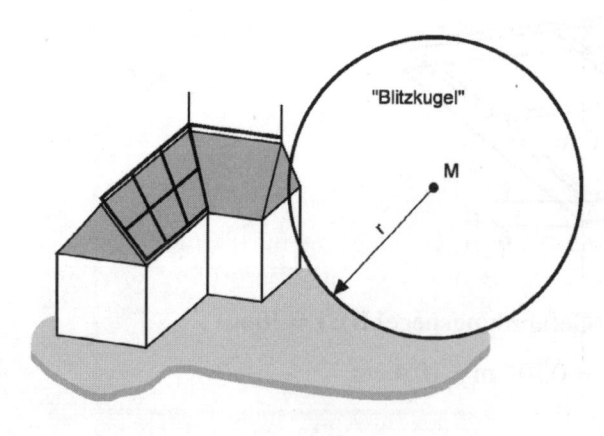

Bild 8.4b: Feststellen des Schutzraums der Fangstangen, der Fangleitung und der Fangmaschen

Berührt die „Blitzkugel" jedoch auch Teile der zu schützenden Objekte, so ist der Schutz an diesen Stellen unvollständig. In diesem Fall müssen die Fangeinrichtungen so erweitert wer-

8.4 Schutzraum beliebiger Anordnungen

Bild 8.4c: Feststellen des Schutzraums von Fangstangen für ein explosionsgefährdetes Gebäude

den, dass keines der zu schützenden Objekte mehr von der „Blitzkugel" berührt wird. Somit kann auch überprüft werden, ob für die gestellte Schutzaufgabe eine Überdimensionierung der Fangeinrichtungen vorliegt.

Bei einfachen Konfigurationen der Fangeinrichtungen wird man in der Regel auf die tatsächliche Erstellung der

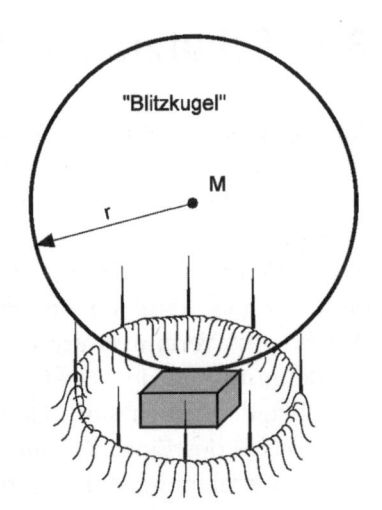

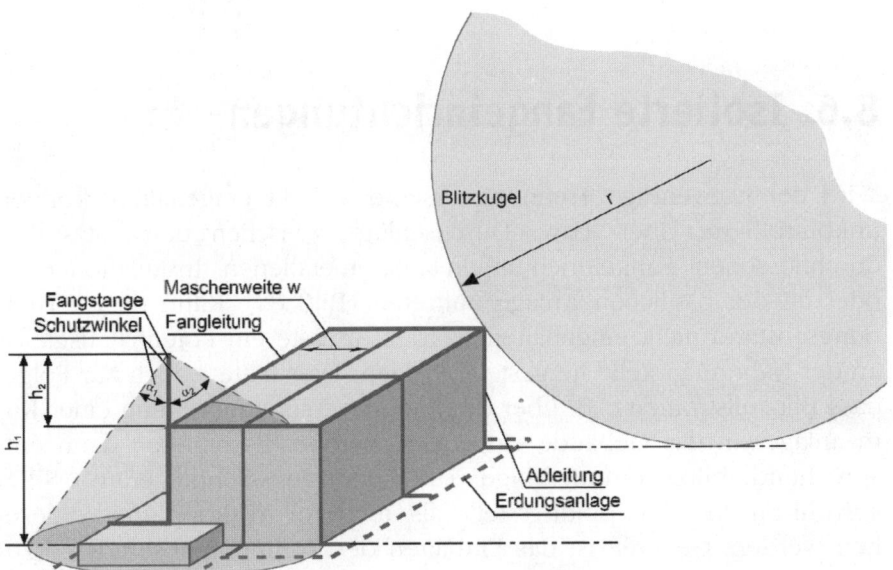

Bild 8.4d: Feststellen des Schutzraums für ein hohes Gebäude

Modelle verzichten können und durch Überlegungen, die auf der „Blitzkugel"-Vorstellung basieren, die Schutzwirkung überprüfen können.

8.5 Schutzraum im Kleinen

An Turmspitzen wurden Blitzfußspuren auch in solchen Bereichen festgestellt, die beim Überrollen mit der „Blitzkugel" von dieser nicht berührt werden. Dies kann u. a. darauf zurückgeführt werden, dass bei multiplen Blitzen oder bei Blitzen mit Langzeitströmen die Fußpunkte durch Windeinwirkungen versetzt werden. Diese Erscheinung führt zu dem Schluss, dass es unter solchen Bedingungen um die mit dem „Blitzkugel"-Verfahren ermittelten Einschlagpunkte Bereiche von einer Ausdehnung in der Größenordnung von 1 m geben kann, in die Einschläge möglich sind. Dies bedeutet, dass hier Objekte in unmittelbarer Nähe des Einschlagpunktes optimal nur durch die Umhüllung mit einem metallenen, z. B. gitterförmigen Käfig geschützt werden können.

8.6 Isolierte Fangeinrichtungen

Wird der notwendige Trennungsabstand s nicht eingehalten, können unkontrollierte Über- bzw. Durchschläge zwischen den blitzstromdurchflossenen Fangeinrichtungen und metallenen Installationen in oder an der baulichen Anlage auftreten (Bild 8a). Kann dieser Trennungsabstand nicht eingehalten werden, müsste ein Potentialausgleich an der Näherungsstelle hergestellt werden. Dies hätte jedoch zur Folge, dass Blitzteilströme (z. B. über die Energieversorgungsleitung einer Klimaanlage) in das Gebäude eingeführt werden. Es müssten dann entsprechend blitzstromtragfähige Überspannungs-Schutzgeräte (SPD) sowohl an der Einkopplungsstelle als auch zur Auskopplung vorgesehen werden. Generell ist das Einhalten des Trennungsabstands vorzuziehen.
Die Kontrolle und die dauerhafte Einhaltung der erforderlichen Trennungsabstände hat sich in der Praxis als schwierig, teilweise sogar als unmöglich erwiesen. Elektrische Installationen werden unter Putz oder verdeckt verlegt, sodass die exakte Lage oft nicht feststellbar ist. Werden nachträgliche Installationen vorgenommen, erfolgt oftmals keine Kontrolle des notwendigen Trennungsabstands.
Eine Lösung zum sicheren und dauerhaften Einhalten der erforderlichen Trennungsabstände ist die Verwendung isolierter oder teilisolierter Blitzschutz-Anlagen. Die Fangeinrichtungen werden dabei auf isolierenden Stützern oder Haltern über dem Dach verlegt. Die Näherungsstellen werden damit deutlich sichtbar und kontrollierbar.

8.6 Isolierte Fangeinrichtungen

Bild 8.6a: Isolierte Fangeinrichtungen auf einem Wohnhaus

Bild 8.6b: Isolierte Fangeinrichtungen auf dem Flachdach eines Industriegebäudes zum Schutz von Dachaufbauten

Ein System mit isolierten Fangeinrichtungen wurde 1997 realisiert (*Bild 8.6a*, Lit. 8-13 und 8-14), die sich in vorhandene Dachdeckungen integrieren lassen.

Insbesondere zum Schutz von großen Dachaufbauten (z.B. Klimaanlagen, Kühlanlagen für Großrechner) auf Flachdächern von Büro- und Industriebauten haben sich isolierte Fangeinrichtungen bewährt. Hierbei werden die Dachaufbauten oder das gesamte Dach mit Fangstangen oder Fangleitungen versehen, die auf isolierenden Stützkonstruktionen (z.B. aus Glasfaser-Rohren) montiert sind. *Bild 8.6b* zeigt eine praktische Ausführung solcher isolierter Fangeinrichtungen auf dem Flachdach eines Industriegebäudes.

Literatur Kap. 8

Lit. 8-1 DIN V VDE V 0185-1 (VDE V 0185 Teil 1), 2002-11: Blitzschutz - Teil 1: Allgemeine Grundsätze.

Lit. 8-2 DIN V VDE V 0185-3 (VDE V 0185 Teil 3), 2002-11: Blitzschutz – Teil 3: Schutz von baulichen Anlagen und Personen.

Lit. 8-3 MSZ 274-62 Villamvedelem. Standard für Blitzschutz von Ungarn. Budapest, 1962. Golde, R.: Lightning Protection. Edward Arnold Ltd., London 1973.

Lit. 8-4 *Darvenzia, M.; Popolansky, F.; Whitehead, E. R.:* Lightning Protection of UHV Transmission Lines. Electra 41 (1975), S. 39 bis 69.

Lit. 8-5 *Golde, R. H.:* Lightning, Vol. 1 u. 2. Academic Press, London, New York, San Francisco, 1977.

Lit. 8-6 *Anderson, R. B. ; Eriksson, A. J.:* Lightning parameters for engineering application. Electra 69 (1980), S. 65 bis 102.

Lit. 8-7 *Eriksson, A.J.:* An improved electrogeometric model for transmission line shielding analyses. IEEE Trans on Power Delivery, vol. PWRD-2, 1981, S. 871 bis 885.

Lit. 8-8 IEEE Working Group: A simplified method for estimating the lightning perfomance of transmission lines. IEEE Trans. on PWR. App. Sept., vol. PAS-104, No. 4, 1985, S. 919 bis 932.

Lit. 8-9 *Mouse, A.M.; Srivastava, K.D.:* A revised electrogeometric model for the termination of lightning strokes on ground objects. Proc. of Intern. Aerospace and Ground Conf. on Lightning and Static Electricity, Oklahoma City, 1988, S. 342 bis 352.

Lit. 8-10 *Hasse, P.; Wiesinger, J.:* Zur Anwendung des Blitzkugelverfahrens. ETZ A Elektrotechnische Zeitschrift A, 99 (1978), S. 760.

Lit. 8-11 *Horvath, T.:* Schutzwirkung von Fangvorrichtungen. ETZ A Elektrotechnische Zeitschrift A, 99 (1978), S.661 bis 663.

Lit. 8-12 *Landers, E.U.; Heidler, F.; Wiesinger, J.:* Background to the physical condition for the final jump with regard to the electrogeometric model. 23rd ICLP, Firenze 1996, S. 418 bis 422.

Lit. 8-13 *Zischank W.; Wiesinger J.; Hasse P.; Zahlmann P.:* Teilisolierte Blitzschutz-Anlagen zum sicheren Einhalten von Näherungsabständen. VDE-Fachbericht 52 „Neue Blitzschutznormen in der Praxis", VDE-Verlag Berlin Offenbach (1997), S. 135 bis 145.

Lit. 8-14 *Zischank W.; Wiesinger J.; Hasse P.:* Insulators for Isolated or Partly Isolated Lightning Protection Systems to Verfiy Saftey Distances. 23rd International Conference on Lightning Protection (ICLP), Firenze (1996), S. 513 bis 518.

Ableitungen 9

Die Ableitungen haben die Aufgabe, die von den Fangeinrichtungen aufgenommenen Blitzströme zu der Erdungsanlage zu leiten, ohne dass hierbei unzulässig hohe Erwärmungen eintreten. Als Ableitungsmaterialien kommen grundsätzlich Kupfer, Aluminium und Stähle in Frage. Üblicherweise wird davon ausgegangen, dass eine kurzzeitige Temperaturerhöhung von ca. 300 K akzeptiert werden kann. Außerdem sind die erforderlichen Trennungsabstände zwischen den Ableitungen und den metallenen Installationen in bzw. am Gebäude einzuhalten (Bild 8a und Kapitel 12).

9.1 Auslegung von Ableitungen

Als Mindestmaße für Ableitungen wären damit aus elektrischen Gründen Querschnitte von 16 mm² Kupfer, 25 mm² Aluminium und 50 mm² Stahl ausreichend. Unter der Annahme, dass nur eine Ableitung den gesamten Blitzstrom übernimmt, ergeben sich je nach Gefährdungspegel die in der *Tabelle 9.1a* zusammengestellten Temperaturerhöhungen (siehe auch Abschnitt 4.5). Sind mehrere Ableitungen an der Blitzstromableitung beteiligt, kann die Temperaturerhöhung mit der in VDE V 0185 Teil 1 (Lit. 9-1) angegebenen Gleichung errechnet werden (siehe Kapitel 4.5).

Tabelle 9.1a: Temperaturerhöhungen in K von Ableitungen

		Kupfer		Aluminium		Stahl		nichtrostender Stahl	
	Querschnitt [mm²]	16	50	25	50	50	50	50	78
Gefähr-dungs-pegel	I	309	22	283	52	211		938	323
	II	143	12	132	28	96		460	172
	III / IV	56	5	52	12	37		188	74

Da Ableitungen aber auch mechanischen Belastungen standhalten müssen, wird in VDE V 0185 Teil 3 (Lit. 9-2) für (blank verlegte) Rundmaterialien ein einheitlicher Querschnitt von 50 mm² festgelegt. Nichtrostende Stähle weisen auf Grund ihres ca. 6-fach größeren spezifischen Widerstands eine deutlich höhere Erwärmung auf als Stahl. Deshalb ist bei nichtrostenden Stählen in Beton oder in Kontakt mit entflammbaren Werkstoffen ein verstärkter Querschnitt von 78 mm² für Rundmaterialien (entsprechend 10 mm Durchmesser) erforderlich.

Typische Abstände zwischen den einzelnen Ableitungen betragen, abhängig vom Gefährdungspegel, ca. 10 m bis 20 m (Lit. 9-2). Sinnvoll sind zusätzliche Querverbindungen der Ableitungen auf Erdniveau und ca. alle 10 m bis 20 m Höhe mittels Ringleiter. Hierdurch lassen sich die erforderlichen Trennungsabstände reduzieren.

Metallene Installationen und Konstruktionen einer baulichen Anlage können als „natürliche Bestandteile" der Ableitungseinrichtungen mit verwendet werden. Hierzu eignen sich z. B. Feuerleitern, Metallskelette, Fassadenelemente, Profilschienen, metallene Unterkonstruktionen von Fassaden oder die Bewehrung von Beton. Voraussetzung für das Einbinden solcher natürlicher Bestandteile ist jedoch ein ausreichender Querschnitt und vor allem eine durchgehende, blitzstrom-tragfähige Verbindung in vertikaler Richtung.

9.2 Isolierte Ableitungen

Durch das Einbringen von Isoliermaterialien mit hoher elektrischer Festigkeit kann prinzipiell der Trennungsabstand s verringert werden. Dazu müssen jedoch bestimmte hochspannungstechnische Randbedingungen eingehalten werden, da die elektrische Festigkeit von der Anordnung selbst sowie vom Auftreten von Gleitentladungen bestimmt wird.

Um unabhängig von der Anordnung und damit der Verlegung der Ableitung zu werden, ist der Einsatz ungeschirmter isolierter Ableitungen denkbar (*Bild 9.2a*).

Es zeigt sich jedoch, dass bereits bei relativ geringen induzierten Blitz-Impulsspannungen Gleitentladungen im Bereich der Näherung einsetzen (z. B. zwischen metallenen, geerdeten Leitungshaltern und der Einspeisestelle), die zu einem Gesamtüberschlag entlang der Isolierung über große Leitungslängen (z. B. 10 m) führen können.

Kritisch sind Bereiche, in denen Isolierstoff, Metall (auf Hochspannungspotential oder geerdet) und Luft zusammentreffen. Dieser Bereiche sind

9.2 Isolierte Ableitungen

Bild 9.2a: Prinzipieller Aufbau einer isolierten Ableitung

Blitzstrom

Leiter — Anschluss an die Fangeinrichtung

hochspannungsfeste Isolierung

Außenumhüllung (witterungs- und UV-beständig)

aus hochspannungstechnischer Sicht sehr beansprucht, sodass es zur Ausbildung von Gleitentladungen und damit zu stark reduzierter Spannungsfestigkeit kommen kann. Mit dem Einsatz von Gleitentladungen ist immer zu rechnen, wenn die Normalkomponenten (senkrecht zur Isolierstoffoberfläche) der elektrischen Feldstärke E zum Überschreiten der Gleitentladungs-Einsatzspannung führen und die Tangentialkomponenten (parallel zur Isolierstoffoberfläche) eine Ausbreitung der Gleitentladung vorantreiben. Dieses Verhalten wurde bereits durch Toepler untersucht und ist in Lit. 9-3 beschrieben.

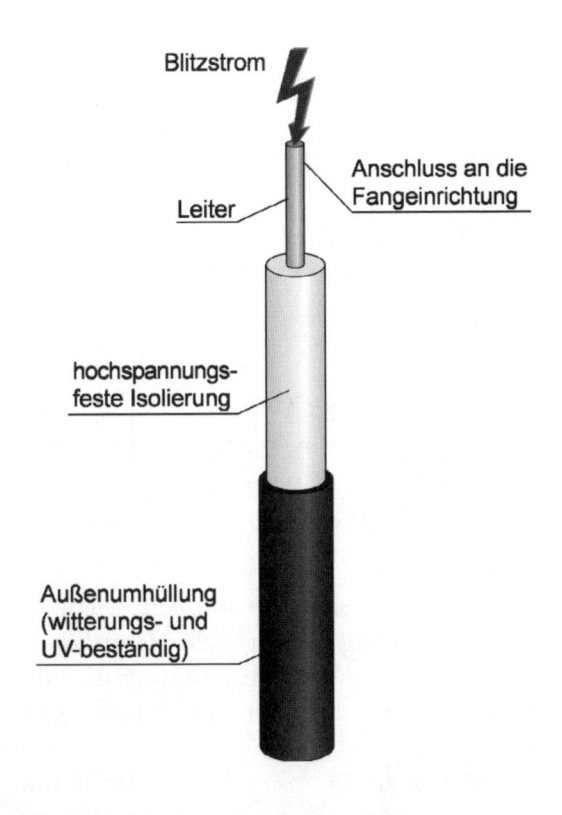

Wird die elektrische Festigkeit der Luft an kritischen Punkten überschritten (z. B. im Bereich des Übergangs Isolierstoff-Metall), werden Gleitentladungen initiiert. Diese Gleitentladungs-Einsatzspannung bestimmt dann die Festigkeit der gesamten Isolieranordnung. Aus der Literatur ist bekannt, dass mit dem Einsetzen von Gleitentladungen die spezifische Überschlagsspannung auf Werte von einigen kV/cm absinkt. Bei steilen Impulsspannungen wird dieses Phänomen durch das Umladen der Verkettungskapazitäten verstärkt. Dabei wächst beim Erreichen der Gleitentladungs-Einsatzspannung eine erste Gleitentladung vom Punkt der höchsten elektrischen Feldstärke vor. Diese Teilentladung, die noch nicht zum Überschlag der Gesamtstrecke führt, bewirkt auf Grund der hohen Spannungssteilheit du/dt einen erheblichen Verschiebungsstrom über die Verkettungskapazität zum Innenleiter des Kabels.

Dieser Vorgang führt zur Thermoionisation der bereits überschlagenen Teilstrecke längs der Isolationsoberfläche. Der Spannungsfall an der thermoionisierten Strecke ist vergleichsweise gering, sodass das „Erdpotential" entlang der Kabelisolation verschleppt wird: Es entsteht erneut eine Teilentladung, die wiederum durch den hohen Verschiebungsstrom in einen thermoionisierten Kanal übergeht. Dieser Prozess

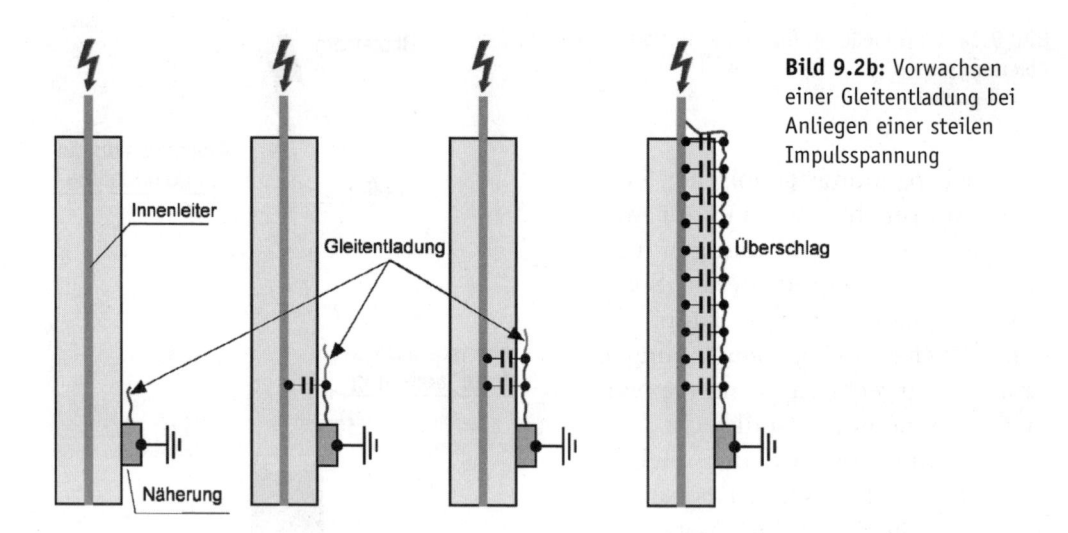

9 Ableitungen

Bild 9.2b: Vorwachsen einer Gleitentladung bei Anliegen einer steilen Impulsspannung

setzt sich fort bis zum kompletten Gleitüberschlag entlang der Kabelisolation über viele Meter (*Bild 9.2b*).

Um aus hochspannungstechnischer Sicht unabhängig vom jeweiligen geometrischen Aufbau der Blitzschutz-Anlage zu sein, können hochspannungsfeste Koaxialkabel mit Metallgeflechtschirm und spezieller Feldsteuerung im Bereich der Einspeisung verwendet werden. Mit einem speziell entwickelten koaxialen Einleiterkabel ist es möglich, das Auftreten der Gleitentladungen zu verhindern und den Blitzstrom zur Erde abzuleiten (*Bild 9.2c*).

Isolierte Ableitungen mit Feldsteuerung und leitfähigem Schirm verhindern Gleitentladungen durch gezielte Beeinflussung des elektrischen Feldes im Bereich des Einspeisepunkts. Sie ermöglichen das Ein-

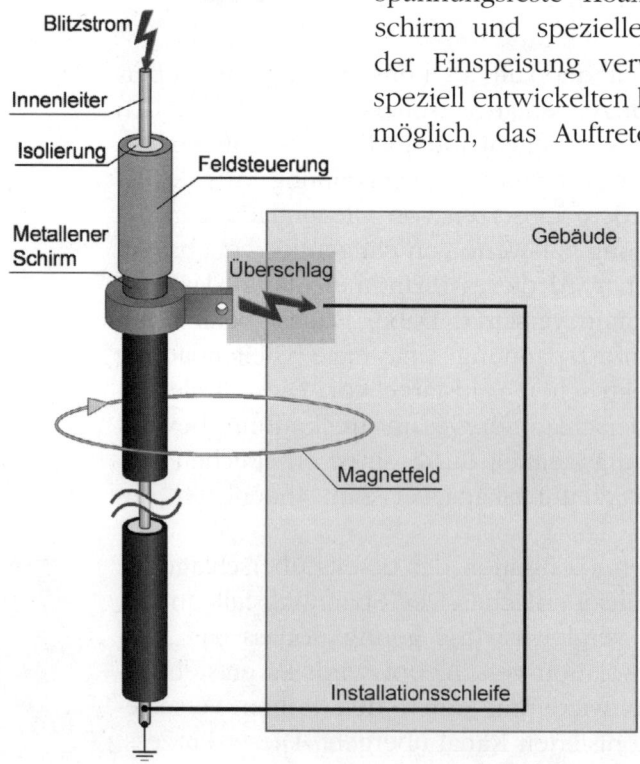

Bild 9.2c: Magnetische Kopplung zwischen isolierter Ableitung (mit Feldsteuerung und leitfähigem Schirm) und Installationsschleife

9.2 Isolierte Ableitungen

Bild 9.2d: Beispiel einer isolierten Ableitung mit halbleitendem Schirm (Bild: Dehn + Söhne)

leiten des Blitzstroms in das Spezialkabel und garantieren das Ableiten des Blitzstroms bei Einhaltung des notwendigen Trennungsabstands s. Zu beachten ist jedoch, dass zwar der metallene Schirm des Koaxialkabels das elektrische Feld abschirmt, das magnetische Feld, das den stromdurchflossenen Innenleiter umgibt, davon jedoch nicht beeinflusst wird. Außerdem muss beachtetet werden, dass der metallene und geerdete Kabelschirm einen Teil einer möglichen Induktionsschleife bilden kann (Bild 9.2.c).

Ist der Kabelmantel nur an der Erdeinführung mit dem Potentialausgleich verbunden, dann stellt die Installationsschleife (Bild 9.2c) eine offene Schleife dar, in die eine hohe Spannung induziert wird. Die induzierte Spannung kann abhängig von Größe und Lage der Schleifenanordnung Amplituden von einigen MV erreichen. Kommt es an dieser Stelle zu einem Überschlag, so werden über die dann entstandene „Kurzschluss-Schleife" erhebliche Blitzteilströme in das Gebäude verschleppt. Dabei können 30 % ... 50 % des durch die Ableitung fließenden Stoßstroms in großen, kurzgeschlossenen Installationsschleifen induktiv übertragen werden. Um diesen Überschlag zu vermeiden, müsste an der Näherungsstelle zwischen Installation und metallenem Kabelmantel nach wie vor der Trennungsabstand s eingehalten werden.

Um die Verschleppung von Blitz-Teilströmen über den geerdeten, metallenen Kabelmantel zu vermeiden, kann ein Koaxialkabel mit halbleitendem Schirm verwendet werden. Dieser halbleitende Schirm besitzt im Vergleich mit einem Metallschirm einen deutlich größeren Widerstand. Dadurch werden ins Gebäude verschleppte Blitz-Teilströme merklich reduziert (Lit. 9-4 und 9-5). Ein Beispiel einer isolierten Ableitung mit halbleitendem Schirm zeigt *Bild 9.2d*.

Literatur zu Kap. 9

Lit. 9-1 DIN V VDE V 0185-1 (VDE V 0185 Teil 1), 2002-11: Blitzschutz – Teil 1: Allgemeine Grundsätze.
Lit. 9-2 DIN V VDE V 0185-3 (VDE V 0185 Teil 3), 2002-11: Blitzschutz – Teil 3: Schutz von baulichen Anlagen und Personen.
Lit. 9-3 *Toepler, M:* Über die physikalischen Grundgesetze der in der Isolatorentechnik auftretenden elektrischen Gleiterscheinungen, Arch. Elektrotechnik, Bd. 10 (1921), S. 157 bis 185.
Lit. 9-4 *Beierl, O.; Brocke, R.; Hasse, P.; Zischank, W.:* Beherrschen von Trennungsabständen mit isolierten Ableitungen. 5. VDE/ABB-Blitzschutztagung, Neu-Ulm, 2003, S. 57 bis 71.
Lit. 9-5 *Beierl, O.; Brocke, R.; Hasse, P.; Zischank, W.:* Controlling separation distances with insulated down conductors. 27th International Conference on Lightning Protection (ICLP), Avignon (F), 2004.

Erdung

10

10.1 Begriffserläuterungen

Umfassende Erläuterungen der in der Erdungstechnik gebräuchlichen Begriffe finden sich in VDE V 0185-3 (Lit. 10-1), VDE 0101 (Lit. 10-15), VDE 0141 (Lit. 10-2), VDE 0100 Teil 200 und Teil 540 (Lit. 10-3 und 10-4). Hier werden nur die für das Verständnis der folgenden Ausführungen notwendigen Begriffserläuterungen aufgeführt.

Erde, Erder

– *Erde* ist das leitfähige Erdreich, dessen elektrisches Potential an jedem Punkt vereinbarungsgemäß gleich Null gesetzt wird. Erde ist auch die Bezeichnung sowohl für die Erde als Ort als auch für die Erde als Stoff, z. B. die Bodenarten Humus, Lehm, Sand, Kies und Gestein
– *Bezugserde* („neutrale" Erde) ist der Teil der Erde, insbesondere der Erdoberfläche außerhalb des Einflussbereichs eines Erders bzw. einer Erdungsanlage, in welchem zwischen zwei beliebigen Punkten

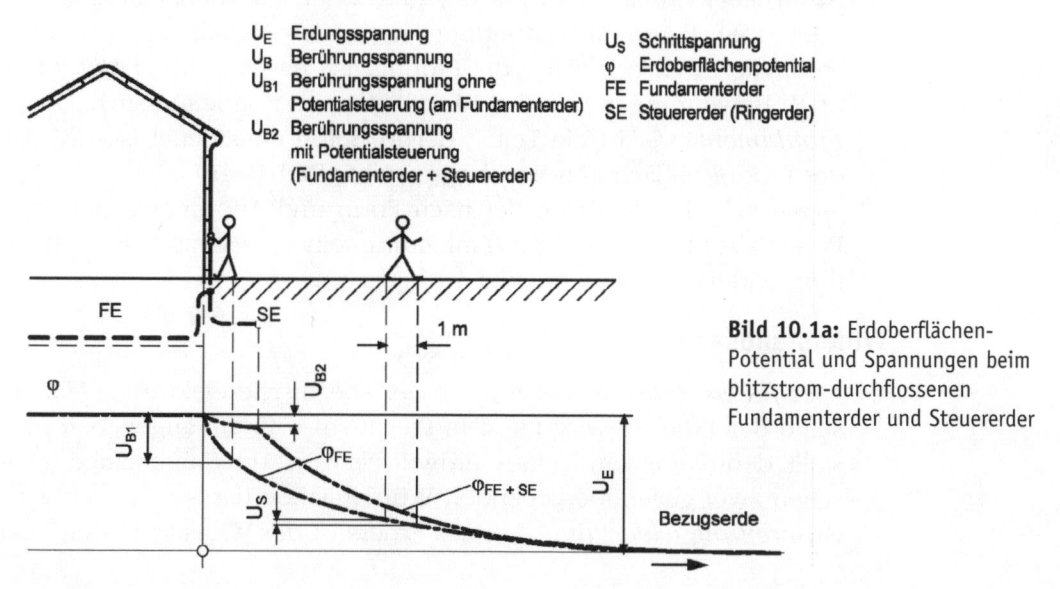

Bild 10.1a: Erdoberflächen-Potential und Spannungen beim blitzstrom-durchflossenen Fundamenterder und Steuererder

U_E Erdungsspannung
U_B Berührungsspannung
U_{B1} Berührungsspannung ohne Potentialsteuerung (am Fundamenterder)
U_{B2} Berührungsspannung mit Potentialsteuerung (Fundamenterder + Steuererder)
U_S Schrittspannung
φ Erdoberflächenpotential
FE Fundamenterder
SE Steuererder (Ringerder)

keine merklichen, vom Erdungsstrom herrührenden Spannungen auftreten (*Bild 10.1 a*)
- *Erder* beinhaltet ein leitfähiges Teil oder mehrere leitfähige Teile, die den direkten elektrischen Kontakt zur Erde herstellen (hierzu zählen auch Fundamenterder)
- *Erdungsanlage* ist eine örtlich abgegrenzte Gesamtheit miteinander leitend verbundener Erder oder in gleicher Weise wirkender Metallteile (z. B. Bewehrungen von Betonfundamenten, erdfühlige Kabelmetallmäntel)
- *Erdungsleitung* ist eine Leitung, die ein zu erdendes Anlagenteil mit einem Erder verbindet, soweit sie außerhalb des Erdreichs oder isoliert im Erdreich verlegt ist
- *Blitzschutzerdung* ist die Erdung einer Blitzschutzanlage zur Ableitung eines Blitzstroms in die Erde.

Arten von Erdern

- Einteilung nach der Lage:
  - *Oberflächenerder* (horizontaler Erder) ist ein Erder, der im Allgemeinen in geringer Tiefe bis etwa 1 m eingebracht wird. Er kann z. B. aus Rund- oder Bandmaterial bestehen und als Strahlen-, Ring- oder Maschenerder oder als Kombination aus diesen ausgeführt werden
  - *Tiefenerder* (vertikaler Erder) ist ein Erder, der im Allgemeinen lotrecht in größere Tiefen eingebracht wird. Er kann z. B. aus Rund- oder anderem Profilmaterial bestehen
- *Natürlicher Erder* ist ein mit der Erde oder mit Wasser unmittelbar oder über Beton in Verbindung stehendes Metallteil, dessen ursprünglicher Zweck nicht die Erdung ist, das aber als Erder wirkt (z. B. Bewehrungen von Betonfundamenten, Rohrleitungen)
- *Fundamenterder* ist ein Leiter, der in Beton eingebettet ist, der mit der Erde großflächig in Berührung steht (Bild 10.1a)
- *Steuererder* ist ein Erder, der nach Form und Anordnung mehr zur Potentialsteuerung als zur Einhaltung eines bestimmten Ausbreitungswiderstandes dient (Bild 10.1a).

Widerstandsarten

- *Spezifischer Erdwiderstand* ρ_E ist der spezifische elektrische Widerstand der Erde. Er wird meist in $\Omega \cdot m^2/m = \Omega \cdot m$ angegeben und stellt den Widerstand eines Erdwürfels von 1m Kantenlänge zwischen zwei gegenüberliegenden Würfelflächen dar
- *Ausbreitungswiderstand* R_A eines Erders ist der Widerstand der Erde

zwischen dem Erder und der Bezugserde. R_A ist praktisch ein Wirkwiderstand
- *Stoßerdungswiderstand* R_{st} ist der beim Durchgang von Blitzströmen zwischen einem Punkt einer Erdungsanlage und der Bezugserde wirksame Widerstand
- *Erdungsimpedanz* Z_E einer Erdungsanlage ist die Impedanz, die zwischen der Erdungsanlage und der Bezugserde wirkt (sie wird u. a. mitbestimmt durch angeschlossene Kabel mit Erderwirkung sowie durch weitere angeschlossene Erdungsanlagen).

Spannungen bei stromdurchflossenen Erdungsanlagen, Potentialsteuerung

- *Erdungsspannung* U_E ist die zwischen einer Erdungsanlage und der Bezugserde auftretende Spannung (Bild 10.1a)
- *Erdoberflächen-Potential* φ ist die Spannung zwischen einem Punkt der Erdoberfläche und der Bezugserde (Bild 10.1a)
- *Berührungsspannung* U_B ist der Teil der Erdungsspannung, der vom Menschen überbrückt werden kann (Bild 10.1a), wobei der Stromweg über den menschlichen Körper von Hand zu Fuß (waagrechter Abstand vom berührbaren Teil etwa 1 m) oder von Hand zu Hand verläuft
- *Schrittspannung* U_S ist der Teil der Erdungsspannung, der vom Menschen in einem Schritt von 1 m Länge überbrückt werden kann, wobei der Stromweg über den menschlichen Körper von Fuß zu Fuß verläuft (Bild 10.1a)
- *Potentialsteuerung* ist die Beeinflussung des Erdpotentials durch Erder, insbesondere des Erdoberflächenpotentials (Bild 10.1a)
- *Potentialausgleich für Blitzschutzanlagen* ist das Verbinden metallener Installationen und elektrischer Anlagen mit der Blitzschutzanlage über Leitungen, Trennfunkenstrecken oder Überspannungs-Schutzgeräte (SPD).

10.2 Spezifischer Erdwiderstand und seine Messung

Der für die Größe des Ausbreitungswiderstandes R_A, der Erdungsimpedanz Z_E und des Stoßerdungswiderstandes R_{st} maßgebende spezifische Erdwiderstand ρ_E ist von der Bodenzusammensetzung, der Bodenfeuch-

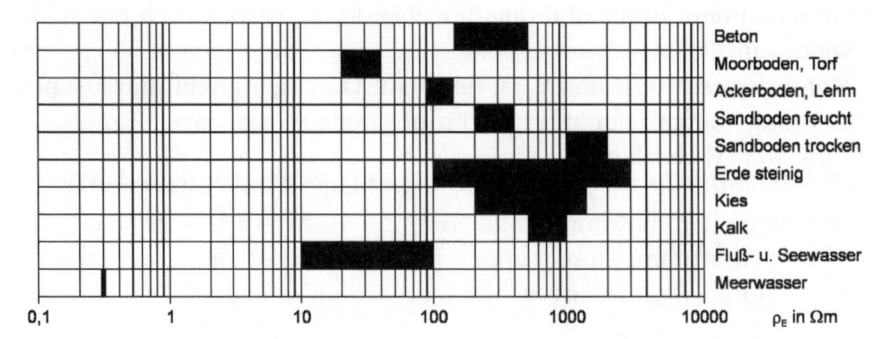

10 Erdung

Bild 10.2a: Spezifischer Erdwiderstand ρ_E bei verschiedenen Bodenarten

tigkeit und der Temperatur abhängig. ρ_E kann in weiten Grenzen schwanken (*Bild 10.2a*; Lit. 10-5 und 10-6).

Messungen haben gezeigt, dass der spezifische Erdwiderstand je nach Eingrabtiefe des Erders stark variiert. Wegen des negativen Temperaturkoeffizienten des Erdwiderstandes (α = 0,02 ... 0,04 1/K) erreichen die spezifischen Erdwiderstände im Sommer ein Minimum. Es empfiehlt sich daher, die Messwerte von Ausbreitungswiderständen auf die maximal zu erwartenden Werte umzurechnen, da auch unter ungünstigsten Bedingungen (Tiefsttemperaturen) die zulässigen Gefährdungsspannungen nicht überschritten werden dürfen.

Untersuchungen haben weiterhin gezeigt, dass bei Erdern, die nicht tiefer als etwa 1,5 m vergraben sind, der Unterschied zwischen dem maximalen und dem minimalen Wert des spezifischen Erdwiderstandes ohne Beeinflussung durch Niederschläge ca. 60 % beträgt. Bei tiefer eingegrabenen Erdern (insbesondere bei Tiefenerdern) beträgt der Unterschied lediglich ca. 20 % (*Bild 10.2 b*). An Hand des annähernd sinusförmigen Verlaufs des spezifischen Erdwiderstandes über die Jahreszeit kann der an einem bestimmten Tag gemessene Ausbreitungswiderstand R_A einer Erdungsanlage auf den maximal zu erwartenden Wert umgerechnet werden.

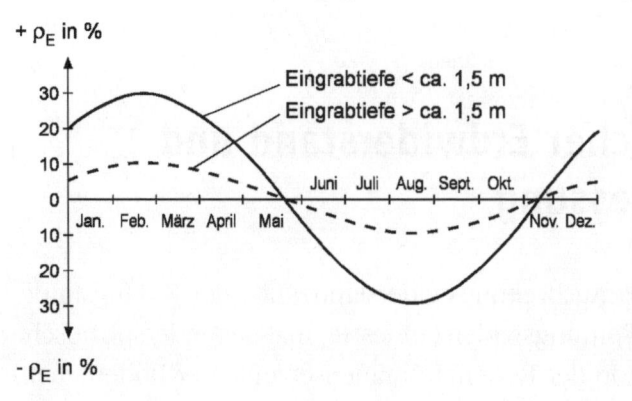

Bild 10.2b: Abhängigkeit des spezifischen Erdwiderstandes ρ_E von der Jahreszeit (ohne Beeinflussung durch Niederschläge)

10.2 Spezifischer Erdwiderstand und seine Messung

Umfangreiche russische Messungen in der Kasach-Kirowabad-Zone (Lit. 10-7) an 3 m Tiefenerdern und in 0,5 m Tiefe verlegten Oberflächenerdern haben gezeigt, dass man unter Berücksichtigung aller Einflussgrößen die ungünstigsten möglichen Werte erhält, wenn man:

- bei Tiefenerdern die bei feuchtem Boden erhaltenen Werte etwa mit dem Faktor 3, die bei trockenem Boden erhaltenen Werte etwa mit dem Faktor 2 multipliziert
- bei Oberflächenerdern die Feuchtemessungen etwa mit dem Faktor 4 und die Trockenmessungen etwa mit dem Faktor 2 multipliziert (Lit. 10-8).

Zur Ermittlung des spezifischen Erdwiderstandes ρ_E wird eine Erdungsmessbrücke mit 4 Klemmen, die nach der Nullmethode arbeitet, verwendet (*Bild 10.2c*, Lit. 10-9).

Bild 10.2d zeigt die Messanordnung dieser nach Wenner benannten Messmethode. Die Messung wird von einem festen Mittelpunkt M ausgeführt, der bei allen folgenden Messungen beibehalten wird. Auf einer im Gelände abgesteckten Geraden a–a' werden vier Messsonden (Erdspieße mit 30 ... 50 cm Länge) in den Boden gedreht. Aus dem gemessenen Widerstand R ermittelt man den spezifischen Erdwiderstand ρ_E des Erdreichs bis zu einer Tiefe entsprechend dem Sondenabstand s:

Bild 10.2c: Messgerät zur Ermittlung des spezifischen Erdwiderstands

$\rho_E = 2\pi \cdot s \cdot R$ in Ωm

R = gemessener Widerstand in Ω
s = Sondenabstand in m.

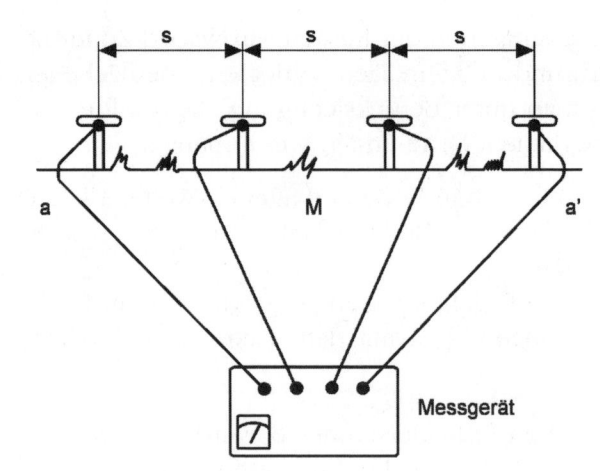

Bild 10.2d: Ermittlung des spezifischen Erdungswiderstands ρ_E mit einer Vierklemmen-Messbrücke nach der Wenner-Methode

10.3 Blitzschutz-Erdungsanlagen

Nach VDE V 0185-3 (Lit. 10-1) muss für jede Blitzschutzanlage eine Erdungsanlage errichtet werden, sofern nicht schon ausreichende Erder, z. B. Fundamenterder, Bewehrungen von Stahlbetonfundamenten, Stahlteile von Stahlskelettbauten oder Spundwände, vorhanden sind. Die Erdung muss ohne Mitverwendung von metallenen Wasserleitungen, anderen Rohrleitungen und geerdeten Leitern der elektrischen Anlage voll funktionsfähig sein.

10.3.1 Ausbreitungswiderstand

Die Größe des Ausbreitungswiderstands R_A ist für den Blitzschutz eines Gebäudes oder einer Anlage nur von untergeordneter Bedeutung. Wichtig ist, dass etwa auf Erdniveau der Blitzschutz-Potentialausgleich lückenlos durchgeführt ist und der Blitzstrom gefahrlos im Erdreich verteilt wird. Gegenüber den isoliert in das Gebäude geführten Leitungen tritt die Erdungsspannung U_E in voller Höhe auf. Um hier die Durch- und Überschlagsgefahr zu vermeiden, werden solche Leitungen direkt, über Trennfunkenstrecken oder bei spannungsführenden Leitungen über Blitzstrom-Ableiter (SPD Typ 1) im Rahmen des Blitzschutz-Potentialausgleichs mit der Erdungsanlage verbunden. Um Berührungs- und Schrittspannungen möglichst klein zu halten, kann es notwendig sein, den Ausbreitungswiderstand niedrig zu halten.

10.3 Blitzschutz-Erdungsanlagen

In VDE V 0185-3 (Lit. 10-1) heißt es: „Um den Blitzstrom in der Erde zu verteilen (Hochfrequenzverhalten) und dabei gefährliche Überspannungen zu reduzieren, sind Form und Abmessungen die wichtigsten Kriterien. Im Allgemeinen wird jedoch ein niedriger Erdungswiderstand (kleiner als 10 Ω, gemessen mit Niederfrequenz) empfohlen. Unter dem Gesichtspunkt des Blitzschutzes ist eine einzige, integrierte Erdungsanlage der baulichen Anlage zu bevorzugen, die für alle Zwecke geeignet ist (z. B. Blitzschutz, Niederspannungsanlagen, Fernmeldeanlagen)."

10.3.2 Erder-Anordnungen

Für Blitzschutz-Erdungsanlagen gibt es entsprechend VDE V 0185-3 (Lit. 10-1) grundsätzlich zwei Arten der Erderanordnung.

Anordnung Typ A

Diese Anordnung besteht aus horizontalen oder vertikalen Erdern, verbunden mit jeder Ableitung. Für die Erder-Anordnung Typ A ist die Mindestanzahl der Erder zwei. Die Mindestlänge jedes Erders beträgt (*Bild 10.3.2a*):

l_1 für horizontale Strahlenerder

$0,5 \cdot l_1$ für Vertikalerder (oder Schrägerder).

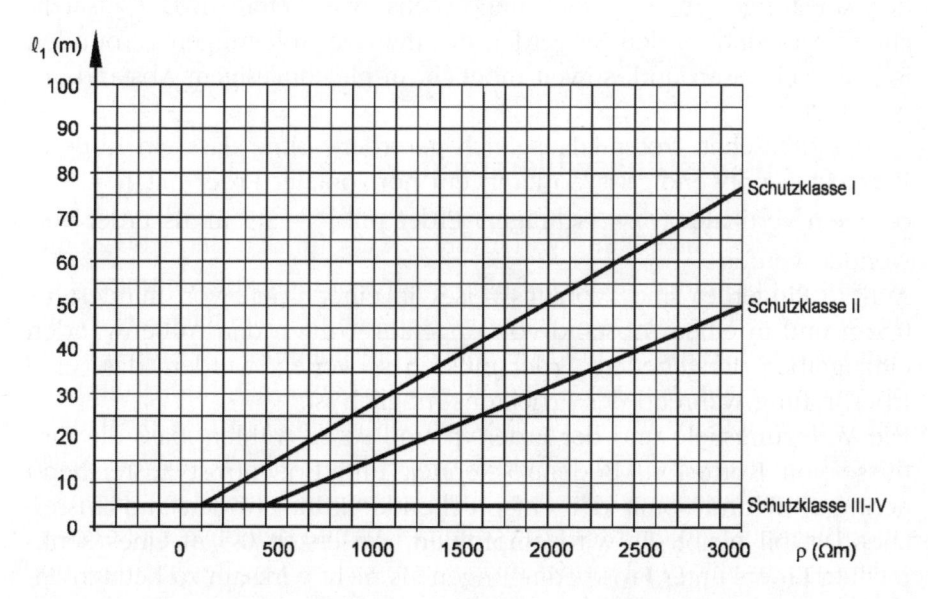

Bild 10.3.2a: Mindestlänge l_1 der Erder in Abhängigkeit von der Schutzklasse. Für die Schutzklassen III und IV ist l_1 unabhängig vom spezifischen Bodenwiderstand

Bei kombinierten Erdern (vertikal und horizontal) sollte die äquivalente Gesamtlänge berücksichtigt werden. Die Mindestlänge l_1 darf außer acht gelassen werden, wenn ein Erdungswiderstand von weniger als 10 Ω erreicht wird.

Anordnung Typ B

Diese Anordnung besteht entweder aus einem Ringerder außerhalb der baulichen Anlage, in Kontakt mit der Erde über wenigstens 80 % seiner Gesamtlänge, oder aus einem Fundamenterder. Beim Ringerder oder Fundamenterder darf der mittlere Radius r des vom Ringerder oder Fundamenterder eingeschlossenen Bereichs nicht weniger als l_1 betragen:

$r \geq l_1$.

Ist l_1 größer als r, müssen zusätzliche Strahlen- oder Vertikalerder (bzw. Schrägerder) hinzugefügt werden. Für deren jeweilige Längen l_r (radial/horizontal) und l_v (vertikal) gilt:

$l_r = l_1 - r$ und

$l_v = \dfrac{l_1 - r}{2}$.

Die Anzahl der zusätzlichen Erder darf nicht kleiner sein als die Anzahl der Ableitungen, muss jedoch mindestens zwei betragen. Die zusätzlichen Erder sind an den Ringerder, der mit den Ableitungen verbunden ist, angeschlossen und, soweit möglich, in gleichmäßigem Abstand angeordnet.

Ist der Blitzschutz-Potentialausgleich gefordert, ohne dass ein Äußerer Blitzschutz notwendig ist, so kann ein horizontaler Erder mit l_1 = 5 m oder ein vertikaler (bzw. schräger) Erder mit l_1 = 2,5 m als Erder verwendet werden.

Äußere Ringerder sind vorzugsweise in einer Tiefe von mindestens 0,5 m und in einem Abstand von ungefähr 1 m zu den Außenwänden einzugraben. Eingebettete Erder müssen so verlegt werden, dass eine Überprüfung während des Errichtens möglich ist.

Die Verlegungstiefe und der Erdertyp sind so zu wählen, dass die Einflüsse von Korrosion, Bodentrockenheit und Bodenfrost ausreichend gering sind und somit der entsprechende Erdungswiderstand ausreichend stabil bleibt. Es wird empfohlen, die ersten 0,5 m eines senkrechten Erders unter Frostbedingungen als nicht wirksam zu betrachten. Zu l_1 sollte daher für jeden Vertikalerder 0,5 m hinzu addiert werden. Bei reinem Felsboden wird nur eine Anordnung Typ B empfohlen.

10.3 Blitzschutz-Erdungsanlagen

An den Fundamenterder bzw. an die Blitzschutz-Potentialausgleichsschiene (z. B. in Form eines Erdungsringleiters) wird die Bewehrung in den Gebäudefundamenten mehrfach angeschlossen (*Bild 10.3.2b*). Hierdurch wird neben einer magnetischen Grundschirmung ein Flächenpotentialsausgleich auf Erdniveau erreicht, dem beim Blitzschutz für informationstechnische Anlagen im Gebäudeinneren eine als immer dringlicher erkannte Bedeutung zukommt. Darüber hinaus entsteht so ein ausgedehnter Flächenerder mit einem optimal niedrigen Erdungswiderstand. Weiterhin wird die Verbindung zu Erdungsanlagen benachbarter baulicher Anlagen hergestellt, wodurch ein potentialausgleichendes Flächenerdungsnetz mit niedriger Erdungsimpedanz geschaffen wird.

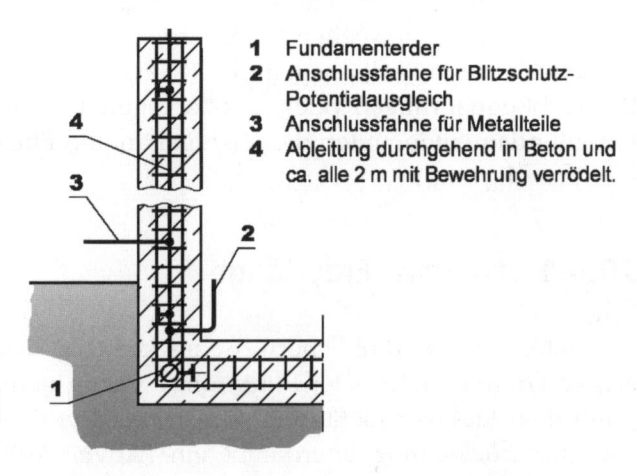

Bild 10.3.2b: Fundamenterder im Stahlbetonfundament mit Anschlussfahnen und im Beton verlegter Ableitung

1 Fundamenterder
2 Anschlussfahne für Blitzschutz-Potentialausgleich
3 Anschlussfahne für Metallteile
4 Ableitung durchgehend in Beton und ca. alle 2 m mit Bewehrung verrödelt.

Wird ein bestimmter Sicherheitsabstand s zwischen der Blitzschutz-Erdungsanlage und anderen, erdverlegten Anlagen und Installationen unterschritten, ist im Einzelfall festzulegen, ob eine elektrisch leitende Verbindung möglich ist oder ob der Anschluss über Trennfunkenstrecken auf Grund von Korrosionsgefährdung erfolgen muss.

Für den Sicherheitsabstand gilt:

$$s > \frac{i_{max} \cdot R_A}{E_d} \quad \text{in m}$$

E_d = Durchschlagsfestigkeit des Bodens in kV/m
i_{max} = Scheitelwert des Blitzstroms in kA
R_A = Ausbreitungswiderstand in Ω.

10.4 Stoßerdungswiderstand

Bei linienförmigen Erdern, wie Tiefenerdern oder Oberflächenerdern, ist der während des Blitzstroms wirksame Stoßerdungswiderstand R_{st} nicht immer identisch mit dem gemessenen oder näherungsweise berechneten Ausbreitungswiderstand R_A. Vielmehr müssen die linienförmigen Erder als Kettenleitung aus aneinandergereihten π-Vierpolen betrachtet werden, woraus sich eine reduzierte, wirksame Länge ergeben kann, was zu einer Erhöhung von R_{st} gegenüber R_A führt (Lit. 10-10 und 10-11).

Weiterhin sind beim Blitzstromdurchgang Funkenentladungen im Erdreich möglich, ausgehend vom Erder, woraus sich eine zeitabhängige Reduzierung von R_{st} gegenüber R_A ergibt.

Bei halbkugelförmigen oder großflächigen Erdern, wie stahlarmierten Betonfundamenten, treten die oben genannten Effekte nicht auf, so dass hier $R_{st} = R_A$ ist.

10.4.1 Effektive Erderlänge

Ein Tiefenerder wird üblicherweise als koaxiale Zylinderanordnung aufgefasst (*Bild 10.4.1a*). Der Blitzstrom i, der in den Erder mit der Länge l und dem Radius r fließt, teilt sich in radial gerichtete Stromfäden auf. Die Stromrückleitung übernimmt ein fiktiver Außenzylinder mit dem Radius r_a. Die den Erder umgebende Erde hat den spezifischen Erdwiderstand ρ_E, die Dielektrizitätszahl ε_r und die Permeabilitätszahl μ_r. ρ_E kann Werte von minimal 0,3 Ωm (Meerwasser) bis maximal einige 1000 Ωm (trockener Steinboden) annehmen. ε_r liegt je nach Bodenzusammensetzung und Wassergehalt zwischen 1 (Luft) und 80 (Wasser); μ_r ist etwa 1.

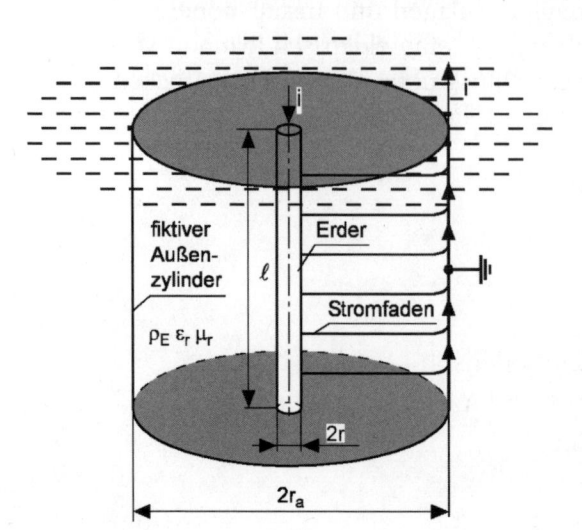

Für ein Teilstück von 1 m der im Bild 10.4.1a gezeigten Anordnung kann die π-Vierpol-Ersatzschaltung des *Bildes 10.4.1b* an-

Bild 10.4.1a: Tiefenerder in Koaxialdarstellung

10.4 Stoßerdungswiderstand

Bild 10.4.1b: π–Vierpol-Element eines Tiefenerders

gegeben werden. Sie beinhaltet den Längswiderstandsbelag R', den Längsinduktivitätsbelag L', den Querkapazitätsbelag C' (aufgeteilt in 2 mal C'/2) und den Querleitwertsbelag G'(aufgeteilt in 2 mal G'/2). R' kann für die weiteren Betrachtungen zu Null angenommen werden, da R'·l eines metallenen Erders sehr viel kleiner ist als der Stoßerdungswiderstand.

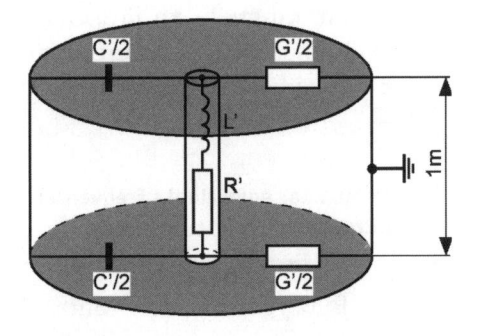

Da weiterhin der durch C' fließende kapazitive Querstrom in allen praktischen Gegebenheiten wesentlich kleiner ist als der ohmsche Querstrom durch G', kann C' ebenfalls zu Null angenommen werden. Für die relevanten Leitungsbeläge gilt:

$$L' = \frac{\mu_0}{2\pi} \ln \frac{r_a}{r}$$

$$G' = \frac{2\pi}{\rho_E} \cdot \frac{1}{\ln(r_a/r)}.$$

Es stellt sich die Frage nach dem für r_a anzusetzenden Wert. Da r_a nur logarithmisch Einfluss auf die Größe der Beläge nimmt, ist die Wahl von r_a unkritisch. Man kann näherungsweise r_a gleich der Eindringtiefe δ setzen. Die Eindringtiefe δ im Erdboden ist frequenzabhängig. Für den Anstiegsbereich bis etwa zum Scheitelwert eines Blitzstroms kann eine äquivalente Frequenz f_{eq} angenommen werden (*Tabelle 10.4.1a* und Lit. 10-12). Damit ergibt sich:

$$\delta = \sqrt{\frac{\rho_E}{\pi \cdot \mu_0 \cdot f_{eq}}}$$

$$L' = 0{,}200 \cdot \ln \frac{\delta}{r} \quad \text{in } \mu H/m$$

$$G' = \frac{6{,}28}{\rho_E} \cdot \frac{1}{\ln(\delta/r)} \quad \text{in } S/m$$

δ = Eindringtiefe im Erdboden in m
r = Radius des Tiefenerders in m
ρ_E = spezifischer Erdwiderstand in Ωm
μ_0 = $4\pi \cdot 10^{-7}$ in H/m.

Tabelle 10.4.1a: Äquivalente Frequenzen feq für den Anstiegsbereich von Blitzströmen

Blitztyp	Stirnzeit	f_{eq} [kHz]
positiver Erstblitz	10 µs	25
negativer Erstblitz	1 µs	250
negativer Folgeblitz	0,25 µs	1000

Der Erder mit der Ersatzschaltung des Bildes 10.4.1b ist als Wanderwellenleitung mit dem Wellenwiderstand Γ und der Wellengeschwindigkeit v darstellbar. Mit den Annahmen für reale Gegebenheiten (R' = 0, C' = 0) gilt (Lit. 10-13):

$$\Gamma = \sqrt{\frac{2\pi \cdot f_{eq} \cdot L'}{G'}}$$

$$v = \sqrt{\frac{4\pi \cdot f_{eq}}{L' \cdot G'}} = \sqrt{\frac{4\pi \cdot f_{eq} \cdot \rho_E}{\mu_0}}.$$

Bild 10.4.1c: Wellenwiderstand und Wellengeschwindigkeit eines Tiefenerders (r=1 cm; l = 10 m)

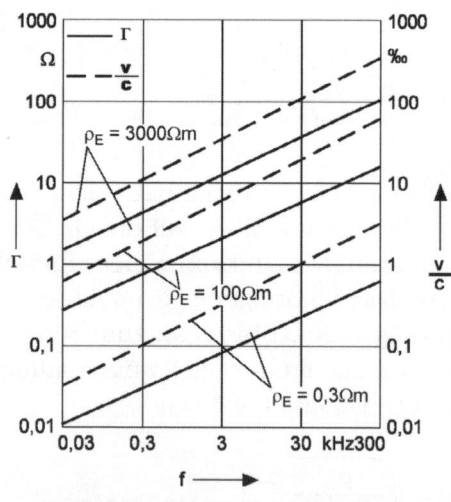

Im *Bild 10.4.1c* sind der Wellenwiderstand und die auf die Lichtgeschwindigkeit c bezogene Wellengeschwindigkeit in Abhängigkeit von der Frequenz mit dem spezifischen Erdwiderstand als Parameter dargestellt. Hieraus ist ersichtlich, dass Γ im 100-kHz-Bereich bei einem durchschnittlichen ρ_E um 100 Ωm einen Wert um 10 Ω aufweist; v/c ist sehr viel kleiner als 1 und beträgt im 100-kHz-Bereich bei ρ_E = 100 Ωm nur etwa 0,03.

10.4 Stoßerdungswiderstand

Der Stoßerdungswiderstand R_{st} ist eine Rechengröße und ist definiert als Quotient aus dem Maximalwert der Spannung des Erderanschlusses gegenüber der fernen Umgebung, $u_{E/max}$, und dem Scheitelwert des in den Erderanschluss eindringenden Blitzstroms, i_{max}. Die Maximalwerte $u_{E/max}$ und i_{max} treten nicht zeitgleich auf: $u_{E/max}$ wird eher als i_{max} erreicht!

Ein Tiefenerder hat auf Grund der gegenüber der Lichtgeschwindigkeit stark reduzierten Eindringgeschwindigkeit v nur eine maximal wirksame Länge l_{eff}: eine Verlängerung über l_{eff} hinaus hat keine weitere Verringerung des Stoßerdungswiderstands mehr zur Folge. Für die effektive Länge gilt:

$$\ell_{eff} \approx \sqrt{\frac{T_1}{L' \cdot G'}} = \sqrt{\frac{\rho_E}{\mu_0} \cdot T_1} \approx 0{,}9 \cdot \sqrt{\rho_E \cdot T_1} \quad \text{in m}$$

T_1 = Stirnzeit des Blitzstoßstroms in µs
L' = längenbezogene Induktivität des Tiefenerders in H/m
G' = längenbezogener Leitwert des Tiefenerders in S/m
ρ_E = spezifischer Erdwiderstand in Ωm.

Weiterhin gilt für den Stoßerdungswiderstand:

$$R_{st} = \frac{1}{G' \cdot \ell_{eff}} \quad \text{in } \Omega$$

G' = längenbezogener Leitwert des Tiefenerders in S/m
l_{eff} = effektive Erderlänge in m.

Ist die tatsächliche Länge l des Erders kleiner als die effektive Länge, ist in den nachfolgenden Beziehungen l an Stelle von l_{eff} anzusetzen. Mit den Stirnzeiten T_1 gemäß Tabelle 10.4.1a folgt für:

- einen positiven ersten Stoßstrom $\quad l_{eff} \approx 2{,}8 \cdot \sqrt{\rho_E}$
- einen negativen ersten Stoßstrom $\quad l_{eff} \approx 0{,}9 \cdot \sqrt{\rho_E}$
- einen negativen Folgeblitzstrom $\quad l_{eff} \approx 0{,}45 \cdot \sqrt{\rho_E}$

ρ_E = spezifischer Erdwiderstand in Ωm.

Beispiel

$T_1 = 10\,\mu s$ bzw. $0{,}25\,\mu s$

$\ell = 20\,m$
$\rho_E = 30\,\Omega m$
$2r = 2\,cm$

$\ell_{\text{eff}/10\,\mu s} \approx 2{,}9 \cdot \sqrt{30} = 15\,m$

$\ell_{\text{eff}/0{,}25\,\mu s} \approx 0{,}45 \cdot \sqrt{30} = 2{,}5\,m$

$\delta_{10\,\mu s} = \sqrt{\dfrac{30}{\pi \cdot 4\pi \cdot 10^{-7} \cdot 25 \cdot 10^3}} = 17\,m$

$\delta_{0{,}25\,\mu s} = \sqrt{\dfrac{30}{\pi \cdot 4\pi \cdot 10^{-7} \cdot 1000 \cdot 10^3}} = 2{,}8\,m$

$G'_{10\,\mu s} = \dfrac{6{,}28}{30} \cdot \dfrac{1}{\ln \dfrac{17}{0{,}01}} = 0{,}028\,S/m$

$R_{st/10\,\mu s} = \dfrac{1}{0{,}028 \cdot 15} = 2{,}4\,\Omega$

$G'_{0{,}25\,\mu s} = \dfrac{6{,}28}{30} \cdot \dfrac{1}{\ln \dfrac{2{,}8}{0{,}01}} = 0{,}037\,S/m$

$R_{st/0{,}25\,\mu s} = \dfrac{1}{0{,}037 \cdot 2{,}5} = 11\,\Omega$

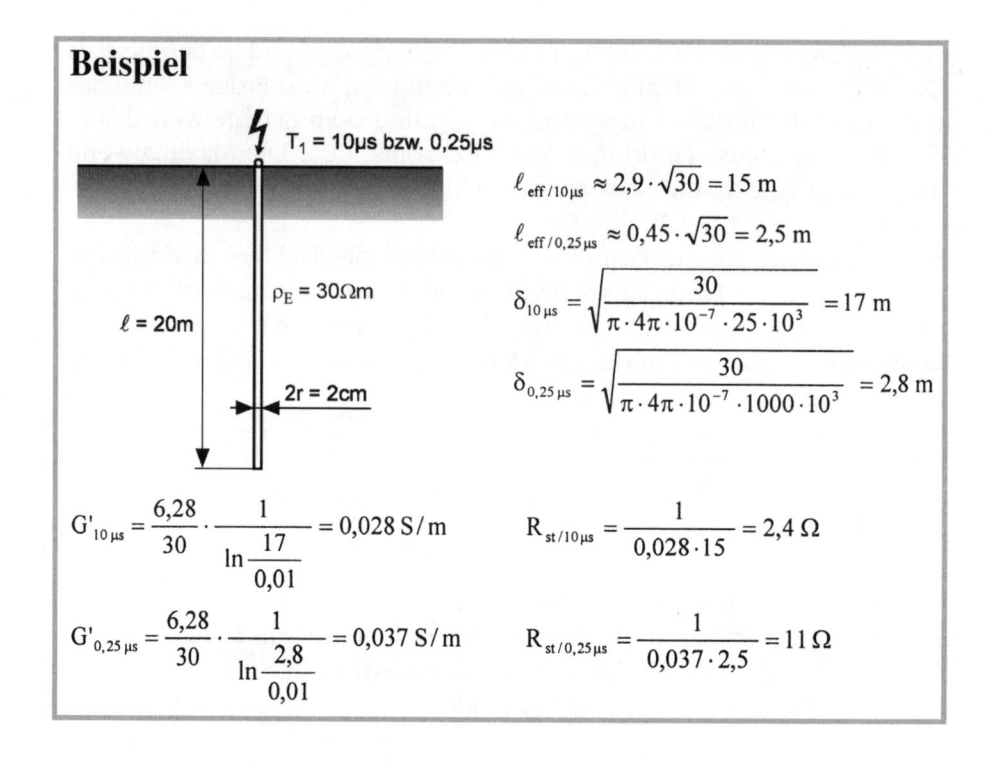

Ein **Oberflächenerder** kann näherungsweise als koaxialer Halbzylinder dargestellt werden. Damit ist:

$$G' = \dfrac{\pi}{\rho_E} \cdot \dfrac{1}{\ln \dfrac{\delta}{r}} \quad \text{in S/m.}$$

Geht man näherungsweise davon aus, dass der Induktivitätsbelag L' dem des Tiefenerders entspricht, so gilt für die effektive Erderlänge und den Stoßerdungswiderstand:

$$\ell_{\text{eff}} \approx \sqrt{2} \cdot 0{,}9 \cdot \sqrt{\rho_E \cdot T_1} \approx 1{,}3 \cdot \sqrt{\rho_E \cdot T_1} \quad \text{in m}$$

$$R_{st} = \dfrac{1}{G' \cdot \ell_{\text{eff}}} \quad \text{in } \Omega$$

T_1 = Stirnzeit des Blitzstromes in µs
ρ_E = spezifischer Erdwiderstand in Ωm
l = Länge des Oberflächenerders in m
r = Radius des Oberflächenerders in m.

Beispiel

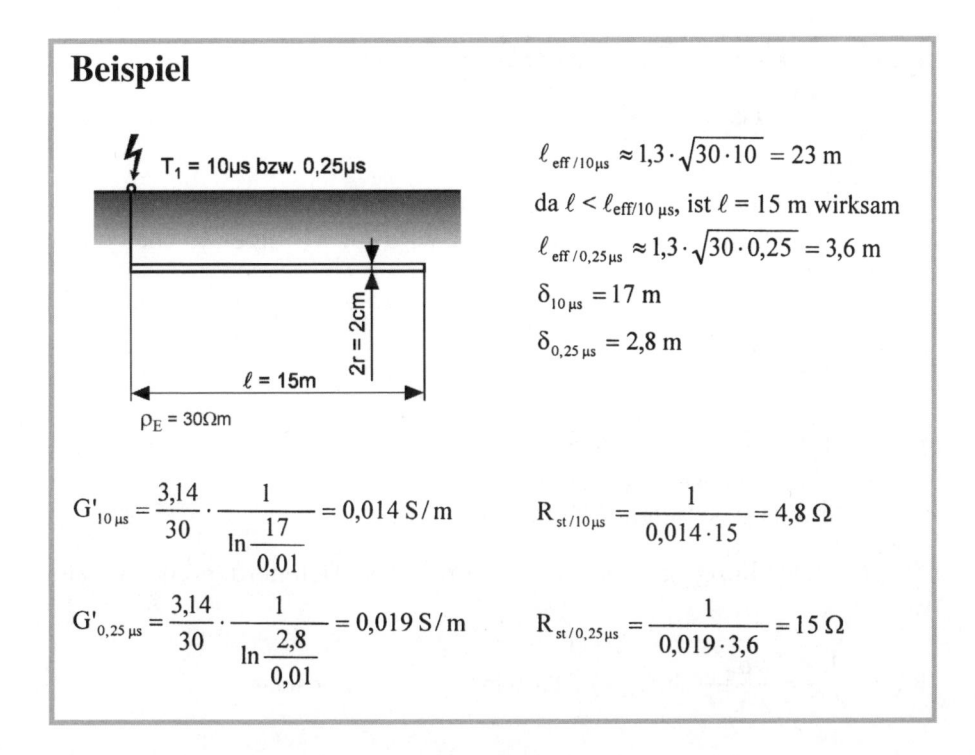

$T_1 = 10\mu s$ bzw. $0,25\mu s$

$\ell = 15\,m$

$2r = 2\,cm$

$\rho_E = 30\,\Omega m$

$\ell_{eff/10\,\mu s} \approx 1,3 \cdot \sqrt{30 \cdot 10} = 23\,m$

da $\ell < \ell_{eff/10\,\mu s}$, ist $\ell = 15\,m$ wirksam

$\ell_{eff/0,25\,\mu s} \approx 1,3 \cdot \sqrt{30 \cdot 0,25} = 3,6\,m$

$\delta_{10\,\mu s} = 17\,m$

$\delta_{0,25\,\mu s} = 2,8\,m$

$$G'_{10\,\mu s} = \frac{3,14}{30} \cdot \frac{1}{\ln\frac{17}{0,01}} = 0,014\,S/m$$

$$R_{st/10\,\mu s} = \frac{1}{0,014 \cdot 15} = 4,8\,\Omega$$

$$G'_{0,25\,\mu s} = \frac{3,14}{30} \cdot \frac{1}{\ln\frac{2,8}{0,01}} = 0,019\,S/m$$

$$R_{st/0,25\,\mu s} = \frac{1}{0,019 \cdot 3,6} = 15\,\Omega$$

10.4.2 Entladungen im Erdreich

Bei linienförmigen Erdern (Tiefenerdern und Oberflächenerdern) wird der Erdungswiderstand durch Lichtbogen-Entladungen im Boden beeinflusst. Diese Entladungen entstehen durch das Überschreiten der Einsatz-Feldstärke an der Erderelektrode. Die Entladungen, hochionisierte Plasmakanäle im Meter- bzw. Zehn-Meter-Bereich, werden aus dem Blitzstrom gespeist: Sie absorbieren Ladung aus dem Blitzstrom und bewirken damit eine zeitabhängige, fiktive Reduzierung des Stoßerdungswiderstands.

Hochgeschwindigkeits-Videoaufnahmen bei raketengetriggerten Blitzen (Lit. 10-14) haben gezeigt, dass sich diese Entladungen über 10 m und mehr erstrecken können.

10.5 Ausbreitungswiderstand des Tiefenerders

Der Ausbreitungswiderstand wird mit Niederfrequenz gemessen (Abschnitt 10.3.1). In VDE 0101 (Lit. 10-15) wird für R_A folgende Gleichung angegeben:

$$R_A \approx \frac{\rho_E}{2 \cdot \pi \cdot \ell} \cdot \ln \frac{2 \cdot \ell}{r} \quad \text{in } \Omega$$

ρ_E = spezifischer Erdwiderstand in Ωm
l = Länge des Tiefenerders in m
r = Radius des Tiefenerders in m.

Für die Gleichung gilt die Darstellung des Tiefenerders nach Bild 10.4.1a:

$$R_A = \frac{1}{G' \cdot \ell} = \frac{\rho_E}{2 \cdot \pi \cdot \ell} \cdot \ln(r_a / r) \text{ . Es wird } r_a = 2 \cdot l \text{ gesetzt.}$$

Sind bei parallelgeschalteten Tiefenerdern die Abstände der Einzelerder größer als die Eintreibtiefe, sind weithin die Einzelerder annähernd auf einem Kreis angeordnet und weisen sie etwa die gleiche Länge auf, so kann der Gesamt-Ausbreitungswiderstand wie folgt berechnet werden:

$$R_{A/gesamt} = \frac{R_{A/einzel}}{k_r} \quad \text{in } \Omega$$

$R_{A/einzel}$ = Ausbreitungswiderstand eines Einzelerders in Ω
k_r = Reduktionsfaktor, der aus Diagramm in *Bild 10.5a* entnommen werden kann.

Bei relativ homogenem Erdreich (wenn also der spezifische Erdwiderstand an der Erdoberfläche und in der Tiefe etwa gleich groß ist) sind die Erstellungskosten für Oberflächen- und Tiefenerder bei gleichem Ausbreitungswiderstand etwa gleich. Bei einem Tiefenerder ist dafür allerdings etwa nur die Hälfte der Länge eines Oberflächenerders erforderlich.

Weist das Erdreich in der Tiefe eine bessere Leitfähigkeit als an der Oberfläche auf, z. B. durch Grundwasser, so ist ein Tiefenerder in der Regel wirtschaftlicher als ein Oberflächenerder. Die Frage, ob Tiefen- oder Oberflächenerder im Einzelfall günstiger sind, kann oft nur durch

10.5 Ausbreitungswiderstand des Tiefenerders

Bild 10.5a:
Reduktionsfaktor k_r für die Berechnung des Gesamt-Ausbreitungswiderstands $R_{A/ges}$ von parallel geschalteten Tiefenerdern

n Anzahl der parallel geschalteten Erder

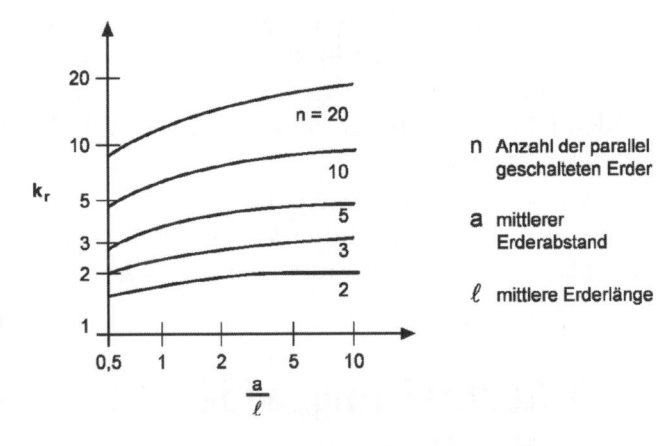

a mittlerer Erderabstand

ℓ mittlere Erderlänge

Bild 10.5b:
Eintreiben eines Tiefenerders mit einem Arbeitsgerüst und einem Vibrationshammer

Messung des spezifischen Erdwiderstandes in Abhängigkeit von der Tiefe entschieden werden. Da mit Tiefenerdern ohne Grabarbeiten und Flurschäden bei geringem Montageaufwand (*Bild 10.5b*) relativ konstante Ausbreitungswiderstände erreicht werden können, sind diese Erauch zur Verbesserung bereits bestehender Erdungsanlagen geeignet.

Erhält man nur durch Tiefenerder, z. B. bei tiefliegenden wasserführenden Schichten in Sandboden, einen ausreichend niedrigen Ausbreitungswiderstand, so soll der Tiefenerder möglichst dicht am zu schützenden Objekt liegen, da die Zuleitung zum Erdungsbereich den Stoßerdungswiderstand R_{st} vergrößert. Der Ausbreitungswiderstand eines Oberflächenerders mit einem Tiefenerder an seinem Ende kann näherungsweise so berechnet werden, als ob der Oberflächenerder um die Einschlagtiefe des Tiefenerders verlängert ist.

10.6 Ausbreitungswiderstand des Oberflächenerders

Der Ausbreitungswiderstand wird mit Niederfrequenz gemessen (Abschnitt 10.3.1). Oberflächenerder werden horizontal in 0,5 m ... 1 m Tiefe im Erdreich eingebettet. Da die über dem Erder liegende Bodenschicht im Sommer austrocknet und im Winter gefriert, berechnet man den Ausbreitungswiderstand R_A eines solchen Oberflächenerders so, als ob er an der Erdoberfläche liegt. Analog zu den Überlegungen beim Tiefenerder kann für R_A folgende Gleichung angegeben werden:

$$R_A \approx \frac{\rho_E}{\pi \cdot \ell} \cdot \ln \frac{\ell}{r} \quad \text{in } \Omega$$

ρ_E = spezifischer Erdwiderstand in Ωm
l = Länge des Oberflächenerders in m
r = Radius des Runddrahts bzw. die viertel Breite des Banderders in m.

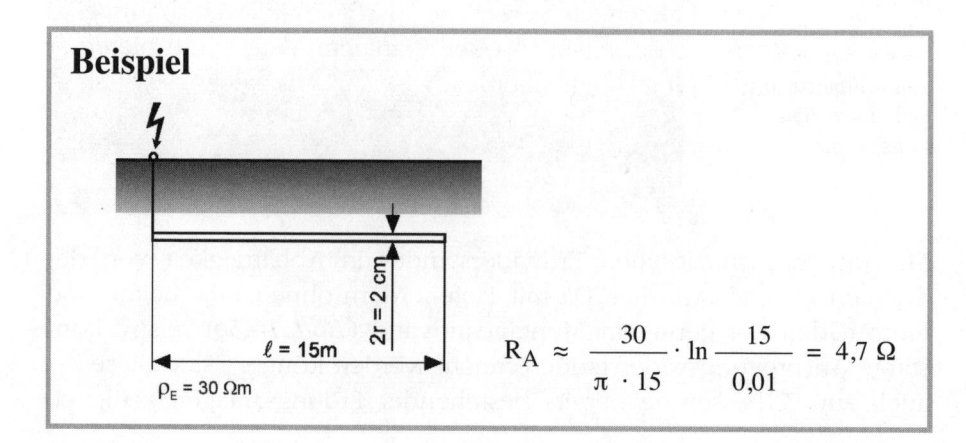

Beispiel

ℓ = 15m
2r = 2 cm
ρ_E = 30 Ωm

$$R_A \approx \frac{30}{\pi \cdot 15} \cdot \ln \frac{15}{0{,}01} = 4{,}7 \, \Omega$$

10.6 Ausbreitungswiderstand des Oberflächenerders

Strahlenerder in Form von gekreuzten Oberflächenerdern sind z. B. von Bedeutung, wenn in schlecht leitendem Erdboden relativ niedrige Ausbreitungswiderstände wirtschaftlich erzielt werden sollen. Der Ausbreitungswiderstand R_A eines gekreuzten Oberflächenerders, dessen Schenkel rechtwinklig zueinander stehen, berechnet sich zu:

$$R_A \approx \frac{1}{4} \cdot \frac{\rho_E}{\pi \cdot \ell} \cdot \left(\ln \frac{\ell}{r} + 3{,}2 \right) \quad \text{in } \Omega$$

ρ_E = spezifischer Erdwiderstand in Ωm
l = Schenkellänge in m
r = Radius des Runddrahts bzw. die viertel Breite des Banderders in m.

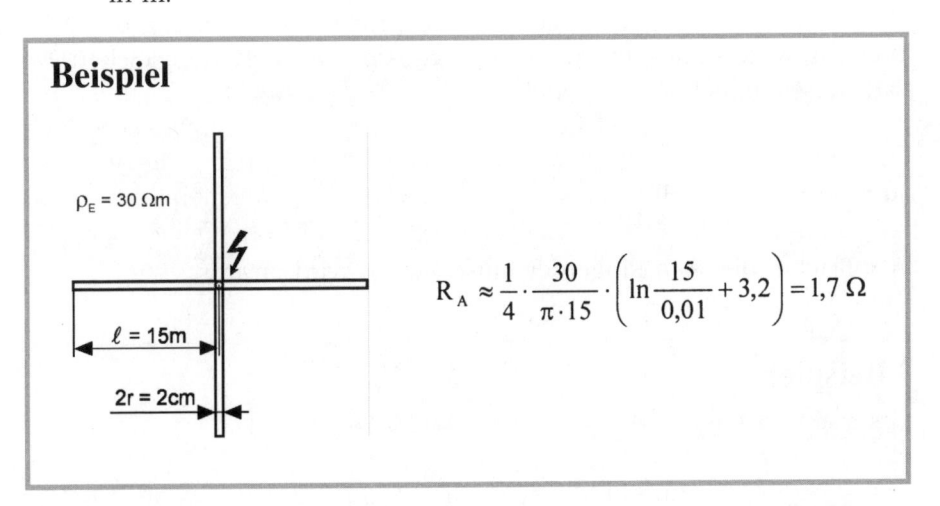

Beispiel

$\rho_E = 30\ \Omega$m
$\ell = 15$ m
$2r = 2$ cm

$$R_A \approx \frac{1}{4} \cdot \frac{30}{\pi \cdot 15} \cdot \left(\ln \frac{15}{0{,}01} + 3{,}2 \right) = 1{,}7\ \Omega$$

Oberflächenerder sind immer dann vorteilhaft, wenn die oberen Schichten des Erdbodens einen kleineren spezifischen Widerstand aufweisen als der Untergrund. Bei felsigem oder steinigem Untergrund bieten sie oft die einzige Lösungsmöglichkeit.

10.7 Ausbreitungswiderstand des Ringerders

Bei kreisförmigen Ringerdern gilt für den Ausbreitungswiderstand:

$$R_A \approx \frac{\rho_E}{\pi^2 \cdot d} \cdot \ln \frac{\pi \cdot d}{r} \quad \text{in } \Omega$$

ρ_E = spezifischer Erdwiderstand in Ωm
d = Kreis-Durchmesser des Ringerders in m
r = Radius des Runddrahts bzw. die viertel Breite des Banderders in m.

Bei nicht kreisförmigen Ringerdern wird für die Berechnung des Ausbreitungswiderstands mit dem Durchmesser eines flächengleichen Ersatzkreises gerechnet:

$$d = \sqrt{\frac{4 \cdot A}{\pi}} \quad \text{in m}$$

A = Fläche, die vom Ringerder umschlossen wird, in m².

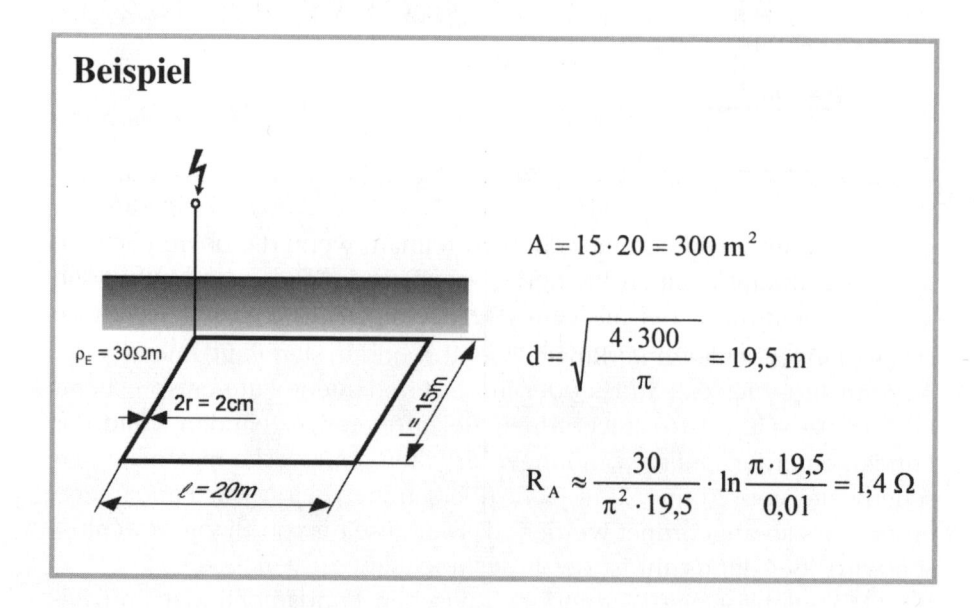

Beispiel

$\rho_E = 30\,\Omega\text{m}$
$2r = 2\,\text{cm}$
$\ell = 20\,\text{m}$
$l = 15\,\text{m}$

$$A = 15 \cdot 20 = 300 \text{ m}^2$$

$$d = \sqrt{\frac{4 \cdot 300}{\pi}} = 19{,}5 \text{ m}$$

$$R_A \approx \frac{30}{\pi^2 \cdot 19{,}5} \cdot \ln \frac{\pi \cdot 19{,}5}{0{,}01} = 1{,}4\,\Omega$$

10.8 Fundamenterder

Der Ausbreitungswiderstand eines Fundament-Armierungs-Erders, bei dem die Stahlarmierung des Betonfundaments vielfach untereinander verbunden ist, kann näherungsweise mit der Formel für Halbkugelerder berechnet werden:

$$R_A \approx \frac{\rho_E}{\pi \cdot d} \quad \text{in } \Omega$$

ρ_E = spezifischer Erdwiderstand in Ωm
d = Durchmesser der Halbkugel bzw. einer dem Fundament inhaltsgleichen Ersatz-Halbkugel in m.

$$d = 1{,}57 \cdot \sqrt[3]{V} \quad \text{in m}$$

V = Volumen des Fundament-Armierungs-Erders in m^3.

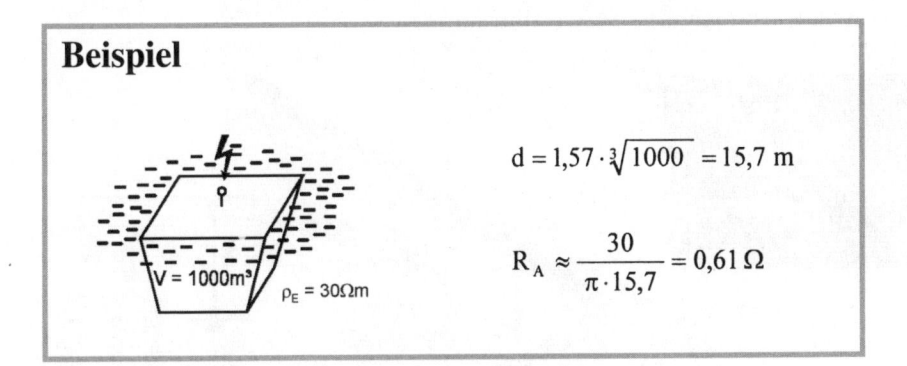

Beispiel

$V = 1000\,m^3$, $\rho_E = 30\,\Omega m$

$$d = 1{,}57 \cdot \sqrt[3]{1000} = 15{,}7 \text{ m}$$

$$R_A \approx \frac{30}{\pi \cdot 15{,}7} = 0{,}61\,\Omega$$

Als Fundamenterder wird ein Ringerder im Beton bezeichnet, der nicht mit der Fundament-Armierung verbunden sein muss. Der Fundamenterder ist als geschlossener Ring ausgeführt und in den Fundamenten der Außenwände des Gebäudes oder in der Fundamentplatte entsprechend DIN 18014 (Lit. 10-16) angeordnet. Bei größeren Gebäuden sollte der Fundamenterder Querverbindungen erhalten, sodass die maximale Maschenweite von 20 m · 20 m nicht überschritten wird. Der Fundamenterder muss so angeordnet werden, dass er allseitig von Beton umschlossen wird. Bei Bandstahl ist der Erder hochkant zu verlegen.
Bei Gebäuden ist eine Verbindung zwischen Fundamenterder und Potentialausgleichschiene im Hausanschlussraum herzustellen. Nach VDE V 0185-3 (Lit. 10-1) muss ein Fundamenterder Anschlussfahnen für den

Anschluss der Ableitungen des Äußeren Blitzschutzes an die Erdungsanlage erhalten. Aufgrund der Korrosionsgefahr an der Austrittstelle einer Anschlussfahne aus dem Beton ist ein zusätzlicher Korrosionsschutz zu berücksichtigen.

Die Bewehrung von Platten- oder Streifenfundamenten kann wie ein Fundamenterder benutzt werden, wenn die notwendigen Anschlussfahnen an die Bewehrung angeschlossen und die Bewehrungen über Fugen hinweg miteinander verbunden werden.

Um sicher zu stellen, dass der Fundamenterder allseitig von Beton umschlossen wird, gibt es zwei unterschiedliche Verlegungsarten, abhängig davon, ob der Erder in unbewehrten oder bewehrten Beton eingebracht werden soll.

Verlegung in unbewehrtem Beton

In unbewehrten Fundamenten, z. B. Streifenfundamenten von Wohngebäuden (*Bild 10.8a*), müssen Abstandshalter verwendet werden. Durch die Verwendung solcher Abstandshalter (im Abstand von ca. 2 m) ist sichergestellt, dass der Fundamenterder „hochgehoben" wird und allseitig von Beton umschlossen werden kann.

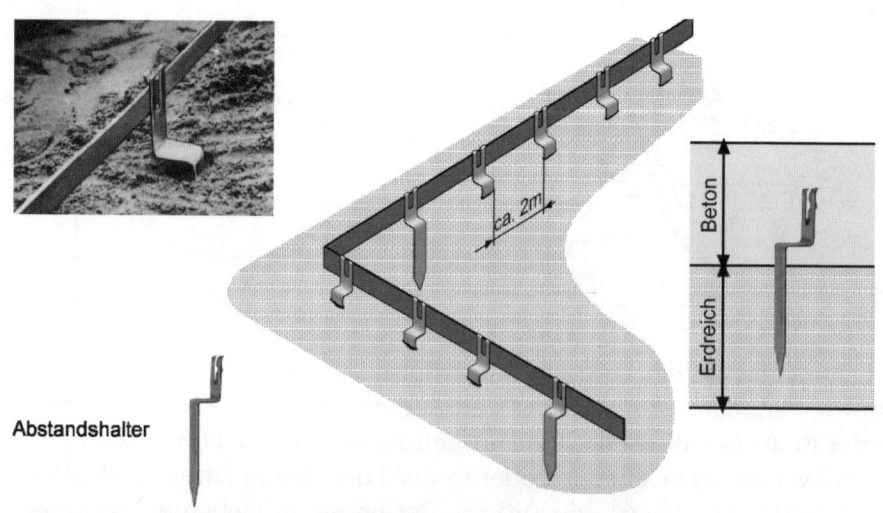

Bild 10.8a: Anwendung von Abstandshaltern bei einem Fundamenterder

Verlegung in bewehrtem Beton

Die Verwendung von Abstandshaltern ist hier nicht notwendig. Durch die heutigen Methoden des Einbringens von Beton mit anschließendem Rütteln bzw. Verdichten ist sichergestellt, dass der Beton auch unter den Fundamenterder „fließt" und ihn allseitig umschließt. *Bild 10.8b* zeigt

10.8 Fundamenterder

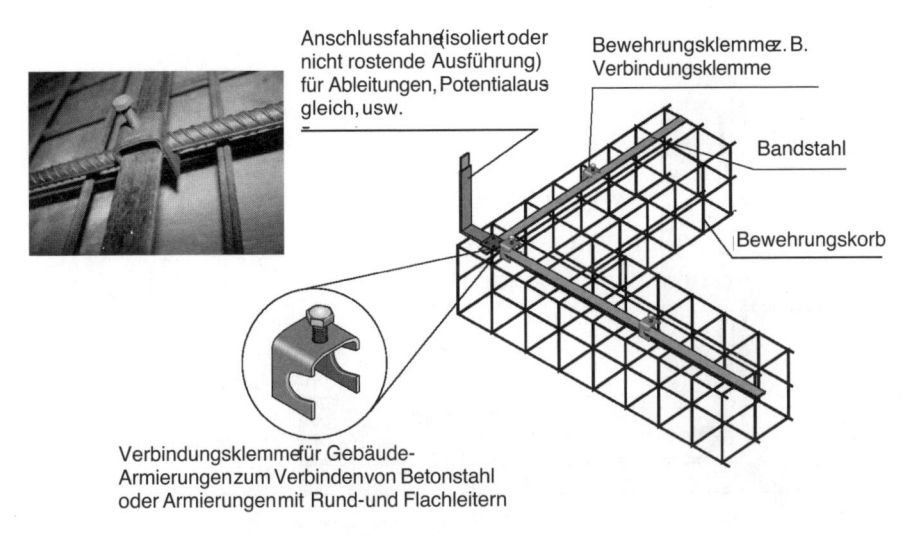

Bild 10.8b: Anwendung von Flachband bzw. Runddraht auf der Fundamentarmierung

ein Anwendungsbeispiel für die waagerechte Verlegung eines Flachbandes als Fundamenterder.

Bei Gebäuden, die in Gegenden mit hohem Grundwasserstand oder in Lagen mit drückendem Wasser, z. B. Hanglagen, errichtet werden, sind bei den Kellergeschossen besondere Maßnahmen gegen das Eindringen von Feuchtigkeit vorgesehen. Die erdumschlossenen Außenwände und die Fundamentplatte sind so gegen eindringendes Wasser abgedichtet, dass sich an der Innenseite keine störende Feuchtigkeit bilden kann. In der modernen Bautechnik gibt es drei Verfahren, um gegen eindringendes Wasser abzudichten:

– „Schwarze Wanne"
– Fundamente mit Kunststoffbahn-Abdichtung
– „Weiße Wanne".

Eine besondere Frage in diesem Zusammenhang ist, ob dabei die Funktionsfähigkeit eines Fundamenterders für die Einhaltung der Körperschutzmaßnahmen nach VDE 0100 Teil 410 (Lit. 10-17) und als Blitzschutzerder nach VDE V 0185-3 (Lit. 10-1) noch gegeben ist.

Der Name „Schwarze Wanne" ergibt sich aus der Art der außen im Erdreich auf das Gebäude aufgebrachten, mehrlagigen schwarzen Bitumenbahnen. Der Gebäudekörper wird mit Bitumen- bzw. Teermasse bestrichen, auf die dann in der Regel bis zu 3 Lagen Bitumenbahnen aufgebracht werden.

Ein in die Fundamentplatte oberhalb der Abdichtung eingebrachter Ringleiter kann zur Potentialsteuerung in dem Gebäude dienen. Durch

10 Erdung

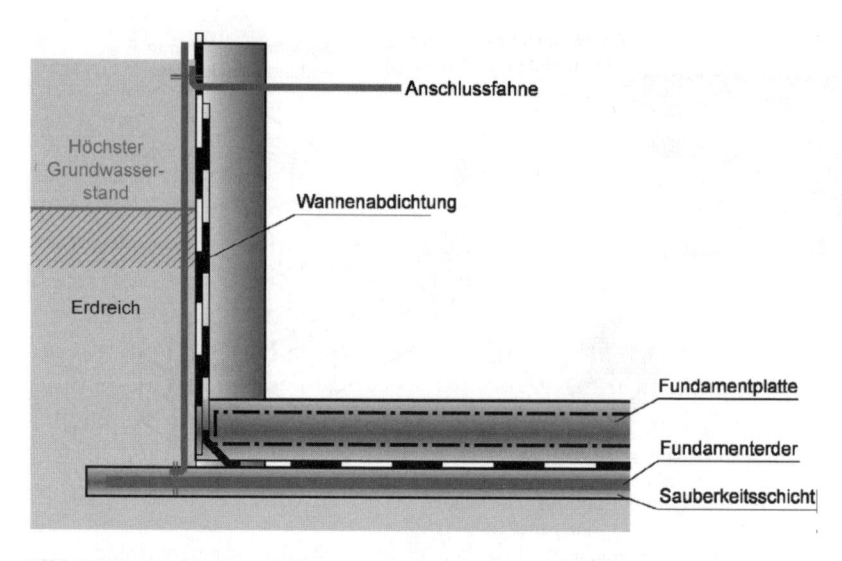

Bild 10.8c: Anordnung des Fundamenterders bei Wannenabdichtungen

die hochohmige Isolation nach außen ist jedoch eine Erderwirkung nicht gegeben. Es ist also die Installation eines Erders notwendig, z. B. eines Ringerders außen um das Gebäude herum oder unterhalb aller Abdichtungen in der Sauberkeitsschicht (*Bild 10.8c*).

Das Einführen des äußeren Erders in das Gebäudeinnere sollte nach Möglichkeit oberhalb der Gebäudeabdichtung erfolgen, um auch langfristig eine dichte Gebäudewanne zu gewährleisten. Eine wasserdichte Durchdringung der „Schwarzen Wanne" ist nur mit einer besonderen Erder-Gebäude-Durchführung möglich.

Die gleiche Aussage wie bei der „Schwarzen Wanne" gilt auch bei Fundamenten mit Kunststoffboden-Abdichtung, z. B. Polyäthylen-Bahnen (Noppenbahnen).

Die „Weiße Wanne" hat keine zusätzliche Behandlung der erdzugewandten Seite, ist also „weiß". Sie wird aus Spezialbeton hergestellt. Der Betonkörper ist wasserundurchlässig, was jedoch nicht bedeutet, dass der Beton nicht Wasser aufnehmen kann. Wasserundurchlässigkeit der Betonwanne bedeutet, dass Wasser auch bei langzeitigem, einseitigen Einwirken den Beton der Wanne nicht durchdringt, und dass die dem Wasser abgewandte Seite der Wanne keinen Wasseraustritt und keine feuchten Flecken zeigt.

Bei sachgerechter Betonherstellung und Stärken der „Weißen Wanne" von 10 bis 40 cm ist ein Wasser/Zement-Wert von höchstens 0,6 (W/Z < 0,6) zulässig. Die Wassereindringtiefe bei diesem Beton beträgt dann maximal 5 cm.

Wird ein geschlossener Rund- oder Bandstahlring als Fundamenterder in die unterste Schicht der Betonplatte eingelegt, ist mit einer ausreichenden Erderwirkung zu rechnen.

Eine Besonderheit ist der Faserbeton, bei dem es sich um eine Betonart handelt, bei der man durch die Beigabe von Stahlfasern in den flüssigen Beton nach dem Aushärten eine hochbelastbare Betonplatte erhält. Die Stahlfasern haben eine Länge von ca. 6 cm und einen Durchmesser von 1 bis 2 mm. Die Stahlfasern sind leicht gewellt und werden dem flüssigen Beton gleichmäßig beigemischt. Der Anteil der Stahlfasern beträgt ca. 20 bis 30 kg/m³ Beton. Die Faserbetonplatte ist nicht nur auf Druck, sondern auch auf Zug höchstbelastbar und sie hat gegenüber einer herkömmlichen Betonplatte mit Armierung auch eine wesentlich höhere Elastizität. Der flüssige Beton wird vor Ort geschüttet und es lässt sich eine sehr glatte und plane Oberfläche ohne Fugen für große Flächen herstellen, z. B. ein Hallenfundament. Der Faserbeton enthält keine weitere Bewehrung, so dass für Erdungsmaßnahmen ein eigener Ringerder installiert werden muss.

10.9 Potentialsteuerung

Bei blitzgefährdeten baulichen Anlagen, die dem öffentlichen Verkehr zugänglich sind, z.B. Aussichtstürme, Schutzhütten, Kirchtürme, Kapellen, Standorte an Flutlichtmasten, Brücken, werden nach VDE V 0185-3 (Lit. 10-1) im Bereich um die Eingänge, Aufgänge und Fußpunkte Maßnahmen gegen Gefährdung durch Berührungs- und Schrittspannungen gefordert. Um dies zu erreichen, werden Potentialsteuerung oder Isolierung des Standorts oder eine Kombination beider Maßnahmen angewendet.

Als ausreichend wird die Potentialsteuerung üblicherweise angesehen, wenn das Widerstandsgefälle auf der Erdoberfläche im zu schützenden Bereich kleiner als 1 Ω/m ist.

Die Widerstands- bzw. Spannungsverteilung kann durch die Eingrabtiefe des Erders beeinflusst werden. Jede schlechter leitende Erdschicht über einer gut leitenden hat zur Folge, dass die Widerstandsverteilung so beeinflusst wird, als ob der Erder tiefer vergraben wäre.

Eine optimale Potentialsteuerung zum Vermeiden von unzulässig hohen Berührungs- und Schrittspannungen wird durch das Verlegen von Metallgittern im Erdboden (z. B. unter Gehwegen) erreicht.

10.10 Erderwerkstoffe und Korrosion

Metalle, die unmittelbar mit Erdboden oder Wasser (Elektrolyten) in Verbindung stehen, können durch Streuströme, aggressiven Erdboden und Elementbildung korrodiert werden. Erder und Erdungsanlagen können durch aggressiven Erdboden und durch Bildung von Konzentrationselementen korrosionsgefährdet sein. Die Korrosionsgefährdung hängt vom Werkstoff und von Art und Zusammensetzung des Bodens ab. Es wurden zunehmende Korrosionsschäden durch galvanische Elementbildung beobachtet. Auch Bewehrungen von Betonfundamenten können zur Kathode eines Elementes werden und damit elektrochemische Korrosionen an anderen Anlagen auslösen.

Mit der Errichtung größerer Stahlbetonbauwerke und der Installation kleinerer Metallflächen im Erdboden wird das Oberflächenverhältnis Anode/Kathode sehr ungünstig, und die Korrosionsgefahr der unedleren Metalle im Erdboden wird zwangsläufig groß. Eine elektrische Trennung anodisch wirkender Anlagen zum Vermeiden dieser Elementbildung ist nur in Ausnahmefällen möglich. Heute wird der Zusammenschluss aller Erder, auch mit anderen mit der Erde in Verbindung stehenden metallenen Anlagen, gefordert, um einen Potentialausgleich und damit ein Höchstmaß an Sicherheit gegen zu hohe Berührungsspannung im Fehlerfalle elektrischer Anlagen und bei Blitzeinwirkungen zu erreichen.

In Hochspannungsanlagen werden gewöhnlich Hochspannungs-Schutzerder mit Niederspannungs-Betriebserdungen nach VDE 0101 (Lit. 10-15) verbunden, und nach VDE 0100 Teil 410 (Lit. 10-17) sowie VDE V 0185-3 (Lit. 10-1) wird das Einbeziehen von Rohrleitungen und anderen Anlagen in den Potentialausgleich verlangt. Es bleibt demnach nur der Weg, Korrosionsgefährdungen für Erder und andere mit den Erdern verbundene Anlagen durch die Wahl von geeigneten Erderwerkstoffen zu vermeiden oder wenigstens zu verringern (VDE 0151 und Lit. 10-18).

10.10.1 Begriffserläuterungen

Korrosion ist die Reaktion eines metallenen Werkstoffs mit seiner Umgebung, die zu einer Beeinträchtigung der Eigenschaften des metallenen Werkstoffes und/oder seiner Umgebung führt. Die Reaktion ist in den meisten Fällen elektrochemischer Art.

10.10 Erderwerkstoffe und Korrosion

- *Elektrochemische Korrosion* ist eine Korrosion, bei der elektrochemische Vorgänge stattfinden. Sie laufen ausschließlich in Gegenwart eines Elektrolyten ab. Kennzeichnend für die elektrochemische Korrosion ist eine Abhängigkeit der Korrosionsvorgänge vom Elektrodenpotential.
- *Elektrolyt* ist ein ionenleitendes Korrosionsmedium (z. B. Erdboden, Wasser)
- *Elektrode* ist ein elektronenleitender Werkstoff in einem Elektrolyten. Das System Elektrode-Elektrolyt bildet eine Halbzelle
- *Anode* ist eine Elektrode, aus der ein Gleichstrom in den Elektrolyten austritt
- *Kathode* ist eine Elektrode, in die ein Gleichstrom aus dem Elektrolyten eintritt
- *Bezugselektrode* ist eine Messelektrode zum Bestimmen des Potentials eines Metalls im Elektrolyten. Beim Messen von Gleichspannung ist eine möglichst unpolarisierbare Elektrode erforderlich
- *Kupfersulfat-Elektrode* ist eine nahezu unpolarisierbare Bezugselektrode, die aus Kupfer in gesättigter Kupfersulfat-Lösung besteht. Die Kupfersulfat-Elektrode ist die gebräuchlichste Bezugselektrode für die Messung des Potentials unterirdischer metallener Objekte
- *Korrosionselement* ist ein galvanisches Element mit örtlich unterschiedlichen Teilstromdichten für die Metallauflösung. Anoden und Kathoden von Korrosionselementen können gebildet werden:
  - werkstoffseitig bedingt durch unterschiedliche Metalle (Kontaktkorrosion) oder durch unterschiedliche Gefügebestandteile: selektive und interkristalline Korrosion
  - elektrolytseitig bedingt durch unterschiedliche Konzentration bestimmter Stoffe, die für die Metallauflösung stimulierende oder inhibierende Eigenschaften haben
- *Bezugspotential* ist ein Potential einer Bezugselektrode, bezogen auf die Standard-Wasserstoff-Elektrode
- *Elektrodenpotential* ist das elektrische Potential eines Metalls oder eines elektronenleitenden Festkörpers in einem Elektrolyten
  Das Elektrodenpotential kann nur als eine Spannung gegen eine Bezugselektrode gemessen werden. In der Literatur werden zuweilen Potentiale auch als Bezugsspannungen bezeichnet. Beispielsweise ist das Metall/Elektrolyt-Potential die Spannung zwischen einer Anlage aus Metall und dem sie umgebenden Elektrolyten bzw. Erdboden, die nur mit Hilfe einer Bezugselektrode messbar ist (z. B. Erder/Boden-Potential).

10.10.2 Bildung galvanischer Elemente, Korrosion

Die Korrosionsvorgänge lassen sich an Hand eines galvanischen Elements erklären. Wird z. B. ein Metallstab in einen Elektrolyten getaucht, dann treten positiv geladene Ionen in den Elektrolyten über und umgekehrt werden auch positive Ionen aus dem Elektrolyten von dem Metallverband aufgenommen. Man spricht in diesem Zusammenhang vom „Lösungsdruck" des Metalls und vom „osmotischen Druck" der Lösung. Je nach Größe dieser beiden Drucke gehen entweder die Metall-Ionen des Stabes vermehrt in Lösung (der Stab wird also gegenüber der Lösung negativ) oder die Ionen des Elektrolyten lagern sich vermehrt am Stab an (der Stab wird positiv gegenüber dem Elektrolyten). Es entsteht also eine Spannung zwischen dem Metallstab und dem Elektrolyten.

In der Praxis werden die Potentiale der Metalle im Erdboden im Hilfe einer Kupfersulfat-Elektrode gemessen (*Bild 10.10.2a*). Sie besteht aus einem Kupferstab, der in eine gesättigte Kupfersulfat-Lösung taucht (das Potential dieser Vergleichselektrode bleibt also immer gleich). In *Tabelle 10.10.2a* sind die Potentiale der gebräuchlichsten Metalle im Erdboden zusammengestellt.

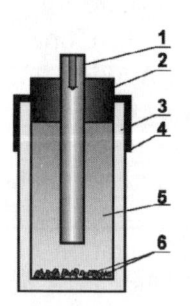

1 Elektrolyt-Kupferstab mit Bohrung für Messanschluss
2 Gummistopfen
3 Keramikzylinder mit porösem Boden
4 Glasur
5 gesättigte $Cu/CuSO_4$ - Lösung
6 $Cu/CuSO_4$ - Kristalle

Bild 10.10.2a:
Ausführungsbeispiel für eine unpolarisierbare Messelektrode (Kupfer/Kupfersulfat-Elektrode)

Tabelle 10.10.2a: Werte der gebräuchlichsten Metalle im Erdboden

Bezeichnung	Einheit	Kupfer Cu	Blei Pb	Zinn Sn	Eisen Fe	Zink Zn
Ruhepotential im Erdboden	V	0 bis -0,1	-0,4 bis -0,5	-0,4 bis -0,6	-0,4 bis -0,7	-0,9 bis -1,1
elektrochemisches Äquivalent	kg/(A·a)	10,4	33,9	19,4	9,3	10,7
Linearabtrag bei $I'' = 100\ mA/m^2$	mm/a	0,12	0,3	0,27	0,12	0,15

10.10 Erderwerkstoffe und Korrosion

Wenn zwei Stäbe aus verschiedenen Metallen in denselben Elektrolyten tauchen, so entsteht zwischen jedem Stab und dem Elektrolyten eine Spannung. Zwischen den Stäben entsteht eine Spannung als Differenz ihrer Potentiale in Elektrolyten. Verbindet man z. B., wie in *Bild 10.10.2b* gezeigt, die Kupfer- und die Eisenelektrode über ein Amperemeter außerhalb des Elektrolyten, so fließt im äußeren Stromkreis der Strom I von Plus nach Minus, also von der nach Tabelle 10.10.2a „edleren" Kupferelektrode zur Eisenelektrode. Im Elektrolyten hingegen fließt der Strom I von der „negativeren" Eisenelektrode zur Kupferelektrode; damit ist der Stromkreis geschlossen. Das bedeutet: Der negativere Pol gibt positive Ionen an den Elektrolyten ab und wird damit zur Anode des galvanischen Elementes; er wird mit der Zeit aufgelöst. Die Auflösung des Metalls findet an denjenigen Stellen statt, an denen der Strom in den Elektrolyten übertritt.

Ein Korrosionsstrom kann auch durch ein Konzentrationselement (*Bild 10.10.2c*) entstehen. Hierbei tauchen zwei Elektroden aus demselben Metall in verschiedene Elektrolyten. Die Elektrode 2 im Elektrolyten 2 mit der größeren Metall-Ionen-Konzentration wird elektrisch positiver als die Elektrode 1. Durch die Verbindung der beiden Elektroden fließt der Strom I, wobei sich die elektrochemisch negativere Elektrode 1 auflöst. Ein solches Konzentrationselement kann etwa durch zwei Eisenelektroden gebildet werden, von denen die eine in Beton eingegossen ist und die andere im Erdreich liegt (*Bild 10.10.2d*). Bei Verbindung dieser Elektroden

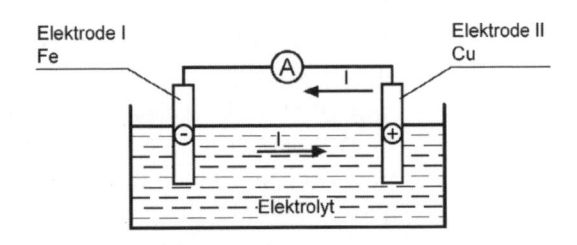

Bild 10.10.2b: Galvanisches Element mit Elektroden aus Eisen und Kupfer

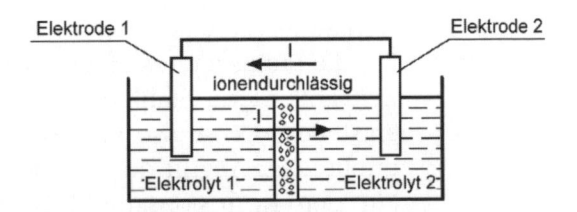

Bild 10.10.2c: Konzentrationselement

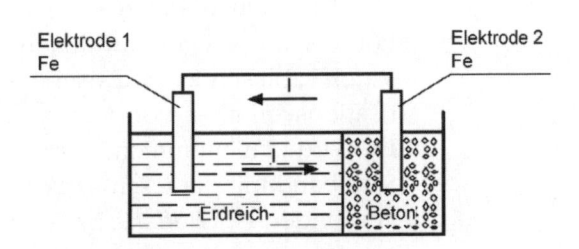

Bild 10.10.2d: Eisen im Erdreich/Eisen im Beton

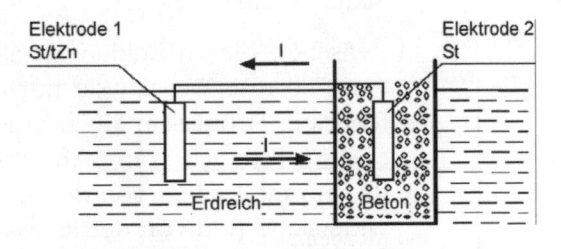

Bild 10.10.2e: Korrosionselement: Stahl verzinkt im Erdreich/Stahl „schwarz" im Beton

wird das Eisen im Beton zur Kathode des Konzentrationselements und das Eisen im Erdreich zur Anode; das letztere wird also durch Ionenabbau zerstört.

Allgemein gilt für die elektrochemische Korrosion, dass mit dem Strom I ein umso größerer Metalltransport verbunden ist, je größer die Ionen sind und je kleiner ihre Ladung ist (d. h., I ist proportional zur Atommasse des Metalls). In der Praxis rechnet man mit Stromstärken, die über einen bestimmten Zeitraum fließen, z. B. über ein Jahr. In der Tabelle 10.10.2a sind Werte angegeben, die die Wirkung des Korrosionsstroms durch die Menge des aufgelösten Metalls ausdrücken. Korrosionsstrom-Messungen machen es also möglich, vorauszuberechnen, welche Masse eines Metalls in einer bestimmten Zeit abgetragen wird. Für die Praxis interessanter jedoch ist die Vorhersage, ob und in welcher Zeit an Erdern, Stahlbehältern, Rohren usw., Löcher durch Korrosion entstehen. Es ist also von Bedeutung, ob ein flächenmäßiger oder ein punktueller Angriff des Stromes zu erwarten ist.

Für den Korrosionsangriff ist nicht die Größe des Korrosionsstroms allein maßgebend, sondern besonders seine Dichte I" (in A/m^2), also der Strom je Flächeneinheit der Austrittsfläche. Diese Stromdichte lässt sich oft nicht direkt bestimmen. Man behilft sich in diesen Fällen mit Potentialmessungen, an denen man die Höhe der vorhandenen „Polarisation" ablesen kann. Es sei deswegen im Folgenden kurz auf das Polarisationsverhalten von Elektroden eingegangen.

Es wird angenommen, dass ein im Erdreich befindliches verzinktes Stahlband mit der („schwarzen") Stahlarmierung eines Betonfundaments verbunden ist (*Bild 10.10.2e*). Es können dabei folgende Potentialdifferenzen gegen die Kupfersulfat-Elektrode auftreten:

Stahl, („schwarz") im Beton: − 200 mV
Stahl, verzinkt, im Sand: − 700 mV.

Zwischen diesen beiden Metallen besteht also eine Potentialdifferenz von 500 mV. Werden sie nun außerhalb des Erdreichs verbunden, so fließt ein Strom I im äußeren Kreis vom Betonstahl zum Stahl im Sand und im Erdreich vom Stahl im Sand zum Armierungsstahl. Die Größe des Stroms I hängt von der Spannungsdifferenz, vom spezifischen Erdwiderstand und von der Polarisation der beiden Metalle ab.

Grundsätzlich ist festzustellen, dass der Strom I im Erdreich unter stofflichen Veränderungen erzeugt wird. Eine stoffliche Veränderung bedeutet aber auch, dass sich das Potential der einzelnen Metalle gegenüber dem Erdreich verändert. Diese Potentialverschiebung durch den Korrosionsstrom I heißt Polarisation. Die Stärke der Polarisation ist direkt proportional zur Stromdichte I". Polarisationserscheinungen treten an der

negativen und an der positiven Elektrode auf. Allerdings sind die Stromdichten an beiden Elektroden meistens verschieden. Zur Veranschaulichung wird folgendes Beispiel betrachtet:
Eine gut isolierte Gasleitung aus Stahl im Erdreich ist mit Erdern aus Kupfer verbunden. Wenn die isolierte Leitung nur wenige kleine Fehlstellen aufweist, dann herrscht an diesen eine hohe Stromdichte, und eine schnelle Korrosion des Stahls ist die Folge. Bei der weitaus größeren Stromeintrittsfläche der Kupfererder hingegen ist die Stromdichte nur gering. Demzufolge wird bei der negativeren, isolierten Stahlleitung eine größere Polarisation auftreten als bei den positiven Kupfererdern. Es findet eine Verschiebung des Potentials der Stahlleitung zu positiveren Werten statt. Damit nimmt dann auch die Potentialdifferenz zwischen den Elektroden ab. Die Größe des Korrosionsstroms hängt also auch von den Polarisationseigenschaften der Elektroden ab.
Die Stärke der Polarisation kann durch Messen der Elektroden-Potentiale bei aufgetrenntem Stromkreis abgeschätzt werden. Man trennt den Kreis auf, um den Spannungsfall im Elektrolyten zu vermeiden. Meistens werden für derartige Messungen speichernde Instrumente verwendet, da oft sofort nach der Unterbrechung des Korrosionsstroms eine rasche Depolarisation eintritt. Wird nun eine starke Polarisation an der Anode (der negativeren Elektrode) gemessen (liegt also eine deutliche Verschiebung zu positiveren Potentialen vor), so besteht eine hohe Korrosionsgefahr für die Anode.
Im oben genannten Beispiel des Korrosionselements, bestehend aus Stahl („schwarz") im Beton und verzinktem Stahl im Sand (s. Bild 10.10.2e), kann gegen eine weit entfernte Kupfersulfat-Elektrode je nach Verhältnis der anodischen zur kathodischen Fläche und der Polarisierbarkeit der Elektroden ein Potential des zusammengeschalteten Elementes zwischen −200 mV und −700 mV gemessen werden.
Ist z. B. die Fläche des armierten Betonfundaments sehr groß gegen die Oberfläche des verzinkten Stahldrahts, dann tritt an letzterem eine hohe anodische Stromdichte auf, sodass er bis nahe an das Armierungsstahl-Potential polarisiert und in relativ kurzer Zeit zerstört wird.
Eine hohe positive Polarisation deutet also immer auf eine erhöhte Korrosionsgefahr hin. Für die Praxis ist es wichtig, die Grenze zu kennen, ab welcher eine positive Potentialverschiebung eine akute Korrosionsgefahr bedeutet. Leider lässt sich hierfür kein eindeutiger Wert angeben, der in jedem Fall gilt; dafür sind allein schon die Einflüsse durch die Bodenbeschaffenheit zu groß. Potentialverschiebungsbereiche hingegen können für natürliche Böden festgelegt werden:

– eine Polarisation unter +20 mV ist im Allgemeinen ungefährlich

- Potentialverschiebungen, die über +100 mV hinausgehen, sind sicher gefährlich
- zwischen 20 und 100 mV wird es immer Fälle geben, bei denen die Polarisation deutliche Korrosionserscheinungen auslöst.

Zusammenfassend kann also festgestellt werden: Voraussetzung für die Bildung von Korrosionselementen (galvanische Elemente) ist immer das Vorhandensein von metallenen und elektrolytisch leitend verbundenen Anoden und Kathoden. Anoden und Kathoden entstehen aus Werkstoffen unterschiedlicher Metalle bzw. unterschiedlicher Oberflächenbeschaffenheiten eines Metalls (Kontaktkorrosion) sowie unterschiedlicher Gefügebestandteile (selektive oder interkristalline Korrosion) und Elektrolyten unterschiedlicher Konzentrationen (z. B. Salzgehalt, Belüftung). Bei den Korrosionselementen haben die anodischen Bereiche stets ein negativeres Metall/Elektrolyt-Potential als die kathodischen Bereiche. Die Metall/Elektrolyt-Potentiale werden mit einer gesättigten Kupfersulfat-Elektrode gemessen, die in unmittelbarer Nähe des Metalls im oder auf dem Erdreich aufgesetzt wird. Die Potentialdifferenz bewirkt bei einer leitenden Verbindung zwischen Anode und Kathode im Elektrolyten einen Gleichstrom, der aus der Anode unter Metallauflösung in den Elektrolyten übertritt und dann in die Kathode wieder eintritt.

Zur Abschätzung der mittleren anodischen Stromdichte I''_A wird oft die „Flächenregel" angewendet:

$$I''_A = \frac{U_K - U_A}{\rho_K} \cdot \frac{A_K}{A_A} \quad \text{in } A/m^2$$

U_A, U_K = Anoden- bzw. Kathoden-Metall/Elektrolyt-Potential in V
ρ_K = spezifischer Polarisationswiderstand der Kathode in Ωm^2
A_A, A_K = Anoden- bzw. Kathoden-Oberfläche in m^2.

Der Polarisationswiderstand ist der Quotient aus der Polarisationsspannung und dem Summenstrom einer Mischelektrode (eine Elektrode, an der mehr als eine Elektrodenreaktion abläuft).

In der Praxis können zwar zur Abschätzung der Korrosionsgeschwindigkeit die treibende Elementspannung $U_A - U_K$ und die Größen der Flächen A_A und A_K annähernd ermittelt werden, die Werte für ρ_A (spezifischer Polarisationswiderstand der Anode) und ρ_K liegen aber nicht mit hinreichender Genauigkeit vor. Sie sind abhängig von den Elektrodenwerkstoffen, den Elektrolyten mit ihren spezifischen Erdwiderständen und den anodischen bzw. kathodischen Stromdichten.

10.10 Erderwerkstoffe und Korrosion

Aus bisher vorliegenden Untersuchungsergebnissen kann geschlossen werden, dass ρ_A viel kleiner als ρ_K ist und deshalb in der oben genannten „Flächenregel" vernachlässigt werden kann. Für ρ_K gilt:

- Stahl im Erdboden: etwa 1 Ωm^2
- Kupfer im Erdboden: etwa 5 Ωm^2
- Stahl im Beton: etwa 30 Ωm^2.

Aus der „Flächenregel" erkennt man deutlich, dass sowohl an umhüllten Stahlleitungen und Behältern mit kleinen Fehlstellen in der Umhüllung in Verbindung mit Kupfererdern als auch an Erdungsleitungen aus verzinktem Stahl in Verbindung mit ausgedehnten Erdungsanlagen aus Kupfer oder sehr großen Stahlbetonfundamenten starke Korrosionserscheinungen auftreten.

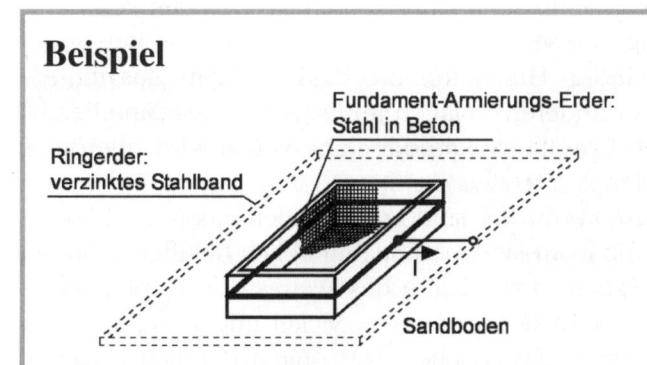

Beispiel

Fundament-Armierungs-Erder: Stahl in Beton
Ringerder: verzinktes Stahlband
Sandboden

Fundament-Armierungs-Erder (Kathode): $A_K = 140\ m^2$, $U_K = -0{,}20\ V$, $\rho_K = 30\ \Omega m^2$
Ringerder (Anode): $A_A = 2{,}5\ m^2$, $U_A = -0{,}70\ V$

$$I_A'' = \frac{-0{,}20 - (-0{,}70)}{30} \cdot \frac{140}{2{,}5} = 0{,}93\ A/m^2$$

$$I_A = I_A'' \cdot A_A = 0{,}93 \cdot 2{,}5 = 2{,}3\ A$$

Mit Tabelle 10.10.2a sind:

der Linearabtrag des Ringerders $\approx 0{,}15 \cdot 9{,}3 = 1{,}4\ \dfrac{mm}{a}$

der Massenabtrag des Ringerders $\approx 10{,}7 \cdot 2{,}3 = 25\ \dfrac{kg}{a}$

10.10.3 Auswahl der Erderwerkstoffe

Durch die Wahl geeigneter Werkstoffe können Korrosionsgefährdungen für Erder vermieden oder verringert werden. Zum Erzielen einer ausreichenden Lebensdauer müssen Werkstoff-Mindestabmessungen eingehalten werden. In VDE V 0185-3 (Lit. 10-1) und EN 50164-2 (Lit. 10-19) sind Erderwerkstoffe, Formen und Mindestabmessungen festgelegt.

Feuerverzinkter Stahl ist auch für die Einbettung in Beton geeignet. Fundamenterder sowie Erdungs- und Potentialausgleichleitungen aus verzinktem Stahl in Beton dürfen mit Bewehrungseisen verbunden werden.

Bei *Stahl mit Kupfermantel* gelten für den Mantelwerkstoff die Bemerkungen für blankes Kupfer. Eine Verletzung des Kupfermantels bewirkt jedoch eine starke Korrosionsgefahr für den Stahlkern, deshalb muss immer eine lückenlos geschlossene Kupferschicht vorhanden sein.

Blankes Kupfer ist aufgrund seiner Stellung in der elektrolytischen Spannungsreihe sehr beständig. Hinzu kommt, dass es beim Zusammenschluss mit Erdern oder anderen Anlagen im Erdboden aus „unedleren" Werkstoffen (z. B. Stahl) zusätzlich kathodisch geschützt wird, allerdings auf Kosten der „unedleren" Metalle.

Hochlegierte, *nicht rostende Stähle* sind im Erdboden passiv und korrosionsbeständig. Das freie Korrosionspotential in üblich belüfteten Böden liegt in den meisten Fällen in der Nähe des Wertes von Kupfer. Edelstähle sollten mindestens 16 % Chrom, 5 % Nickel und 2 % Molybdän enthalten. Aufgrund von umfangreichen Messungen hat sich ergeben, dass nur ein hochlegierter Edelstahl, z. B. der Werkstoff-Nr. 1.4571, im Erdboden ausreichend korrosionsbeständig ist.

Sonstige Werkstoffe können verwendet werden, wenn sie gleichwertige mechanische, elektrische und chemische Korrosionseigenschaften aufweisen.

10.10.4 Zusammenschluss von Erdern aus verschiedenen Werkstoffen

Die bei leitendem Zusammenschluss von zwei verschiedenen, erdverlegten Metallen auftretende Elementstromdichte führt zur Korrosion des als Anode wirkenden Metalls; sie ist im Wesentlichen vom Verhältnis der kathodischen Fläche A_K zu der anodischen Fläche A_A abhängig. Mit stärkerer Korrosion ist erst bei Flächenverhältnissen $A_K/A_A > 100$ zu rechnen.

Im Allgemeinen kann davon ausgegangen werden, dass der Werkstoff mit dem positiveren Potential zur Kathode wird. Die Anode eines tatsächlich vorliegenden Korrosionselements kann daran erkannt werden, dass diese nach Auftrennen der leitenden Verbindung das negativere Potential aufweist. Bei Zusammenschluss mit erdverlegten Anlagen aus Stahl verhalten sich in (deckschichtbildenden) Böden folgende Erdermaterialien immer kathodisch:

- blankes Kupfer
- verzinntes Kupfer
- Kupfer oder Stahl mit Bleimantel
- hochlegierter Edelstahl
- Bewehrungsstahl in Beton.

Deckschichtbildende Böden sind meistens vorhanden. Ausnahmen bilden aggressive Böden (z. B. anaerobe Böden, Moorböden oder schlackenhaltige Böden).

Einen Überblick über empfehlenswerte und weniger empfehlenswerte Werkstoffkombinationen gibt die *Tabelle 10.10.4a*.

Tabelle 10.10.4a: Erdermaterialien und Einsatzbedingungen

Werkstoff	Verlegung		Korrosion		
	in Erde	in Beton	Beständigkeit	erhöht durch Umgebungen mit	Werkstoffzerstörung bei galvanischer Verbindung mit
Kupfer	massiv Seil (auch mit Überzug)	massiv Seil (auch mit Überzug)	gut in vielen Umgebungen	Schwefelverbindungen, organischem Material	—
Stahl - feuerverzinkt	massiv	massiv Seil	gut in Luft, Beton und saurem Boden	hohem Chloridgehalt	Kupfer, armiertem Beton
Stahl - nicht rostend	massiv	massiv Seil	gut in vielen Umgebungen	gelösten Chloriden	—

Stahlbewehrungen von Betonfundamenten im Erdboden weisen oft ein sehr positives Potential (ähnlich wie Kupfer) auf. Stahl in Beton wird jedoch im Gegensatz zu Kupfer im Erdboden durch erheblich geringere Stromdichten kathodisch polarisiert, d. h., bei Verbindung mit unedleren Metallen wird infolge des fließenden Elementstroms die wirksame Elementspannung kleiner. Mit der veränderten Bauweise (immer größere Stahlbetonfundamente und kleinere Metallflächen im Erdboden) gewinnt diese Korrosionsursache wegen der meist ungünstigen Flächenverhältnisse jedoch an Bedeutung. In der Regel kann die wirksame Oberfläche der Metallbewehrung mit der Fundamentoberfläche im Erdboden gleichgesetzt werden.

Erder aus verzinktem Stahl sollten deshalb nicht mit der Stahlbewehrung von großen Betonfundamenten verbunden werden. Verzinkter Stahl im Erdboden ist stets korrosionsgefährdet, wenn die Fundamentoberfläche im Erdboden mehr als etwa 100-mal größer ist als die Oberfläche des verzinkten Stahls.

Erder und Erdungsleitungen, die mit der Bewehrung von großen Stahlbetonfundamenten unmittelbar verbunden werden, sollten deshalb aus nichtrostendem Stahl oder Kupfer bestehen. Dies gilt vor allem auch für kurze Verbindungsleitungen in unmittelbarer Nähe der Fundamente.

Es ist auch möglich, die galvanisch leitende Verbindung zwischen erdverlegten Anlagen mit stark unterschiedlichen Potentialen durch den Einbau von Trennfunkenstrecken zu unterbrechen, sodass kein Korrosionsstrom mehr fließen kann. Bei Auftreten einer Überspannung spricht die Trennfunkenstrecke an und verbindet die Anlagen für die Dauer der Überspannung miteinander. Bei Schutz- und Betriebserdern dürfen allerdings keine Trennfunkenstrecken installiert werden, weil diese Erder immer mit den Betriebsanlagen verbunden sein müssen.

10.10.5 Sonstige Korrosionsschutzmaßnahmen

Verbindungsleitungen aus verzinktem Stahl von Fundamenterden zu Ableitungen sollen in Beton oder Mauerwerk bis oberhalb der Erdoberfläche geführt werden. Falls die Verbindungsleitungen durch das Erdreich geführt werden, ist verzinkter Stahl mit Betonumhüllung oder Kunststoffumhüllung zu versehen, oder es sind Anschlussfahnen mit Kabel NYY 50 mm², nicht rostendem Stahl oder Erdungsfestpunkte zu verwenden. Innerhalb des Mauerwerks können die Erdleitungen auch ohne Korrosionsschutz hochgeführt werden.

Erdeinführungen aus verzinktem Stahl müssen von der Erdoberfläche ab nach oben und nach unten mindestens auf 0,3 m gegen Korrosion geschützt werden. Bitumen-Anstriche sind im Allgemeinen nicht ausreichend. Schutz bietet eine nicht Feuchtigkeit aufnehmende Umhüllung, z.B. Butyl-Kautschuk-Band oder Schrumpfschlauch.

Unterirdische Anschlüsse und Verbindungen im Erdboden müssen so ausgeführt sein, dass sie in ihrer Korrosionsbeständigkeit dem Erderwerkstoff gleichwertig sind. Daher sind Verbindungsstellen, die durch Bearbeiten, beim Verlegen oder aus Fertigungsgründen nicht gleichwertig korrosionsgeschützt sind, und Verbindungsbauteile, die Hohlräume aufweisen, nach der Montage mit einer Korrosionsschutzbinde zu umhüllen.

Beim Verfüllen von Gräben und Gruben, in denen Erder verlegt sind, dürfen aggressive Abfälle, wie Schlacke- und Kohleteile sowie Bauschutt, nicht unmittelbar mit dem Erderwerkstoff in Berührung kommen.

10.11 Messen der Spannungsverteilung und des Ausbreitungswiderstands

Die Spannungsverteilung („Spannungstrichter") beim Stromfluss durch einen Erder verläuft analog zur Widerstandsverteilung. Zur Messung von Ausbreitungswiderständen werden heute in der Regel Kompensations-Messbrücken (Spannungskompensation) verwendet, die eine direkte Ablesung des Widerstands gestatten. Bei diesen Geräten werden für die Messung ein Hilfserder und eine Sonde benötigt (*Bild 10.11a*). Die Messgeräte müssen weitgehend unempfindlich gegen vagabundierende Fremdströme im Erdboden sein und sollen auch bei großen Widerständen von Sonde und Hilfserder Messfehler vermeiden.

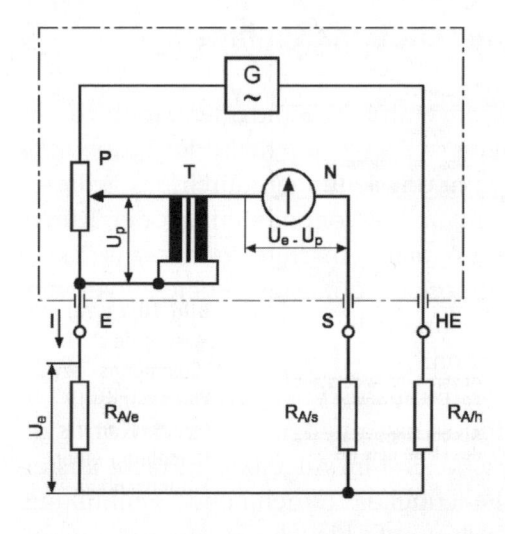

G   Generator
T   Wandler
P   Potentiometer
N   Nullindikator
E   Erder mit Ausbreitungswiderstand $R_{A/e}$
S   Sonde mit Ausbreitungswiderstand $R_{A/s}$
HE Hilfserder mit Ausbreitungswiderstand $R_{A/h}$
U_p Spannung am Potentiometer P
U_e Spannung am Erdausbreitungswiderstand $R_{A/e}$
I   Messstrom

Bild 10.11a: Prinzipschaltung eines Erdungsmessgeräts

Der Generator G speist einen Wechselstrom I durch das Potentiometer P, den Erder E mit dem Ausbreitungswiderstand RA/e und den Hilfserder HE mit dem Ausbreitungswiderstand RA/h. Der Messstrom I verursacht an RA/e die Spannung Ue und an P die Spannung UP. Am Nullindikator N liegt die Spannungsdifferenz Ue – Up. Das Potentiometer wird so verstellt, dass Ue = Up ist, der Nullindikator also „Null" zeigt. Am Potentiometer kann dann RA/e direkt abgelesen werden. Das Messergebnis ist unabhängig von der Größe des Messstroms I. Eine Messbereichsumschaltung wird durch stufenweises Verändern des Übersetzungsverhältnisses des Wandlers T vorgenommen. Der Ausbreitungswiderstand RA/h des Hilfserders beeinflusst die Größe des Messstromes I und damit auch die Empfindlichkeit der Messung, hat aber ebenso wie RA/s, der Ausbreitungswiderstand der Sonde, keinen Einfluss auf das Messergebnis.

10.11.1 Spannungstrichter

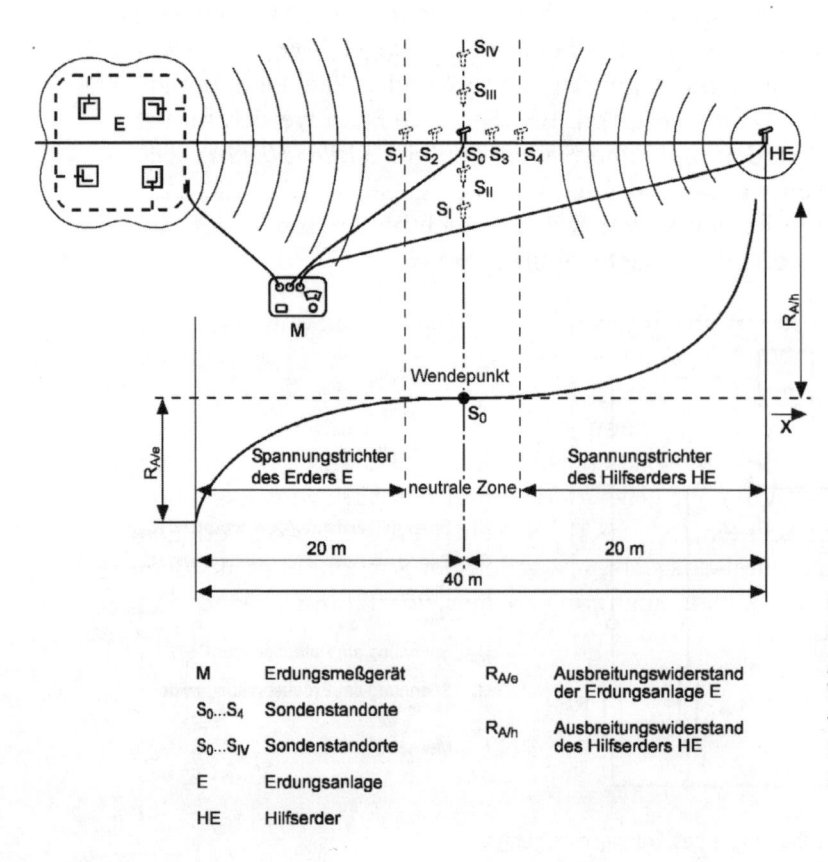

Bild 10.11.1a: Messen des „Spannungs- bzw. Widerstandstrichters" in der Umgebung einer Erdungsanlage

M	Erdungsmeßgerät
$S_0...S_4$	Sondenstandorte
$S_0...S_{IV}$	Sondenstandorte
E	Erdungsanlage
HE	Hilfserder
$R_{A/e}$	Ausbreitungswiderstand der Erdungsanlage E
$R_{A/h}$	Ausbreitungswiderstand des Hilfserders HE

10.11 Spannungsverteilung und Ausbreitungswiderstand

Zur Bestimmung des „Spannungs- bzw. Widerstandstrichters" um einen Erder wird die im *Bild 10.11.1a* wiedergegebene Messanordnung aufgebaut. Die Messsonde S wird in Abhängigkeit vom Abstand x vom Erder in der festgelegten Messrichtung in den Erdboden eingebracht und dann jeweils das Erdungsmessgerät abgeglichen. Man erhält somit jeweils den Widerstand der Erdungsanlage zwischen ihrem Anschlusspunkt und dem betreffenden Punkt auf der Erdoberfläche. Wie aus Bild 10.11.1a ersichtlich ist, schließt sich an den Spannungstrichters der Spannungstrichter des Hilfserders an.

10.11.2 Ausbreitungswiderstand von Erdungsanlagen kleiner Ausdehnung

Wesentlich für das richtige Erfassen des Ausbreitungswiderstands der Erdungsanlage $R_{A/e}$ ist die Anordnung der Sonde S und des Hilfserders HE (Bild 10.11.1a). Die Sonden- und Hilfserderabstände betragen 20 bzw. 40 m. Die Sonde muss zwischen der Erdungsanlage und dem Hilfserder in der so genannten neutralen Zone eingesetzt werden. Bei kleineren Erdungsanlagen (Tiefenerder, Banderder bis etwa 10 m Länge oder Ringerder bis etwa 5 m Durchmesser) verläuft der Widerstandstrichter innerhalb der neutralen Zone (Bereich gleicher Widerstandswerte) horizontal.

Zur Kontrolle, ob sich die Sonde S tatsächlich in der neutralen Zone befindet, wird der Ausbreitungswiderstand $R_{A/e}$ bei verändertem Sondenstandort (S_1 ... S_4) überprüft. Die neuen Sondenstandorte befinden sich im Bereich 2 m vor und hinter dem ursprünglichen Sondenstandort (S_0). Ergeben sich nun abweichende Messwerte für $R_{A/e}$, so liegt der Sondenstandort entweder noch nicht in der neutralen Zone, oder die Widerstandskurve verläuft im Sondenpunkt nicht horizontal. Richtige Messergebnisse können in solchen Fällen entweder durch Vergrößern des Hilfserderabstands vom Erder oder durch das Verlegen der Sonde auf der Mittelsenkrechten (S_I ... S_{IV}) erreicht werden. Durch Verlegen der Sonde auf der Mittelsenkrechten wandert der Sondenpunkt aus dem Einflussbereich der beiden Spannungstrichter der Erdungsanlage und des Hilfserders heraus.

10.11.3 Ausbreitungswiderstand von Erdungsanlagen großer Ausdehnung

Für das Messen ausgedehnter Erdungsanlagen sind wesentlich größere Abstände der Sonde und des Hilfserders erforderlich; man rechnet hier mit dem 2,5- bzw. 5-fachen Wert der größten Längserstreckung der Erdungsanlage. Solche ausgedehnten Erdungsanlagen weisen oft Ausbreitungswiderstände von nur einigen Ohm und weniger auf, sodass es besonders wichtig ist, die Messsonde im neutralen Bereich aufzusetzen. Die Messrichtung für Sonde und Hilfserder ist rechtwinkelig zu der größten Längserstreckung der Erdungsanlage zu wählen. Vor allem beim Messen derartig kleiner Ausbreitungswiderstände darf der Ausbreitungswiderstand des Hilfserders $R_{A/h}$ 500 Ω nicht überschreiten.

In Böden mit hohem spezifischem Erdwiderstand der oberen Schicht müssen deshalb erforderlichenfalls mehrere Erdspieße 1 ... 2 m voneinander entfernt mit ihrer ganzen Länge in den Boden eingebracht und untereinander verbunden werden. Eventuell ist das umgebende Erdreich anzufeuchten.

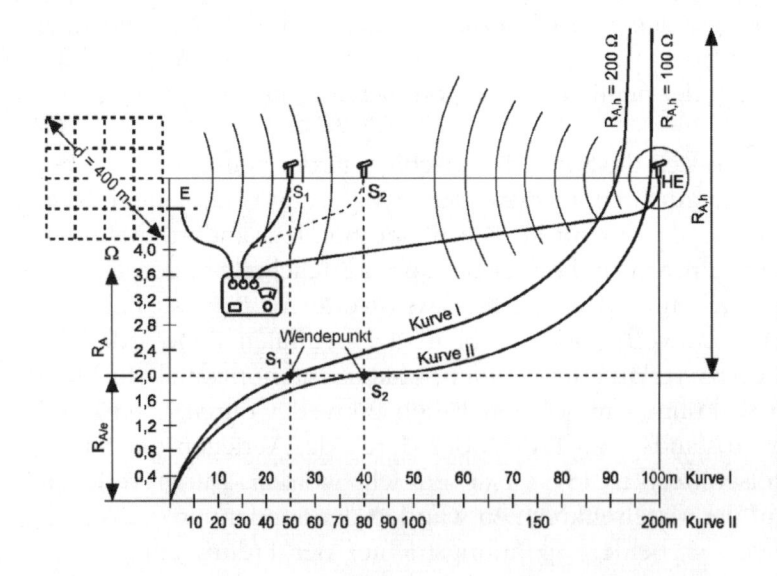

Bild 10.11.3a: Messen des Ausbreitungswiderstands einer ausgedehnten Erdungsanlage

E	Erdungsanlage
S_1, S_2	Sondenstandorte
HE	Hilfserder
d	größte Längenstreckung der Erdungsanlage E
$R_{A/e}$	Ausbreitungswiderstand der Erdungsanlage E
$R_{A/h}$	Ausbreitungswiderstand des Hilfserders HE

In der Praxis lassen sich große Messabstände wegen Geländeschwierigkeiten jedoch oft nicht erreichen. In diesem Fall verfährt man wie im *Bild 10.11.3a* angegeben: Der Hilfserder HE wird im größtmöglichen Abstand von der Erdungsanlage eingesetzt. Auf der Linie Erdungsanlage – Hilfserder wird die Widerstandskurve aufgenommen.

Sind die Widerstandstrichter der Erdungsanlage und des Hilfserders weit genug voneinander entfernt, so ergibt sich zwischen ihnen eine längere neutrale Zone. Der Wendepunkt der Widerstandskurve liegt in diesem horizontalen Bereich. Liegen Erdungsanlage und Hilfserder nahe beisammen, dann verläuft die Widerstandskurve im Wendepunkt recht steil. Legt man nun durch den Wendepunkt S_1 eine Parallele zur Abszisse, so teilt diese Linie die Widerstandskurve in zwei Teile. Der untere Teil ergibt, an der Ordinate gemessen, den gesuchten Ausbreitungswiderstand $R_{A/e}$, der obere Wert ist der Ausbreitungswiderstand des Hilfserders $R_{A/h}$. $R_{A/h}$ soll bei einer derartigen Messanordnung möglichst kleiner als das Hundertfache von $R_{A/e}$ sein. Bei Widerstandskurven ohne ausgeprägten horizontalen Bereich sollte die Messung mit verändertem Hilfserder-Standort kontrolliert werden. Diese weitere Widerstandskurve ist mit geändertem Abszissen-Maßstab so in das erste Diagramm einzutragen, dass beide Hilfserder-Standorte zusammenfallen. Mit dem Wendepunkt S_2 kann der zuerst gemessene Ausbreitungswiderstand kontrolliert werden.

Literatur für Kap. 10

Lit. 10-1 DIN V VDE V 0185-3 (VDE V 0185 Teil 3), 2002-11: Blitzschutz -$ Teil 3: Schutz von baulichen Anlagen und Personen.

Lit. 10-2 DIN VDE 0141 (VDE 0141): 2000-01. Erdungen für spezielle Starkstromanlagen mit Nennspannungen über 1 kV.

Lit. 10-3 DIN VDE 0100-200: 1998-06. Elektrische Anlagen von Gebäuden – Begriffe.

Lit. 10-4 DIN VDE 0100-540: 1991-11. Errichten von Starkstromanlagen mit Nennspannungen bis 1000 V - Auswahl und Errichtung elektrischer Betriebsmittel - Erdung, Schutzleiter, Potentialausgleichsleiter.

Lit. 10-5 Dehn + Söhne: Blitzplaner. Druckschrift DS 702/2005, Juni 2005.

Lit. 10-6 *Koch, W.:* Erdungen in Wechselstromanlagen über 1 kV. 2. Auflage, Springer-Verlag, Berlin, 1955.

Lit. 10-7 *Kulijew, D.A.; Alijew, F.A.:* Untersuchung des spezifischen elektrischen Bodenwiderstands in der Kasach-Kirowabadzone Aserbaidshans. 14th ICLP Intern. Conf. on Lightning Protection, Gdansk, 1978, Ref. 13.04.

Lit. 10-8: *Wiesinger, J.:* 14. Internationale Blitzschutzkonferenz. Resultate aus 5 Gruppen. etz A Elektrotechnische Zeitschrift A (1978), S. 655 bis 658.

Lit. 10-9: *Graf, A.:* Geophysikalische Messungen, III. Die elektrischen Verfahren: ATM Archiv für Technisches Messen (1935), V 65-4.

Lit. 10-10 *Wiesinger, J.:* Zur Berechnung des Stoßerdungswiderstands von Tiefen- und Oberflächenerdern. ETZ A Elektrotechnische Zeitschrift A 99(1978) H. 11, S. 659 bis 661.

Lit. 10-11 *Liew, A.C.; Darveniza, M.:* Dynamic model of impulse characteristics of concentrated earths. Proc. IEE 121 (1974) No. 2, S. 123 bis 135.

Lit. 10-12 *Zischank, W.; Kern, A.; Frentzel, R.; Heidler, F.;* Seevers, M.: Assessment of the Lightning Transient Coupling to Control Cables Interconnecting Structures in Large Industrial Facilities and Power Plants. 25th ICLP International Conference on Lightning Protection, Rhodos, Greece, Sept. 2000, paper 7.5, Conference Proceedings Volume B, pp. 691 - 696.

Lit. 10-13 *Heidler, F.; Zischank, W.; Wiesinger, J.; Kern, A.; Seevers, M.:* Induced Overvoltages in Cable Ducts Taking into Account the Current Flow into Earth. 24th ICLP International Conference on Lightning Protection, Birmingham (UK), 1998, paper 3a.5, Conference Proceedings Volume I, pp. 270 - 275.

Lit. 10-14 *Fisher, R.J.; Schnetzer, G.H.; Morris, M.E.:* Measured Fields and earth potentials at 10 and 20 meters from the base of triggered lightning channels. 22nd ICLP International Conference on Lightning Protection, Budapest, Hungary, Sept. 1994, paper R 1c-10.

Lit. 10-15 DIN VDE 0101: 2000-01. Starkstromanlagen mit Nennwechselspannungen über 1 kV.

Lit. 10-16 DIN 18014: 1994-02. Fundamenterder.

Lit. 10-17 DIN VDE 0100 Teil 410: 1997-01. Errichten von Starkstromanlagen mit Nennspannungen bis 1000 V - Teil 4: Schutzmaßnahmen - Kapitel 41: Schutz gegen elektrischen Schlag.

Lit. 10-18 DIN VDE 0151: 1986-06. Werkstoffe und Mindestmaße von Erdern bezüglich der Korrosion.

Lit. 10-19 DIN EN 50164-2 (VDE 0185-202): 2002-05. Blitzschutzbauteile – Teil 2: Anforderungen an Leitungen und Erder.

Blitzschutz-Potentialausgleich

11

Um bei einem Blitzeinschlag unkontrollierte Überschläge in den Gebäudeinstallationen infolge des Spannungsfalls am Erdungswiderstand auszuschließen, werden im Rahmen des Blitzschutz-Potentialausgleichs alle metallenen Installationen, die elektrischen Anlagen, die Blitzschutzanlage und die Erdungsanlage über Leitungen, Trennfunkenstrecken und Überspannungs-Schutzgeräte (SPD) miteinander verbunden. Dies geschieht in der Regel im Kellergeschoss eines Gebäudes.

In VDE V 0185-3 (Lit. 11-1) heißt es dazu: Der Blitzschutz-Potentialausgleich ist „Teil des Inneren Blitzschutzes, der die durch den Blitzstrom verursachten Potentialunterschiede reduziert. Dies wird durch Verbindung aller getrennten leitenden Anlagenteile direkt durch Leitungen oder durch Überspannungsschutzgeräte sichergestellt".

Der Potentialausgleich in Großanlagen (*Bild 11a*) wird meistens in vermaschter Form ausgeführt. Er umfasst: Fundamenterder, Bewehrungen der Gebäudeteile, Kabelkanal-Bewehrungen, metallene Kabelpritschen, metallene Schutzrohre von Kabeln, Kabelmäntel, Kabelschirme, Gestelle und Schränke elektrischer Einrichtungen, Hochspannungs-Schutzerder, Erder für PE-Leiter, Rohrleitungen für Wasser, Heizung und Gas, Blitzschutzerder und nicht zuletzt auch die Erdklemmen der SPDs für die elektrischen Anlagen.

Bild 11a: Potentialausgleich in der Messwarte einer Gasverdichter-Station

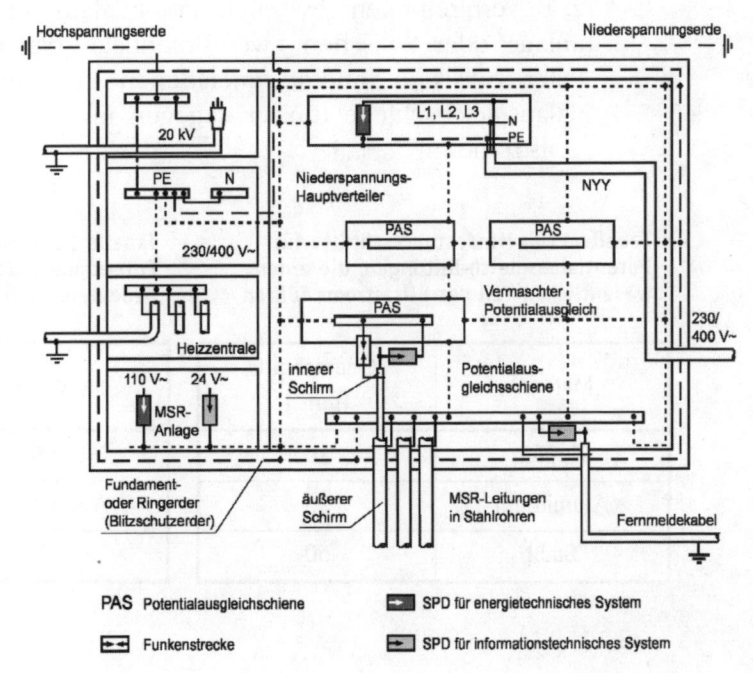

11 Blitzschutz-Potentialausgleich

Können bestimmte Installationsteile aus Betriebs- oder elektrochemischen Korrosionsgründen nicht dauernd elektrisch leitend verbunden werden, so ist ein während des Blitzeinschlags wirksamer Potentialausgleich über Trennfunkenstrecken herzustellen.

In VDE V 0185-3 (Lit. 11-1) wird gefordert: „Der Blitzschutz-Potentialausgleich ist an den folgenden Stellen auszuführen:

a) im Kellergeschoss oder etwa auf Erdniveau. Potentialausgleichleitungen sind mit der Potentialausgleichschiene zu verbinden, die so konstruiert und installiert ist, dass sie für Überprüfungen leicht zugänglich ist. Die Potentialausgleichschiene ist an die Erdungsanlage anzuschließen. Bei großen baulichen Anlagen (z. B. Länge größer als 20 m) können mehrere Potentialausgleichschienen installiert sein, vorausgesetzt, sie sind miteinander verbunden

b) wo Anforderungen an die Isolierung nicht erfüllt sind. Im Falle von getrenntem Äußeren Blitzschutz ist der Potentialausgleich nur auf Erdbodenniveau auszuführen. Potentialausgleichsverbindungen müssen so kurz und gerade wie möglich ausgeführt werden."

In obiger Norm sind auch die Mindestquerschnitte von Potentialsausgleichleitungen vorgegeben, wobei unterschieden wird zwischen Leitungen, über die der gesamte Blitzstrom oder ein wesentlicher Teil davon fließt (*Tabelle 11a*), und solchen, bei denen das nicht der Fall ist (*Tabelle 11b*). Leiter, über die ein wesentlicher Teil des Blitzstroms fließt, sind z. B. Verbindungen zwischen Potentialausgleichschiene und Erdungsanlage oder zwischen zwei Potentialausgleichschienen. Verbindungsleiter zwischen inneren, metallenen Installationen und einer Potentialausgleichschiene führen dagegen in der Regel nur geringere Blitz-Teilströme.

Tabelle 11 a: Mindestquerschnitte für Potentialausgleich-leitungen, die einen wesentlichen Teil des Blitzstroms führen

Material	Querschnitt [mm^2]
Kupfer	16
Aluminium	25
Stahl	50

Tabelle 11 b: Mindestquerschnitte für Potentialausgleichleitungen, die keinen bedeutenden Teil des Blitzstroms führen

Material	Querschnitt [mm^2]
Kupfer	6
Aluminium	10
Stahl	16

11.1 Anschluss- und Verbindungsbauteile, Potentialausgleichschienen

Anschluss- und Verbindungsbauteilen, d. h. geschraubten, genieteten und gepressten Verbindungen, kommen heute bei der Durchführung des konsequenten Blitzschutz-Potentialausgleichs besondere Bedeutung zu. Während die Leiterquerschnitte von Blitzableiterdrähten rechnerisch so festgelegt werden können, dass sie den zu erwartenden Blitzströmen standhalten, lassen sich für die Verbindungselemente bis heute keine blitzstromspezifischen Dimensionierungskriterien angeben. Deshalb wurde ein in VDE 0185 Teil 201 (Lit. 11-2) niedergelegtes Prüfverfahren mit laborsimulierten Blitzströmen entwickelt, mit dem die Eignung von Anschlussklemmen, Verbindern und Rohrschellen nachgewiesen werden kann (siehe Abschnitt 15.3). Typische Bauteile für den Blitzschutz-Potentialausgleich, die diesen Anforderungen entsprechen, zeigen die *Bilder 11.1a*.

Die Potentialausgleichschiene ist eine metallene Schiene, die zum Zusammenschluss von Schutzleitern, Potentialausgleichleitern und gegebenenfalls Leitern für die Funktionserdung mit dem Erdungsringleiter und den Erdern dient. Eine solche Potentialausgleichschiene ist in VDE 0618 Teil 1 (Lit. 11-3) genormt. Sie besitzt Klemmstellen, die für Leiter ab 10 mm² blitzstromtragfähig sind (*Bild 11.1b*). Für kleinere zu schützende Volumen ist eine solche Potentialausgleichschiene ausreichend.

Bei umfangreicheren informationstechnischen Anlagen werden in der Regel Potentialsausgleichschienen in Form von Erdungsringleitern entsprechend VDE 0800 Teil 2 (Lit. 11-4) verlegt, die dann die Funktion von Erdungssammel-Leitern übernehmen. Eine solche Ring-Potentialausgleichschiene aus Kupfer hat einen Mindestquerschnitt von 50 mm² und ist in Abständen von etwa 5 m mit dem Fundamenterder verbunden (*Bild 11.1c*).

Zweckmäßig werden in jedem Stockwerk, in dem informationstechnische Anlagen eingerichtet werden, weitere Erdungsringleiter installiert (*Bild 11.1d*). An diese Ring-Potentialausgleichschienen können dann weitere örtliche Potentialsausgleichsschienen (Erdungssammelschienen oder Erdungsklemmen) für informationstechnische Anlagen angeschlossen werden.

Bild 11.1d: Ring-Potentialausgleichschiene in einem Stockwerk

11 Blitzschutz-Potentialausgleich

Bild 11.1a: Anschluss- und Verbindungsbauteile für den Blitzschutz-Potentialausgleich (Bilder: Dehn + Söhne)

11.1 Anschluss- und Verbindungsbauteile

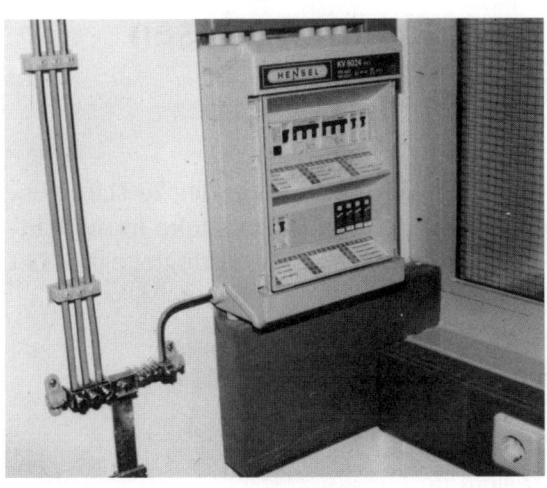

Bild 11.1b: Potentialausgleichschiene
(Bild: Dehn + Söhne)

Bild 11.1c: Ring-Potentialausgleichschiene mit Anschlüssen an Fundamenterder

Blitzschutz-Potentialausgleichschiene
Erdungssammelleiter
Erdungsringleiter 50 mm² Cu
Anschlussfahne
5 m
Fundamenterder

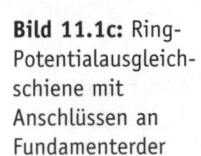

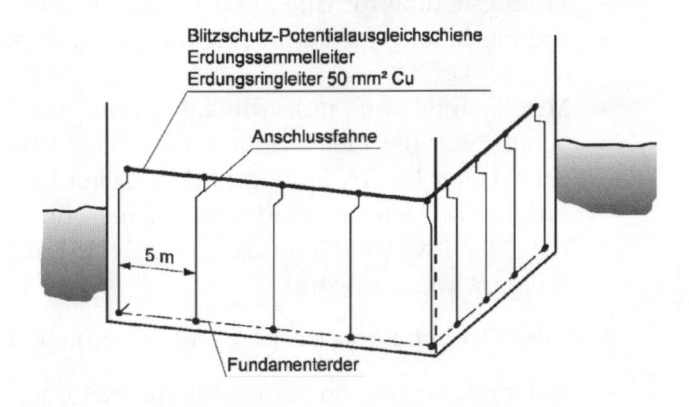

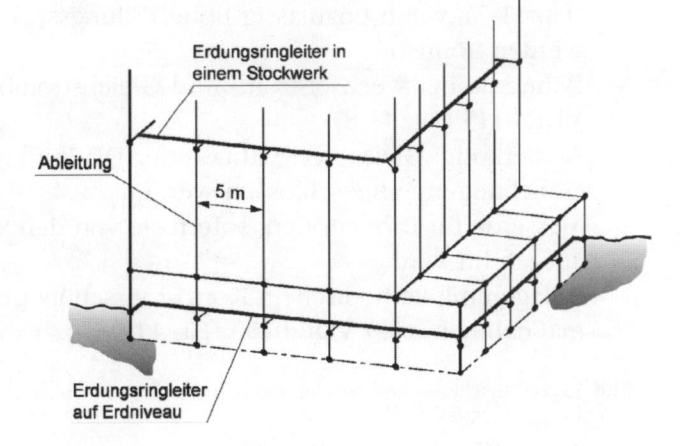

Bild 11.1d: Ring-Potentialausgleichschiene in einem Stockwerk

Erdungsringleiter in einem Stockwerk
Ableitung
5 m
Erdungsringleiter auf Erdniveau

11.2 Einbeziehen von spannungslosen Installationen

Alle metallenen, spannungslosen Installationen, die in das zu schützende Volumen eintreten, sind unmittelbar an der Eintrittsstelle in die bauliche Anlage an die Potentialausgleichschiene (Erdungsringleiter) direkt oder über Trennfunkenstrecken anzuschließen.
Eine unmittelbare Verbindung ist zulässig für:

- Leiter für den Hauptpotentialausgleich nach VDE 0100 Teil 410 (Lit. 11-5)
- Fundamenterder bzw. Blitzschutzerder
- metallene Wasserverbrauchsleitung
- metallene Abwasserleitung
- zentrale Heizungsanlage
- Gasinnenleitung
- Erdungsleitung für Antennen nach VDE 0855 Teil 1 (Lit. 11-6)
- Erdungsleitung für Fernmeldeanlagen nach VDE 0800 Teil 2 (Lit. 11-4)
- Metallmäntel von Starkstromkabeln bis 1000 V
- Schutzleiter der Elektroanlage nach VDE 0100 Teil 410 (Lit. 11-5) (PEN-Leiter bei TN-System und PE-Leiter bei TT- bzw. IT-Systemen)
- Erdungsanlagen von Starkstromanlagen über 1 kV nach VDE 0141 (Lit. 11-7), wenn keine unzulässig hohe Erdungsspannung verschleppt werden kann.

Nur über Trennfunkenstrecken dürfen verbunden werden:

- Erdungsanlagen von Starkstromanlagen über 1 kV nach VDE 0141 (Lit. 11-7), wenn unzulässig hohe Erdungsspannungen verschleppt werden können
- Bahnerde bei Wechselstrom- und Gleichstrombahnen nach VDE 0115 (Lit. 11-8)
  Anmerkung: Gleise von Bahnen der DB dürfen nur mit schriftlicher Genehmigung angeschlossen werden
- Messerde für Laboratorien, sofern sie von den Schutzleitern getrennt ausgeführt wird
- Anlagen mit kathodischem Korrosionsschutz und Streustrom-Schutzmaßnahmen nach VDE 0150 (Lit. 11-9).

11.3 Einbeziehen von spannungsführenden Installationen

Nur über Überspannungs-Schutzgeräte (SPDs: Blitzstrom-Ableiter bzw. Überspannungs-Ableiter) dürfen verbunden werden:
- unter Spannung stehende Leiter (aktive Leiter) von Starkstromanlagen mit Nennspannungen bis 1000 V
- der Neutralleiter (N-Leiter) in TT-Systemen
- alle aktiven Leiter von Fernmeldeanlagen.

11.4 Einbeziehen von Installationen im zu schützenden Volumen

Alle metallenen Installationen innerhalb der baulichen Anlage, wie z. B. Sprinkleranlagen, Führungsschienen von Aufzügen, Krangerüste, Wasser- und Gasinnenleitungen, Heizungsrohre, Lüftungs- und Klimakanäle, Treppen, sind in den Blitzschutz-Potentialausgleich einzubeziehen.
Die ebenfalls in den Blitzschutz-Potentialausgleich einzubeziehenden Gestelle von Fernmeldeanlagen können nach VDE 0800 Teil 2 (Lit. 11-4) auch über den PE des Energienetzes angeschlossen werden.
Der Blitzschutz-Potentialausgleich kann aber nicht verhindern, dass Überspannungen im Inneren des zu schützenden Volumens durch elektromagnetische Induktion entstehen: Um sie zu beherrschen, sind weitergehende Schutzmaßnahmen erforderlich, wie sie in Lit. 11-10 beschrieben sind.
In der Umgebung des Blitzkanals bzw. der blitzstromdurchflossenen Leitungen entstehen auf Grund der extremen Steilheit des Blitzstroms sich rasch ändernde magnetische Felder. Diese Felder erzeugen innerhalb des Gebäudes in großflächigen „Induktionsschleifen", die durch Zusammenwirken von Installationsleitungen entstehen, wie energietechnische und informationstechnische Leitungen, Wasser- und Gasleitungen, Überspannungen bis zur Größenordnung von 100 kV.
Im Beispiel des *Bildes 11.4a* wird ein PC betrachtet, der an das Energienetz und das Datennetz angeschlossen ist. Das Datenkabel ist nach dem Eintritt in das Gebäude vorschriftsmäßig über SPDs an die Potentialausgleichschiene angeschlossen; die Leitung führt danach über die

11 Blitzschutz-Potentialausgleich

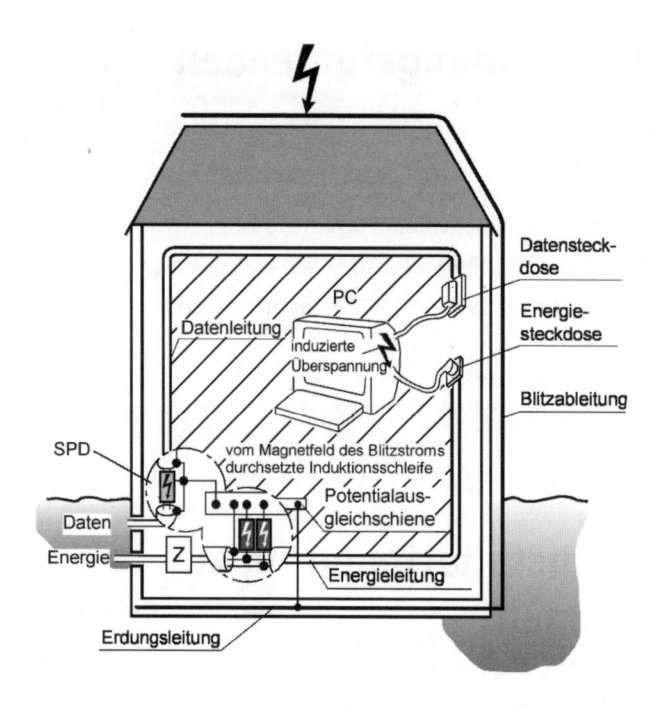

Bild 11.4a: Gefährdung eines PC durch induzierte Blitz-Überspannungen

Unten Bild 11.4b: Überspannungsschutz an einem PC

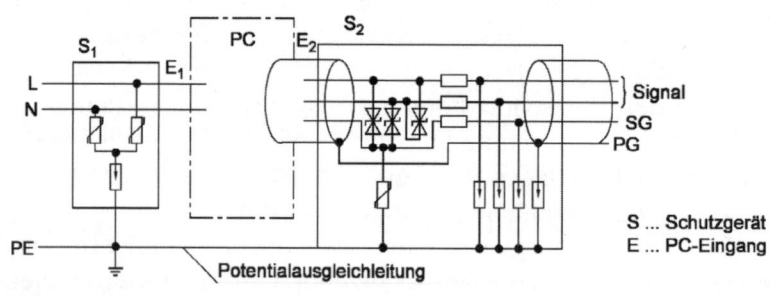

S ... Schutzgerät
E ... PC-Eingang

Datensteckdose zum PC. Die Energieleitung ist ebenfalls über SPDs mit der Potentialausgleichschiene verbunden und über die Energiesteckdose in den Computer eingeführt. Da Energie- und Datenleitung unabhängig voneinander verlegt sind, können sie eine Induktionsschleife bilden, die eine Fläche in der Größenordnung von 100 m^2 einschließt. Die offenen Enden dieser Schleife liegen im PC. Hier wird die in die Schleife magnetisch induzierte Überspannung wirksam. In die Schleife können nun nicht nur bei direkten Blitzeinschlägen, sondern auch bei Einschlägen in die nähere Umgebung so hohe Überspannungen induziert werden, dass sie zu Durchschlägen im Gerät führen und manchmal sogar einen Brand auslösen können.

Als Schutzmaßnahme muss der PC „vor Ort", das heißt am Gerät selbst oder unmittelbar an seinen Energie- und Datensteckdosen, gegen diese

Blitzüberspannungen geschützt werden. Im Prinzip geschieht das durch den Einsatz von Überspannungs-Schutzgeräten (SPDs), die in die Starkstrom- und Datenleitungen geschaltet und untereinander auf kurzem Wege mit einer Potentialausgleichsleitung verbunden werden (*Bild 11.4b*).

Analoge Gefährdungen ergeben sich bei Fernsehgeräten, Videorecordern oder Radios, die, wie der PC, an zwei Netze angeschlossen sind, nämlich das Energienetz und das Antennennetz. Weitere Beispiele sind Geschirrspül- oder Waschmaschinen, die gleichzeitig am Energienetz und am Wasserleitungsnetz liegen.

Als allgemeine Regel gilt, dass Geräte, insbesondere informationstechnische Geräte, die an zwei oder mehr unabhängige Netze angeschlossen sind, vor Ort mit Überspannungs-Schutzgeräten versehen werden müssen, die mit dem örtlichen Potentialausgleich (auf kurzem Wege) zu verbinden sind.

11.5 Überspannungsschutz

Im Folgenden werden Überspannungs-Schutzgeräte (SPDs) für energietechnische und informationstechnische Anlagen beschrieben.

11.5.1 Überspannungs-Schutzgeräte für energietechnische Anlagen

Seit 1989 gibt es den deutschen Norm-Entwurf VDE 0675 Teil 6 „Überspannungsableiter zur Verwendung in Wechselstromnetzen mit Nennspannungen zwischen 100 V und 1000 V". Im März 1996 ist VDE 0675 Teil 6/A1 „Änderung A1 zum Entwurf DIN VDE 0675-6 (VDE 0675 Teil 6)" mit Prüfermächtigung heraus-

Bild 11.5.1a: Einsatzorte von SPDs Typ 1, 2 und 3 in den Überspannungskategorien I bis IV denÜberspannungskategorien I bis IV

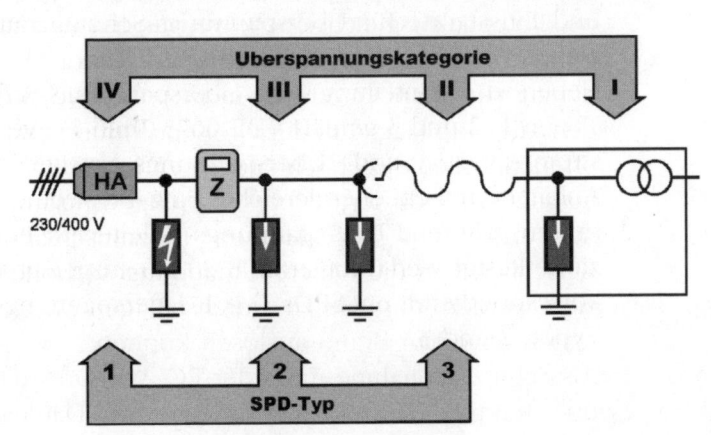

11 Blitzschutz-Potentialausgleich

Tabelle 11.5.1a: Zuordnung und Auswahlhilfe für Überspannungs-Schutzgeräte (SPD)

Anwendung / Einsatzort	Überspannungskategorie		
	IV Hausanschluss	III Verteiler	II Steckdose/ Endgerät
- Blitzschutz-Potentialausgleich - Überspannungsschutz für Anlagen - Ableiten von Blitz-Teilströmen	SPD Typ 1		
- Überspannungsschutz für Anlagen - Abbau der Restspannung vorgeschalteter Blitzstrom-Ableiter - Begrenzen eingekoppelter Überspannungen		SPD Typ 2	
- Überspannungsschutz für Geräte - Begrenzung von Schaltüberspannungen - Abbau der Restspannung vorgeordneter SPDs			SPD Typ 3

gekommen und im Oktober 1996 wurde VDE 0675 Teil 6/A2 „Änderung A2 zum Entwurf DIN VDE 0675-6 (VDE 0675 Teil 6)" veröffentlicht. VDE 0675 Teil 6, A1 und A2 hatten eine Übergangsfrist der Gültigkeit bis 30. September 2004.

Im Oktober 2001 ist die CENELEC-Norm EN 61643-11 gültig geworden, die in Deutschland als VDE 0675 Teil 6-11 im Dezember 2002 erschienen ist (Lit.11-11). Entsprechend VDE 0675 Teil 6-11 werden die Überspannungs-Schutzgeräte (SPDs) in drei Typen unterteilt. Anwendung und Einsatzorte für Überspannungs-Schutzgeräte (SPD Typen 1 bis 3) zeigen *Bild 11.5.1a* und *Tabelle 11.5.1a*.

Neben der Einteilung der Überspannungs-Schutzgeräte in die SPD Typen 1, 2 und 3 gemäß VDE 0675 Teil6-11 werden die Begriffe „Blitzstrom-Ableiter" und „Überspannungs-Ableiter" verwendet. Blitzstrom-Ableiter können energiereiche Blitz-Teilströme (Stoßstrom 10/350 μs) führen, während Überspannungs-Ableiter für energieschwächere, induzierte Restgrößen (Stoßstrom 8/20 μs) ausgelegt sind. Blitzstrom-Ableiter korrespondieren mit SPDs Typ 1, Überspannungs-Ableiter mit den SPD-Typen 2 und 3.

SPDs Typ 1

Blitzstrom-Ableiter, die zum Zweck des Blitzschutz-Potentialausgleichs installiert werden und die direkte Blitzeinschläge beherrschen. Diese SPDs vom Typ 1 werden mit einem simulierten Blitzprüfstrom I_{imp} der

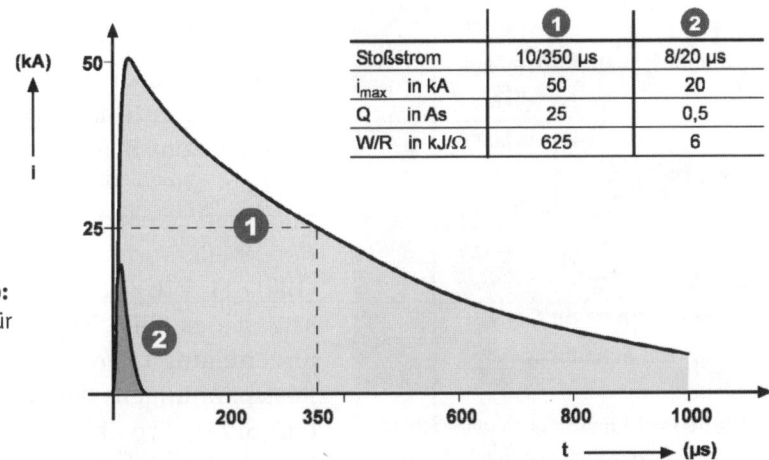

Stoßstrom		① 10/350 µs	② 8/20 µs
i_{max}	in kA	50	20
Q	in As	25	0,5
W/R	in kJ/Ω	625	6

Bild 11.5.1b: Prüfströme für SPDs Typ 1 und 2

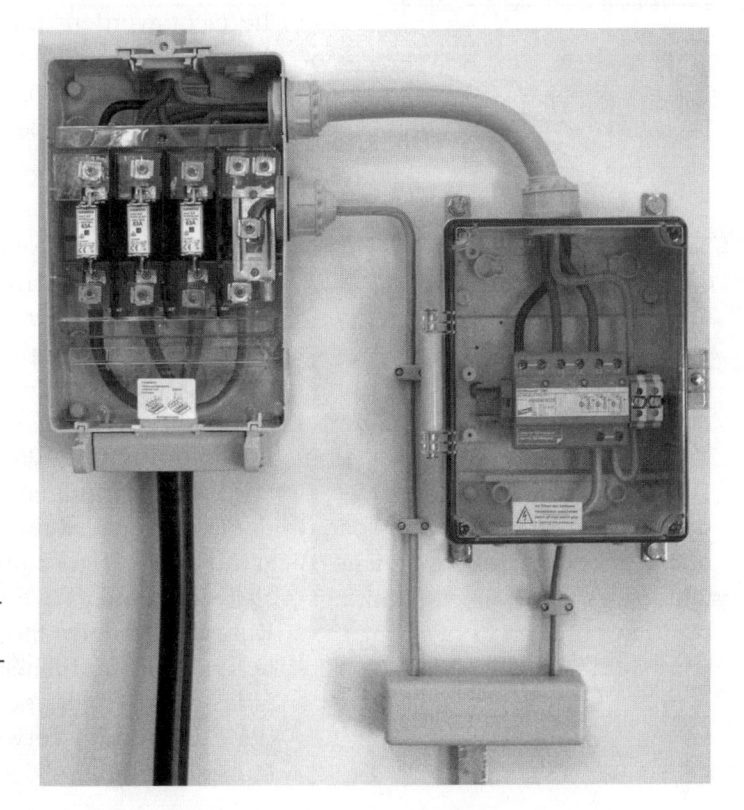

Bild 11.5.1c: Beispiel für Überspannungs-Schutzgerät SPD Typ 1 (Blitzstrom-Ableiter) im Bereich der Hauseinspeisung (Bild: Dehn+Söhne)

Wellenform 10/350 µs geprüft (*Bild 11.5.1b*). Der Einsatzort der SPDs Typ 1 ist der Bereich der Hauseinspeisung, wo hohe Blitz-Teilströme auftreten können (*Bild 11.5.1c*). Typische Werte für den Scheitelwert des Blitzprüfstroms liegen im Bereich von 10 kA ... 50 kA.

SPDs Typ 2

Überspannungs-Ableiter, die zum Zweck des Überspannungsschutzes in der festen Installation eingebaut werden, zum Beispiel im Verteilerbereich. Diese SPDs Typ 2 werden mit dem Nennableitstoßstrom in der Wellenform 8/20 µs geprüft (Bild 11.5.1b). Der typische Einsatzort der SPDs Typ 2 ist die Unterverteilung (*Bild 11.5.1d*), wo die Restspannungen der vorgeschalteten SPDs Typ 1 und Stoßströme 8/20 µs im kA-Bereich sicher beherrscht werden müssen. Typische Werte für den Scheitelwert des Nennableitstoßstroms liegen im Bereich von 5 kA ... 20 kA.

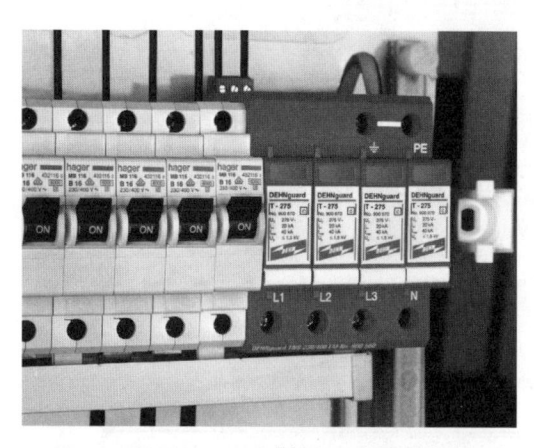

Bild 11.5.1d: Beispiel für Überspannungs-Schutzgeräte SPDs Typ 2 (Überspannungs-Ableiter) in einer Unterverteilung (Bild: Dehn + Söhne)

SPDs Typ 3

Überspannungs-Ableiter, die zum Zweck des Überspannungsschutzes in der festen oder ortsveränderlichen Installation, speziell im Steckdosenbereich oder vor Endgeräten, installiert werden (*Bild 11.5.1e*). Für die Prüfung dieses SPD-Typs wird ein Hybridgenerator verwendet (mit einem fiktiven Innenwiderstand von 2 Ω), der im Leerlauf eine Stoßspannung 1,2/50 µs und im Kurzschluss einen Stoßstrom 8/20 µs liefert. Als Kenngröße für diese SPDs Typ 3 wird der Scheitelwert der zur Prüfung verwendeten Leerlaufspannung U_{oc} des Hybridgene-

Bild 11.5.1e: Beispiel für Überspannungs-Schutzgeräte SPDs Typ 3 (Überspannungs-Ableiter) im Steckdosenbereich (Bild: Dehn + Söhne)

rators angegeben. Typische Werte für die Gefährdungsspannung, die an Endgeräte-Eingängen oder Steckdosen auftreten, sind 2,5 kV bis 4 kV.

11.5.2 Überspannungs-Schutzgeräte für informationstechnische Anlagen

Bei den Überspannungs-Schutzgeräten für informationstechnische Anlagen versteht man entsprechend VDE 0845 Teil 3-1 (Lit.11-12) nicht nur Bauelemente, sondern auch Schutzschaltungen, die Überspannungen in Anlagen bzw. Geräten auf zulässige Werte begrenzen. Schutzschaltun

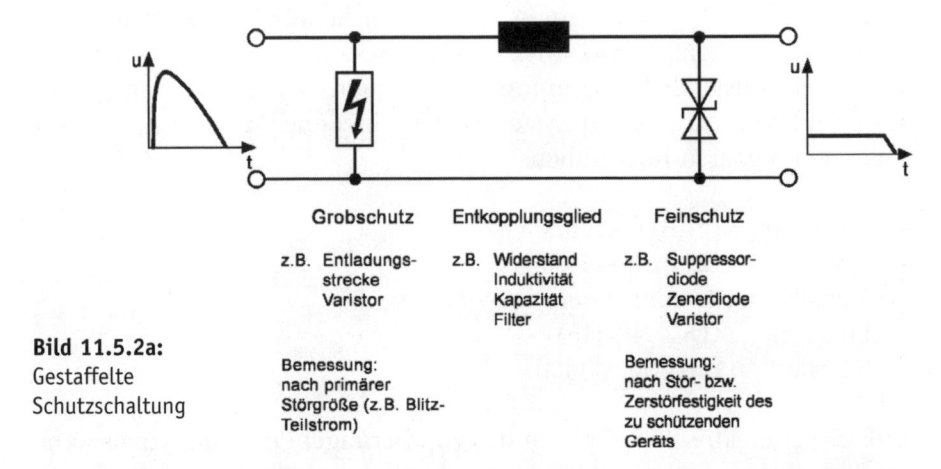

	Grobschutz	Entkopplungsglied	Feinschutz
	z.B. Entladungsstrecke Varistor	z.B. Widerstand Induktivität Kapazität Filter	z.B. Suppressordiode Zenerdiode Varistor
Bild 11.5.2a: Gestaffelte Schutzschaltung	Bemessung: nach primärer Störgröße (z.B. Blitz-Teilstrom)		Bemessung: nach Stör- bzw. Zerstörfestigkeit des zu schützenden Geräts

gen bauen Überspannungsimpulse durch Hintereinanderschaltung von überspannungsbegrenzenden Bauelementen und Entkopplungsgliedern in Stufen ab (*Bild 11.5.2a*). Die überspannungsbegrenzenden Elemente werden dabei mit abnehmender Begrenzungsspannung und abnehmender Energiebelastbarkeit aneinandergereiht. Entkopplungsglieder können Widerstände, Induktivitäten, Kapazitäten oder Filter sein.

Entsprechend den Anforderungen und Belastungen, die an Überspannungs-Schutzgeräte SPDs an ihrem Installationsort gestellt werden, werden auch hier zwei prinzipielle Typen unterschieden:

– Blitzstrom-Ableiter, die mit Stoßströmen 10/350 μs geprüft sind
– Überspannungs-Ableiter, die mit Stoßströmen 8/20 μs geprüft sind.

Die höchsten Anforderungen hinsichtlich ihres Ableitvermögens werden an Blitzstrom-Ableiter gestellt. Ihre Aufgabe ist es, ein Eindringen von zerstörenden Blitzteilströmen in die informationstechnischen Anlagen zu verhindern.

11 Blitzschutz-Potentialausgleich

Um das Ziel des störungs- bzw. zerstörungsfreien Betriebs von Geräte der Informationstechnik sicherzustellen, muss letztlich eine im Informationssystem auftretende Störung so weit begrenzt werden, dass sie unterhalb der Stör- oder Zerstör-Grenzen der Geräte liegt. Die Stör- und Zerstör-Grenzen von Geräten sind jedoch häufig unbekannt und werden nicht immer ausgewiesen. Ansatzpunkte für diese Grenzwerte bieten jedoch die im Rahmen von EMV-Störfestigkeit-Prüfungen getesteten und ausgewiesenen Störfestigkeiten gegenüber impulsförmigen Störgrößen (Surges) nach VDE 0847 Teil 4-5 (Lit. 11-13).

Um Störungen oder gar Zerstörungen informationstechnischer Geräte zu vermeiden, müssen also Überspannungs-Schutzgeräte Störbeeinflussungen auf Werte unterhalb der Störfestigkeit der zu schützenden Geräte begrenzen. Im Gegensatz zur Auswahl von Schutzgeräten in energietechnischen Systemen, wo im 230/400-V-System mit einheitlichen Bedingungen hinsichtlich Spannung und Frequenz zu rechnen ist, gibt es in informationstechnischen Systemen verschiedene Arten von zu übertragenden Signalen hinsichtlich

– Spannung   (z. B. 0 – 15 V)
– Strom   (z. B. 0 – 20 mA)
– Signalbezug (symmetrisch, unsymmetrisch)
– Frequenz   (DC, NF, HF)
– Signalart (analog, digital).

Jede dieser elektrischen Größen des zu übertragenden Nutzsignals kann die eigentliche zu übermittelnde Information enthalten. Deshalb dürfen Nutzsignale durch den Einsatz von Blitzstrom- und Überspannungs-Ableitern in informationstechnischen Anlagen nicht unzulässig beeinflusst werden.

Bild 11.5.2b: Überspannungs-Ableiter in einem Schaltschrank (Bild: Dehn + Söhne)

11.5 Überspannungsschutz

Oben Bild 11.5.2c: Datensteckdosen mit Überspannungs-Ableitern (Bild: Dehn + Söhne)

Rechts Bild 11.5.2d: Überspannungs-Ableiter an einem Endgerät (Bild: Dehn + Söhne)

Wie bei den Überspannungs-Schutzgeräten für energietechnische Anlagen gibt es auch bei den Überspannungs-Schutzgeräten für informationstechnische Anlagen unterschiedliche Bauformen, die für unterschiedliche Einsatzorte, wie in der festverlegten Installation (*Bild 11.5.2b*), an Steckdosen (*Bild 11.5.2c*) und an Geräteeingängen (*Bild 11.5.2d*) vorgesehen sind.

11 Blitzschutz-Potentialausgleich

Literatur Kap. 11

Lit. 11-1   DIN V VDE V 0185-3 (VDE V 0185 Teil 3), 2002-11: Blitzschutz – Teil 3: Schutz von baulichen Anlagen und Personen.
Lit. 11-2   VDE 0185 Teil 201: 2000-04. Blitzschutzbauteile – Anforderungen für Verbindungsbauteile.
Lit. 11-3   DIN VDE 0618-1: 1989-08. Betriebsmittel für den Potentialausgleich; Potentialausgleichsschiene (PAS) für den Hauptpotentialausgleich.
Lit. 11-4   VDE 0800 Teil 2: 1985-07. Fernmeldetechnik – Erdung und Potentialausgleich.
Lit. 11-5   DIN VDE 0100 Teil 410: 1997-01. Errichten von Starkstromanlagen mit Nennspannungen bis 1000 V – Teil 4: Schutzmaßnahmen - Kapitel 41: Schutz gegen elektrischen Schlag.
Lit. 11-6   VDE 0855 Teil 1: 1994-03. Kabelverteilsysteme für Ton- und Fernsehrundfunk-Signale – Sicherheitsanforderungen.
Lit. 11-7   DIN VDE 0141 (VDE 0141): 2000-01. Erdungen für spezielle Starkstromanlagen mit Nennspannungen über 1 kV.
Lit. 11-8   DIN EN 50122-1(VDE 0115 Teil 3): 1997-12. Bahnanwendungen – Ortsfeste Anlagen – Teil 1: Schutzmaßnahmen in Bezug auf elektrische Sicherheit und Erdung.
Lit. 11-9   VDE 0150: 1983-04. Schutz gegen Korrosion durch Streuströme aus Gleichstromanlagen.
Lit. 11-10 *Hasse, P.; Landers, E.U.; Wiesinger, J.:* EMV Blitzschutz von elektrischen und elektronischen Systemen in baulichen Anlagen – Risiko Management, Planen und Ausführen nach den neuen Vornormen der Reihe DIN V VDE V 0185. VDE-Schriftenreihe Band 185, Berlin-Offenbach: VDE Verlag GmbH, 2004.
Lit. 11-11 DIN EN 61643-11 (VDE 0675 Teil 6-11): *2002-12*. Überspannungsschutzgeräte für Niederspannung – Teil 11: Überspannungsschutzgeräte für den Einsatz in Niederspannungsanlagen; Anforderungen und Prüfungen (IEC 61643-1:1998 + Corrigendum:1998, modifiziert); Deutsche Fassung EN 61643-11:2002.
Lit. 11-12 DIN EN 61643-21 (VDE 0845 Teil 3-1):2002-03. Überspannungsschutzgeräte für Niederspannung – Teil 21: Überspannungsschutzgeräte für den Einsatz in Telekommunikations- und signalverarbeitenden Netzwerken – Leistungsanforderungen und Prüfverfahren.
Lit. 11-13 DIN EN 61000-4-5 (VDE 0847 Teil 4-5): *2001-12*. Elektromagnetische Verträglichkeit – Teil 4-5: (EMV) Prüf- und Messverfahren – Prüfung der Störfestigkeit gegen Stoßspannungen.
Lit. 11-14 *Hasse, P.:* Überspannungsschutz von Niederspannungsanlagen – Betrieb elektronischer Geräte auch bei direkten Blitzeinschlägen, Köln: TÜV-Verlag, 1998

Näherungen   12

Die Problematik der so genannten Näherungen geht aus *Bild 12a* hervor. Hier ist eine maschenförmig gestaltete Blitzschutzanlage für eine bauliche Anlage gezeigt, wobei Potentialausgleichs-Flächen realisiert sind (typisch alle 20 m Höhe, z. B. durch den Anschluss der Bodenarmierung an die Blitzschutzanlage).

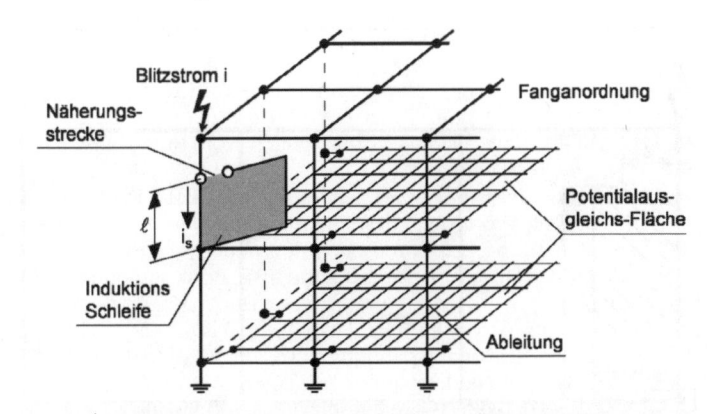

Bild 12a: Prinzip der Näherung

Durch metallene Installationen, z. B. Wasser-, Gas-, Klima- und Elektroleitungen, ergeben sich Induktionsschleifen, in die durch das rasch veränderliche magnetische Blitzfeld Stoßspannungen induziert werden. Es muss verhindert werden, dass es durch diese Stoßspannungen zu einem Überschlag an der Näherungsstrecke kommt. Ist kein ausreichender Trennungsabstand an der Näherungsstrecke realisierbar, ist sie zu überbrücken. In diesem Fall fließt dann in Folge der treibenden induzierten Stoßspannung ein induzierter Stoßstrom in der Induktionsschleife, der zu beherrschen ist.

Für die Berechnung eines notwendigen Trennungsabstandes s in der Näherungsstrecke wird von folgenden, vereinfachenden Voraussetzungen ausgegangen, deren Zulässigkeit durch umfangreiche Rechnungen von Steinbigler nachgewiesen worden ist (Lit. 12-3).

– Nur die Ableitung, die einen Teil der Induktionsschleife bildet, ist dominant verantwortlich für die induzierte Stoßspannung (Bild 12a). In ihr fließt der Blitzteilstrom i_s:

$i_s = k_c \cdot i$ in A

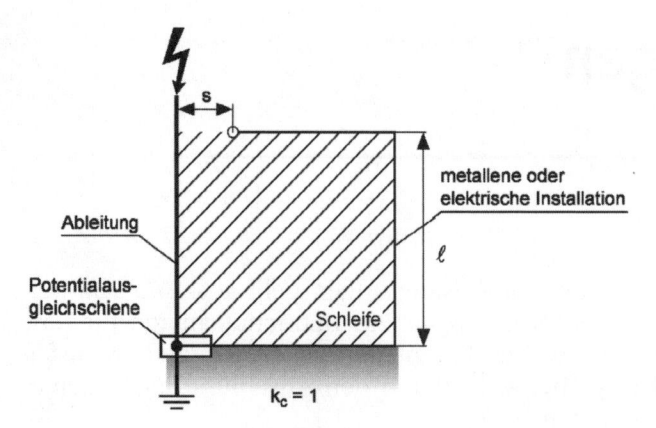

Bild 12b: k_c für eine eindimensionale Anordnung

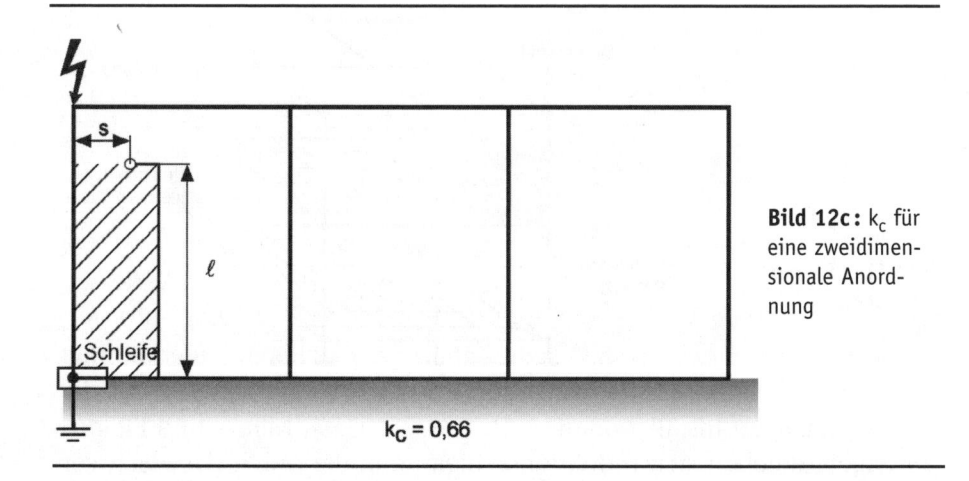

Bild 12c: k_c für eine zweidimensionale Anordnung

- i = Blitzstrom in A
- k_c = Konfigurationsfaktor, der den Anteil des Blitzstroms festlegt, der durch die betrachtete Ableitung fließt
  k_c = 1 für eindimensionale Anordnungen (*Bild 12b*)
  k_c = 2/3 ≈ 0,66 für zweidimensionale Anordnungen (*Bild 12c*)
  k_c = $(2/3)^2$ ≈ 0,44 für dreidimensionale Anordnungen (*Bild 12d*).

- Die längenbezogene Gegeninduktivität M' der Schleife wird generell zu 1,5 µH/m angenommen. Die Gegeninduktivität M ergibt sich als
  M = M' · l   in µH

  M' = längenbezogene Gegeninduktivität in µH/m
  l = Teillänge der Ableitung (siehe Bilder 12.a bis 12.d) in m.

12 Näherungen

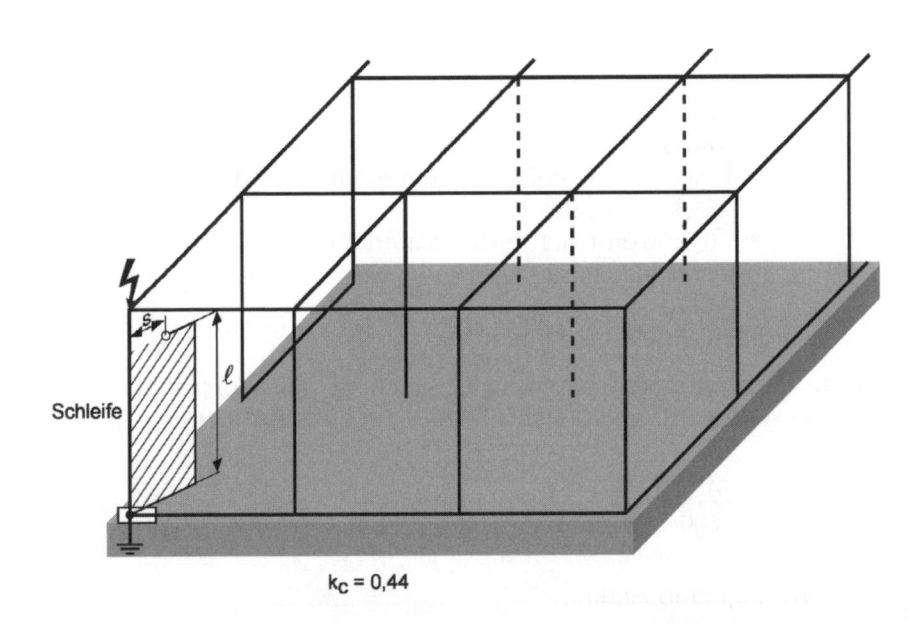

Bild 12d: k_c für eine dreidimensionale Anordnung

- Die höchsten induzierten Stoßspannungen sind bei den Stoßströmen der negativen Folgeblitze zu erwarten. Ihre Stirnzeit T_1 beträgt 0,25 µs (siehe Kapitel 4.8), ihr Maximalwert i_{max} je nach Anforderung 25, 37,5 oder 50 kA (siehe Tabelle 4.8b). Hieraus folgt die mittlere Stirn-Stromsteilheit i_{max}/T_1 zu 100, 150 oder 200 kA/µs für die Zeit $T_1 = 0{,}25$ µs
- Die mittleren, induzierten Stoßspannungen U werden durch die mittleren Stirn-Stromsteilheiten erzeugt, haben angenäherte Rechteckform und wirken für die Zeit $T_1 = 0{,}25$ µs:

$$U = M \cdot k_c \cdot \frac{i_{max}}{T_1} \quad \text{in kV}$$

i_{max}/T_1 = mittlere Stirn-Stromsteilheit in kA/µs
k_C = Konfigurationsfaktor
M = Gegeninduktivität in µH.

- Die Näherungsstrecke hat als ungünstigste Annahme die Form einer Stab-Stab-Funkenstrecke
- Die Stoß-Durchschlagsspannung U_d in der Näherungsstrecke der Induktionsschleife ist unter Berücksichtigung des „Flächengesetzes" nach Kind (Lit. 12-1) und Untersuchungen von Ragaller (Lit. 12-2), sowie nach Materialuntersuchungen von Zischank (Lit. 12-4):

12 Näherungen

$$U_d = k_m \cdot 600 \cdot d \cdot (1 + 1/T_1) \quad \text{in kV}$$

d   = Durchschlagstrecke in m
k_m = Materialfaktor
   k_m = 1, wenn sich Luft als Isoliermedium in der Näherungsstrecke befindet
   $k_m \approx 0{,}5$, wenn sich festes Material (z. B. Holz oder Mauerwerk) als Isoliermedium in der Näherungsstrecke befindet
T_1 = Stirnzeit des Blitzstroms in µs.

Wenn die induzierte Stoßspannung U gleich der Stoßdurchschlagspannung U_d gesetzt wird, ergibt sich für die Durchschlagstrecke

$$d = \frac{k_c}{k_m} \cdot \frac{M' \cdot \ell}{600} \cdot \frac{i_{max}/T_1}{1 + 1/T_1} \quad \text{in m}$$

k_c = Konfigurationsfaktor
k_m = Materialfaktor
M'   = längenbezogene Gegeninduktivität in µH/m
l   = Teillänge der Ableitung in m
i_{max}/T_1 = mittlere Stirnstromsteilheit in kA/µs
T_1 = Stirnzeit in µs

Um Überschläge in der Näherungsstrecke zu vermeiden, muss ein Trennungsabstand s realisiert werden, der größer als die Durchschlagstrecke d ist:

$$s > \frac{k_c}{k_m} \cdot \frac{M' \cdot \ell}{600} \cdot \frac{i_{max}/T_1}{1 + 1/T_1} = \frac{M'}{600} \cdot \frac{1}{1 + T_1} \cdot \frac{k_c}{k_m} \cdot \ell \cdot i_{max} = k \cdot \frac{k_c}{k_m} \cdot \ell \cdot i_{max} \quad \text{in m}$$

k   = $2 \cdot 10^{-3}$ in 1/kA, wenn M' = 1,5 µH/m und T_1 = 0,25 µs
k_c = Konfigurationsfaktor
k_m = Materialfaktor
l   = Teillänge der Ableitung in m
i_{max} = Maximalwert des Stoßstroms des negativen Folgeblitzes in kA.

Mit obiger Gleichung ist eine generelle Formel für die Berechnung von notwendigen Sicherheitsabständen gefunden, die die bisher verwendeten empirischen Beziehungen ersetzen kann.

Der in VDE V 0185 Teil 3 (Lit. 12-5) angegebene Faktor k_i für die Berechnung des Trennungsabstandes s ergibt sich als $k_i = k \cdot i_{max}$ und ist den 4 Schutzklassen zugeteilt (*Tabelle 12a*).

$$s = k_i \cdot \frac{k_c}{k_m} \cdot \ell \;.$$

12 Näherungen

Beispiel

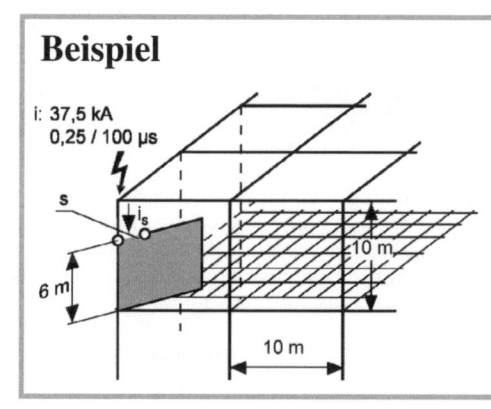

i: 37,5 kA
0,25 / 100 μs

erhöhte Anforderungen (Schutzklasse II):

dreidimensionale Anordnung: $k_c = (2/3)^2$

$i_{s/max} = k_c \cdot i_{max} = (2/3)^2 \cdot 37,5 = 16,7$ kA

Mauerwerk in Näherungsstrecke: $k_m = 0,5$

$$s = 2 \cdot 10^{-3} \cdot \frac{(2/3)^2}{0,5} \cdot 6 \cdot 37,5 = 0,40 \text{ m}$$

Tabelle 12a: Werte des Koeffizienten k_i

Schutzklasse	k_i
I	0,1
II	0,075
III, IV	0,05

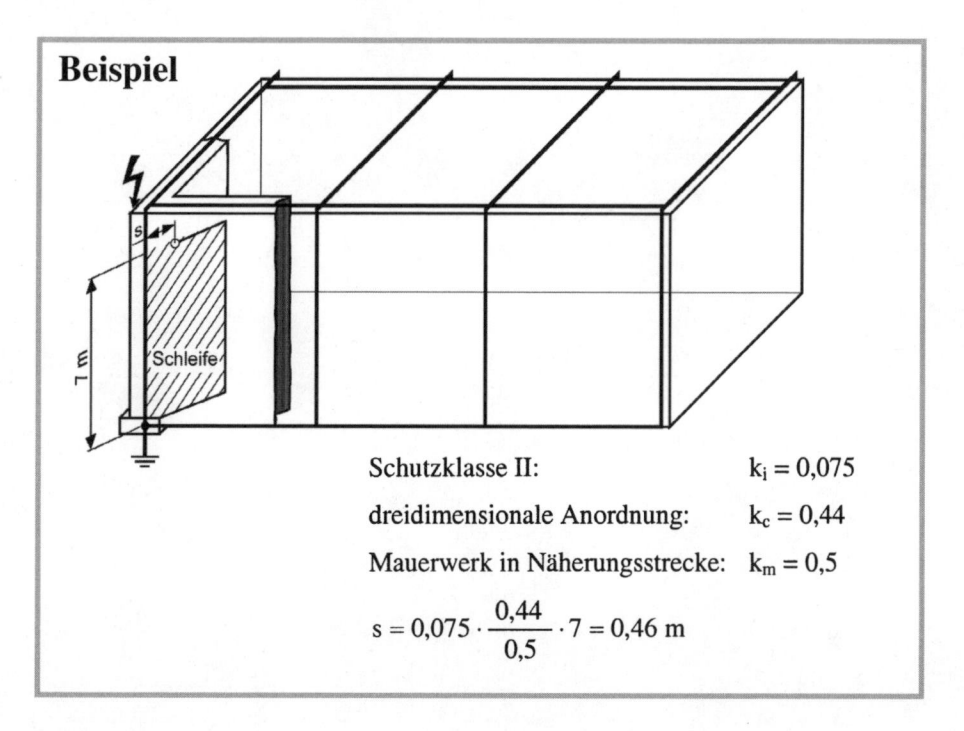

Beispiel

Schutzklasse II: $\quad k_i = 0,075$

dreidimensionale Anordnung: $\quad k_c = 0,44$

Mauerwerk in Näherungsstrecke: $\quad k_m = 0,5$

$$s = 0,075 \cdot \frac{0,44}{0,5} \cdot 7 = 0,46 \text{ m}$$

Literatur Kap. 12

Lit. 12-1 *Kind, D.:* Die Aufbaufläche bei Stoßbeanspruchungen technischer Elektrodenanordnungen in Luft. Diss. TH München, 1957.

Lit. 12-2 *Ragaller, K.:* Surges in High-Voltage Networks. Plenum Press, New York, 1980.

Lit. 12-3 *Beierl, O.; Steinbigler, H.:* Induzierte Spannungen im Bereich von Ableitungen bei Blitzschutzanlagen mit maschenförmigen Fanganordnungen. 18th ICLP Internat. Conf. on Lightning Protection, Munich (1985), Paper 4.1.

Lit. 12-4 *Zischank, W.:* Einfluß von Baustoffen auf die Bemessung von Näherungsstrecken. etz Elektrotechnische Zeitschrift, 107 (1986), H. 1, S. 20 bis 23.

Lit. 12-5 DIN V VDE V 0185-3 (VDE V 0185 Teil 3), 2002-11: Blitzschutz – Teil 3: Schutz von baulichen Anlagen und Personen.

Blitzschutz elektrischer und informationstechnischer Anlagen 13

Der aktuelle Stand der Technik und der Normenbezug des Blitzschutzes energietechnischer, elektrischer und informationstechnischer, elektronischer Anlagen und Systeme werden ausführlich in Lit. 13-1 behandelt. Deshalb werden im vorliegenden Kapitel nur die grundsätzlichen Aspekte dieses sogenannten LEMP-Schutzes aufgezeigt.
Die grundsätzliche Planung des LEMP-Schutzes wird von einem Blitzschutz-Experten mit fundierten Kenntnissen der Schutzprinzipien der EMV (Elektromagnetische Verträglichkeit) durchgeführt. Voraussetzung ist die Kenntnis der komplexen Blitz-Störquelle und der individuellen Stör- bzw. Zerstörempfindlichkeit der Störsenken, d. h. der zu schützenden Anlagen und Systeme. Weiterhin erforderlich ist die Kenntnis der vielfältigen Beeinflussungsmöglichkeiten der Koppelmechanismen für leitungsgeführte und gestrahlte Störungen zwischen der Störquelle und der Störsenke, um mit technisch/wirtschaftlich optimierten Maßnahmen die Störquelle mit der Störsenke verträglich zu machen.
Die Notwendigkeit eines LEMP-Schutzes wird in einer einleitenden, detaillierten Risikoanalyse nachgewiesen. Hierbei wird das reale Schadensrisiko ermittelt und mit einem vom Nutzer akzeptierten Schadensrisiko verglichen.

13.1 Blitzschutz-Management

Der LEMP-Schutz ist eine Maßnahme der EMV. Er hat die Aufgabe, die elektrischen und informationstechnischen Anlagen als Störsenken mit der Blitz-Störquelle verträglich zu machen. Die Störquelle kann nicht beeinflusst werden. Auch die Stör- bzw. Zerstörfestigkeit der Störsenken ist vorgegeben entsprechend den Anforderungen in einschlägigen Normen (Lit. 13-1 und Lit. 13-2). Konsequenterweise besteht die Aufgabe des LEMP-Schutzes darin, die Kopplungsstrecke zwischen der Störquelle und der Störsenke zu kontrollieren und zu gestalten. Dies wird erreicht durch magnetische Gebäude-, Raum- und Geräteschirme, durch eine vermaschte Funktions-Potentialausgleich-Anlage, eine vermaschte Erdungsanlage und die Installation von koordinierten Überspannungs-Schutzgeräten (SPD) (Lit. 13-2).

Bei der obligatorischen, in den einschlägigen Normen festgelegten, einleitenden und abschließenden Risikoanalyse (Lit. 13-3) wird prinzipiell folgendermaßen vorgegangen:

- Aus der berechneten Blitz-Einzugsfläche der zu schützenden baulichen Anlage in km² wird mit der lokalen Blitzdichte, d. h. den jährlichen Blitzeinschlägen je km², die Anzahl der direkten und nahen jährlichen Blitzeinschläge bestimmt
- Dieser Wert wird mit einem Wahrscheinlichkeitswert multipliziert, der das Verhältnis der Blitzeinschläge mit Schadensfolge zu der Gesamtzahl der Blitzeinschläge angibt. Hieraus resultiert die jährlich zu erwartende Schadensanzahl
- Dieses Ergebnis wird wiederum mit einem Wahrscheinlichkeitswert multipliziert, der das Verhältnis der Höhe eines durchschnittlichen Schadens zu der Höhe eines Totalschadens angibt. Die so erhaltene Risikokennzahl gibt an, nach wie viel Jahren mit einem fiktiven Totalschaden zu rechnen ist

Tabelle 13.1a: Prinzipielle Abwicklung des LEMP-Schutzes

1.	Einleitende Risikoanalyse mit dem Nachweis der Notwendigkeit eines LEMP-Schutzes
2.	Festlegen der anzusetzenden Störgrößen der Blitzströme und damit auch der magnetischen Blitzfelder (definiert als Gefährdungspegel)
3.	Festlegen der einzurichtenden Blitz-Schutzzonen (LPZ) auf der Grundlage der vorgegebenen Stör- bzw. Zerstörfestigkeit der zu schützenden Störsenken
4.	Festlegen der Gebäude- und Raumschirm-Maßnahmen gegen die magnetischen Blitzfelder
5.	Festlegen des Erdungssystems der baulichen Anlage, das die Potentialausgleichanlage im Gebäude und die Erdungsanlage beinhaltet
6.	Festlegen der Potentialausgleich-Maßnahmen für die elektrischen und informationstechnischen Anlagen
7.	Festlegen der Leitungsführung, Leitungsschirmung und Leitungsbeschaltung mit SPDs
8.	Detailplanung der Ausführung des LEMP-Schutz-Systems
9.	Installation, Überwachung und Dokumentation des LEMP-Schutz-Systems
10.	Abnahme des LEMP-Schutz-Systems und abschließende Risikoanalyse mit dem Nachweis der ausreichenden Effektivität des installierten LEMP-Schutz-Systems
11.	Wiederkehrende Inspektionen des LEMP-Schutz-Systems

13.2 Realisierung des Blitz-Schutzzonen-Konzepts

– Diese Risikokennzahl wird mit derjenigen Risikokennzahl verglichen, die das akzeptierte Risiko festlegt, d. h. die akzeptierten Jahre bis zu einem Totalschaden. Hierbei wird berücksichtigt, dass der Totalschaden nicht nur den materiellen Verlust der baulichen Anlage und ihres Inhalts berücksichtigt, sondern auch den Totalverlust an Informationen durch die Zerstörung der informationstechnischen Anlagen.

Aus dem Ergebnis der einleitenden Risikoanalyse wird abgeleitet, ob ein LEMP-Schutz notwendig ist und mit welchen technisch/wirtschaftlich optimierten Maßnahmen er im Bedarfsfall realisiert werden kann. In der abschließenden Risikoanalyse wird nachgewiesen, dass durch die realisierten Schutzmaßnahmen das reale Schadensrisiko geringer ist als das akzeptierte Schadensrisiko. Bei gegebener Notwendigkeit eines LEMP-Schutzes wird zur Realisierung nach einem Managementplan entsprechend *Tabelle 13.1a* vorgegangen.

13.2 Realisierung des Blitz-Schutzzonen-Konzepts

Es wird das grundsätzliche *Bild 13.2a* betrachtet. Üblicherweise wird auf einem zu schützenden Gebäude eine Fanganlage installiert, um die

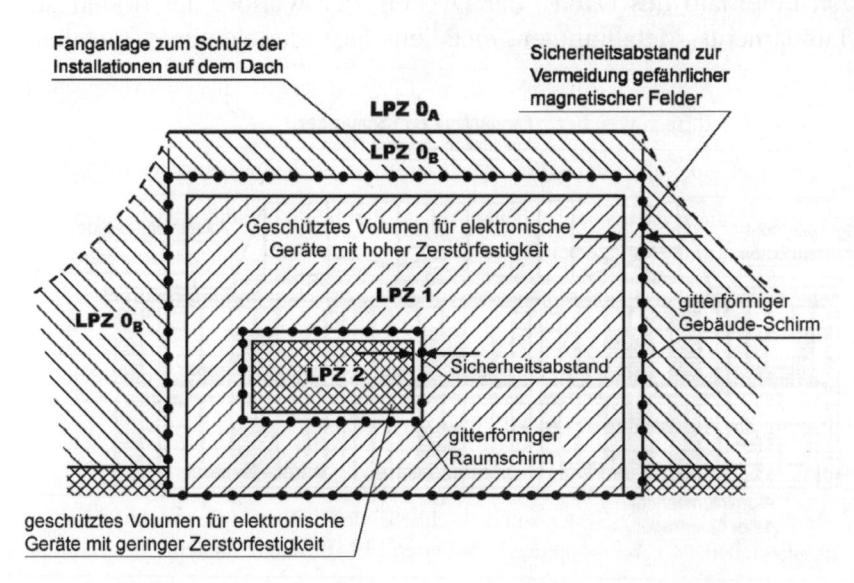

Bild 13.2a: Blitz-Schutzzonen LPZ mit magnetischen Gebäude- und Raumschirmen

Anlagen und Installationen auf dem Dach vor direkten Einschlägen zu schützen; es wird eine äußere Blitz-Schutzzone LPZ 0_B geschaffen. Der gitterförmige Gebäudeschirm umgibt die innere Blitz-Schutzzone LPZ 1 innerhalb des Gebäudes. Die Qualität dieses magnetischen Schirms wird durch seine mittlere (effektive) Maschenweite bestimmt. In diesem Fall übernehmen die metallenen Komponenten des Gebäudeschirms an den Seitenwänden auch die Aufgabe der Ableitungsanlage und die metallenen Komponenten im Kellerboden zum Teil die Aufgabe der Erdungsanlage. Es fließen also Blitzstromanteile durch Teilbereiche des Gebäudeschirms!

Es wird ein Sicherheitsabstand gegenüber unzulässig hohen magnetischen Feldern definiert, um ein geschütztes Volumen innerhalb LPZ 1 für informationstechnische Anlagen und Geräte mit ihren Installationen festzulegen. Die in LPZ 1 installierten Geräte müssen eine relativ hohe Zerstörfestigkeit aufweisen. Innerhalb von LPZ 1 ist das maximal auftretende Magnetfeld definiert; es kann mit Näherungsformeln berechnet werden (Lit. 13-1).

Für informationstechnische Geräte mit relativ niedriger Zerstörfestigkeit oder besonders hohen Verfügbarkeits-Anforderungen wird eine weitere, innere Blitz-Schutzzone LPZ 2 mit einem geschlossenen, gitterförmigen Raumschirm eingerichtet.

Die magnetischen Gebäude- und Raumschirme werden so weit wie möglich aus bauseits vorhandenen metallenen Komponenten gebildet. Solche Komponenten sind typischerweise Stahlstäbe der Betonarmierungen innerhalb des Dachs, der Decken, der Wände, der Böden und des Fundaments, Metallrahmen, metallene Fassadenelemente, metallene

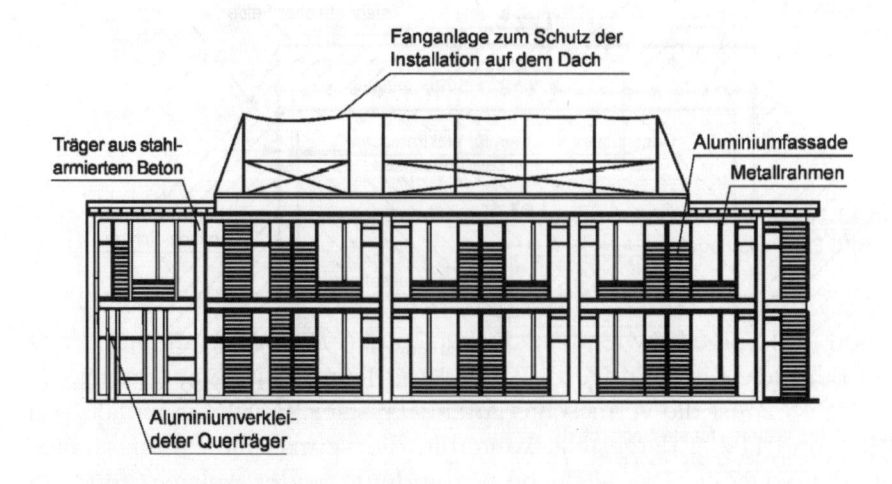

Bild 13.2b: Teil eines gitterförmigen Gebäudeschirms, realisiert durch die Metallfassade

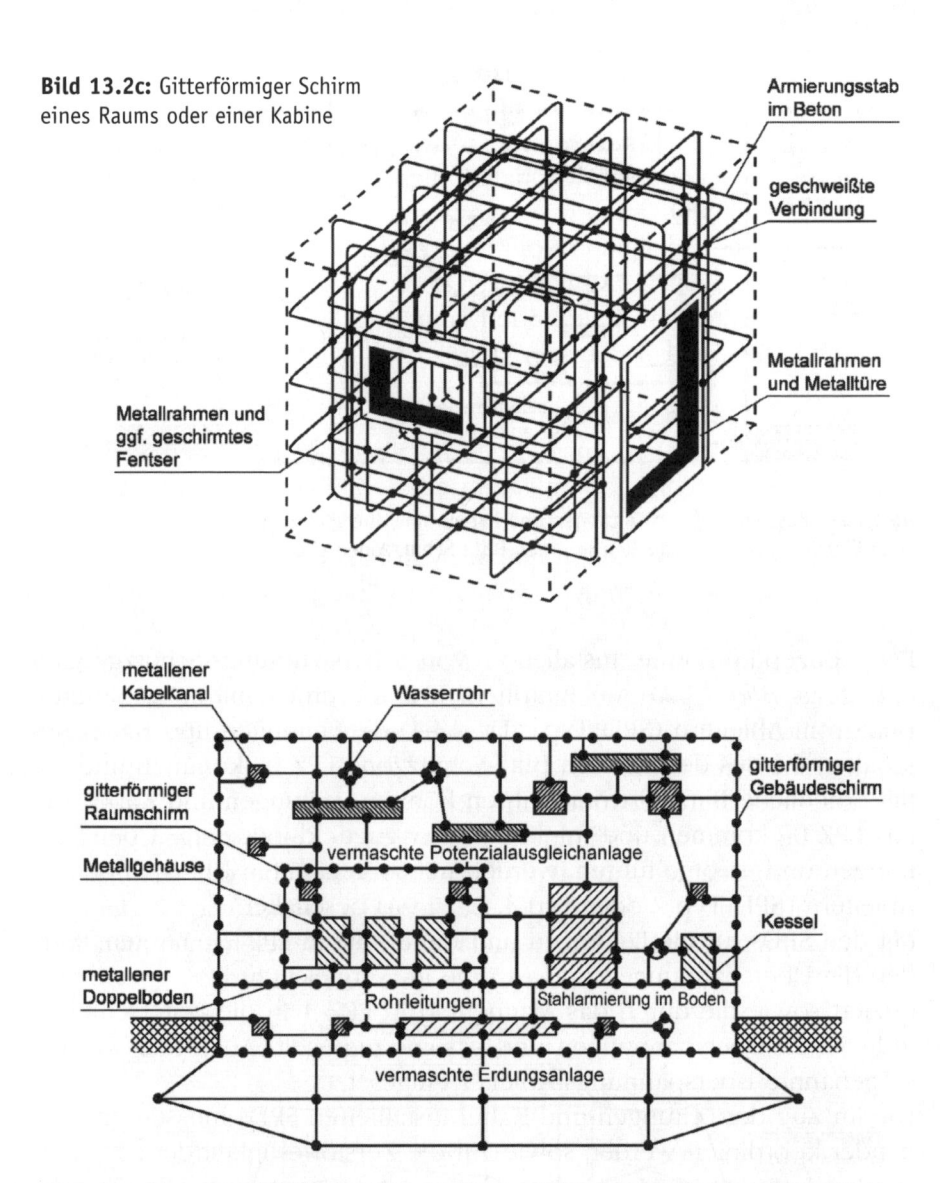

13.2 Realisierung des Blitz-Schutzzonen-Konzepts

Bild 13.2c: Gitterförmiger Schirm eines Raums oder einer Kabine

Bild 13.2d: Vermaschtes Erdungssystem (vermaschte Potentialausgleichanlage und vermaschte Erdungsanlage)

Säulen und Träger sowie Metalldächer. In den *Bildern 13.2b* und *13.2c* sind Beispiele für derartige Gebäude- und Raumschirme aufgezeigt.
In *Bild 13.2d* ist die vermaschte Potentialausgleichanlage innerhalb von LPZ 1 und LPZ 2 dargestellt, weiterhin die vermaschte Erdungsanlage außerhalb LPZ 1. Die vielfache Verbindung beider Anlagen führt zu einem integralen, vermaschten Erdungssystem.

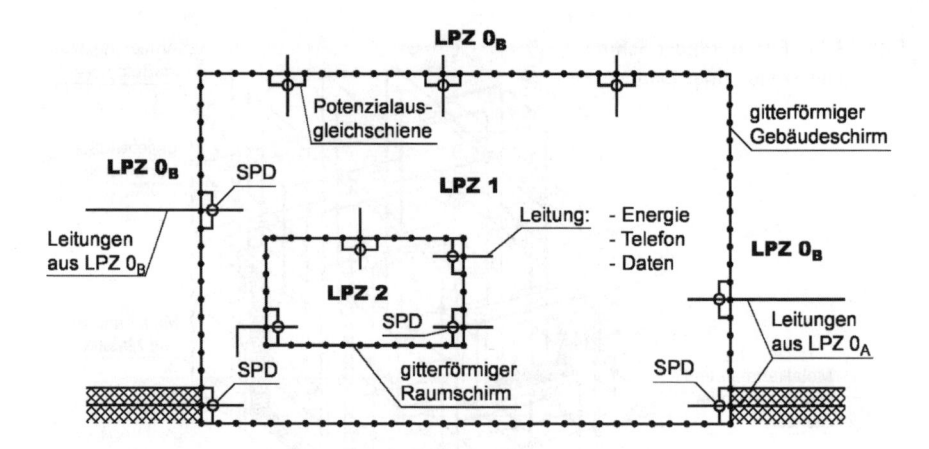

13 Blitzschutz elektrischer/informationstechnischer Anlagen

ild 13.2e: Beschaltung von Leitungen und Kabeln mit Überspannungs-Schutzgeräten SPD beim Eintritt in die individuellen internen Blitz-Schutzzonen LPZ

Die konzeptkonforme Installation von Überspannungs-Schutzgeräten SPD zeigt *Bild 13.2e*. Am Eintritt in LPZ 1 werden mit so genannten Blitzstrom-Ableitern (SPD Typ1, Lit. 13-4) die Leitungen und Kabel beschaltet, die aus der äußeren Blitz-Schutzzone LPZ 0_A kommen und somit erhebliche Blitzteilströme führen können. Leitungen und Kabel, die aus LPZ 0_B kommen und folglich nur magnetfeld-induzierte Überspannungen und -ströme führen, werden mit so genannten Überspannungs-Ableitern (SPD Typ 2 oder Typ 3, Lit. 13-4) beschaltet.

Mit den SPDs für die Leitungen und Kabel, die in LPZ 2 eintreten, werden die Überspannungen und -ströme im Vergleich zu LPZ 1 weiter reduziert sowie die durch das Magnetfeld in LPZ 1 in die Leiterschleifen induzierten Überspannungen und -ströme gepegelt. Auch hier werden so genannte Überspannungs-Ableiter eingesetzt.

Die im Zug der Leitungen und Kabel installierten SPDs müssen untereinander koordiniert werden sowie auf die Zerstörfestigkeit der zu schützenden informationstechnischen Geräte abgestimmt sein. Hierfür existieren detaillierte Anforderungen und Testverfahren fü r SPDs (Lit.13-1 und 13-5).

Besondere Beachtung verdient die Leitungs- und Kabelführung innerhalb der inneren LPZ. Insbesondere durch die Kombination von Energie- und Datenleitungen können ausgedehnte Installationsschleifen gebildet werden mit der Folge sehr hoher, magnetisch induzierter Überspannungen und -ströme an den Geräteeingängen. Adäquate Schutzmaßnahmen sind im *Bild 13.2f* aufgeführt: Die Induktionseffekte durch die magnetischen Restfelder in den inneren LPZ können minimiert wer-

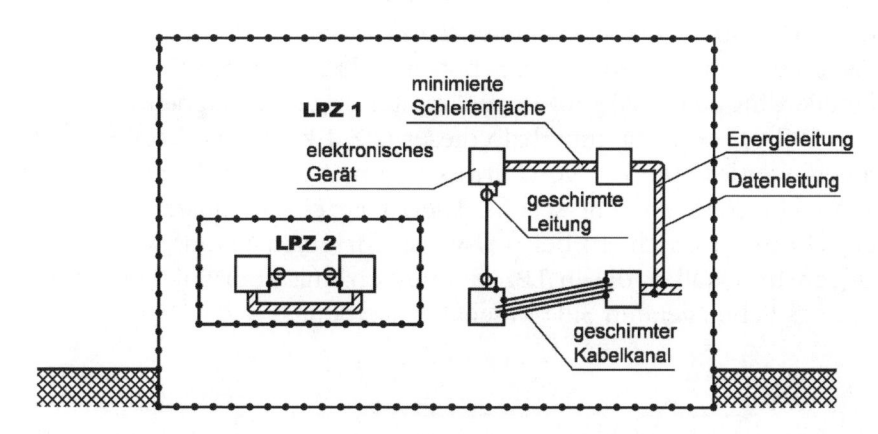

13.2 Realisierung des Blitz-Schutzzonen-Konzepts

Bild 13.2f: Kontrollierte Leitungsführung und Einsatz von Leitungsschirmen

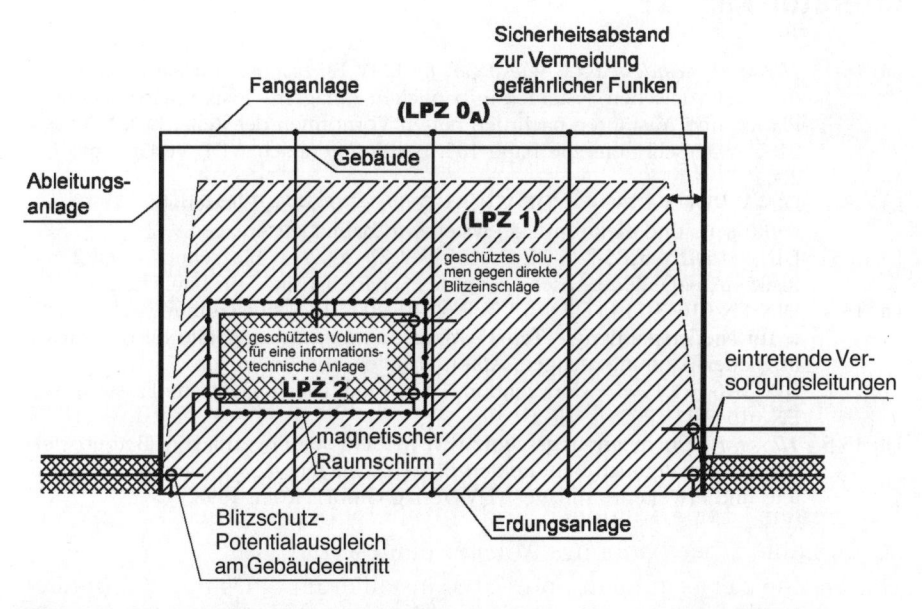

Bild 13.2g: Kombination einer Gebäude-Blitzschutzanlage LPS und eines LEMP-Schutz-Systems für eine lokale, informationstechnische Anlage

den durch die möglichst enge Parallelführung von Energie- und Datenleitungen sowie durch den Einsatz von adäquat geschirmten Kabeln oder die Verwendung geschirmter Kabelkanäle.

Abschließend erwähnt werden soll noch die mögliche Kombination eines LEMP-Schutz-Systems mit einem Gebäude-Blitzschutz-System LPS. In *Bild 13.2g* ist das Äußere und Innere Blitzschutz-System für ein Gebäude aufgezeigt. Hierdurch wird innerhalb des Gebäudes ein geschütztes Volumen gegen direkte Blitzeinschläge und gefährliche Funkenüberschläge geschaffen. Dieses Volumen kann im Sinne der LEMP-Schutz-Philosophie als eine interne Blitz-Schutzzone LPZ 1 interpretiert werden, in der allerdings das (nahezu) ungedämpfte, originale magnetische Feld (wie in LPZ 0_B) herrscht. Innerhalb dieser LPZ 1 kann eine lokale LPZ 2 installiert werden, die ein geschütztes Volumen für ein lokales, informationstechnisches System schafft. Hierzu ist ein adäquater magnetischer Schirm zu errichten, beispielsweise für einen Raum, wobei alle Leitungen und Kabel, die in LPZ 2 eintreten, mit koordinierten Überspannungs-Schutzgeräten SPD beschaltet werden.

Literatur Kap. 13

Lit. 13-1: *Hasse, P.; Landers, E.U.; Wiesinger, J.:* EMV Blitzschutz von elektrischen und elektronischen Systemen in baulichen Anlagen – Risiko Management, Planen und Ausführen nach den neuen Vornormen der Reihe DIN V VDE V 0185. VDE-Schriftenreihe Band 185, Berlin-Offenbach: VDE Verlag GmbH, 2004.

Lit. 13-2 DIN V VDE V 0185-4 (VDE V 0185 Teil 4): *2002-11*. Blitzschutz – Teil 4: Elektrische und elektronische Systeme in baulichen Anlagen.

Lit.13-3 DIN V VDE V 0185-2 (VDE V 0185 Teil 2): 2002-11. Blitzschutz – Teil 2: Risiko-Management: Abschätzung des Schadensrisikos für bauliche Anlagen.

Lit. 13-4 DIN EN 61643-11 (VDE 0675 Teil 6-11): 2002-12. Überspannungsschutzgeräte für Niederspannung – Teil 11: Überspannungsschutzgeräte für den Einsatz in Niederspannungsanlagen; Anforderungen und Prüfungen
(IEC 61643-1:1998 + Corrigendum:1998, modifiziert); Deutsche Fassung EN 61643-11:2002

Lit. 13-5 *Hasse, P.:* Überspannungsschutz von Niederspannungsanlagen; Betrieb elektrischer Geräte auch bei direkten Blitzeinschlägen, 4., vollständig überarbeitete und erweiterte Auflage, TÜV-Verlag GmbH, Köln. 1998.

Magnetische Schirme

14

14.1 Schirme von Gebäuden, Räumen, Kabinen und Geräten

Die magnetische Komponente des elektromagnetischen Blitzfeldes ist in aller Regel die dominierende Störgröße für energie- und informationstechnische Systeme und Anlagen. Für sie werden die Schirme dimensioniert (Lit. 14-1 bis 14-5). Ist die magnetische Komponente in Gebäuden, Räumen, Kabinen oder Geräten ausreichend abgeschirmt, so ist die elektrische Komponente ebenfalls ausreichend reduziert. Das magnetische Feld in der Umgebung des Blitzkanals und der blitzstromdurchflossenen Leitungen einer Blitzschutzanlage kann nach den im Kapitel 5 angegebenen Methoden berechnet werden.

Für den einfachen Fall, dass sich ein geschirmtes Volumen in der Nähe eines (unendlich ausgedehnten) blitzstromdurchflossenen Leiters befindet (*Bild 14.1a*), gilt:

$$H(t) = \frac{i}{2\pi s} \quad \text{in A/m}$$

i = Strom im Leiter in A
s = mittlerer Abstand des geschirmten Volumens vom Leiter in m.

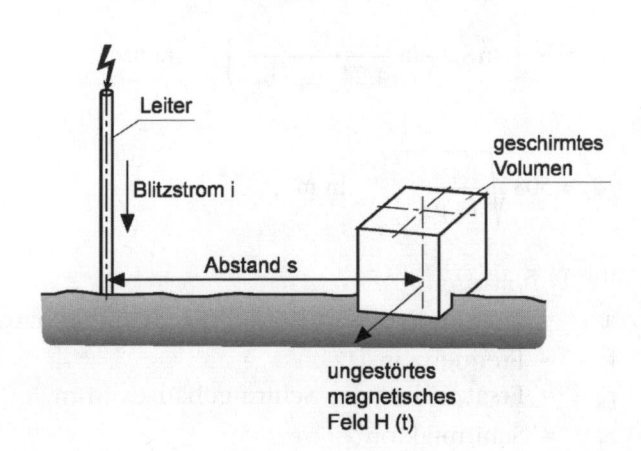

Bild 14.1a: Magnetfeld in der Nähe eines blitzstromdurchflossenen Leiters

14 Magnetische Schirme

Das Amplitudendichtespektrum des magnetischen Feldes H (t) = f(f) kann aus dem Amplitudendichtespektrum des Blitzstroms i, das im Bild 7.1c angegeben ist, ermittelt werden. Die Reduktion der Amplitudendichte des ungestörten magnetischen Feldes bei einer diskreten Frequenz durch eine Schirmungsmaßnahme wird durch den zugehörigen Schirmfaktor S_f beschrieben.

$$S_f = \frac{(H/f)}{(H/f)_S}$$

H/f = Amplitudendichte des ungestörten magnetischen Feldes in $\frac{A/m}{Hz}$

$(H/f)_S$ = Amplitudendichte des magnetischen Feldes im geschirmten Volumen in $\frac{A/m}{Hz}$.

Der Schirmfaktor S_f lässt sich in das Schirmdämpfungsmaß für eine diskrete Frequenz umrechnen:
Schirmdämpfungsmaß = 20 · log S_f in dB bzw. $S_f = 10^{\text{Schirmdämpfungsmaß}/20}$

14.1.1 Geschlossene Blechschirme

Den Zusammenhang zwischen dem Schirmfaktor S_f für eine diskrete Frequenz und den Eigenschaften des Schirmgehäuses zeigen nachfolgende Gleichungen:

$$S_f = \exp\left(\frac{a_f}{\delta_f} + \ln \frac{r_E}{4{,}24 \cdot \mu_r \cdot \delta_f} \right)$$

$$a_f = \delta_f \left(\ln S_f - \ln \frac{r_E}{4{,}24 \cdot \mu_r \cdot \delta_f} \right) \quad \text{in m}$$

$$\delta_f = 503 \sqrt{\frac{\rho}{f \cdot \mu_r}} \quad \text{in m}$$

mit $\delta_f < a_f$

a_f = notwendige Wandstärke des Schirmgehäuses in m
f = Frequenz in Hz
r_E = Ersatzradius des Schirmgehäuses in m
S_f = Schirmfaktor

14.1 Schirme von Gebäuden, Kabinen und Geräten

δ_f = Eindringtiefe in m
μ_r = Permeabilitätszahl des Schirmgehäuses
ρ = spezifischer Widerstand des Schirmgehäuses in Ωm.

Der Ersatzradius r_E für quaderförmige Schirmgehäuse ergibt sich durch die volumengleiche Umrechnung in ein kugelförmiges Schirmgehäuse:

$$r_E = \sqrt[3]{\frac{3}{4\pi}} \cdot \sqrt[3]{s_1 \cdot s_2 \cdot s_3} = 0{,}62 \cdot \sqrt[3]{s_1 \cdot s_2 \cdot s_3} \quad \text{in m}$$

s_1, s_2, s_3 = Kantenlängen des quaderförmigen Schirmgehäuses in m.

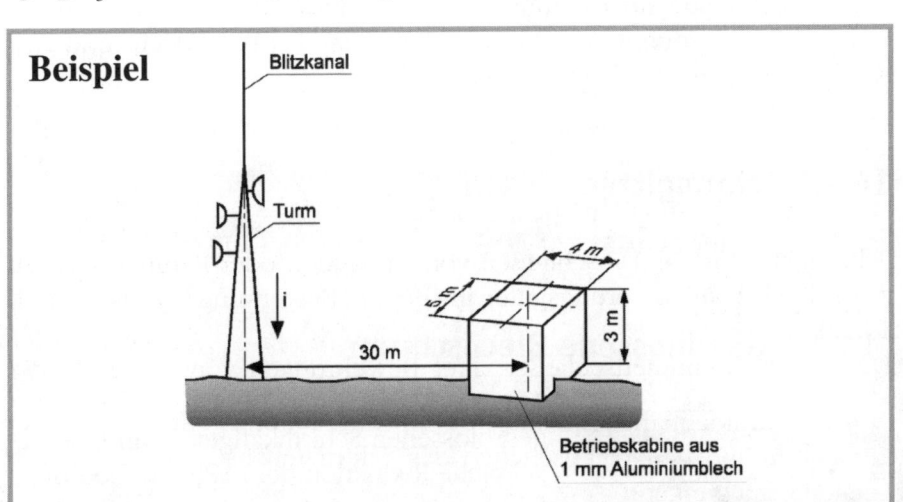

Beispiel

Gesucht:
Schirmfaktor S_f einer Betriebskabine aus Aluminium
mit einer Wandstärke von a = 1 mm bei 100 kHz

$r_E = 0{,}62 \cdot \sqrt[3]{3 \cdot 4 \cdot 5} = 2{,}43$ m

$a = a_f = 10^{-3}$ m

$\delta_{100\,\text{kHz}} = 503 \sqrt{\dfrac{29 \cdot 10^{-9}}{100 \cdot 10^3 \cdot 1}} = 271 \cdot 10^{-6}$ m $= 0{,}271$ mm

$\delta_{100\,\text{kHz}} < a$!

$S_{100\,\text{kHz}} = \exp\left(\dfrac{1 \cdot 10^{-3}}{271 \cdot 10^{-6}} + \ln \dfrac{2{,}43}{4{,}24 \cdot 1 \cdot 271 \cdot 10^{-6}} \right) = 84{,}7 \cdot 10^3$

Schirmdämpfungsmaß = $20 \log 84{,}7 \cdot 10^3 = 98{,}6$ dB

14 Magnetische Schirme

Tabelle 14.1.1a: Kennwerte von Blechen

Kennwert	Aluminiumblech	Kupferblech	Stahl- und Weißblech
μ_r	1	1	um 200
ρ [Ωm]	$29 \cdot 10^{-9}$	$17{,}8 \cdot 10^{-9}$	um $130 \cdot 10^{-9}$

Für gebräuchliche Blechmaterialien sind die erforderlichen Kennwerte in der *Tabelle 14.1.1a* zusammengestellt.

Eine weitgehende Realisierung eines geschlossenen Schirms kann bei Gebäuden z. B. durch den Zusammenschluss von Blechdach- und Fassadenblech-Elementen erreicht werden.

14.1.2 Schirmgitter

Schirmgitter für das Umschließen von Gebäuden oder Räumen werden z. B. durch Stahlarmierungsgitter im Beton (Bewehrung) gebildet (Bild 13.2c).

Durch das Zusammenschließen aller Bewehrungen von Böden (*Bild 14.1.2a*), Wänden und Decken zu möglichst geschlossenen Schirmkäfigen kann eine beachtliche Reduktion der magnetischen Blitzfelder erreicht werden.

Den Schirmfaktor bzw. das Schirmdämpfungsmaß für das magnetische Blitzfeld, hervorgerufen durch Schirmgitter (z. B. Bewehrungen), die zu einem geschossenen Schirmkäfig zusammengeschlossen sind, ist in Abhängigkeit von der Frequenz im Bild 14.1.2b gezeigt (Lit. 14-2 und 14-5).

Die Berechnungen erfolgen in Analogie zu den Berechnungen für geschlossene Blechschirme.

Bild 14.1.2a: Stahlgewebematten im Fundament werden zur elektromagnetischen Abschirmung miteinander verbunden

14.1 Schirme von Gebäuden, Kabinen und Geräten

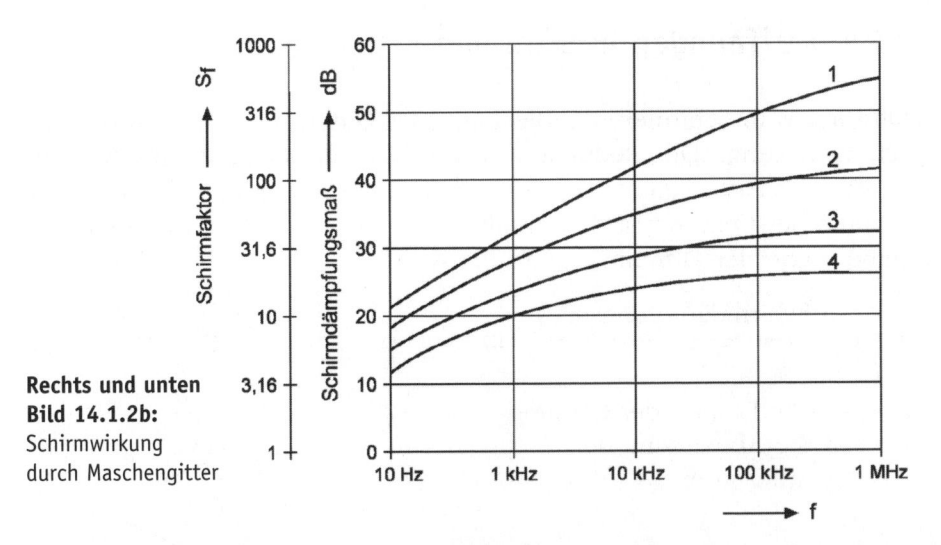

Rechts und unten Bild 14.1.2b: Schirmwirkung durch Maschengitter

Kurve	Bewehrungsstäbe	
	Durchmesser d [mm]	Maschenweite w [cm]
1	2	1,2
2	12	10
3	18	20
4	25	40

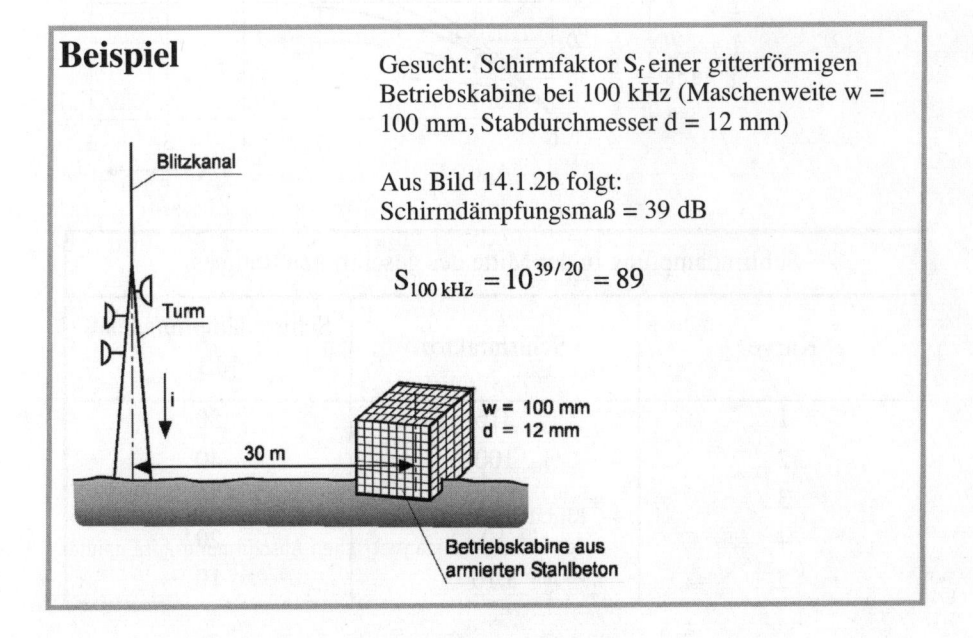

Beispiel

Gesucht: Schirmfaktor S_f einer gitterförmigen Betriebskabine bei 100 kHz (Maschenweite w = 100 mm, Stabdurchmesser d = 12 mm)

Aus Bild 14.1.2b folgt:
Schirmdämpfungsmaß = 39 dB

$$S_{100\,kHz} = 10^{39/20} = 89$$

14.1.3 Öffnungen in Schirmen

Öffnungen in Schirmen aus Blechen oder Gittern beeinflussen die Abschirmwirkung. Die Reduktion des Schirmfaktors bzw. des Schirmdämpfungsmaßes kann aus *Bild 14.1.3a* ersehen werden (Lit. 14-5). Der Einfluss der Öffnung ist dann praktisch vernachlässigbar, wenn ein Abstand a von der Öffnung eingehalten wird:

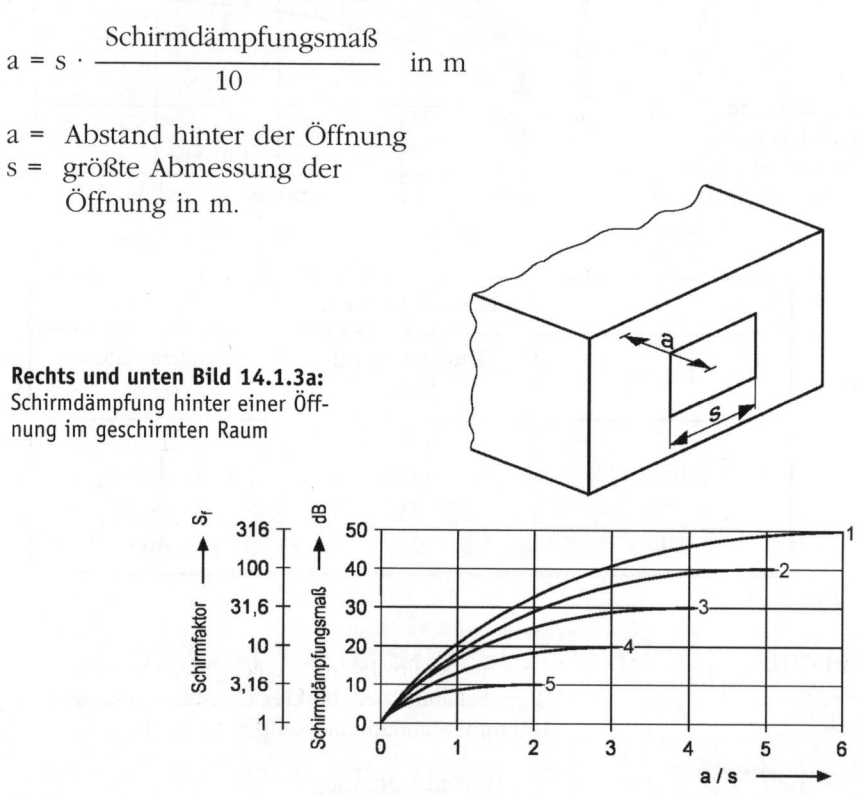

$$a = s \cdot \frac{\text{Schirmdämpfungsmaß}}{10} \text{ in m}$$

a = Abstand hinter der Öffnung
s = größte Abmessung der Öffnung in m.

Rechts und unten Bild 14.1.3a: Schirmdämpfung hinter einer Öffnung im geschirmten Raum

Schirmdämpfung in der Mitte des geschirmten Raumes		
Kurve	Schirmfaktor	Schirmdämpfungsmaß [dB]
1	316	50
2	100	40
3	31,6	30
4	10	20
5	3,16	10

14.2 Stromdurchflossene Schirmrohre

Beispiel

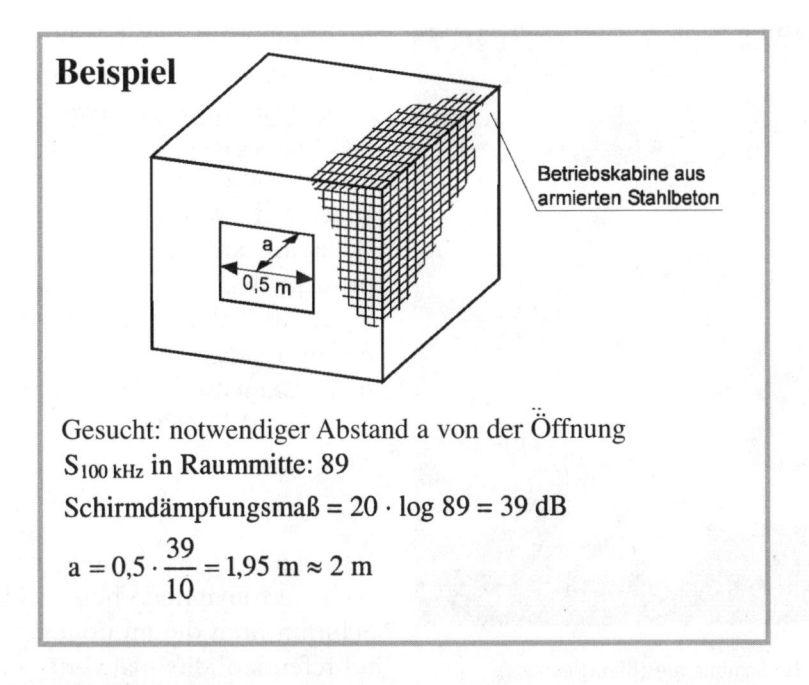

Betriebskabine aus armierten Stahlbeton

Gesucht: notwendiger Abstand a von der Öffnung
$S_{100\,kHz}$ in Raummitte: 89
Schirmdämpfungsmaß = $20 \cdot \log 89 = 39$ dB

$$a = 0{,}5 \cdot \frac{39}{10} = 1{,}95 \text{ m} \approx 2 \text{ m}$$

Das Schirmdämpfungsmaß in dB gilt für die Raummitte, wo die Öffnungen keinen Einfluss mehr haben. Zweckmäßigerweise wird der Einfluss von Öffnungen, wie Fenster und Türen, durch ausreichend engmaschige Gitter unschädlich gemacht.

14.2 Stromdurchflossene Schirmrohre

Häufig stellt sich die Aufgabe, zwei geschützte Volumen (Gebäude, Kabinen und dgl.) durch Schirmrohre zu verbinden, in denen die energie- und informationstechnischen Leitungen verlegt werden (*Bilder 14.2a und b*). Diese Rohre sind zur elektromagnetischen Abschirmung an beiden Enden geerdet. Über sie fließen beim Blitzschlag in eine Anlage Ausgleichströme (Blitzteilströme) zur anderen Anlage.

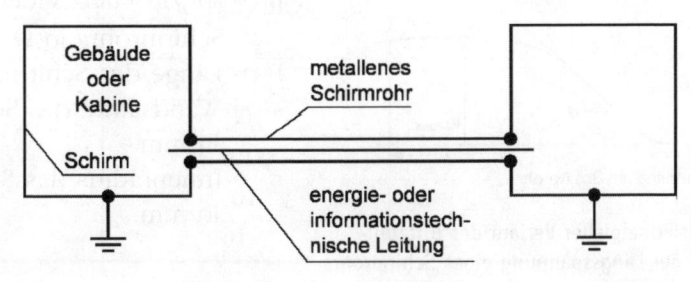

Bild 14.2a:
Schirmrohr zwischen zwei Gebäuden oder Kabinen

14 Magnetische Schirme

Bild 14.2b: Schirmrohre (Bild: Neuhaus)

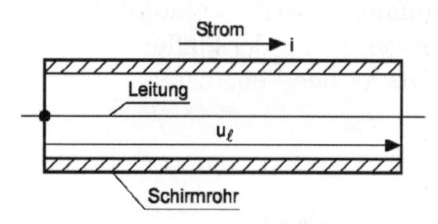

Bild 14.2c: Längsspannung eines stromdurchflossenen Schirmrohrs

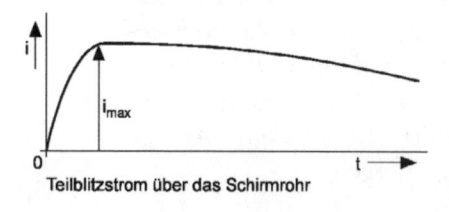

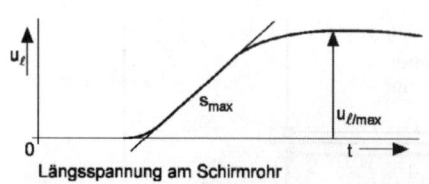

Bild 14.2d: Prinzipieller Verlauf des Blitzteilstroms und der Längsspannung eines Schirmrohrs

Im Inneren des Schirmrohrs herrscht bei symmetrischem Stromfluss über das Rohr kein magnetisches Feld. Unvermeidbar ist jedoch eine Längsspannung u_l zwischen dem Schirmrohr und den Leitungen, wenn auf dem Rohr ein Blitzteilstrom i fließt (*Bild 14.2c*). Den prinzipiellen Verlauf von u_l zeigt *Bild 14.2d*: u_l setzt gegenüber i verzögert ein und steigt langsamer als i auf seinen Maximalwert. Für den Kopplungswiderstand R_k gilt:

$$R_k = u_{l/max} / i_{max} .$$

Im Folgenden wird angegeben, wie bei nicht ferromagnetischen, zylindrischen Schirmrohren die im ungünstigsten Fall auftretenden Maximalwerte und Anstiege (Steilheiten) der Längsspannungen bestimmt werden können (Lit. 14-6 und 14-7). Hierbei wird als ungünstigster Fall davon ausgegangen, dass der über den Schirm fließende Teilblitzstrom i die Form einer Sprungfunktion (Stoßstrom 0/∞) mit dem Maximalwert i_{max} hat. Der in diesem Fall wirksame Kopplungswiderstand R_k ist gleich dem Gleichstromwiderstand R_g:

$$R_k = R_g = \frac{\rho \cdot \ell}{\pi \cdot s \cdot (s + 2r)} \quad \text{in } \Omega$$

ρ = spezifischer Widerstand des Schirmrohrs in $\Omega \cdot mm^2/m$
l = Länge des Schirmrohrs in m
s = Wandstärke des Schirmrohrs in mm.
r = Innenradius des Schirmrohrs in mm.

Für Aluminiumrohre gilt (Tabelle 4.5.1 a):

$$R_k = R_g = \frac{9{,}2 \cdot \ell}{s \cdot (s + 2r)} \quad \text{in m}\Omega$$

Für Kupferrohre gilt (Tabelle 4.5.1a):

$$R_k = R_g = \frac{5{,}7 \cdot \ell}{s \cdot (s + 2r)} \quad \text{in m}\Omega$$

In obigen Gleichungen sind l in m, s in mm und r in mm einzusetzen.
Der Maximalwert der Längsspannung $u_{l/max}$ ergibt sich zu:

$$u_{\ell/max} = R_k \cdot i_{max}$$

Der Maximalwert des Anstiegs der Längsspannung S_{max} ergibt sich zu:

$$S_{max} = \frac{1{,}4 \cdot \rho^2 \cdot \ell}{s^3 \cdot (s + 2r)} \cdot i_{max} \quad \text{in } \frac{V}{\mu s}$$

ρ = spezifischer Widerstand des Schirmrohrs in $\Omega \cdot mm^2/m$
l = Länge des Schirmrohrs in m
s = Wandstärke des Schirmrohrs in mm
r = Innenradius des Schirmrohrs in mm
i_{max} = Maximalwert des Teilblitzstroms über das Schirmrohr in A.

Für Aluminiumrohre gilt:

$$S_{max} = \frac{1{,}2 \cdot \ell}{s^3 \cdot (s + 2r)} \cdot i_{max} \quad \text{in } \frac{V}{\mu s}$$

Für Kupferrohre gilt somit:

$$S_{max} = \frac{0{,}44 \cdot \ell}{s^3 \cdot (s + 2r)} \cdot i_{max} \quad \text{in } \frac{V}{\mu s}$$

In obigen Gleichungen sind l in m, s in mm, r in mm und i_{max} in kA einzusetzen.

Für praktische Anwendungen kann man die Längsspannung als mit der Steilheit S_{max} auf $u_{l/max}$ ansteigende Spannung darstellen (*Bild 14.2e*), wobei für die Stirnzeit gilt:

$$T_1 = u_{\ell/max} / S_{max} \quad \text{in } \mu s$$

$u_{l/max}$ = Maximalwert der Längsspannung in V
S_{max} = Maximalwert des Anstiegs der Längsspannung in V/µs

Bei relativ kurzdauernden Stoßströmen über die Schirmrohre, z. B. bei Stoßströmen 8/20 µs, kann der Kopplungswiderstand R_k infolge des

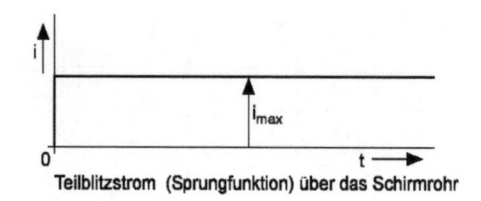

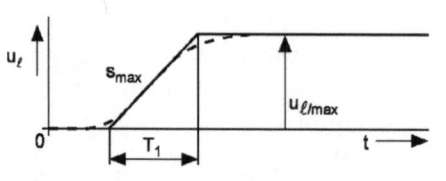

14 Magnetische Schirme

Bild 14.2e: Idealisierte Längsspannung eines Schirmrohrs

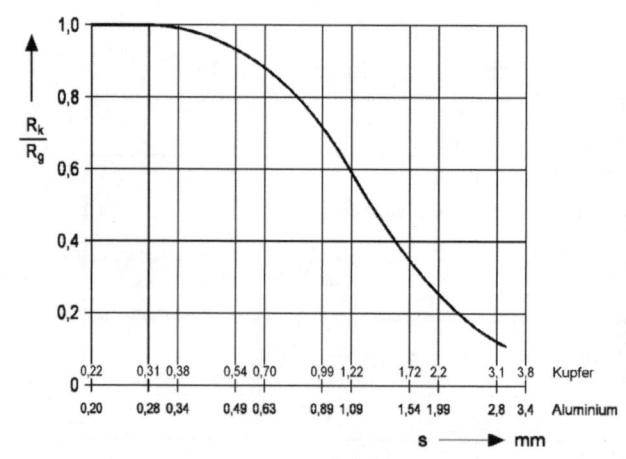

Bild 14.2f: Bezogener Kopplungswiderstand in Abhängigkeit von der Wandstärke bei einem Stoßstrom 8/20 μs

R_k: Kopplungswiderstand
R_g: Gleichstromwiderstand

Stromverdrängungseffekts kleiner sein als der Gleichstromwiderstand R_g. In dem *Bild 14.2f* ist R_k/R_g für Kupfer- und Aluminiumschirmrohre in Abhängigkeit von der Wandstärke s angegeben. Man erkennt, dass mit bedeutsamen Reduzierungen R_k/R_g und damit von $u_{l/max}$ erst bei Mantelstärken s von einigen mm zu rechnen ist.

R_k wird bei kurzdauernden Stoßströmen umso kleiner, je kleiner der spezifische Widerstand ρ und je größer die Permeabilitätszahl $μ_r$ des Mantelmaterials sind. Da ferromagnetische Materialien $μ_r$-Werte sehr viel größer als 1 aufweisen, sind Mäntel aus diesen Materialien auch unter Berücksichtigung der relativ hohen ρ-Werte sehr effizient, aber nur solange keine magnetische Sättigung durch den über den Mantel fließenden Strom eintritt!

In der *Tabelle 14.2a* sind für Eisenrohre die Stirnzeit T_1 und $u_{l/max}$ der Längsspannungen (Definition siehe Bild 14.2e) bei Teilblitzströmen in Form von Sprungfunktionen (Stoßstrom 0/∞) angegeben. *Bild 14.2g* zeigt den zeitlichen Verlauf der Längsspannung eines Eisenschirmrohrs bei einem Stoßstrom 8/20 μs, bezogen auf einen Stoßstrom 0/∞, nach Messungen von Steinbigler (Lit. 14-7).

Im Folgenden wird ein Schirmrohr aus Eisen einem Schirmrohr aus Kupfer gegenübergestellt, wobei der Innenradius r = 30 mm und die Wandstärke s = 1 mm sind, entsprechend einem Querschnitt von

14.2 Stromdurchflossene Schirmrohre

Beispiel

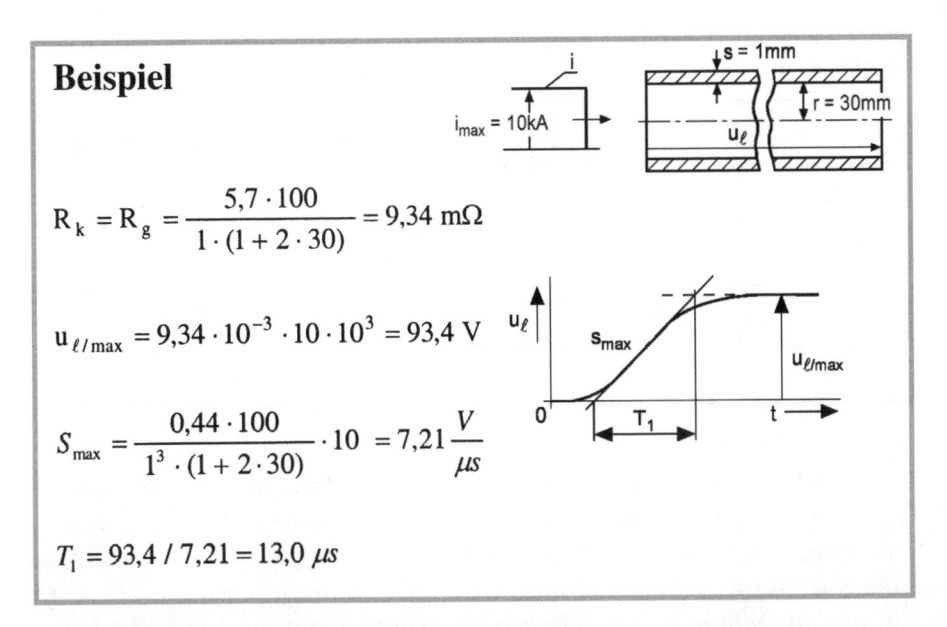

$i_{max} = 10\,kA$, $s = 1\,mm$, $r = 30\,mm$

$$R_k = R_g = \frac{5{,}7 \cdot 100}{1 \cdot (1 + 2 \cdot 30)} = 9{,}34\ m\Omega$$

$$u_{\ell/max} = 9{,}34 \cdot 10^{-3} \cdot 10 \cdot 10^3 = 93{,}4\ V$$

$$S_{max} = \frac{0{,}44 \cdot 100}{1^3 \cdot (1 + 2 \cdot 30)} \cdot 10 = 7{,}21\ \frac{V}{\mu s}$$

$$T_1 = 93{,}4 / 7{,}21 = 13{,}0\ \mu s$$

Tabelle 14.2a: Stirnzeit und Maximalwert der Längsspannung eines Eisenrohrs (Innenradius: 30 mm) bei einem Stoßstrom 0/∞

i_{max} [kA]	T_1 [µs]		$u'_{\ell/max}$ [V/m]	
	s = 1 mm	s = 3 mm	s = 1 mm	s = 3 mm
30	3,9	38	19	6,1
100	0,3	5,5	63	20

Bild 14.2g: Zeitlicher Verlauf der Längsspannung eines Eisenrohrs (innerer Radius: 30 mm, Wandstärke: 1 mm) bei einem Stoßstrom 8/20 µs, bezogen auf $u_{l/max}$ bei einem Stoßstrom 0/∞

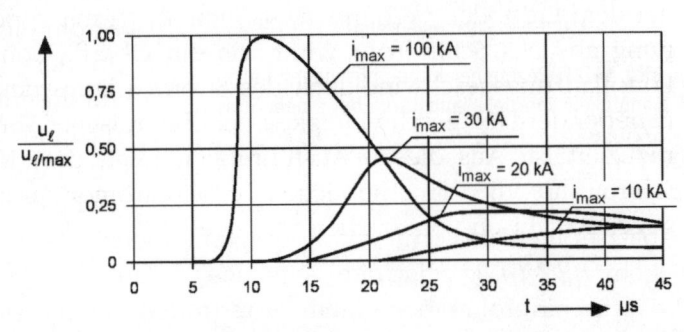

192 mm². Aus *Tabelle 14.2b* geht hervor, welche längenbezogenen Kopplungswiderstände R_k und maximalen Längsspannungen $u'_{l/max}$ bei Stoßströmen 8/20 µs und Stoßströmen 0/∞ mit einem Maximalwert von

Tabelle 14.2b: Längenbezogene Kopplungswiderstände und maximale Längsspannungen von Kupfer- und Eisen-Schirmrohren bei 10 kA Stromscheitelwert

		Stoßstrom 8/20 µs	Stoßstrom 0/∞
R'_k [µΩ/m]	Kupfer	93	93
	Eisen	94	630
$u'_{\ell/max}$ [V/m]	Kupfer	0,93	0,93
	Eisen	0,94	6,3

10 kA wirksam werden. Man erkennt, dass sich bei dem Stoßstrom 8/20 µs etwa gleich hohe maximale Längsspannungen bei dem Kupfer- und Eisenrohr ergeben, bei dem Stoßstrom 0/∞ jedoch die maximale Längsspannung des Eisenrohrs etwa 6,7mal höher ist als bei dem Kupferrohr. Während die Stirnzeit der Längsspannung bei nicht ferromagnetischen Materialien unabhängig von dem Scheitelwert des Stoßstroms ist, nimmt sie bei ferromagnetischen Materialien mit zunehmendem Scheitelwert des Stoßstroms stark ab!

Man erkennt, dass Eisen-Schirmrohre bei den üblicherweise anzunehmenden Teilblitzströmen (der Form 10/350 µs gemäß Abschnitt 4.8) gegenüber Kupferrohren nachteilig sind, dass die Maximalwerte der Längsspannungen höher und ihre Stirnzeiten kürzer sind. Die Linearität von Kupferschirmrohren erlaubt eindeutige und einfache Berechnungen der Längsspannungen.

Sind Abschirmrohre oberirdisch verlegt, so ist i_{max} über die gesamte Rohrlänge konstant; ist das Schirmrohr unterirdisch verlegt und leitend mit dem Erdboden verbunden, so nimmt i_{max} mit zunehmender Entfernung ab: Das Schirmrohr wirkt wie ein Oberflächenerder, wobei die Fortpflanzungsgeschwindigkeit des Stroms i längs des Schirmrohrs gegenüber der Lichtgeschwindigkeit bei oberirdischer Verlegung sehr stark reduziert ist. Aus diesen Ausführungen folgt, dass Kupfer für Kabelschirmrohre, die von erheblichen Teilblitzströmen durchflossen werden, gegenüber Eisen vorzuziehen ist.

Literatur Kap. 14

Lit. 14-1 Handbuch für Hochfrequenz- und Elektrotechniker. Band 2: Elektromagnetische Schirmung. S.457 bis 496. Hüthig & Pflaum-Verlag, München, 1978.

Lit. 14-2 Siemens Datenbuch 1975/76: Geschirmte Kabinen und Raumabschirmungen. Siemens AG, München.

Lit. 14-3 *Wiesinger, J.:* Basic principles of grounding and shielding with respect to equivalent circuits. Fast Electrical and optical Measurements. NA Ta ASI Series E-No 108 (1986), S. 549 bis 566.

Lit. 14-4 DIN VG 96907: 2000-06. Schutz gegen Nuklear-Elektromagnetischen Impuls (NEMP) und Blitzschlag. Teil 2: Konstruktionsmaßnahmen und Schutzeinrichtungen. Besonderheiten für verschiedene Anwendungen.

Lit. 14-5 DIN VG 95375: 1991-11. Elektromagnetische Verträglichkeit. Grundlagen und Maßnahmen für die Entwicklung von Systemen. Teil 4: Schirmung.

Lit. 14-6 *Wiesinger, J.:* Berechnung der durch Blitzströme in Abschirmrohre aus Kupfer und Aluminium eingekoppelten Spannungen. 15th ICLP Intern. Conf. on Lightning Protection, Uppsala (1979), Ref. K2; S. 144 bis 157.

Lit. 14-7 *Steinbigler, H., Wiesinger, J.:* Voltage response of screening tubes to an unit lightning current with regard to ferromagnetic and non ferromagnetic materials. 5th Intern. Symp. on Electromagnetic Compatibility, Zürich (1980), Ref. 42 K4.

15 Prüfverfahren und -generatoren für Blitzschutz-Komponenten und Schutzgeräte

15.1 Grundsätzliches zu Blitz-Stoßstrom-Prüfanlagen

Blitz-Stoßstrom-Prüfanlagen (Lit. 15-2 und 15-3) haben die Aufgabe, im Laboratorium beliebig reproduzierbare Stoßströme zu erzeugen, die in ihren Wirkungsparametern den natürlichen Blitzen entsprechen. Zur Untersuchung direkter Effekte wird ein Prüfling (z. B. eine Trennfunkenstrecke oder ein Verbinder) in den Stoßstromkreis eingeschaltet (*Bild 15.1a*). Hierbei werden besonders Effekte untersucht, die durch den Stoßstrom-Scheitelwert, die Ladung und die spezifische Energie eines Blitzstroms hervorgerufen werden. Damit weitgehend eingeprägte Stoßströme auf einen Prüfling einwirken können, darf dieser beim Stoßstrom-Durchgang nur einen im Vergleich zu der treibenden Spannung des Stoßstrom-Generators kleinen Spannungsfall aufweisen.

U_L = Ladespannung des Kondensators
C_s = Stoßkapazität
L = Induktivität einschließlich Prüflings-Induktivität
R = Widerstand einschließlich Prüflings-Widerstand
SFS = Schaltfunkenstrecke
i = Stoßstrom

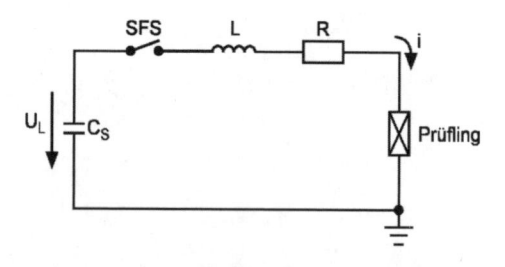

Bild 15.1a: Prinzipschaltung eines Stoßstrom-Generators zur Untersuchung direkter Effekte

Zur Untersuchung indirekter Effekte wird ein Prüfling (z. B. ein elektronisches Gerät) in das Magnetfeld eines stoßstromdurchflossenen Leiters (magnetische Antenne) eingebracht. Es werden hier Effekte untersucht, die besonders durch die Stirnstromsteilheit eines Blitzstroms und damit durch elektromagnetische Induktionswirkungen hervorgerufen werden (*Bild 15.1b*).

15.1 Grundsätzliches zu Blitz-Stoßstrom-Prüfanlagen

Bild 15.1b: Anordnung zur Untersuchung indirekter Effekte

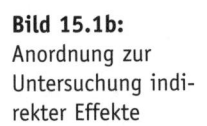

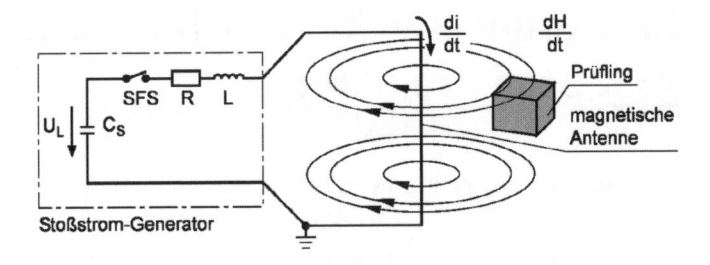

Für die Untersuchung direkter und indirekter Effekte werden in der Regel Stoßstrom-Generatoren mit kapazitiven Energiespeichern eingesetzt, bei denen ein Kondensator auf eine Spannung von etwa 10 kV bis 100 kV aufgeladen und dann über eine Schaltfunkenstrecke schlagartig auf eine Reihenschaltung entladen wird, die aus einem ohmschen Widerstand und einer Induktivität besteht. In diesem C-R-L-Kreis, der auch den Widerstand und die Induktivität des Prüflings beinhaltet, entsteht je nach Art der Schwingkreisbekämpfung ein gedämpft schwingender oder unipolarer Stromimpuls.

Die grundsätzlichen Aufbauten von Stoßstrom-Generatoren zur Untersuchung von direkten und indirekten Effekten zeigen die Bilder 15.1a und b. Eine ausgeführte Anlage ist im Bild 1.1.11a zu sehen. Die Definitionen der Strom- und Zeitparameter von Blitzstoßströmen können aus VDE 0432 Teil 2 (Lit. 15-1) entnommen werden und sind im *Bild 15.1c* dargestellt.

i = Stoßstrom
i_{max} = Scheitelwert des Stoßstroms
t = Zeit
T_a = Anstiegszeit (Zeit zwischen 10 %- und 90 %-Wert)
T_1 = Stirnzeit ($1{,}25 \cdot T_a$)
T_2 = Rückenhalbwertzeit
i_{max}/T_1 = mittlere Stirnstromsteilheit

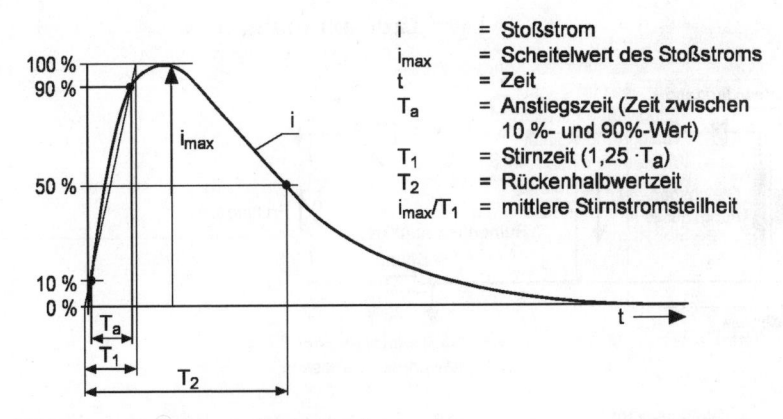

Bild 15.1c: Definitionen für Stoßströme

15.2 Grundgleichungen für C-L-R-Stoßstromkreise

Das *Bild 15.2a* zeigt die grundsätzliche Schaltung eines C-L-R-Stoßstromkreises mit dem Ladekreis. Stoßstrom-Generatoren werden üblicherweise charakterisiert durch

- die maximale Ladespannung $U_{L/max}$
- die maximale gespeicherte elektrische Energie

$$W_{e/max} = \frac{1}{2} \cdot C_s \cdot U_{L/max}^2 .$$

Die Differentialgleichung für den Strom i in dem Reihenresonanzkreis eines Stoßstrom-Generators gemäß Bild 15.2a lautet:

$$\frac{di^2}{dt^2} + \frac{R}{L} \cdot \frac{di}{dt} + \frac{1}{LC_s} \cdot i = 0$$

mit den Anfangsbedingungen bei t = 0 (Schließen der Schaltfunkenstrecke SFS):

$$i = 0, \quad \frac{di}{dt} = \frac{U_L}{L}$$

C_s = Stoßkapazität in F
i = Stoßstrom in A
L = Induktivität in H
R = Widerstand in Ω
t = Zeit in s
U_L = Ladespannung in V.

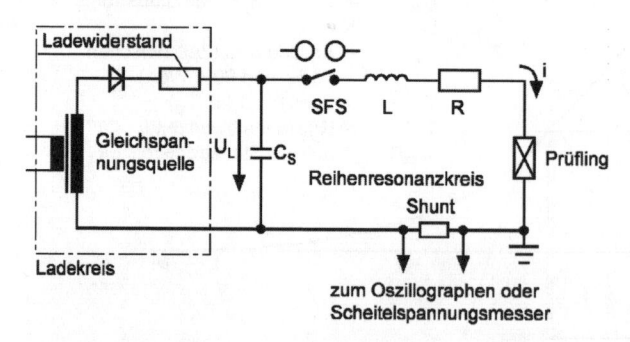

C_s = Stoßkapazität
L = gesamte Induktivität des Reihenkreises (einschließlich Prüflings-Induktivität)
R = gesamter Widerstand des Reihenkreises (einschließlich Shunt und Prüflings-Widerstand)
U_L = Ladespannung des Kondensators
SFS = Schaltfunkenstrecke

Bild 15.2a: Prinzipschaltung eines C-L-R Stoßstromkreises

15.2 Grundgleichungen für C-L-R-Stoßstromkreise

Je nach Dimensionierung dieses Reihenresonanzkreises erhält man den gewünschten Stromverlauf. Im Folgenden wird gezeigt, wie bei vorgegebenen Werten für Ladespannung und gespeicherte Energie durch verschiedene Bedämpfung Blitzströme oder Teilblitzströme mit variablem zeitlichen Verlauf erzeugt werden können, wobei insbesondere die erreichbaren Stoßstrom-Scheitelwerte, die Ladungen, die spezifischen Energien und die maximalen Stromsteilheiten verglichen werden.

15.2.1 Stoßstrom bei periodischer Dämpfung

Den beispielhaften Verlauf dieses Stoßstroms zeigt *Bild 15.2.1a*. Diese Stoßstromform entsteht, wenn

$0 < R < 2\sqrt{L/C_s}$ ist.

Hierbei ist (siehe Bild 15.1c):

$0{,}263 < T_1/T_2 < 0{,}482$.

Für den zeitlichen Verlauf des Stoßstroms gilt:

$$i = \frac{U_L}{\omega L} \cdot \sin(\omega t) \cdot e^{-t/\tau}$$

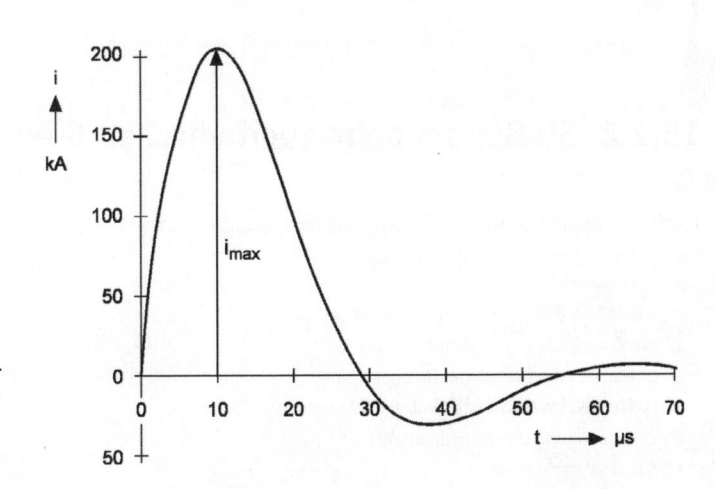

mit $\tau = \dfrac{2L}{R}$ und $\omega = \sqrt{\dfrac{1}{LC_s} - \dfrac{1}{\tau^2}}$.

Bild 15.2.1a: Stoßstrom bei periodischer Dämpfung

Der Stromscheitelwert i_{max} wird zum Zeitpunkt $t = \dfrac{\arctan(\omega\tau)}{\omega}$ erreicht.
Für die maximale Stirnstromsteilheit (zum Zeitpunkt t = 0) gilt:

$$\left(\dfrac{di}{dt}\right)_{max} = \dfrac{U_L}{L}.$$

Für die Gesamtladung gilt:

$$Q = \int_0^\infty |i| \cdot dt = \dfrac{U_L/L}{\omega^2 + 1/\tau^2} \cdot \left(\dfrac{2}{1-e^{-\pi/\omega\tau}} - 1\right)$$

Für die spezifische Energie gilt:

$$W/R = \int_0^\infty i^2 \cdot dt = \dfrac{U_L^2}{4\omega^2 L^2} \cdot \dfrac{\tau}{1+(1/\omega\tau)^2}.$$

Beispiel:

$C_s = 30\ \mu F$; $L = 2{,}1\ \mu H$; $R = 0{,}265\ \Omega$; $U_L = 100\ kV$.
Es ergibt sich der Stromverlauf des Bilds 15.2.1a:

$\tau = 15{,}8\ \mu s$; $\omega = 109 \cdot 10^3\ \dfrac{1}{s}$;

$i_{max} = 206\ kA$; $\left(\dfrac{di}{dt}\right)_{max} = 47{,}6\ \dfrac{kA}{\mu s}$; $Q = 4{,}16\ As$; $W/R = 566\ kJ/\Omega$.

15.2.2 Stoßstrom beim aperiodischen Grenzfall

Den beispielhaften Verlauf dieses Stoßstroms zeigt *Bild 15.2.2a*. Diese Stoßstromform entsteht, wenn

$R = 2\sqrt{L/C_s}$ ist.

Hierbei ist (siehe Bild 15.1c):

$T_1/T_2 = 0{,}263$.

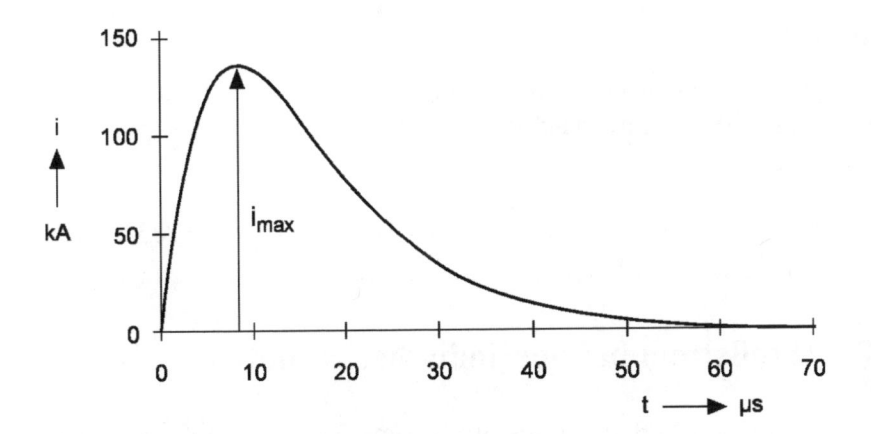

15.2 Grundgleichungen für C-L-R-Stoßstromkreise

Bild 15.2.2a: Stoßstrom beim aperiodischen Grenzfall

Für den zeitlichen Verlauf des Stoßstroms gilt:

$$i = \frac{U_L}{\omega L} \cdot e^{-t/\tau} \cdot t$$

mit $\tau = \frac{2L}{R}$.

Der Stromscheitelwert i_{max} wird zum Zeitpunkt $t = \tau$ erreicht:

$$i_{max} = \frac{2}{e^1} \cdot \frac{U_L}{R} = 0{,}736 \cdot \frac{U_L}{R}.$$

Für die maximale Stromsteilheit (zum Zeitpunkt $t = 0$) gilt:

$$\left(\frac{di}{dt}\right)_{max} = \frac{U_L}{L}.$$

Für die Ladung gilt:

$$Q = \int_0^\infty i \cdot dt = U_L \cdot C_s.$$

Für die spezifische Energie gilt:

$$W/R = \int_0^\infty i^2 \cdot dt = \frac{U_L^2 \cdot C_s}{4} \cdot \sqrt{\frac{C_s}{L}}.$$

> **Beispiel:**
> $C_s = 30\ \mu F;\ L = 2{,}1\ \mu H;\ R = 0{,}529\ \Omega;\ U_L = 100\ kV.$
> Es ergibt sich der Stromverlauf des Bilds 15.2.2a:
> $\tau = 7{,}94\ \mu s;$
> $i_{max} = 139\ kA;\ \left(\dfrac{di}{dt}\right)_{max} = 47{,}6\ \dfrac{kA}{\mu s};\quad Q = 3{,}00\ As;\quad W/R = 283\ kJ/\Omega.$

15.2.3 Stoßstrom bei aperiodischer Dämpfung

Den beispielhaften Verlauf dieses Stoßstroms zeigt *Bild 15.2.3a*. Diese Stoßstromform entsteht, wenn

$$R > 2\sqrt{L/C_s} \text{ ist.}$$

Hierbei ist (siehe Bild 15.1c):

$0 < T_1/T_2 < 0{,}263.$

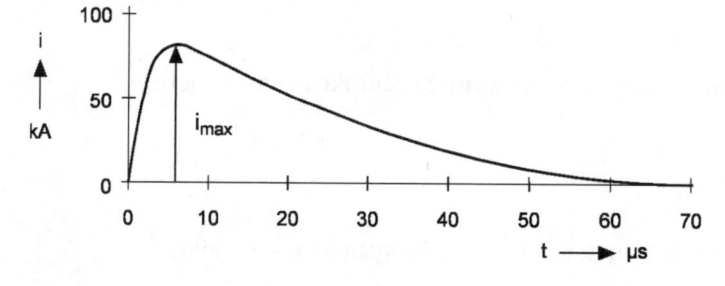

Bild 15.2.3a: Stoßstrom bei aperiodischer Dämpfung

Für den zeitlichen Verlauf des Stoßstroms gilt:

$$i = \frac{U_L}{\sqrt{R^2 - 4L/C_s}} \cdot \left(e^{-t/\tau_1} - e^{-t/\tau_2}\right)$$

$$\text{mit } \tau_1 = \frac{1}{\dfrac{R}{2L} - k} \quad \text{und} \quad \tau_2 = \frac{1}{\dfrac{R}{2L} + k}$$

$$\text{wobei } k = \sqrt{\left(\frac{R}{2L}\right)^2 - \frac{1}{LC_s}}\ .$$

15.2 Grundgleichungen für C-L-R-Stoßstromkreise

Der Stromscheitelwert i_{max} wird erreicht zum Zeitpunkt

$$t = \frac{\tau_1 \cdot \tau_2}{\tau_1 - \tau_2} \cdot \ln \frac{\tau_1}{\tau_2}.$$

Für die maximale Stromsteilheit (zum Zeitpunkt t = 0) gilt:

$$\left(\frac{di}{dt}\right)_{max} = \frac{U_L}{L}.$$

Für die Ladung gilt:

$$Q = \int_0^\infty i \cdot dt = \frac{U_L}{\sqrt{R^2 - 4L/C_s}} \cdot (\tau_1 - \tau_2) = U_L \cdot C_s.$$

Für die spezifische Energie gilt:

$$W/R = \int_0^\infty i^2 \cdot dt = \frac{U_L^2/2}{(R^2 - 4L/C_s)} \cdot \frac{(\tau_1 - \tau_2)^2}{\tau_1 + \tau_2}.$$

Beispiel:

$C_s = 30 \,\mu F$; $L = 2{,}1 \,\mu H$; $R = 1{,}06 \,\Omega$; $U_L = 100 \,kV$.
Es ergibt sich der Stromverlauf des Bilds 15.2.3a:

$\tau_1 = 29{,}7 \,\mu s$; $\tau_2 = 2{,}12 \,\mu s$;

$i_{max} = 82{,}6 \,kA$; $\left(\frac{di}{dt}\right)_{max} = 47{,}6 \,\frac{kA}{\mu s}$; $Q = 3{,}00 \,As$; $W/R = 142 \,kJ/\Omega$.

15.2.4 Crowbar-Funkenstrecke in Stoßstrom-Generatoren

Durch den Einbau einer zusätzlichen Schaltfunkenstrecke, einer so genannten Crowbar-Funkenstrecke CFS, in den C-L-R-Kreis können Sonderstromformen erreicht werden (Lit. 15-4 bis 15-6). Hierzu ist es notwendig, die Induktivität L des Stoßstromkreises (Bild 15.2a) in zwei Komponenten, L_1 und L_2, aufzuteilen (*Bild 15.2.4a*), wobei $L_1 \ll L_2$ sein soll.
Nach dem Zünden von SFS liegt an CFS im nicht gezündeten Zustand praktisch die gesamte Kondensatorspannung U_L an; für diese Spannung

15 Prüfverfahren/-generatoren f. Blitzschutz-Komponenten

U_L = Ladespannung des Kondensators
C_S = Stoßkapazität
L_1 = Teilinduktivität
L_2 = Teilinduktivität einschließlich Prüflings-Induktivität
SFS = Schaltfunkenstrecke
CFS = Crowbar-Funkenstrecke
i = Stoßstrom

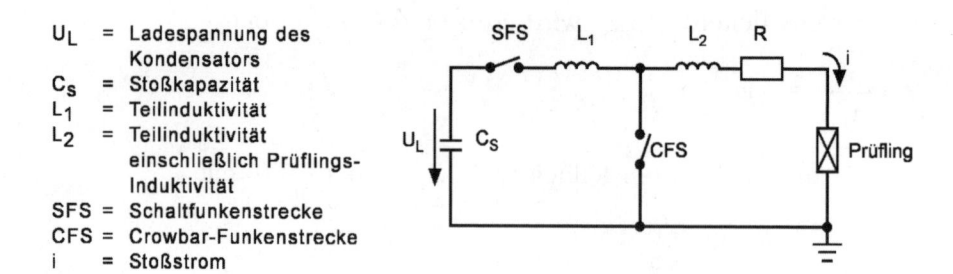

Bild 15.2.4a: Prinzipschaltung eines Stoßstrom-Generators mit Crowbar-Funkenstrecke

ist CFS auszulegen. Mit dieser Schaltung lassen sich insbesondere Sinushalbwellenströme realisieren und ungedämpfte Stoßströme in aperiodisch gedämpfte Stoßströme überführen.

15.2.5 Sinushalbwellen-Stoßstrom

Wenn unipolare Stoßströme realisiert werden sollen, so kann ein Stoßstrom-Generator bei ausreichend kleinem Widerstand R hinsichtlich der erzeugbaren Ladung und der erzeugbaren spezifischen Energie gegenüber dem aperiodischen Grenzfall wesentlich höher ausgenützt werden, wenn eine Sinushalbwelle erzeugt wird. Hierbei zündet SFS zum Zeitpunkt t = 0 und CFS zum Zeitpunkt t = π/ω (wenn C_s auf $-U_L$ umgeladen ist!).

Den beispielhaften Verlauf dieses Stoßstroms zeigt *Bild 15.2.5a*. Vorausgesetzt, dass R vernachlässigbar klein ist, gilt (siehe Bild 15.1c):

T_1 / T_2 = 0,482.

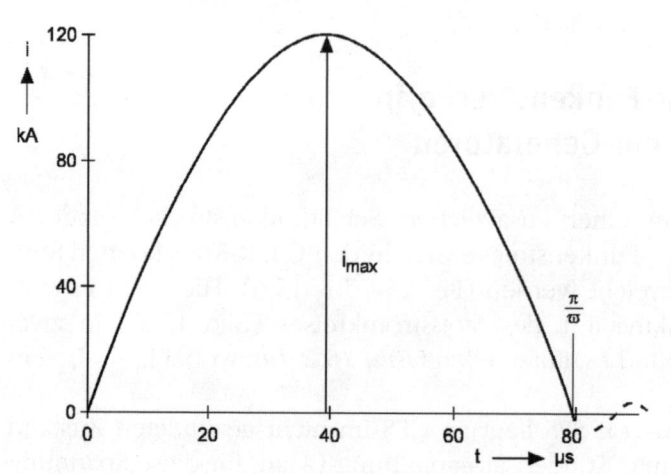

Bild 15.2.5a: Sinushalbwellen-Stoßstrom

15.2 Grundgleichungen für C-L-R-Stoßstromkreise

Für den zeitlichen Verlauf des Stoßstroms gilt:

$$i = \frac{U_L}{\omega \cdot (L_1 + L_2)} \cdot \sin(\omega t) \quad \text{für } 0 \leq t \leq \frac{\pi}{\omega}$$

mit $\omega = \sqrt{\dfrac{1}{C_s \cdot (L_1 + L_2)}}$.

Der Stromscheitelwert i_{max} wird zum Zeitpunkt $t = \dfrac{\pi}{2\omega}$ erreicht:

$$i_{max} = \frac{U_L}{\omega \cdot (L_1 + L_2)} .$$

Für die maximale Stromsteilheit (zum Zeitpunkt t = 0) gilt:

$$\left(\frac{di}{dt}\right)_{max} = \frac{U_L}{(L_1 + L_2)} .$$

Für die Ladung gilt:

$$Q = \int_0^{\pi/\omega} i \cdot dt = = 2 \cdot U_L \cdot C_s .$$

Für die spezifische Energie gilt:

$$W/R = \int_0^{\pi/\omega} i^2 \cdot dt = \frac{U_L^2 \cdot \pi}{2 \cdot \omega^2 \cdot (L_1 + L_2)} .$$

Beispiel:
$C_s = 30 \, \mu F$; $L_1 = 1 \, \mu H$; $L_2 = 20 \, \mu H$; $R = 0 \, \Omega$; $U_L = 100 \, kV$.
Es ergibt sich der Stromverlauf des Bilds 15.2.5a:

$\omega = 39{,}8 \cdot 10^3 \, 1/s$;

$i_{max} = 120 \, kA$; $\left(\dfrac{di}{dt}\right)_{max} = 4{,}76 \, \dfrac{kA}{\mu s}$; $Q = 6{,}00 \, As$; $W/R = 568 \, kJ/\Omega$.

15.2.6 Überführung eines ungedämpften in einen aperiodisch gedämpften Stoßstrom

Bei ausreichend kleinem Widerstand R (Bild 15.2.4a) können sehr langdauernde, unipolare Ströme mit gegenüber dem aperiodischen Grenzfall wesentlich größeren Ladungen und spezifischen Energien erzeugt werden. Hierbei zündet SFS zum Zeitpunkt t = 0 und CFS zum Zeitpunkt t = π/2ω (wenn C_s entladen ist!). Den beispielhaften Verlauf dieses Stoßstroms zeigt *Bild 15.2.6a*. Für den zeitlichen Verlauf des Stoßstroms gilt:

$$i = \frac{U_L}{\omega \cdot (L_1 + L_2)} \cdot \sin(\omega t) \quad \text{für } 0 \leq t \leq \frac{\pi}{2\omega}$$

$$\text{mit } \omega = \sqrt{\frac{1}{C_s \cdot (L_1 + L_2)}}$$

$$\text{und } i = \frac{U_L}{\omega \cdot (L_1 + L_2)} \cdot e^{-t/\tau} \quad \text{für } t \geq \frac{\pi}{2\omega}$$

$$\text{mit } \tau = \frac{L_2}{R}.$$

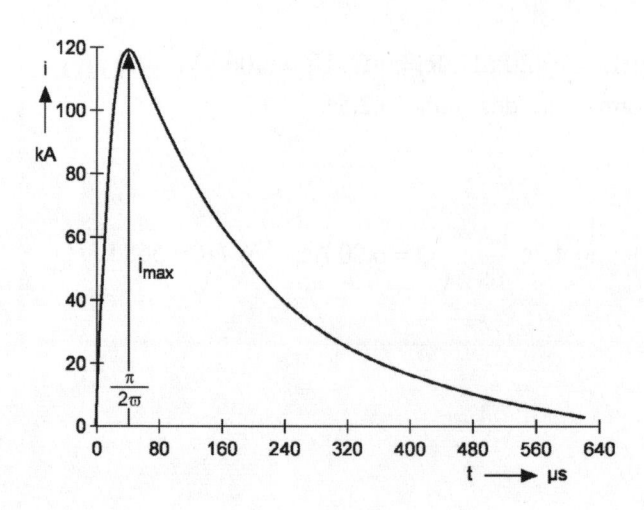

Bild 15.2.6a: Stoßstrom beim Überführen vom ungedämpften in den aperiodisch gedämpften Zustand

15.2 Grundgleichungen für C-L-R-Stoßstromkreise

Der Stromscheitelwert i_{max} wird zum Zeitpunkt $t = \dfrac{\pi}{2\omega}$ erreicht:

$$i_{max} = \dfrac{U_L}{\omega \cdot (L_1 + L_2)}.$$

Für die maximale Stromsteilheit (zum Zeitpunkt $t = 0$) gilt:

$$\left(\dfrac{di}{dt}\right)_{max} = \dfrac{U_L}{(L_1 + L_2)}.$$

Für die Ladung gilt:

$$Q = \int_0^\infty i \cdot dt = U_L \cdot C_s + \dfrac{U_L}{\omega \cdot (L_1 + L_2)} \cdot \tau.$$

Für die spezifische Energie gilt:

$$W/R = \int_0^\infty i^2 \cdot dt = \dfrac{U_L^2}{\omega^2 \cdot (L_1 + L_2)^2} \cdot \left(\dfrac{\pi}{4\omega} + \dfrac{\tau}{2}\right).$$

Beispiel:
$C_s = 30\ \mu F$; $L_1 = 1\ \mu H$; $L_2 = 20\ \mu H$; $R = 100\ m\Omega$; $U_L = 100\ kV$.
Es ergibt sich der Stromverlauf des Bilds 15.2.6a:

$\omega = 39{,}8 \cdot 10^3\ 1/s$; $\tau = 200\ \mu s$

$i_{max} = 120\ kA$; $\left(\dfrac{di}{dt}\right)_{max} = 4{,}76\ \dfrac{kA}{\mu s}$; $Q = 27\ As$; $W/R = 1720\ kJ/\Omega$.

15.3 Prüfverfahren für Verbindungsbauteile und Trennfunkenstrecken

15.3.1 Prüfverfahren für Verbindungsbauteile

Für Verbindungsbauteile, wie Verbinder, Anschlussbauteile und Überbrückungsbauteile, Ausdehnungsstücke, Messstellen und Tiefenerderkupplungen, ist die Einhaltung der Prüfkriterien eines Prüfverfahrens auf der Basis laborsimulierter Blitzströme gefordert. DIN EN 50164-1 (VDE 0185 Teil 201; Lit. 15-7) ist hierfür ab April 2002 gültig und löst für den Bereich Verbindungsbauteile die bislang gültige Norm DIN 48810 ab.

Nach diesem Prüfverfahren werden die Verbindungsbauteile künstlich gealtert (Simulation von möglichen Korrosionsbeanspruchungen/Alterung) und anschließend einer dreimaligen Blitzstrom-Beanspruchung (Stoßstrom 10/350 μs) unterworfen. Entsprechend der Anforderung in der Praxis sind zwei Schärfegrade für die Blitzstrom-Beanspruchung vorgesehen.

– Klasse N: normale Anforderung mit 50 kA (10/350 μs)
– Klasse H: erhöhte Anforderung mit 100 kA (10/350 μs).

Bild 15.3.1a zeigt typische Prüfstromverläufe der Klassen „H" und „N". Nach diesen Blitzstromtests (*Bild 15.3.1b*) im gealterten Zustand werden die Verbinder auf offensichtliche Schäden überprüft und Übergangswiderstände sowie Lösedrehmomente ermittelt, die bestimmte Grenzwerte einhalten müssen.

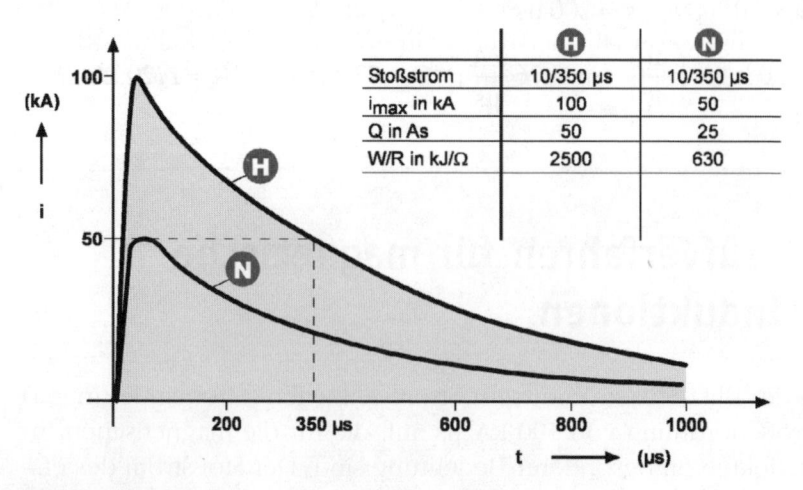

Stoßstrom	H	N
	10/350 μs	10/350 μs
i_{max} in kA	100	50
Q in As	50	25
W/R in kJ/Ω	2500	630

Bild 15.3.1a: Vergleich von Blitzprüfströmen der Klassen H und N

15.4 Prüfverfahren für magnetische Induktionen

Bild 15.3.1b:
Blitzstromprüfung von Verbindungsbauteilen nach VDE 0185 Teil 201 (Bild: Dehn + Söhne)

15.3.2 Prüfverfahren für Trennfunkenstrecken

Für die Anforderungen an Trennfunkenstrecken ist weiterhin DIN 48810 (Lit. 15-8) gültig, die als „Restnorm" in der Fassung vom September 2001 vorliegt. Diese Norm wird durch eine überarbeitete Norm EN 50164-3 (in Vorbereitung) abgelöst werden.
Entsprechend den Vorgaben in DIN 48810 müssen die Trennfunkenstrecken 20 mal mit Prüfströmen von 60 kA (8/80 µs) mit anschließendem Sinushalbwellenstrom beaufschlagt werden. Als Beurteilung für das Bestehen dieser Prüfung gilt, dass die Funkenstrecken nicht zerstört worden sind und dass ihr Isolations- und ihr Ansprechverhalten in vorgegebenen Grenzen geblieben sind. Für das Erfüllen erhöhter Anforderungen (Anhang A von DIN 48810) ist ein Prüfstrom mit 100 kA, 8/80 µs, mit einem anschließendem Langstrom (Q_l = 50 ..70 As, T_d = 200...240 ms) gefordert.

15.4 Prüfverfahren für magnetische Induktionen

Die Stirn der Blitz-Stoßströme weist Stromsteilheiten (Stromänderungen) in der Größenordnung von 100 kA/µs auf, die für die magnetischen Induktionseffekte von besonderer Bedeutung sind. Der Stoßstrom des ersten Teilblitzes bzw. des negativen Folgeblitzes weist je nach Anforderung die Parameter der Blitzstromsteilheiten der *Tabelle 15.4a* auf. Die Definitionen gehen aus den Bildern 15.4a und 15.1c hervor. Im *Bild 15.4a* sind auch die üblicherweise zugrunde zulegenden Toleranzen angegeben. Wird aufgrund einer Analyse oder Abschätzung festgestellt, dass nur ein Bruchteil des gesamten Blitzstroms über eine betrachtete Komponente zu erwarten ist, ist i_{max} bei gleicher Stirnzeit T_1 entsprechend zu reduzieren. Für viele Untersuchungen ist es ausreichend, die geforderte Stromsteilheit während der Stirn mit einer Stromdifferenz Δi (entsprechend i_{max}) und einer Zeitdifferenz (entsprechend T_1) zu realisieren.

Tabelle 15.4a: Blitzstromparameter

Anforderung	I_{max}/T_1 bzw. $\Delta i/\Delta t$ [kA/µs]		T_1 bzw. Δt [µs]	
	erster Teilblitz	Folgeblitz	erster Teilblitz	Folgeblitz
extrem	20	200	10	0,25
hoch	15	150		
normal	10	100		

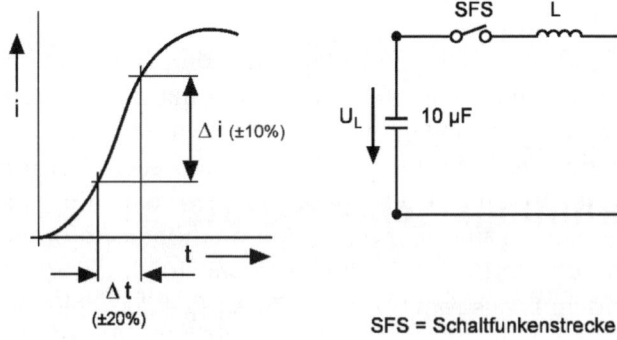

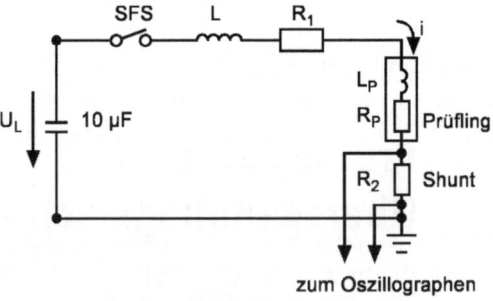

Links Bild 15.4a: Stirn-Stromsteilheit

Rechts Bild 15.4b: Stoßstrom-Generator zur Erzeugung der Stirn-Stromsteilheiten eines ersten Teilblitzes

SFS = Schaltfunkenstrecke

$L + L_p \approx 11$ µH
$R_1 + R_2 + R_p \approx 0{,}35$ Ω
$U_L = 300$ kV für $\Delta i/\Delta t = 20$ kA/µs bei $\Delta t = 10$ µs

Eine mögliche Schaltung eines Stoßstrom-Generators zur Realisierung der Stirn-Stromsteilheiten von ersten Teilblitzen zeigt *Bild 15.4b* bei folgenden Grenzwerten:
$\Delta i/\Delta t = 20$ kA/µs,
$\Delta t \quad = 10$ µs.

Bild 15.4c: Stoßstrom-Generator zur Erzeugung der Stirnstromsteilheiten eines Folgeblitzes

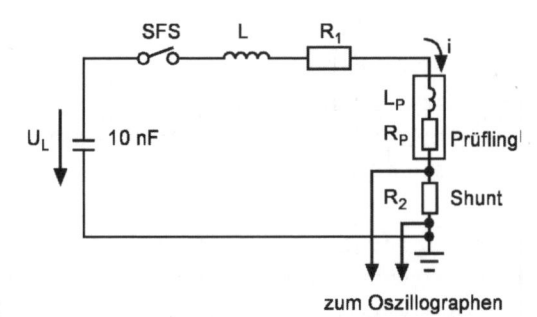

SFS = Schaltfunkenstrecke

$L + L_p \approx 15\ \mu H$
$R_1 + R_2 + R_p \approx 10\ \Omega$
$U_L = 3{,}5\ MV$ für $\Delta i/\Delta t = 200\ kA/\mu s$ bei $\Delta t = 0{,}25\ \mu s$

Eine mögliche Schaltung eines Stoßstrom-Generators zur Realisierung der Stirnstromsteilheiten von negativen Folgeblitzen zeigt *Bild 15.4c* bei folgenden Grenzwerten:

$\Delta i/\Delta t$ = 200 kA/µs
Δt = 0,25 µs.

Weitere Schaltungsprinzipien, insbesondere zur Erzeugung der hohen Steilheiten von negativen Folgeblitzen, sind die Verwendung von kapazitiven Aufsteilkreisen (Lit. 15-9) und der Einsatz explodierender Drähte (Lit. 15-10).

15.5 Prüfverfahren für Überspannungs-Schutzgeräte

Für die Simulation von leitungsgebundenen Blitz-Stoßspannungen und der mit ihrer Begrenzung durch Überspannungs-Schutzgeräte verbundenen Stoßströmen infolge von fernen Blitzeinschlägen oder von Induktionseffekten werden zur Direkteinspeisung in energie- und informationstechnische Leitungen Störgeneratoren (Lit. 15-11) eingesetzt, die im Leerlauf eine definierte Stoßspannung u und im Kurzschluss einen definierten Stoßstrom i abgeben, wobei der fiktive Innenwiderstand Z_i definiert ist als:

$Z_i = u_{max} / i_{max}$ in Ω

u_{max} = Maximalwert der Stoßspannung im Leerlauf in kV
i_{max} = Maximalwert des Stoßstroms im Kurzschluss in kA.

Die Definitionen gehen aus *Bild 15.5a* hervor.

Definitionen für die Stoßspannung T_1/T_2

Definitionen für den Stoßstrom T_1/T_2

T_1 = Stirnzeit
T_2 = Rückenhalbwertzeit

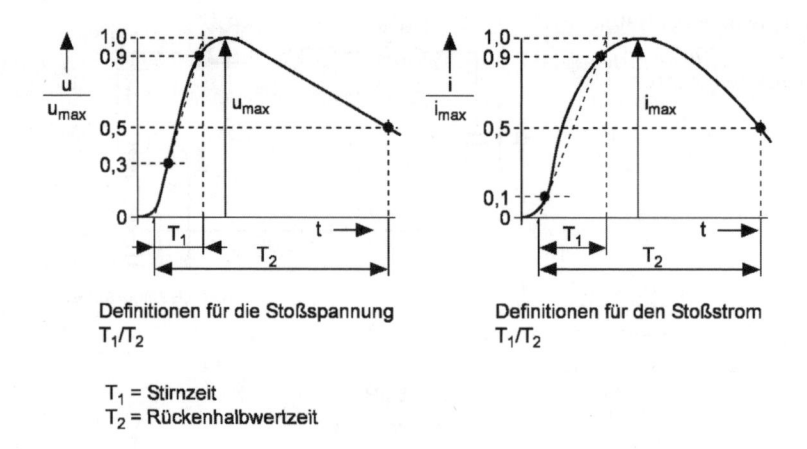

Bild 15.5a: Definitionen für Störgeneratoren

Für die Simulation der ohmisch, kapazitiv oder induktiv eingekoppelten, leitungsgebundenen Blitzstörgrößen werden insbesondere zwei Generatortypen eingesetzt:

- Störgenerator („Hybridgenerator" oder „Combination Wave Generator") für
  Leerlauf-Stoßspannung 1,2/50 µs bei u_{max} bis ± 10 kV.
  Kurzschluss-Stoßstrom 8/20 µs bei Z_i = 1 Ω und i_{max} bis ± 10 kA bzw.
  Kurzschluss-Stoßstrom 8/20 µs bei Z_i = 2 Ω und i_{max} bis ± 5 kA.
  Die mögliche Schaltung des Generators zeigt *Bild 15.5b*, ein ausgeführtes Gerät Bild 15.5d.

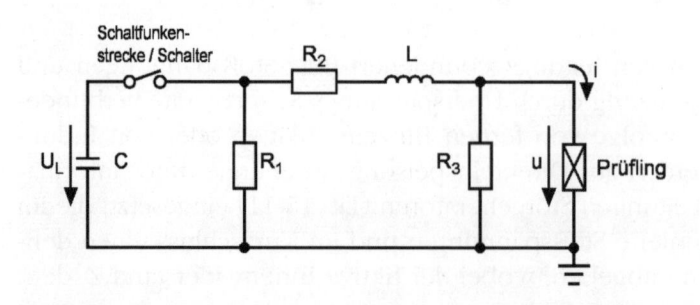

C = 11,5 µF, R_1 = 10,5 Ω, R_2 = 0,39 Ω, R_3 = 13 Ω, L = 5,5 µH für Z_i = 1 Ω
C = 5,75 µF, R_1 = 21 Ω, R_2 = 0,78 Ω, R_3 = 26 Ω, L = 11 µH für Z_i = 2 Ω
U_L = 10,6 kV für u_{max} = 10 kV

Bild 15.5b: Hybridgenerator für Stoßspannungen 1,2/50 µs und Stoßströme 8/20 µs

15.5 Prüfverfahren für Überspannungs-Schutzgeräte

- Störgenerator für Leerlauf-Stoßspannung
  9,1/720 µs (angenähert: 10/700 µs) bei u_{max} bis ± 6 kV.
  Kurzschluss-Stoßstrom
  1,1/180 µs bei Z_i = 17,6 Ω und i_{max} bis ± 340 A bzw.
  Kurzschluss-Stoßstrom
  4,8/320 µs bei Z_i = 41,4 Ω und i_{max} bis ± 145 A.
  Die Schaltung des Generators zeigt *Bild 15.5c*. Einen entsprechenden Hybridgenerator zeigt *Bild 15.5d*.

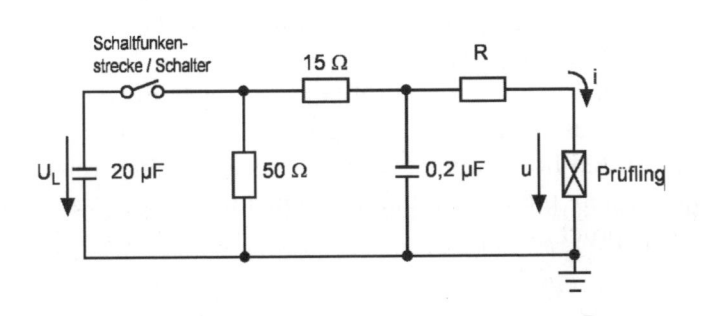

Bild 15.5c: Störgenerator für Stoßspannung 10/700 µs

R = 2,5 Ω für Z_i = 17,6 Ω
R = 25 Ω für Z_i = 41,4 Ω
U_L ≈ 6 kV für u_{max} = 6 kV

Bild 15.5d: Hybridgenerator (Bild: Hilo Test)

Als Toleranzen für die Stirnzeit T_1, die Rückenhalbwertzeit T_2, die Maximalwerte der Stoßspannung u_{max} bzw. des Stoßstroms i_{max} werden üblicherweise ± 10 % angesetzt.

Die Prüfungen werden üblicherweise mit beiden Polaritäten durchgeführt, wobei die Leerlaufspannung in Stufen bis zum geforderten Endwert erhöht wird. Die stufenweise Erhöhung, z. B. in Stufen von 1 %, 2 %, 5 %, 10 %, 20 %, 50 %, 100 %, ist von besonderer Bedeutung bei der Prüfung nichtlinearer Überspannungs-Schutzgeräte. Die obigen Prüfungen sind auch für Geräte mit eingebauten Schutzelementen und für komplette Anlagen geeignet. So kann z. B. ein Störgenerator an die energietechnische Netzeinspeisung oder die Datenleitungs-Einführung eines Gebäudes angeschlossen werden.

Der beliebig komplexe Prüfling formt sich aus den für den Leerlauf und Kurzschluss definierten Störgrößen seine individuelle Beanspruchung selbst. Ein hochohmiger Prüfling wird mit einer relativ hohen Stoßspannung, ein niederohmiger Prüfling mit einem relativ hohen Stoßstrom beansprucht.

15.6 Prüfverfahren für isolierte Fangeinrichtungen und Ableitungen

In den internationalen und nationalen Normen liegen bisher noch keine Prüfverfahren für isolierte Fangeinrichtungen (Kapitel 8) und isolierte Ableitungen (Kapitel 9) vor. Ein mögliches Prüfverfahren wurde von Zischank ursprünglich für isolierte Fangeinrichtungen entwickelt (Lit. 15-12 und 15-13).

Intention des Prüfverfahrens ist es, die zu untersuchende isolierte Fangeinrichtung oder Ableitung direkt mit einer typischen Näherungsstrecke in Luft zu vergleichen. Das Prüfobjekt und die Vergleichsstrecke in Luft werden parallel geschaltet und mit Blitz-Stoßspannungen 1,2/50 µs sowie mit überschießenden, in der Stirn abgeschnittenen Stoßspannungen beaufschlagt (*Bild 15.6a*).

Als typische Vergleichs-Näherung in Luft werden zwei gekreuzte Leiter mit 8 mm Durchmesser verwendet. Der eine Leiter simuliert eine Fang- bzw. Ableitung des Äußeren Blitzschutzes, der andere bildet eine typische Installation im Gebäude nach (z. B. elektrische Leitung, Wasserleitung etc.). Nicht nur für Fangleitungen und Ableitungen sind 8 mm Durchmesser ein gängiges Maß, sondern auch für metallene Installatio-

15.6 Prüfverfahren: Isolierte Fangeinrichtungen/Ableitungen

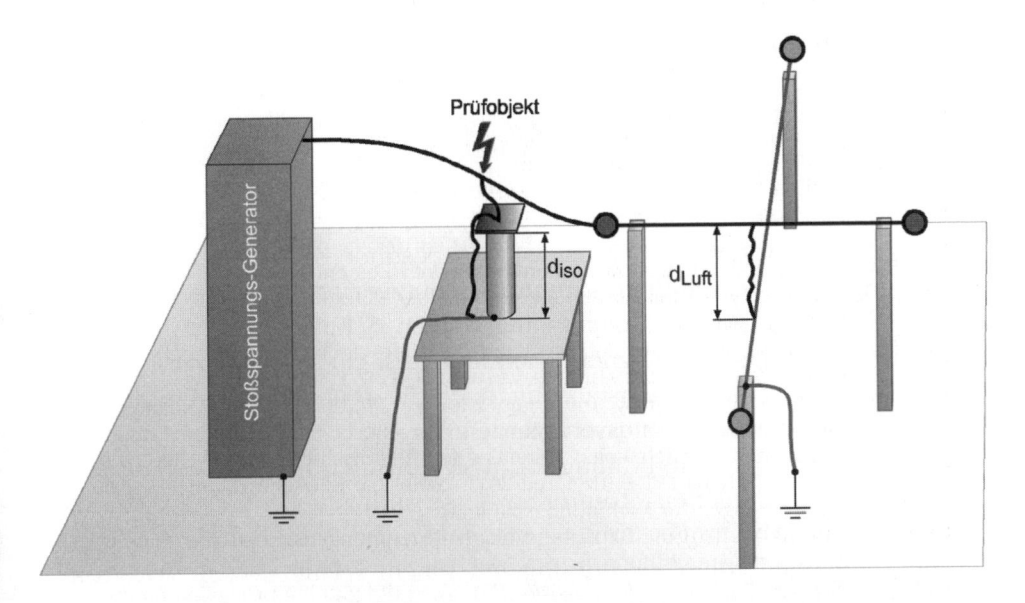

Bild 15.6a: Prüfanordnung zur Ermittlung des äquivalenten Trennungsabstands für isolierte Fangeinrichtungen oder isolierte Ableitungen

nen im Gebäude: sie weisen Durchmesser in einem Bereich von wenigen Millimetern bis einigen Zentimetern auf. Diese Anordnung bildet die hochspannungstechnischen Eigenschaften der für die Herleitung der Formel zur Bestimmung des erforderlichen Trennungsabstands (Kapitel 12) zugrunde gelegten Werte einer Spitze-Spitze-Anordnung (Lit. 15-14 und 15-15) weitestgehend nach.

Bei dem Prüfverfahren (Bild 15.6a) wird der Abstand an der Vergleichsstrecke in Luft/d_{Luft} solange verändert, bis ein Über- oder Durchschlag am Prüfobjekt erfolgt. Damit kann direkt ein äquivalenter Trennungsabstand (gültig für eine Luftstrecke) ermittelt und mit dem in der Norm (für $k_m = 1$) angegebenen Werten verglichen werden. Darüber hinaus lässt sich daraus auch ein individueller Wert des Materialfaktors k_m für eine beliebige, isolierte Komponente einer Blitzschutzanlage ableiten:

$$k_m = \frac{d_{iso}}{d_{Luft}}$$

d_{iso} = Isolierabstand am Prüfobjekt
d_{Luft} = äquivalenter Trennungsabstand an der Vergleichfunkenstrecke in Luft.

Literatur Kap. 15

Lit. 15-1 DIN VDE 0432 Teil 2/10. 78: Hochspannungs-Prüftechnik, Prüfverfahren.

Lit. 15-2 *J. Wiesinger, W. Zischank:* Lightning Protection. Chapter 2 in: H. Volland: Handbook of Atmospheric Electrodynamics, Volume II. CRC Press, Boca Raton•London•Tokyo, 1995.

Lit. 15-3 *Zischank, W.:* Simulation von Blitzströmen im Labor. 1. VDE/ABB-Blitzschutztagung, Kassel, 29.02. bis 01.03.1996, S. 63 bis 72.

Lit. 15-4 *Zischank, W.:* Eine Cowbar-Funkenstrecke in einem kapazitiven Blitzstromgenerator zur Simulierung direkter Blitzströme. 17th ICLP Intern. Conf. on Lightning Protection. Den Haag, 1983, Ref. 5.2.

Lit. 15-5 *Zischank, W.:* Simulation von Blitzströmen bei direkten Einschlägen. etz Elektrotechnische Zeitschrift, 105 (1984) H. 1, S. 12 bis 17.

Lit. 15-6 *Zischank, W.:* A surge current generator with a double-crowbar sparkgap for the simulation of direct lightning stroke effects. 5th ISH International Symposium on High Voltage Engineering, Braunschweig (1987), Ref. 61.07.

Lit. 15-7 DIN EN 50164-1 (VDE 0185 Teil 201): 2000 - 04. Blitzschutzbauteile - Teil 1: Anforderungen für Verbindungsbauteile.

Lit. 15-8 DIN 48810: 2001-09. Blitzschutzanlage – Trennfunkenstrecke – Anforderungen, Prüfungen.

Lit. 15-9 *Fisher, F.A.; Plumer, J.A.; Perala, R.A.:* Aircraft lightning protection handbook. Federal aviation administration, Technical center, DOT/FAA/CT-89/22, 1989.

Lit. 15-10 *Zischank, W.:* Simulation of the High Current Steepness of Negative Subsequent Strokes using Exploding Wires. 15th Intern. Aerospace and Ground Conference on Lightning and Static Electricity, Atlantic City, Oct. 1992, pp. 33-1 bis 33-10.

Lit. 15-11 *Wiesinger, J.:* Hybrid-Generator für die Isloaktionskoordination. etz Elektrotechnische Zeitschrift, 104 (1983), H. 21, S. 1102 bis 1105.

Lit. 15-12 *Zischank, W.; Wiesinger, J.; Hasse, P.:* Insulators for Isolated or Partly Isolated Lightning Protection Systems to Verify Safety Distances. 23rd International Conference on Lightning Protection (ICLP), Firenze (Italy), 1996, pp. 513 bis 518.

Lit. 15-13 *Zischank, W.; Wiesinger, J.; Hasse, P.; Zahlmann, P.:* Teilisolierte Blitzschutz-Anlagen zum sicheren Einhalten von Näherungsabständen. 2. VDE/ABB-Blitzschutztagung, Neu-Ulm, 06.11. bis 07.11.1997, VDE Fachbericht 52, S. 135 bis 145.

Lit. 15-14 *Beierl, O.; Steinbigler, H.:* Induzierte Überspannungen im Bereich von Ableitungen bei Blitzschutzanlagen mit maschenförmigen Fanganordnungen. 18th Intern. Conf. on Lightning Protection, München, 1985, paper 4.1.

Lit. 15-15 *Zischank, W.:* Der Einfluß von Baustoffen auf die Stoßspannungsfestigkeit von Näherungsstrecken bei Blitzeinschlägen. 18th Intern. Conf. on Lightning Protection, München, 1985, paper 3.3.

Blitzschutz für Personen 16

16.1 Blitzgefahren

Nahezu alle Blitzunfälle ereignen sich außerhalb von Gebäuden. Wenn sich eine Person außerhalb eines geschützten Volumens befindet, ist ein direkter Blitzeinschlag möglich, der tödlich enden kann. Die Anzahl der Unglücksfälle durch Blitzschlag in der Bundesrepublik Deutschland in den Jahren 1952 bis 2003 (nach Tageszeitungs-Recherchen des Unterausschusses „Personenblitzschutz" des Ausschusses für Blitzschutz und Blitzforschung im VDE (ABB)) zeigt *Bild 16.1a*.

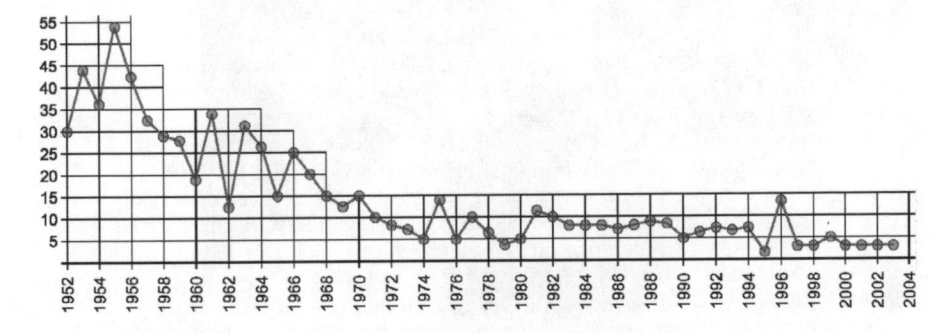

Bild 16.1a: Todesfälle durch Blitzschlag in der Bundesrepublik Deutschland in den Jahren 1952 bis 2003

Im flachen Land schlagen Wolke-Erde-Blitze ein, die durch Stoßströme eingeleitet werden. Sobald während des Blitzstromanstiegs die Spannung an einem getroffenen Menschen mit einem Körperwiderstand von etwa 500 Ω einen Wert von einigen 100 kV erreicht, folgt ein spontaner Gleitüberschlag längs der Körperoberfläche. Dies ist schon der Fall, wenn der Blitzstrom auf etwa 1000 A angestiegen ist, also lange bevor der Maximalwert von typisch einigen 10 kA erreicht ist. Somit fließt der weitaus größte Teil des Blitzstroms nicht durch den Menschen, sondern in Form eines Gleitlichtbogens (*Bild 16.1b*) auf seiner Körperoberfläche, wodurch in der Regel Brandspuren auf der Haut entstehen und Kleider aufgerissen werden (*Bild 16.1c*). Bei einer Gleitbogen-

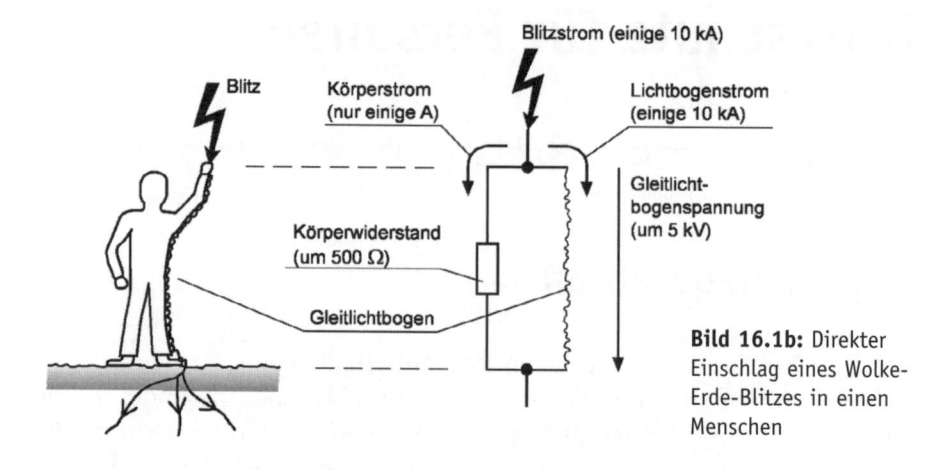

16 Blitzschutz für Personen

Bild 16.1b: Direkter Einschlag eines Wolke-Erde-Blitzes in einen Menschen

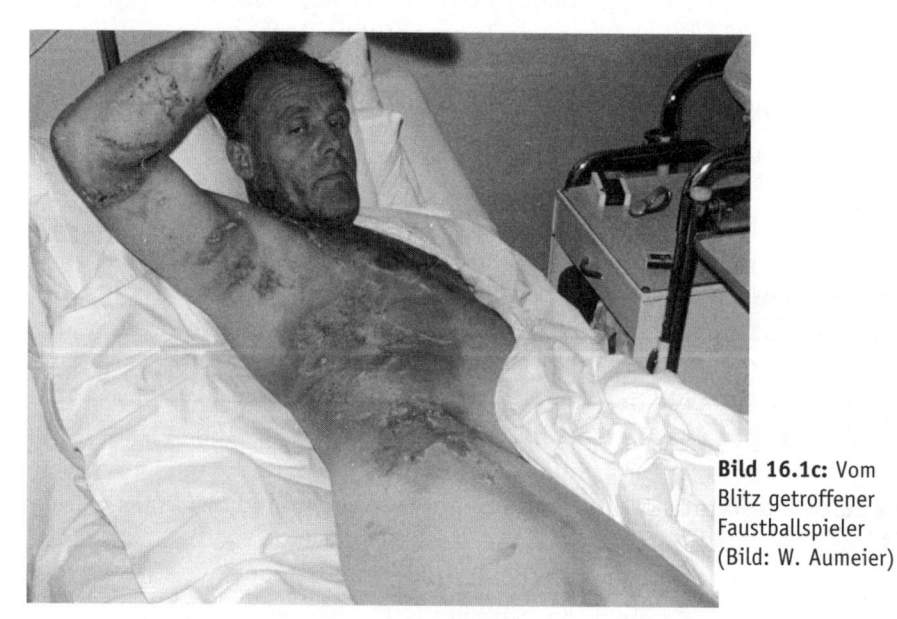

Bild 16.1c: Vom Blitz getroffener Faustballspieler (Bild: W. Aumeier)

spannung von einigen 1000 V wird somit der Strom durch den Körper während der weiteren Blitzeinwirkung auf einige Ampere beschränkt. Allein auf diesen Effekt ist es zurückzuführen, dass Menschen auch direkte Blitzeinschläge überlebt haben.

Die tödliche Gefahr richtet sich hauptsächlich danach, wie der Strom im und entlang dem menschlichen Körper fließt. Dies ist wiederum davon abhängig, wo (Kopf, Arm, Fuß) und wie (direkt oder indirekt) das Opfer vom Blitz getroffen wird.

Auf Bergspitzen und hohen Türmen besteht eine zusätzliche Gefährdung durch Erde-Wolke-Blitze, die durch relativ kleine, kontinuierliche

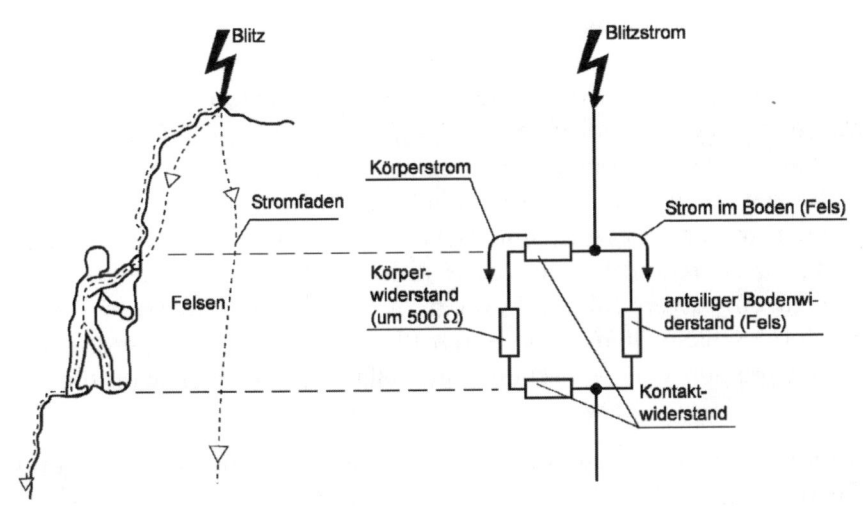

Bild 16.1d: Naheinschlag eines Blitzes

Ströme gekennzeichnet sind. Da hier die Blitzströme nur einige 100 A für typisch einige Zehntel Sekunden erreichen, bleibt ein Gleitüberschlag entlang des Körpers aus: Es gibt deswegen kaum eine Überlebenschance für den Menschen.

Aber auch an einschlaggeschützten Orten können Personen noch von verletzenden oder gar tödlichen „Schrittströmen" erfasst werden, d. h. von Stromfäden, mit denen sich der Blitzstrom auf oder im Boden fortsetzt (*Bild 16.1d*). Die Gefahr hierfür besteht in einem umso größeren Umkreis, je höher der spezifische Bodenwiderstand ist, je größer die Distanz ist, die eine Person mit gespreizten Beinen stehend, auf dem Boden liegend oder mit Händen und Füßen – z. B. an einem Felsen Halt suchend – überbrückt, und je niedriger der Kontaktwiderstand der Person ist. Die „Schrittstrom"-Gefahr besteht im Gebirge bis zu einigen 100 m Entfernung vom Einschlagpunkt. In analoger Weise wird der „Schrittstrom"-Effekt auch bei Schwimmern wirksam.

Maßgebend für die Schädigung durch Blitzeinschläge ist die im Körper umgesetzte Energie:

$$W = R \cdot \frac{W}{R} \quad \text{in J}$$

R = Körperwiderstand in Ω

$\frac{W}{R}$ = spezifische Energie, die den Körper durchdringt, in J/Ω.

Im menschlichen Körper gibt es keine besonders bevorzugten Strombahnen, d. h., der Körper wirkt näherungsweise wie ein strukturloses „Gel".

Während die Empfindungsschwelle gegenüber Strömen beim Menschen etwa 1 mJ beträgt, liegt der tödliche Grenzwert bei einigen 10 J. Diese Energie wird bei einem Körperwiderstand um 500 Ω (Stromweg von der Hand zu den Füßen) bei einem W/R-Wert von etwa 0,1 J/Ω erreicht. Man erkennt, dass schon ein Millionstel der spezifischen Energie W/R eines Blitzes für einen Menschen tödlich ist. Im Gebirge oder auf Gerüsten sind Körperströme weit unterhalb der pathologischen Grenze gefährlich, da Schreckreaktionen oder unkontrollierbare Muskelkontraktionen zu Abstürzen führen können. Auch auf die Gefahren durch Druck- und Schallwellen sowie durch Blendung sei hingewiesen.

An Schädigungen von Menschen durch Blitzeinwirkungen wurden bekannt:

- Lähmungen, in der Regel reversibel, insbesondere der Arme und Beine
- Gehirnschädigungen und Schäden des Zentralnervensystems
- Gehör- und Sehstörungen bzw. -schädigungen
- erhöhter Blutdruck, oft über Monate
- Strommarken an den Blitzstromein- und -austrittsstellen (sie können aber auch nur schwach erkennbar sein oder ganz fehlen)
- Verbrennungen ersten bis dritten Grades, insbesondere an den Stromein- und -austrittsstellen
- vorübergehende Bewusstseinstörungen
- Schädigungen des Nervensystems
- Bewusstlosigkeit und Atemstillstand beim Stromfluss durch das Gehirn
- Herzstillstand, Herzkammerflimmern und Herzschädigungen beim Stromfluss durch das Herz (EKG-Veränderungen bis zu 1 Jahr)
- Frakturen, insbesondere des Schädels, der Wirbelsäule und der Extremitäten infolge von Stürzen.

Durch Blitzschlag kann das Herz zum Stillstand kommen oder nur noch unregelmäßig schlagen. Brechen dann Atmung und Kreislauf zusammen, führt dies nach drei Minuten infolge des auftretenden Sauerstoffmangels zu einer dauerhaften Schädigung des Gehirns. Deshalb kann bei Herzstillstand nur sofortige Hilfe an Ort und Stelle lebensrettend sein. Herzstillstand oder Herzkammerflimmern lässt sich an folgenden Symptomen erkennen:

- das Opfer ist bewusstlos und hat möglicherweise Krämpfe
- die Atmung ist sehr schleppend oder überhaupt nicht mehr vorhanden
- die Pupillen sind stark erweitert (zur Prüfung Oberlid hochziehen!)
- der Pulsschlag ist an der Halsschlagader nicht mehr tastbar.

16.1 Blitzgefahr

Bei Blitzopfern wird, wenn sie nicht ansprechbar sind, sofort ein Notruf abgesetzt und mit der Hilfeleistung wie folgt vorgegangen (Lit. 16-1):

Das *Bewusstsein* wird geprüft:

- wenn bei Bewusstsein, dann situationsgerecht helfen
- wenn nicht bei Bewusstsein, dann Atmung prüfen: Wenn Atmung vorhanden, dann in stabile Seitenlage bringen
- wenn kein Bewusstsein und keine Atmung: 2 mal beatmen; wenn Atmung wieder kommt, dann in stabile Seitenlage bringen
- wenn Bewusstsein und Atmung nach 2 mal Beatmung nicht einsetzt, dann Herz-Lungen-Wiederbelebung (abwechselnde Beatmung und Herzdruckmassage).

Die *Beatmung* wird wie folgt durchgeführt:

- Kopf nackenwärts beugen und in dieser Lage halten
- Unterlippe mit dem Daumen gegen die Oberlippe drücken und so den Mund des Opfers schließen
- eigenen Mund weit öffnen und einatmen
- Mund um die Nase des Opfers herum fest auf das Gesicht aufsetzen
- Luft vorsichtig in Nase einblasen
- Brustkorb beobachten
- bei erfolglosem Versuch der Beatmung (Brustkorb hebt sich nicht) Kopflage korrigieren
- eventuell zur Mund-zu-Mund-Beatmung wechseln:
Bei der Mund-zu-Mund-Beatmung wird die Nase des Opfers verschlossen und die Luft in den geöffneten Mund des Opfers eingeblasen. Mund-zu-Nase- und Mund-zu-Mund-Beatmung sind als gleichwertige Möglichkeiten zur Beatmung anzusehen. Die Beatmung erfolgt im eigenen Atemrhythmus, also ca. 15 mal/Minute.

Die *Herzdruckmassage* wird wie folgt durchgeführt:

- Opfer auf eine harte Unterlage legen
- Brustkorb soweit freimachen, dass der Druckbereich für die Wiederbelebung zugänglich ist
- mit Zeige- und Mittelfinger der ersten Hand am Rippenbogen entlang fahren bis zur Stelle, an der Rippen und Brustbein sich vereinigen. Der Mittelfinger lokalisiert diese Stelle
- Zeigefinger in Richtung des Kopfes auf das Brustbein legen
- direkt daneben in Richtung des Kopfes den Ballen der zweiten Hand auflegen (er befindet sich dann in der Mitte der unteren Brustbeinhälfte)
- Ballen der ersten Hand auf den Rücken der zweiten setzen

- Finger hochstrecken, um ein sicheres Beibehalten des Druckbereichs in der Mitte des Brustkorbs zu gewährleisten
- mit gestreckten Armen den Brustkorb senkrecht von oben 15 mal ca. 4 bis 5 cm tief eindrücken (Arbeitsfrequenz 100/Minute).

Die *Herz-Lungen-Wiederbelebung* erfolgt in steten Wechsel aus Beatmung und Herzdruckmassage:

- 2 mal Beatmen
- 15 mal Herzdruckmassage.

16.2 Blitzschutz-Maßnahmen

Da der Gewitterdonner nur in einem Umkreis von etwa 10 km gut zu hören ist, kann eine Gewitterzelle mit einer Zuggeschwindigkeit von 60 km/h schon 10 Minuten nach dem ersten wahrnehmbaren Donner am Ort des Beobachters sein: Man erkennt daran die knappe Zeit zum Aufsuchen eines blitzgeschützten Ortes.
Gefährliche Stellen, die man bei Gewitter auf jeden Fall meiden sollte, sind

- Waldränder mit hohen Bäumen
- Metallzäune (sie können ohne ausreichende Erdung den Strom bis einige hundert Meter leiten)
- alleinstehende Bäume.

Befindet man sich während eines aufziehenden Gewitters im Freien, sollte man unverzüglich einen einschlaggeschützten Standort suchen wie Bodenmulden, Hohlwege und Füße von Felsvorsprüngen. Guter Schutz ist auch im Inneren eines Waldes in der Mitte zwischen den umgebenden Bäumen oder unter Hochspannungsleitungen in der Spannfeldmitte gegeben (hier ist man gegen direkte Einschläge geschützt und von den Masten, über die Blitzströme oder Erdschlussströme zur Erde abfließen können, möglichst weit weg).
In jedem Fall sind die Füße eng zu schließen zur Vermeidung von gefährlichen „Schrittströmen"; Metallfolien oder dergleichen unter den Füßen sind günstig.
Keinesfalls sollte man den Boden oder die Felswände mit den Händen berühren, sich im Gebirge an Stahlhalteseilen festhalten oder Weidezäunen zu nahe kommen. Insbesondere an nicht völlig einschlaggeschützten Orten empfiehlt sich die Hockstellung mit eingezogenem Kopf und eng geschlossenen Füßen. Im Gelände mit einzeln stehenden Bäumen

16.2 Blitzschutz-Maßnahmen

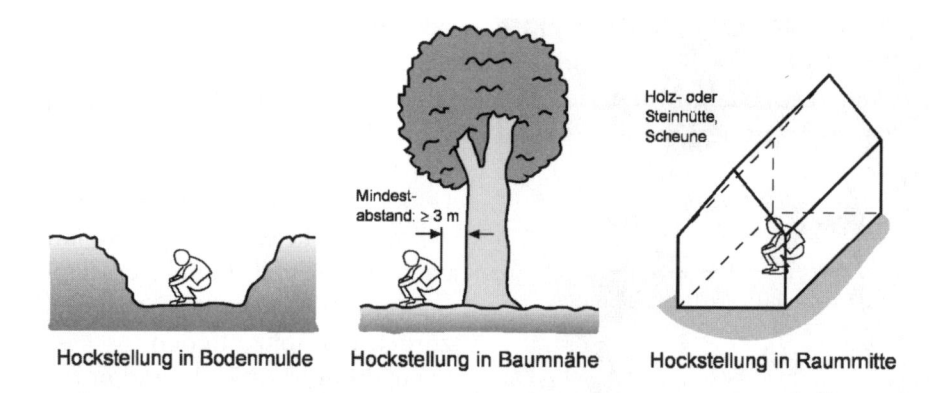

Bild 16.2a: Richtiges Verhalten bei Gewitter: Hockstellung mit eng geschlossenen Füßen

hockt man sich mit einem Sicherheitsabstand von mindestens drei Metern zum Stamm und Astwerk unter einen Baum (Lit. 16-2 und 16-3). Durch die Nähe des Baumes vermeidet man einen direkten Einschlag, durch den Abstand ein „Abspringen" des Blitzes und durch die geschlossenen Füße gefährliche „Schrittströme" (*Bild 16.2a*).

Mit Booten sucht man unter metallenen Brücken, an hohen Dämmen oder Kaimauern Schutz.

Auf Sportfeldern kommt es, wie bei sonstigen Veranstaltungen im Freien, immer wieder zu Blitzunfällen, wenn Menschen die höchsten „Punkte" der Umgebung sind. Es ist deshalb ratsam, das Spiel zu unterbrechen, bis das Gewitter vorbeigezogen ist.

In Stadien sind die Zuschauer auf offenen Tribünen durch Blitz gefährdet. Ist dagegen eine Überdachung aus Stahl oder Stahlbeton vorhanden, vermindert sich die Gefahr durch Blitzschlag erheblich. Eine besondere Gefährdung besteht für Besucher in unmittelbarer Nähe von Licht- und Fahnenmasten, die zwar in der Regel mit einer Erdungsanlage versehen sein müssen, von denen aber der Blitzstrom überspringen kann. Von derartigen Masten soll man deshalb mindestens drei Meter Abstand halten.

Sofern sich Schiedsrichter oder Veranstalter entschließen, ein Spiel oder einen Wettkampf wegen eines Gewitters zu unterbrechen oder gar abzubrechen, muss vor allem Vorsorge getroffen sein, dass es zu keiner Panik kommt. Sonst könnte es unter Umständen mehr Opfer geben als durch Blitzschlag.

Einer der gefährlichsten Orte bei einem Gewitter ist ein Golfgelände (*Bild 16.2b*). In Amerika, wo mehr Golf als in Europa gespielt wird, ereignen sich etwa 20 Prozent aller Blitzunfälle mit verletzten oder getöteten Personen auf Golfplätzen. Der Spieler Lee Trevino ist eines der

16 Blitzschutz für Personen

bekanntesten Opfer: Zusammen mit zwei anderen Spielern wurde er während der „Western Open" vom Blitz getroffen und zu Boden geschleudert. Nach einem langen Leidensweg und einer komplizierten Rückenoperation ein Jahr nach dem Unfall konnte er, dank enormer Willenskraft, seinen Weg zurück zur Spitze finden.

Schutzhütten aus Holz sind nur sicher, wenn sie mit einer Blitzschutzanlage ausgerüstet sind. Es ist mit relativ einfachen Mitteln und geringen Kosten möglich, Schutzhütten für Personen ausreichend gegen Blitzschäden zu schützen (*Bild 16.2c*).

Ist keine sichere Schutzhütte vorhanden und ist ein Auto, das nächste Haus oder ein Wald zu weit entfernt, bleibt nur übrig, sich – wie erwähnt – in der Hocke auf den Boden zu kauern.

Oben Bild 16.2b: Blitzeinschlagspuren auf einem Golfplatz (Bild: P. Krause)

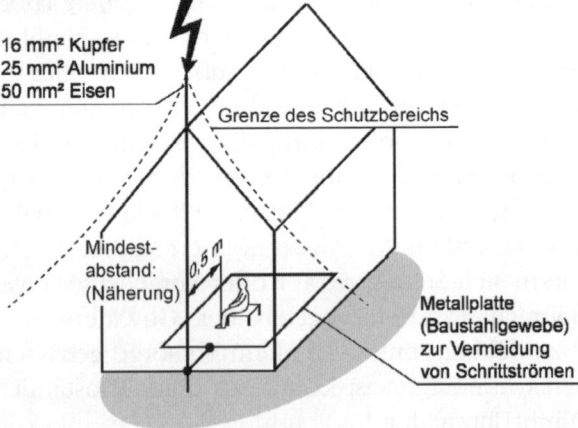

Rechts Bild 16.2c: Hütte mit Personenblitzschutz

16 mm² Kupfer
25 mm² Aluminium
50 mm² Eisen

Grenze des Schutzbereichs

Mindestabstand: (Näherung) 0,5 m

Metallplatte (Baustahlgewebe) zur Vermeidung von Schrittströmen

Kraftfahrzeuge wurden schon öfter vom Blitz getroffen. Den Insassen geschah hierbei nichts, weil die Metallkarosserie eines PKW oder das Fahrerhaus l eines Lastwagens oder eines Traktors aus Metall annähernd

16.2 Blitzschutz-Maßnahmen

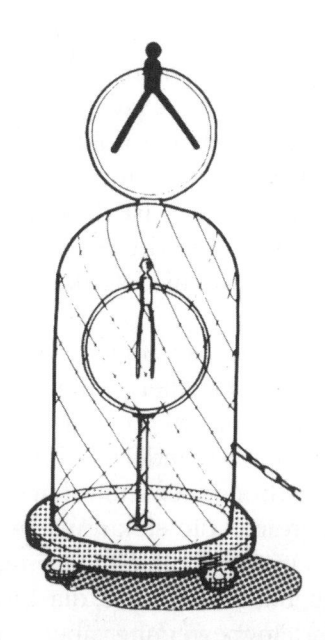

Oben Bild 16.2d: Elektroskop in einem Metallkäfig zum Nachweis seiner abschirmenden Wirkung

Rechts Bild 16.2e: Simulierter Blitzeinschlag in ein Auto (Hochspannungslaboratorium der TU München, Prof. Prinz)

wie ein „Faraday'scher Käfig" wirkt. Michael Faraday, ein berühmter englischer Physiker und Chemiker (1791 bis 1867), bewies mit Experimenten (*Bild 16.2d*), dass elektrische Vorgänge, die sich auf der Außenseite eines Metallkäfigs abspielen, keine elektrischen Effekte innerhalb des Käfigs hervorrufen. Um das Eindringen des Blitzstroms zu verhindern, ist keine vollkommen geschlossene Metallhülle erforderlich; es genügt bereits ein relativ weitmaschiger metallener Käfig, wie er bei Limousinen (mit ihren Fenstern) vorhanden ist (*Bild 16.2e*). Cabriolets sind weniger sicher, doch können sie bei geschlossenem Verdeck einen gewissen Schutz bieten, wenn entweder das Dachgerüst oder der Überrollbügel aus Metall besteht (Lit. 16-4).

Unabhängig von seiner Wirkung als Faraday'scher Käfig bietet das Auto den Insassen keine Garantie für gefahrloses Fahren beim Gewitter. Der Fahrer kann durch Blendung oder Erschrecken spontan die Kontrolle über sein Fahrzeug verlieren. Außerdem haben Versuche gezeigt, dass bei Blitzschlag Beschädigungen der Reifen infolge von Durchschlägen zum Stahlmantel eintreten. Wer seine Fahrt in einem Gewitter nicht unterbrechen möchte, sollte auf jeden Fall die Fahrzeuggeschwindigkeit ausreichend verringern und auch bedenken, dass durch Blitzschlag Ampeln, Straßenleuchten oder Warnsignale an Bahnübergängen ausgefallen sein können.

Zweiradfahrern, die bei Gewitter unterwegs sind, wird empfohlen, am besten in einem Haus, in einem Kraftfahrzeug oder unter einer Brücke aus Stahl oder stahlbewehrtem Beton Schutz zu suchen. Ist dies nicht möglich, empfiehlt es sich, abzusteigen, sich vom Fahrrad oder Motorrad einige Meter zu entfernen und in Hockstellung niederzukauern, z. B. in einer Bodenmulde.

Auch Flugzeuge können von Blitzen in der Luft oder am Boden getroffen werden. Meist bleibt dies ohne Folgen, weil die metallene Flugzeughülle die Passagiere nach dem Faraday´schen Prinzip wie im Auto schützt – wie auch im Eisenbahnwagen oder in der Gondel einer Seilbahn. Im Allgemeinen sind die mit Gewittern verbundenen Turbulenzen gefährlicher als der Blitz. Blitzschlag kann allerdings die elektronischen Instrumente an Bord beschädigen; dies war Ursache für einige Flugzeugabstürze in der Vergangenheit. Es ist zu bedenken, dass die Einschlagstelle des Blitzes infolge der raschen Flugbewegung über die Flugzeughaut hinwegwandert und damit Zonen erreichen kann, die sonst vom Blitz nicht unmittelbar getroffen werden können. Nach Blitzeinschlägen wurden bei Flugzeugen kleine Löcher oder Risse in den Flügeln oder im Rumpf festgestellt, ähnlich wie in Kraftfahrzeug-Karosserien.

Wer sich bei Gewitter in einem Zelt aufhält, trägt natürlich ein weit größeres Risiko, vom Blitz getroffen zu werden, als in einem Haus. Man kann allerdings die Gefahr verringern, wenn man das Zelt am „richtigen" Platz aufbaut. Deshalb soll ein Zelt nie an exponierter Stelle aufgestellt werden, auch nicht neben Masten und Stangen, am Waldrand oder unter einem alleinstehenden Baum oder dessen weit ausladenden Ästen. Alle diese „herausragenden" Erhebungen sind ein bevorzugtes Ziel für den Blitz. Im Wald sollte man das Zelt in möglichst gleichem Abstand (mindestens drei Meter) von benachbarten, möglichst niedrigen Bäumen aufstellen. Im Zelt sollte man sich bei einem Gewitter auf eine isolierende Luftmatratze kauern oder auf eine Liege mit geschlossenem Metallrahmen setzen, den Abstand zu den Zeltstangen so groß wie möglich halten und die Zeltwand nicht berühren. In den *Bildern 16.2f* und *16.2g* ist dargestellt, wie ein Zelt als Notunterkunft sicher bei Blitzeinschlag geschützt werden kann. Die Einschlaghäufigkeit in das Blitzschutzzelt ist im Vergleich zu einer stehenden Person reduziert. Die Druck- und Schallbelastung für die Person im Zelt ist minimiert, eine ausreichende Distanz zwischen dem Blitzfußpunkt und dem Kopf der Person im Zelt ist gewährleistet. Das Zelt wird durch die Person be-

16.2 Blitzschutz-Maßnahmen

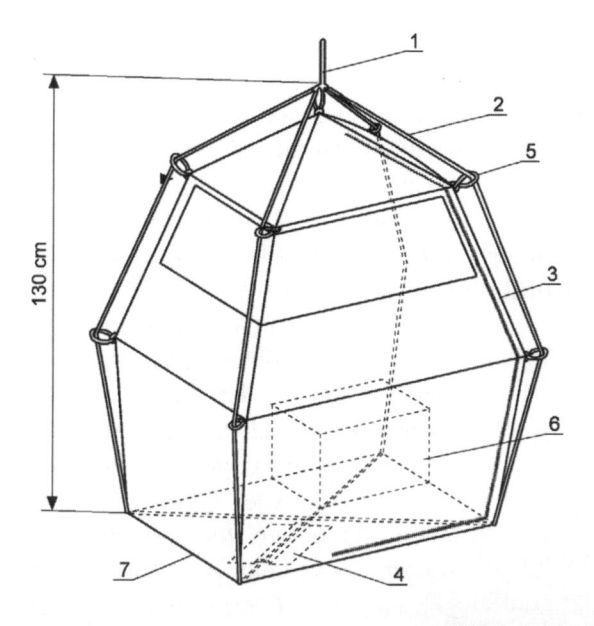

1 **Fangstab**
Festlegen des Einschlagpunkts

2 **Metallgestänge**
Weitgehende magnetische Schirmung des Zeltinneren durch symmetrische Stromaufteilung

3 **metalldurchwebte Zelthaut**
Elektrische Schirmung des Zeltinneren

4 **Fußplatte**
Verhinderung von "Schrittströmen"

5 **Isolierschlaufen**
Über Zelthaut fließt kein Blitzstrom

6 isolierendes, aufblasbares Sitzkissen

7 **Ring-Potentialausgleich-Leitung**
Zusammenschluss aller Metallteile

Oben Bild 16.2f: Aufbau eines Blitzschutzzelts

Rechts Bild 16.2g: Blitzschutzzelt bei der Erprobung mit künstlichen Blitzen (Hochspannungslaboratorium der TU München)

schwert und im ebenen Gebäude sind somit keine Abspannungen notwendig.

In einem Wohnwagen oder Wohnmobil mit metallener Außenhaut gilt das Prinzip des Schutzes durch den angenäherten „Faraday'schen Käfig" genauso wie für ein Auto. Voraussetzung ist aber, dass die aufklappbaren Dächer geschlossen sind, die externe Stromversorgung durch Herausziehen des Netzsteckers unterbrochen und die Kabelzuführung mindestens einen Meter vom Wohnwagen oder Wohnmobil entfernt abgelegt ist und alle übrigen Leitungs- und Kabelzuführungen, zum Beispiel für den Antennenanschluss, abgetrennt sind. Der Antennenmast muss mit dem Metallrahmen des Wohnwagens leitend verbunden sein. Bei Wohnwagen und Wohnmobilen mit festem Standort wird empfohlen, die Fernsehantenne getrennt auf einem einige Meter entfernten Metallrohr zu installieren und bei Gewitter die Kabelzuführung abzutrennen.

Bei Hochsitzen (Anständen), die an Bäumen abgebracht sind, wird ein Blitzschutz für den Jäger am einfachsten dadurch erreicht, dass auf der dem Hochsitz gegenüberliegenden Stammseite (größtmöglicher Abstand zu der Person!) ein Kupferleiter mit einem Mindestquerschnitt von 16 mm² mit Krampen verlegt wird (*Bild 16.2h*). Der Kupferleiter muss, mindestens einige Meter über dem Hochsitz beginnend, in den Boden geführt werden. Da dem Blitzstrom eine metallene Ableitung angeboten wird, ist ein Teilstromfluss durch den Menschen und ein Zersplittern des geschützten Baumabschnittes ausgeschlossen. Zur Vermeidung von „Schrittströmen" wird der Hochsitzboden mit einem Metallblech oder Metallgeflecht ausgelegt, das mit der Ableitung leitend verbunden ist.

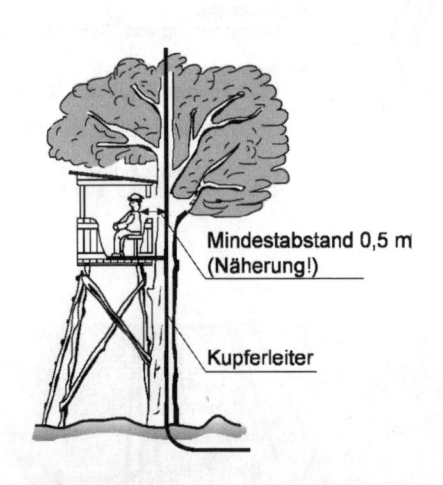

Bild 16.2h: Behelfsmäßiger Blitzschutz für einen Hochsitz

Blitzeinschläge in Sportboote und Schiffe auf hoher See, auf Binnengewässern oder in Häfen werden relativ selten bekannt. Dies mag mit der Grund sein, weshalb dem Blitzschutz an Bord, also dem gefahrlosen Ableiten des Blitzstroms ins Wasser, nicht immer die nötige Aufmerksamkeit geschenkt wird. Dabei können auf dem Wasser durch Blitze ebenso wie auf dem Land erhebliche Personen- und Sachschäden entstehen (*Bild 16.2i*). Diese Risiken lassen sich jedoch in den meisten Fällen mit einfachen Maßnahmen entscheidend verringern (Lit. 16-5).

Für den Blitzschutz (Fangeinrichtungen, Ableitungen, Erdung) dienen auf einer Segelyacht: Mast(en), Wanten, Vorstag, Achterstag sowie Besanmast mit Stagen und Wanten, die in der Regel mittschiffs mit der Erdungsplatte verbunden sind (*Bild 16.2j*). Für Motoryachten gilt das Gleiche, wenn ein Rigg vorhanden ist.

16.2 Blitzschutz-Maßnahmen

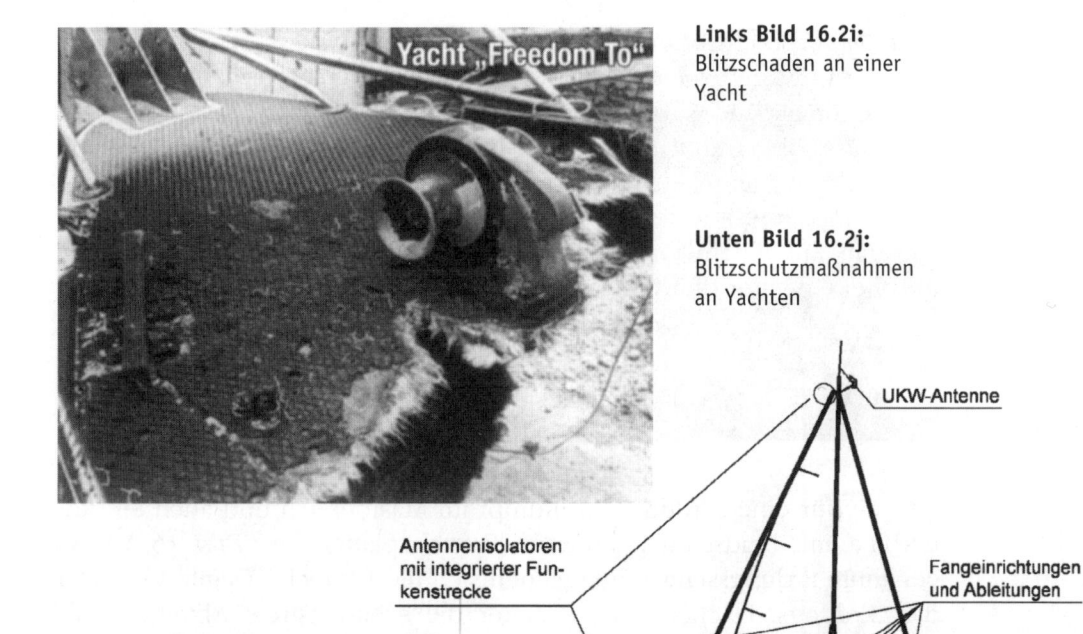

Links Bild 16.2i:
Blitzschaden an einer Yacht

Unten Bild 16.2j:
Blitzschutzmaßnahmen an Yachten

Der Blitzeinschlag erfolgt in den Mast. Hierbei sind nachfolgende Schutzmaßnahmen sinnvoll. Die UKW-Antenne ist durch ein Metallrohr um ca. 30 cm über den Masttopp zu verlängern (*Bild 16.2k*). Am Übergangspunkt Mast – Rohr ist ein Blitzstrom-Ableiter für das Antennenkabel zu montieren. Beim Einschlag kann die UKW-Antenne zwar zerstört werden, aber das Rohr bleibt als Fangeinrichtung erhalten.

Zur „Erdung", d. h. zur Einleitung des Blitzstroms in das Wasser, kann in der Regel der Metallkiel verwendet werden. Dies ist die einfachste und beste Lösung. Falls der Kiel nicht zu nutzen ist, muss eine andere „Erdungsmöglichkeit" geschaffen werden. Es bieten

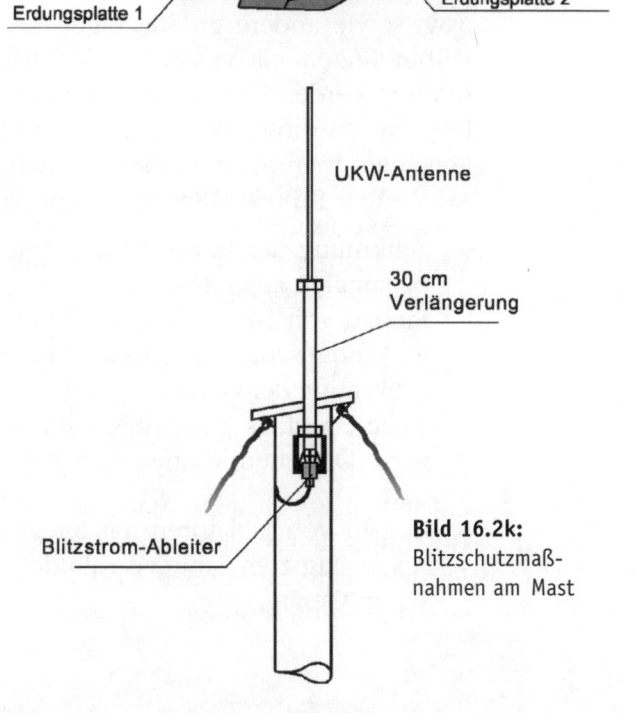

Bild 16.2k: Blitzschutzmaßnahmen am Mast

16 Blitzschutz für Personen

Bild 16.2 l: Beispiel einer Teil-"Erdung" am Ruder

sich hierfür eine „Erdung" am Rumpf im Mastbereich und auch ein Ruderblatt mit beidseitig montierten Erdungsplatten an (*Bild 16.2 l*). So genannte Erdungsschwämme eignen sich hierfür nicht. Es gilt: Je größer die „Erdungs"-Fläche, desto sicherer die schadensfreie Abteilung des Blitzstroms.

Eine wichtige Forderung beim Blitzschutz für Yachten ist der konsequente Potentialausgleich. Das heißt: Sämtliche Ableitungen und der Kiel sowie in der Regel der Minus-Pol der Bordbatterie und der Schutzleiter des Landnetzes sind mit der Erdungssammelleitung, die von vorn nach achtern verläuft, zu verbinden. Dazu gehören auch die Reling, Relingmetallfußleisten mit Bug- und Heckkorb, Steuersäule, Ruderkoker usw. sowie andere großflächige Metallteile (*Bild 16.2m*). Durch diese Verbindungen mit ausreichenden Leitungsquerschnitten (z. B. 6 mm² Kupfer) werden Überschläge im Schiff vermieden und der Schutz für die Besatzung erhöht, weil keine gefährlichen Potentialdifferenzen durch Personen überbrückt werden können.

Als weitere Schutzmaßnahmen sind zu empfehlen:

- Schirmung der Bordleitungen durch Verlegen der Leitungen in Kabelkanälen aus Metall
- Einbau von Blitzstrom- und Überspannungs-Ableitern im Bordnetz, im Landanschluss und in die Ein- und Ausgänge von Signalleitungen
- Schirmung der Geräte durch Einbau in Metallboxen. Der PC an Bord sollte ebenfalls – zumindest im Gewitterfall – in einer Metallbox lagern. Disketten können in Stahlblechdosen sicher aufbewahrt werden
- Einbau von Isolatoren mit integrierter Funkenstrecke am isolierten Achterstag zum Schutz des Rudergängers und der daran angeschlossenen Geräte.

16.2 Blitzschutz-Maßnahmen

① Heckkorb	⑥ Dieseltank	⑪ Vorstag, Bugkorb	⑯ Kühlwasser Eintritt
② Achterstag	⑦ Fäkalientank	⑫ Ankerwinsch	⑰ Motorerdung
③ Haupterde am Ruderblatt	⑧ Waschbecken, Dusche	⑬ Erdungsplatte	⑱ Steuersäule
④ Batterie	⑨ Toilette	⑭ Rüsteisen	⑲ Scheibenrahmen Speigat
⑤ - Pol; 12 V Netz	⑩ Gasanlage	⑮ Propanherd	⑳ Motorbatterie

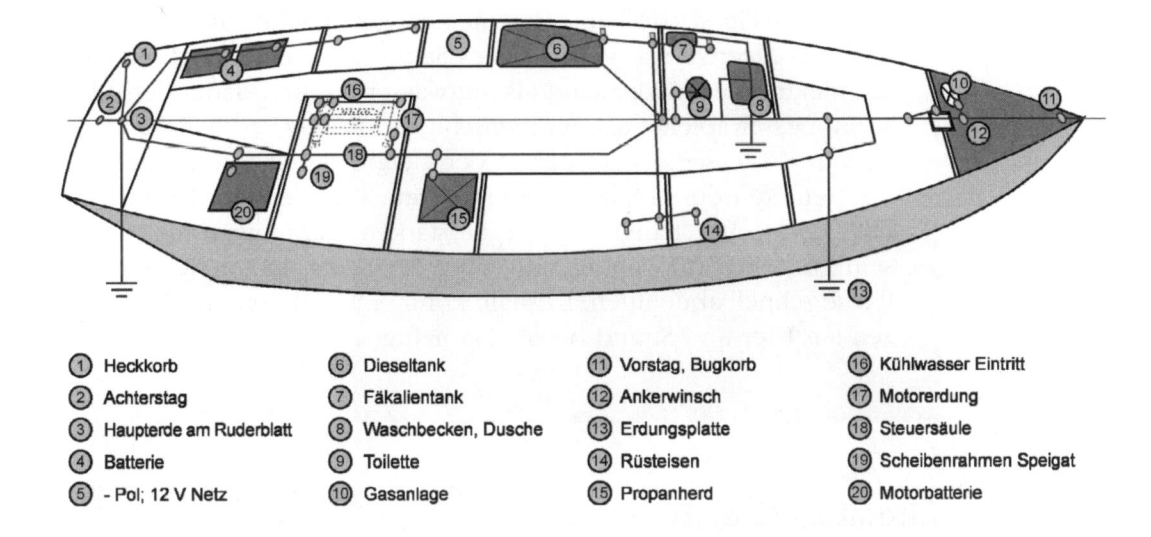

Bild 16.2m: „Erdung" und Potentialausgleich auf Yachten

Nur ein fest montierter Blitzschutz verhindert zuverlässig Schäden. Ein unter dem Kiel gezogenes, starkes Kupferseil, das mit Klemmen an Mast und Stagen stramm befestigt ist, kann nur als Provisorium angesehen werden.

Auf Surfbrettern, Ruder-, Paddel-, Tret- und Schlauchbooten ist kein Blitzschutz möglich. Man sollte daher mit solch kleinen Wassersportfahrzeugen schon beim Herannahen eines Gewitters schnellstens das Ufer anlaufen und Schutz suchen. Schwimmen oder durch das Wasser waten ist bei Gewitter lebensgefährlich. Der Blitz kann im Umkreis von einigen zehn Metern von der Einschlagstelle lähmen (Gefahr durch Ertrinken!) oder töten. Deshalb soll bereits bei ersten Gewitteranzeichen das Wasser verlassen werden. Wird man auf dem Wasser, fernab vom Ufer, vom Gewitter überrascht, wird empfohlen, sich ins Boot zu kauern oder den Mast des Surfbrettes umzulegen und sich auf das Brett zu hocken, damit sich die Gefahr durch den direkten Blitzeinschlag vermindert.
Weitere Ratschläge und Hinweise:

– Beim Aufenthalt am Ufer vergrößern Sonnenschirme, Regenschirme und andere „herausragende" Gegenstände die Gefahr des direkten Blitzschlags. Solche Gegenstände sollen flach auf den Boden gelegt und als Wetterschutz möglichst wasserdichte Mäntel verwendet werden!

- Seen und Flüsse sind im Allgemeinen gefährlicher als das offene Meer, da Meerwasser wegen seines Salzgehaltes einen viel niedrigeren elektrischen Widerstand als Süßwasser hat und damit den Blitzstrom besser ableitet als ein menschlicher Körper
- An der Küste sollte man neben der Gefahr durch Blitzschlag nicht die Gefahren durch Sturm unterschätzen: Das Gewitter bleibt meist über dem Land „hängen", weil die starken Warmluftströme, die für sein Entstehen notwendig sind, über der relativ kalten Wasseroberfläche schnell abnehmen. Deshalb können Windböen und Turbulenzen am Ufer und Strand besonders heftig sein.

Literatur Kap. 16

Lit. 16-1   Lebensrettende Sofortmaßnahmen, Deutsches Rotes Kreuz.
Lit. 16-2   *Aafting H.; Hasse P.; Weiß A.:* Leben mit Blitzen. Winterthur-Versicherungen, 1987.
Lit. 16-3   Wie kann man sich gegen Blitzeinwirkungen schützen? Broschüre des Ausschuss für Blitzschutz und Blitzforschung (ABB) des VDE, Frankfurt, 2003.
Lit. 16-4   *Danner M.; Welther J.:* Der Blitzeinschlag in Personenkraftwagen. Der Maschinenschaden 54 (1982), H. 3. S. 99 bis 104.
Lit. 16-5   Blitzschutz auf Yachten. Merkblatt des Ausschuss für Blitzschutz und Blitzforschung (ABB) des VDE, Frankfurt.

Blitzschutzbestimmungen in der Bundesrepublik Deutschland 17

Dieses Kapitel gibt einen Überblick (Stand März 2005) über die einschlägigen Bestimmungen in der Bundesrepublik Deutschland, die sich mit Fragen der Notwendigkeit, der Ausführung und Prüfung von Blitzschutzanlagen befassen. Dabei wird unterschieden zwischen:

– Allgemeinen Bestimmungen, wie DIN VDE-Normen, DIN VG-Normen, VOB, Länderverordnungen
– Bestimmungen in Sonderfällen.

17.1 Normen für Schutzmaßnahmen

17.1.1 Blitzschutz

Seit dem 01. November 2002 sind die bislang gültigen Normen DIN VDE 0185 Teile 1 und 2: 1982-11 und DIN VDE 0185 Teil 103: 1997-09 zurückgezogen. Sie wurden durch VDE-Vornormen ersetzt, die den aktuellen Stand der Technik dokumentieren und bereits nach der künftigen Struktur der neuen internationalen Blitzschutz-Normen IEC 62305 gegliedert sind. Diese VDE-Vornormen sind Bestandteil des VDE-Vorschriftenwerkes und gliedern sich in bislang 4 Teile. Geplant ist ein weiterer Teil 5 „Schutz von Versorgungsleitungen".

– VDE V 0185 Teil 1: 2002-11, „Allgemeine Grundsätze"
– VDE V 0185 Teil 2: 2002-11, „Risiko-Management: Abschätzung des Schadensrisikos für bauliche Anlagen"
  • Berichtigung 1 zu VDE V 0185-2: 2004-02
  • VDE V 0185 Teil 2: 2004-06 „Beiblatt 1"
– VDE V 0185 Teil 3: 2002-11, „Schutz von baulichen Anlagen und Personen"
  • VDE V 0185 Teil 3: 2005-06, „Änderung A1"
– VDE V 0185 Teil 4: 2002-11, „Elektrische und elektronische Systeme in baulichen Anlagen"

VDE V 0185 Teil 1 gibt Informationen über die Gefährdung durch den Blitz, die Blitzkenndaten sowie über die daraus abgeleiteten Parameter zur Simulation von Blitzeinwirkungen. Außerdem wird ein Überblick über die gesamte Normenreihe zum Blitzschutz gegeben, der die Vorgehensweise und die Schutzprinzipien erläutert, die den folgenden Teilen zugrunde liegen.

VDE V 0185 Teil 2 verwendet eine Risikoanalyse, um zuerst die Notwendigkeit des Blitzschutzes zu ermitteln und dann die technisch und wirtschaftlich optimalen Schutzmaßnahmen auszuwählen, die in den eigentlichen Schutznormen (VDE V 0185 Teile 3 und 4) ausführlich beschrieben sind.

Die Kriterien für Planung, Errichtung und Wartung von Blitzschutzanlagen werden in drei getrennten Gruppen betrachtet:

- die erste Gruppe, die sich auf Schutzmaßnahmen zur Verringerung von Schäden und Gefährdung des Lebens durch direkten Blitzeinschlag in das Gebäude bezieht, wird in VDE V 0185 Teil 3 beschrieben
- die zweite Gruppe, die Schutzmaßnahmen gegen elektromagnetische Auswirkungen des Blitzes auf elektrische und elektronische Anlagen in Gebäuden behandelt, wird in VDE V 0185 Teil 4 beschrieben
- die dritte Gruppe behandelt Schutzmaßnahmen zur Verringerung von Schäden und des Ausfalls von Versorgungsnetzen wie Telekommunikationsleitungen (VDE 0845 Teil 4-1 und VDE 0845 Teil 4-2), Stromversorgungsleitungen und Rohrleitungen (zu den letzten beiden sind zur Zeit keine VDE-Vornormen verfügbar).

VDE V 0185 Teil 3 gibt Vorgaben zum Schutz von baulichen Anlagen bei direkten Blitzeinschlägen. Vier Schutzklassen I, II, III und IV von Blitzschutzsystemen (LPS) sind jeweils anhand eines Satzes von Konstruktionsregeln festgelegt, die auf dem entsprechenden Gefährdungspegel beruhen. Jeder Satz umfasst klassenabhängige (z. B. Radius der Blitzkugel, Maschenweite von Fangeinrichtungen, Abstände von Ableitungen) und klassenunabhängige Konstruktionsregeln (z. B. Querschnitte von Fang- und Ableitungen, Werkstoffe). Zur Ermittlung der Schutzklassen siehe auch Abschnitt 17.6.

VDE V 0185 Teil 4 beschreibt Schutzmaßnahmen nach dem Prinzip der Blitz-Schutzzonen (LPZ). Nach diesem Prinzip wird die bauliche Anlage in Schutzzonen unterteilt, um die Schutzmaßnahmen festzulegen. Dabei werden im Wesentlichen die drei Schutzmaßnahmen Erdung, Schirmung und Potentialausgleich behandelt.

Tabelle 17.1.1a: Übersicht VG-Normen DIN VG 963xx (Stand März 2005)

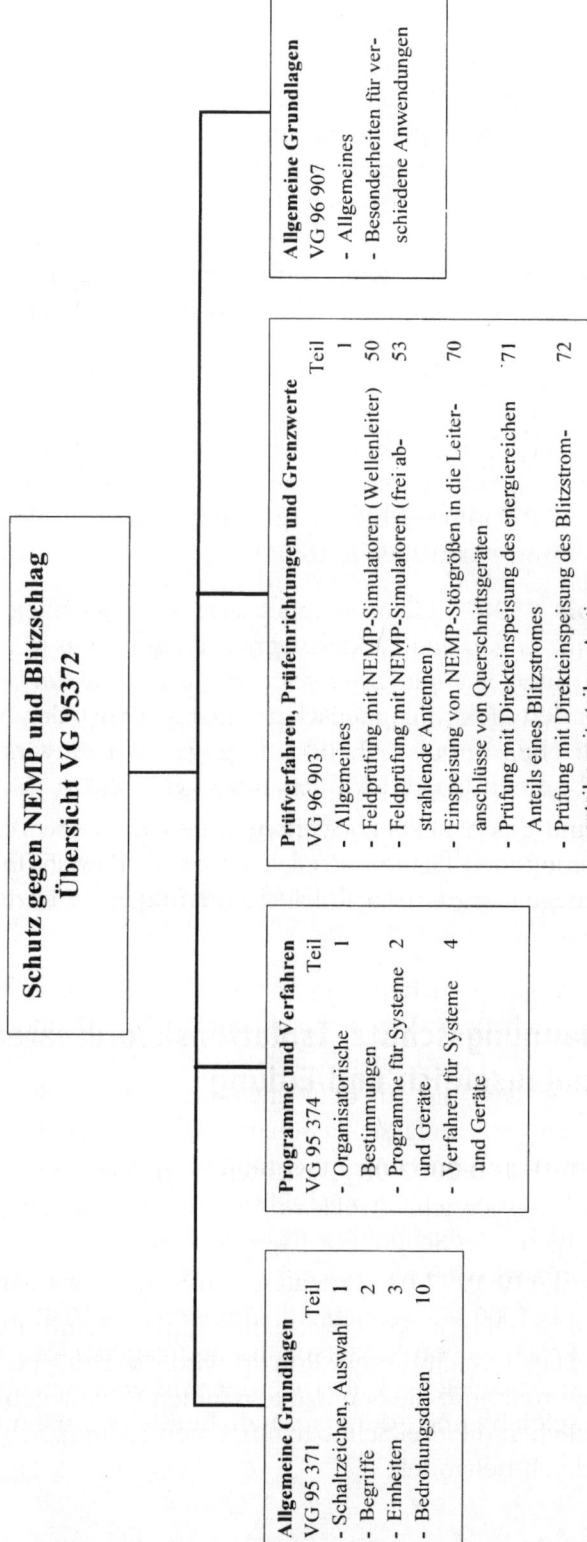

Schutz gegen NEMP und Blitzschlag
Übersicht VG 95372

Allgemeine Grundlagen
VG 95 371   Teil
- Schaltzeichen, Auswahl   1
- Begriffe   2
- Einheiten   3
- Bedrohungsdaten   10

Programme und Verfahren
VG 95 374   Teil
- Organisatorische Bestimmungen   1
- Programme für Systeme und Geräte   2
- Verfahren für Systeme und Geräte   4

Prüfverfahren, Prüfeinrichtungen und Grenzwerte
VG 96 903   Teil
- Allgemeines   1
- Feldprüfung mit NEMP-Simulatoren (Wellenleiter)   50
- Feldprüfung mit NEMP-Simulatoren (frei abstrahlende Antennen)   53
- Einspeisung von NEMP-Störgrößen in die Leiteranschlüsse von Querschnittsgeräten   70
- Prüfung mit Direkteinspeisung des energiereichen Anteils eines Blitzstromes   71
- Prüfung mit Direkteinspeisung des Blitzstromanteiles, mit steilem Anstieg   72
- Prüfung mit Direkteinspeisung eines Spannungsimpulses 10/700 μs   75
- Prüfung mit Direkteinspeisung eines Spannungsimpulses 1,2/50 und eines Stromimpulses 8/20 μs   76
- Prüfung von Querschnitts-Schutzeinrichtungen (QSE) gegen Blitzstörgrößen   77
- Einspeisung von NEMP Störgrößen auf Leitungen und Leitungsbündel von Querschnittsgeräten   78
- Prüfung von Querschnitts-Schutzeinrichtungen (QSE) gegen NEMP-Störgrößen   79
- Prüfung von Antennenanschlüssen gegen NEMP- und Blitz-Störgrößen   80

Allgemeine Grundlagen
VG 96 907   Teil
- Allgemeines   1
- Besonderheiten für verschiedene Anwendungen   2

- Die *Erdung* soll den größtmöglichen Potentialausgleich zwischen den Anlagekomponenten ermöglichen, die an die gleiche Erdungsanlage angeschlossen sind. Eine vermaschte Erdungsanlage ist zum Erfüllen dieser Anforderungen geeignet.
- Die *Schirmung* ist die grundlegende Maßnahme, um elektromagnetische Beeinflussungen zu verringern. Sie kann Geräte und Leitungen umfassen oder kann auf die räumliche Schirmung einer ganzen Zone erweitert werden. Eine geeignete Kabelverlegung ist eine weitere Maßnahme zur Verringerung elektromagnetischer Beeinflussungen.
- Der *Potentialausgleich* dient der Verringerung von Potentialunterschieden innerhalb der LPZs der zu schützenden baulichen Anlage. Der Potentialausgleich muss auch an den Grenzen der LPZ für metallene Teile und für Systeme vorgesehen werden, die von einer LPZ in eine andere LPZ führen; hierzu dienen Potentialausgleichleiter oder Überspannungs-Schutzgeräte (SPD).

DIN VG 95731 bis 95907 „Elektromagnetische Verträglichkeit (EMV) einschließlich Schutz gegen den Elektromagnetischen Impuls (EMP) und Blitz" sind VG-Normen (Verteidigungs-Geräte) und befassen sich mit dem Schutz gegen den Elektromagnetischen Impuls (EMP), den Nuklearer Elektromagnetischen Impuls (NEMP) und gegen Blitzeinwirkungen. Tabelle 17.1.1a gibt einen Überblick über diese VG-Normen.

KTA 2206 „Auslegung von Kernkraftwerken gegen Blitzeinwirkungen" (Fassung 6/00) regelt den Schutz der elektrischen Einrichtungen in Kernkraftwerken gegen unzulässige Beeinträchtigungen durch Blitzeinwirkung.

17.1.2 Überspannungsschutz, Isolationskoordinaten, Potentialausgleich und Erdung

DIN VDE 0100 Teil 100:2002-08 „Errichten von Niederspannungsanlagen – Anwendungsbereich, Zweck und Grundsätze" macht in Abschnitt 131.6 Aussagen zum Schutz vor Überspannungen.

DIN VDE 0100 Teil 410:1997-01 „Errichten von Starkstromanlagen mit Nennspannungen bis 1000 V – Schutzmaßnahmen" (DIN VDE 0100 Teil 410 /A1: 2003-06 „Errichten von Niederspannungsanlagen") fordert Maßnahmen des Potentialausgleichs. Dabei werden Anforderungen an den Hauptpotentialausgleich und den zusätzlichen Potentialausgleich gestellt.

17.1 Normen für Schutzmaßnahmen

VDE 0100 Teil 443:2002-01 „Schutz bei Überspannungen infolge atmosphärischer Einflüsse oder von Schaltvorgängen" legt fest, inwieweit die elektrische Niederspannungsanlage durch den Einsatz von Überspannungs-Schutzgeräten geschützt werden muss. Dieser Schutz bezieht sich auf transiente Überspannungen, die über das Versorgungsnetz in die elektrische Anlage kommen, sowie auf Schaltüberspannungen, die von Betriebsmitteln innerhalb der elektrischen Anlage hervorgerufen werden, nicht jedoch auf Überspannungen aus direkten Blitzeinschlägen.

VDE V 100 Teil 534:1999-04 „Elektrische Anlagen von Gebäuden – Auswahl und Errichtung von Betriebsmitteln – Überspannungs-Schutzeinrichtungen" beschreibt die Anforderungen für Auswahl und Errichtung von Überspannungs-Schutzeinrichtungen in elektrischen Anlagen von Gebäuden. Der Einbau der Geräte soll sowohl Schutz gegen direkte als auch Schutz gegen indirekte atmosphärische Entladungen sowie Schaltvorgänge aus dem Versorgungsnetz bieten.

DIN VDE 0100 Teil 540:1991-11 „Errichten von Starkstromanlagen mit Nennspannungen bis 1000 V – Auswahl und Errichtung elektrischer Betriebsmittel, Erdung, Schutzleiter, Potentialausgleichsleiter" gilt für die Auswahl und das Errichten von Erdungsanlagen, Schutzleitern, PEN-Leitern und Potentialausgleichleitern.

DIN VDE 0101:2000-01 „Starkstromanlagen mit Nennwechselspannungen über 1 kV" enthält Anforderungen für Projektierung und Errichtung. In dieser Norm ist vor allem die richtige Auswahl der Betriebsmittel geregelt. Weiterhin enthält sie Vorgaben zum Einhalten der Schutzmaßnahmen, zum Errichten von Erdungsanlagen und zu Schutzmethoden gegen direkte Blitzeinschläge (Schutzräume von Blitzschutzseilen und -stangen).

DIN EN 60664 Teil 1 (VDE 0110 Teil 1):2003-11 „Isolationskoordination für elektrische Betriebsmittel in Niederspannungsanlagen – Grundsätze, Anforderungen und Prüfungen" ist eine Sicherheitsgrundnorm. Hier wird die Isolationskoordination in Niederspannungsanlagen einschließlich der Luft- und Kriechstrecken für elektrische Betriebsmittel mit einer Nennspannung bis 1200 V(DC) oder 1000 V(AC) festgelegt. Dabei werden die Kriterien Dauerspannung, transiente Überspannung, periodische Spitzenspannung, zeitweilige Überspannung und Umgebungsbedingungen einbezogen. *Tabelle 17.1.2 a* zeigt beispielhaft die Zuordnung der Netz-Nennspannungen zu den Bemessungs-Stoßspannungen.

- Beiblatt 2 zu DIN VDE 0110 Teil 1:1998-08 gibt Informationen zu hochfrequenten Beanspruchungen
- Beiblat 3 zu DIN EN 60664 Teil 1 (VDE 0110 Teil 1):2003-11 gibt Informationen zur Berücksichtigung von Schnittstellen.

Tabelle 17.1.2a: Bemessungs-Stoßspannung für Betriebsmittel, siehe DIN EN 60664 Teil 1 (VDE 0110 Teil 1):2003-11

Nennspannung des Stromversorgungssystems[1] (Netz) nach IEC 60038[3] V		Spannung Leiter zu Neutralleiter abgeleitet von der Nennwechsel- oder Nenngleichspannung bis einschließlich	Bemessungs-Stoßspannung[2] V Überspannungskategorie[4]			
dreiphasig	einphasig	V	I	II	III	IV
		50	330	500	800	1500
		100	500	800	1500	2500
	120 – 240	150	800	1500	2500	4000
230/400 277/480		300	1500	2500	4000	6000
400/690		600	2500	4000	6000	8000
		1000	4000	6000	8000	12000

1) Zur Anwendung auf bestehende abweichende Niederspannungsnetze und deren Nennspannungen siehe Anhang B.
2) Betriebsmittel mit dieser Bemessungs-Stoßspannung dürfen in Anlagen in Übereinstimmung mit IEC 60364-4-443 verwendet werden.
3) Der „/" -Schrägstrich bezeichnet ein Dreiphasen-4-Leitersystem. Der tiefere Wert ist die Spannung Leiter zu Neutralleiter, während der höhere Wert die Spannung Leiter zu Leiter ist. Wo nur ein Wert angegeben ist, bezieht er sich auf Dreiphasen-3-Leitersysteme und bezeichnet die Spannung Leiter zu Leiter.
4) Zur Erläuterung der Überspannungskategorien siehe 2.2.2.1.1 die Norm EN 60664-I: 2003.

DIN VDE 0115 Teil 3:1997-12 „Bahnanwendung – Ortsfeste Anlagen – Schutzmaßnahmen in bezug auf elektrische Sicherheit und Erdung" legt Anforderungen für entsprechende Schutzmaßnahmen zum Einhalten der elektrischen Sicherheit fest. Diese Norm gilt für elektrische Bahnanlagen wie z. B. Eisenbahnen, Nahverkehrsbahnen (Straßenbahnen, Hoch- und Untergrundbahnen, Bergbahnen, Obusanlagen, Magnetbahnen) und Materialbahnen. Hier werden u. a. auch Vorgaben für den Überspannungsschutz, den Potentialausgleich und den Einsatz so genannter Spannungsbegrenzungseinrichtungen gemacht.

DIN VDE 0141:2000-01 „Erdung für spezielle Starkstromanlagen mit Nennspannungen über 1 kV" gilt hauptsächlich für Freileitungen. Darüber hinaus wird auf Maßnahmen nach DIN VDE 0101 verwiesen.

17.1 Normen für Schutzmaßnahmen

DIN VDE 0151:1986-06 „Werkstoffe und Mindestmaße von Erdern bezüglich der Korrosion" stellt Anforderungen an Erder und Erderwerkstoffe, die u. a. auch bei der Auslegung von Blitzschutz-Erdungsanlagen zu beachten sind.

DIN VDE 0160:1998-04 „Ausrüstung von Starkstromanlagen mit elektronischen Betriebsmitteln" stellt Mindestanforderungen an die Bemessung und Herstellung elektronischer Betriebsmittel (EB), an den Schutz gegen gefährliche Körperströme, an die Prüfung und an den Einbau der EB in Systeme für Starkstromanlagen. In dieser Norm ist auch die Bemessungsspannung der EB entsprechend den Überspannungskategorien geregelt.

DIN EN 60079 Teil 14 (VDE 0165, Teil 1):2004-07 „Elektrische Betriebsmittel für gasexplosionsgefährdete Bereiche - Elektrische Anlagen für gefährdete Bereiche (ausgenommen Grubenbau)" enthält spezifische Anforderungen für die Projektierung, die Auswahl und die Errichtung von elektrischen Anlagen in explosionsfähigen Gasatmosphären. Nach dieser Norm sind zur Begrenzung von Zündgefahren infolge atmosphärischer Entladungen u. a. auch Maßnahmen nach den Normen „Blitzschutz" zu beachten.

DIN VDE 0800 Teil 1:1989-05 „Fernmeldetechnik – Allgemeine Begriffe, Anforderungen und Prüfungen für die Sicherheit der Anlagen und Geräte" enthält, neben den allgemeinen Begriffen, Anforderungen und zugehörige Prüfungen zum Schutz gegen gefährliche Körperströme. Die Vorschrift gilt für das Errichten, Erweitern, Ändern und Betreiben der Fernmeldeanlagen sowie für Herstellen und Prüfen der Fernmeldegeräte.

DIN VDE 0800 Teil 2: 1985-07 „Fernmeldetechnik – Erdung und Potentialausgleich" legt Anforderungen für die Behandlung von Leitungsschirmen sowie das Einbeziehen von Stahlkonstruktionen bzw. Bewehrungen fest. Hier wird z. B. ausgesagt:
Der Leitungsschirm ist ein Schirm aus leitfähigem Werkstoff, der in bestimmter geometrischer Anordnung zu Leitungen mitgeführt wird.

Anmerkung: In der Ausführungsform als elektromagnetischer Schirm kann der Leitungsschirm zum Potentialausgleich beitragen, da seine beiden Enden mit Bezugspotential verbunden sind.

Werden von der Funktion her besonders hohe Anforderungen an die Erdungsanlage eines Gebäudes gestellt, um Potentialunterschiede zwischen verschiedenen Stellen des Gebäudes sowie dadurch verursachte Ausgleichströme zu vermeiden, sollen Vorkehrungen getroffen sein, damit die Stahlkonstruktion und die Bewehrung in die Erdungsanlage einbezogen werden können. Dabei soll, wenn die Bauteile der Bewehrung leitend miteinander verbunden sind, die Bewehrung an den Erdungssammelleiter angeschlossen werden.

Anmerkung: Ausgleichsströme über die Bewehrung parallel zu Potentialausgleichsleitern zwischen Stellen unterschiedlichen Potentials können zu Störungen der Fernmeldeanlage führen, wenn infolge zu hoher Impedanzen eine unzulässige Kopplung mit Fernmeldestromkreisen entsteht oder Übergangswiderstände Schwankungen unterworfen sind. Die leitende Verbindung der Bewehrung kann z. B. durch Verschweißen oder sorgfältiges Verrödeln erreicht werden. Ist wegen der Baustatik ein Verschweißen nicht möglich, sollten zusätzliche Baustähle eingelegt werden, die in sich zu verschweißen und mit der Bewehrung zu verrödeln sind. Das leitende Verbinden der Bewehrung ist – selbst bei Bauten aus Fertigteilen – nur während der Errichtung des Gebäudes möglich. Der Potentialausgleich über Stahlkonstruktionen und Bewehrung ist also bereits bei der Planung der Fundamente und des Hochbaus zu berücksichtigen.

DIN VDE 0845 Teil 1:1987-10 „Schutz von Fernmeldeanlagen gegen Blitzeinwirkung, statistische Aufladungen und Überspannungen aus Starkstromanlagen – Maßnahmen gegen Überspannungen" gilt für Maßnahmen gegen gefährdende oder störende Überspannungen in Fernmeldeanlagen. Diese Überspannungen werden durch elektromagnetische Beeinflussung, Blitzeinwirkungen oder statische Aufladungen verursacht. Dabei werden auch die zur Fernmeldeanlage gehörenden Geräte und Übertragungsleitungen betrachtet. Für den Äußeren Blitzschutz (das Auffangen und Ableiten von Blitzströmen) gilt die Normenreihe VDE 0185. Für die Antennenanlagen gilt DIN VDE 0855 Teil 1.

DIN VDE 0845 Teil 4-1:2000-07 „Blitzschutz – Telekommunikationsleitungen – Lichtwellenleiteranlagen" beschreibt ein Verfahren zur Berechnung der möglichen Schadenszahlen, zur Auswahl der anwendbaren Schutzmaßnahmen und gibt die zulässige Schadenshäufigkeit an.

DIN EN 61663 Teil 1 (VDE 0845 Teil 4-2):2002-07 „Blitzschutz-Telekommunikationsleitungen – Leitungen mit metallischen Leitern" regelt den Schutz von Telekommunikationsleitungen und den daran angeschlossenen Einrichtungen gegen direkte und indirekte Blitzbeeinflussung.

17.2 Normen für Bauteile, Schutzgeräte, Prüfungen

17.2.1 Blitzschutz

VDE 0185 Teil 201:2000-04 „Blitzschutzbauteile, Anforderungen an Blitzschutzbauteile" beschreibt das Prüfverfahren für Verbindungsbauteile. Je nach Blitzstromtragfähigkeit werden diese Bauteile entsprechend ihrer Belastungsklasse (H oder N) geprüft und (seitens der Hersteller) entsprechend gekennzeichnet. Diese Norm hat DIN 48810 (teilweise) sowie die früheren Maßnormen DIN 48809/..818/..819/..835/..837/..840/..841/..845 und ..852 im August 2002 abgelöst.

DIN EN 50164 Teil 2 (VDE 0185, Teil 202):2003-05 „Blitzschutzbauteile, Anforderungen an Leitungen und Erder" spezifiziert die Anforderungen an Leitungen, Fangstangen, Erdeinführungen und Erder. DIN-Normen der Reihe DIN 48800 (Maßnormen) werden Zug um Zug von harmonisierten Normen (EN, Normenreihe VDE 0185) abgelöst. Nachfolgende Normen sind derzeit (2005) noch gültig:

- DIN 48803/03.85 „Blitzschutzanlage – Anordnung von Bauteilen und Montagemaße"
- DIN 48804/03.85 „Blitzschutzanlage – Befestigungsteile für Leitungen und Bauteile"
- DIN 48805/08.89 „Blitzschutzanlage – Stangenhalter"
- DIN 48806/03.85 „Blitzschutzanlage – Benennungen und Begriffe für Leitungen und Bauteile"
- DIN 48810/09.01 „Blitzschutzanlage – Trennfunkenstrecke"
- DIN 48811/03.85 „Blitzschutzanlage – Dachleitungshalter für weiche Bedachung (Spannkappe)"
- DIN 48812/03.85 „Blitzschutzanlage – Dachleitungshalter für weiche Bedachung (Holzpfahl)"
- DIN 48820/01.67 „Sinnbilder für Blitzschutzbauteile in Zeichnungen"
- DIN 48821/03.85 „Blitzschutzanlage – Nummernschilder"
- DIN 48827/03.85 „Blitzschutzanlage – Dachleitungshalter für weiche Bedachung (Traufenstütze und Spannkloben)"
- DIN 48828/08.89 „Blitzschutzanlage – Leitungshalter"
- DIN 48829/03.85 „Blitzschutzanlage – Dachleitungshalter (Leitungshalter und Befestigungsplatte für Flachdächer)"

- DIN 48830/03.85 „Blitzschutzanlage – Beschreibung"
- DIN 48831/03.85 „Blitzschutzanlage – Bericht über Prüfung (Prüfbericht)"
- DIN 48832/03.85 „Blitzschutzanlage – Fangpilz"
- DIN 48839/03.85 „Blitzschutzanlage – Trennstellenkasten und -rahmen".

17.2.2 Überspannungsschutz, Potentialausgleich

DIN EN 50123 Teil 5 (VDE 0115, Teil 300-5):2003-09 „Gleichstrom-Schalteinrichtungen – Überspannungsableiter und Niederspannungsbegrenzer für spezielle Verwendung in Gleichstromsystemen" beschreibt Ableiter zum Einsatz in ortsfesten Anlagen von Gleichstrom-Bahnnetzen. Dies sind im Wesentlichen Überspannungs-Ableiter, die aus einem oder mehreren nichtlinearen Widerständen bestehen, die mit einer einzelnen oder auch mehrfachen Funkenstrecke in Reihe geschaltet sind. Weiterhin beinhaltet diese Norm Niederspannungsbegrenzer, die in Gleichstrom-Bahnnetzen eingesetzt werden, um bestimmte Teile des Stromkreises bei Überschreiten eines Spannungsgrenzwertes zu verbinden.

DIN EN 60060 Teil2 (VDE 0432 Teil 2):1996-03 „Hochspannungs-Prüftechnik-Meßsysteme" (mit DIN EN 60060 Teil 2/A11 (VDE 0432 Teil 2/A11)) spezifiziert Messmethoden von hohen Spannungen und Strömen für Prüfungen mit Gleichspannung, Wechselspannung, Blitz- und Schaltstoßspannungen sowie Stoßströmen.

DIN VDE 0618 Teil 1:1989-08 „Betriebsmittel für den Potentialausgleich – Potentialausgleichschiene (PAS) für den Hauptpotentialausgleich" gilt für Potentialausgleichschienen zur Anwendung nach DIN VDE 0100 Teile 410 und 540, DIN VDE 0855 Teil 1 sowie nach der Normenreihe VDE 0185.

DIN VDE 0675, Teil 6-11:2002-12 „Überspannungsschutzgeräte für den Einsatz in Niederspannungsanlagen – Anforderungen und Prüfungen" löst die ermächtigten Normenentwürfe E DIN VDE 0675-6/A1/A2 ab und ist nach der Übergangsfrist ab 01.10.2004 verbindlich. Diese Norm klassifiziert die Ableiter (SPD) zum Einsatz in Wechselstromnetzen bis 1000 V(AC) entsprechend ihres Einsatzortes bzw. ihres Ableitvermögens nach Prüfklassen. So entsprechen z. B. bisherige Ableiter der Anforderungsklasse B (Blitzstrom-Ableiter) der Prüfklasse SPD Typ 1. Überspannungs-Ableiter der Anforderungsklassen C und D werden den neuen Prüfklassen SPD Typ 2 und SPD Typ 3 zugeordnet.

DIN VDE 0845, Teil 3-1:2002-03 „Überspannungsschutzgeräte für den Einsatz in Telekommunikations- und signalverarbeitenden Netzwerken – Leistungsanforderungen und Prüfverfahren" gilt für Überspannungs-Schutzgeräte (ÜSG) gegen indirekte und direkte Auswirkung von Blitzschlägen und anderen transienten Überspannungen. Die Norm legt Anforderungen und Prüfungen für ÜSG zum Einsatz der elektronischen Einrichtungen in Telekommunikations- und signalverarbeitenden Netzwerken mit Nennspannungen bis 1000 V(AC) und 1500 V(DC) fest. Entsprechend den Prüfklassen (I, II, III) werden die ÜSG in Typen (Typ 1, 2, 3) eingeteilt.

17.3 Verdingungsordnung für Bauleistungen

DIN 18384:2000-12 „VOB Verdingungsordnung für Bauleistungen" mit dem Teil C „Allgemeine Technische Vertragsbedingungen für Bauleistungen (ATV)-Blitzschutzanlagen" ist Basis bei Ausschreibungen und wird bevorzugt von Baubehören, vom Bund, den Ländern und Gemeinden angewandt.

17.4 Standardleistungsbuch StLB

Zweck des „StLB Standardleistungsbuch für das Bauwesen – Leistungsbereich 050 Blitzschutz- und Erdungsanlagen" ist es, dass in den Leistungsbeschreibungen einheitliche Texte verwendet werden und dass eine Datenverarbeitung möglich ist.

17.5 Verordnungen der Länder

In den Bauordnungen der Länder und in mitgeltenden gesetzlichen und behördlichen Vorschriften und Ausführungsrichtlinien werden für bestimmte Gebäude zur Gewährleistung der öffentlichen Sicherheit Blitzschutzanlagen gefordert. Dabei wird auf eine dauerhaft wirksame Blitzschutzanlage unter Berücksichtigung der Lage, Bauart, Nutzung des Gebäudes auf sowie schwere Folgen verwiesen. *Tabelle 17.5a* gibt einen Überblick über die Vorgaben der einzelnen Bundesländer.

17 Blitzschutzbestimmungen in Deutschland

Tabelle 17.5.a: Baurechtliche Vorgaben der Bundesländer zum Blitzschutz
(Quelle: VDS-Richtlinie 2010:2002-07)

Bundes-land		baurechtliche Vorgaben zum Blitzschutz						Prüfverord-nung PV [2)]
		Bauord-nung	Sonderbauverordnungen und -richtlinien					
			Hochhaus	Kranken-haus	Schule	Versamm-lungsstätte	Verkaufs-stätte	
alle Bundes-länder (Mus-tervorschriften)	Ausgabe	(12/97)		(12/76)	(07/98)	(05/02)	(09/95)	
	Fundstelle	§ 17 Abs.5		§ 26	6	§ 14 Abs.4[1)]	§ 19	
	Prüfung			§38 / Abs. 4 5 Jahre				
Baden-Württemberg BW	Ausgabe	(12/97)		09/90		(02/82)	(02/97)	
	Fundstelle	§ 15 Abs.2		52			§ 19	
	Prüfung			?		§ 127 / 1 Jahr		
Bayern Bay	Ausgabe	(08/03)					(11/97)	(01/02)
	Fundstelle	Art. 15 (7)					§ 19	§ 2 (4)
	Prüfung							
Berlin Bln	Ausgabe					(07/98)		
	Fundstelle					§ 19		
	Prüfung							
Brandenburg Bra	Ausgabe	(09/03)		(03/03)	(07/98)	(09/02)	(08/00)	
	Fundstelle	§ 12 Abs.3		§10 Abs.3	Abs.6	§ 14 Abs.4[1)]	§ 19	
	Prüfung							
Bremen HB	Ausgabe	(04/03)						
	Fundstelle	§ 17 Abs.5						
	Prüfung							
Hamburg Hbg	Ausgabe	(12/02)				(08/03)	(08/03)	(11/94)
	Fundstelle	§ 17 Abs.3				§ 14 Abs.4[1)]	§ 19	§ 3 (1)
	Prüfung		6 Jahre	6 Jahre	6 Jahre	5 Jahre	6 Jahre	
Hessen HE	Ausgabe	(06/02)	(12/97)			(05/02)		(08/91)
	Fundstelle	§ 13 Abs.4				§ 14 Abs.4[1)]		§ 1
	Prüfung		5.4.3 / PV 3 Jahre	PV	PV	PV	PV	Anlage 2.8 / < 3 Jahre
Mecklenburg-Vor-pommern MV	Ausgabe	(08/02)				(05/03)		
	Fundstelle	§ 14 Abs.5				§ 14 Abs.4[1)]		
	Prüfung							
Niedersachsen Nds	Ausgabe	(02/03)			(08/00)	(09/89)	(01/97)	
	Fundstelle	§ 20 Abs.3			9		§ 19	
	Prüfung					§ 128 / (3) 5 Jahre		
Nordrhein-Westfahlen NW	Ausgabe	(07/03)	(12/95)	(2000)	(2000)	(10/02)	(09/00)	(09/02)
	Fundstelle	§17 Abs.4	§ 13 Abs.6	§ 26	6	§ 14 Abs.4[1)]	§ 17	§ 2
	Prüfung		PV	PV	PV	§ 46	PV	Anhang 2.11 / 3 Jahre

17.5 Verordnungen der Länder

Tabelle 17.5a (Fortsetzung)

Bundes-land		Baurechtliche Vorgaben zum Blitzschutz						Prüfverord-nung PV [2]
		Bauord-nung	Sonderbauverordnungen und -richtlinien					
			Hochhaus	Kranken-haus	Schule	Versamm-lungsstätte	Verkaufs-stätte	
Rheinland-Pfalz RP	Ausgabe	(08/03)					(12/02)	(10/99)
	Fundstelle	§ 15 Abs. 6					§ 19	§ 2
	Prüfung		PV	PV	PV	PV	PV	Anlage 2.8 / 5 Jahre
Saarland Srl	Ausgabe	(2001)		(08/03)			(09/00)	
	Fundstelle	§ 18 Abs. 5		220			§ 19	
	Prüfung			6.2.4 / 5 Jahre				
Sachsen Sa	Ausgabe	(09/03)			(11/99)		(12/99)	(02/00)
	Fundstelle	§ 17 Abs. 5		24			2.17	§ 2
	Prüfung		PV	PV	PV	PV	PV	§ 2 Abs. 3 / 5 Jahre
Sachsen-Anhalt LSA	Ausgabe	(07/03)	(10/02)	(10/02)	(10/02)	(10/02)		(09/02)
	Fundstelle	§ 17 Abs. 5	13.6	25	6	6		§ 2 Abs. 2 Nr. 1
	Prüfung		15.1 / < 3 Jahre / PV	37.4 / 5 Jahre / PV	11.1 / < 5 Jahre / PV	62 / 3 Jahre / PV	PV	§ 2 Abs. 3 / 5 Jahre
Schleswig-Holstein SH	Ausgabe	(12/02)					(2000)	
	Fundstelle	§ 19 Abs. 5					§ 19	
	Prüfung							
Thüringen Th	Ausgabe	(2001)					(06/97)	(4/93)
	Fundstelle	§ 17 Abs. 5					§ 19	§ 1
	Prüfung							3 Jahre

Stand 02 / 2004

[1] = Versammlungsstätten müssen Blitzschutzanlagen haben, die auch die sicherheitstechnischen Einrichtungen schützen (äußerer und innerer Blitzschutz)

[2] In einzelnen Bundesländern sind Prüffristen in speziellen Prüfverordnungen (PV) angegeben

PV in He = Hausprüfverordnung nur für Verkaufsstätten

PV in HH, RP, Sa, Th = Landesverordnung über die Prüfung "Haustechnische Anlagen und Einrichtungen ..."

PV in NW = Technische Prüfverordnung

PV in Bay = Verordnung über Prüfungen von sicherheitstechnischen Anlagen und Einrichtungen (Sicherheitsanlagen-Prüfverordnung – SPrüfV)

Anmerkung 1: VDI 3819 Teil 1 "Brandschutz für Gebäudetechnik" enthält alle Verordnungstitel mit Ausgabedatum

Anmerkung 2: Werden in der Tabelle keine Angaben gemacht, existieren entweder keine baurechtlichen Vorgaben oder es werden keine konkreten Angaben zum Blitzschutz und zu dessen Prüfung gemacht.

17.6 Ermittlung der Blitzschutzklasse durch Risikobetrachtung

Die Ermittlung der Schutzklassen (I ... IV) entsprechend VDE V 0185 Teil 3 erfordert Detailkenntnisse des zu schützenden Objektes bzw. der daraus resultierenden Risikofaktoren (siehe VDE V 0185 Teil 2).
Ein weiterer, für die Praxis durchaus gangbarer Weg, ist die Anwendung der vom VDS-Schadensverhütung herausgegebenen

Richtlinie VdS 2010:2002-07 „Risikokoordinierter Blitz- und Überspannungsschutz".

Danach ist eine Zuordnung der Blitzschutzklasse ohne genaue Detailkenntnisse bzw. Risikofaktoren möglich. In *Tabelle 17.6a* sind für die verschiedensten Gebäude Empfehlungen für Blitzschutzklassen, Prüfintervalle sowie Ausführungen des Überspannungsschutzes enthalten.

Für LEMP-Schutzsysteme entsprechend VDE V 0185 Teil 4 für komplexe elektrische und elektronische Systeme in baulichen Anlagen ist eine detaillierte, einleitende und abschließende Risiko-Analyse gemäß VDE V 0185 Teil 2 unumgänglich. Nur durch die von einem Blitzschutzexperten mit fundierten Kenntnissen der EMV erstellte Risikoanalyse kann ein technisch/wirtschaftlich optimierter LEMP-Schutz sichergestellt werden. Ausführliche Anleitungen und praktische Beispiele finden sich in „VDE-Schriftenreihe Band 185: „EMV Blitzschutz von elektrischen und elektronischen Systemen in baulichen Anlagen – Risiko-Management, Planen und Ausführen nach den neuen Vornormen der Reihe VDE 0185".

17.6 Ermittlung der Blitzschutzklasse/Risikobetrachtung

Tabelle 17.6a: Risikoorientierter Blitz- und Überspannungsschutz für Objekte
(Quelle: VDS-Richtlinie 2010:2002-07)

Objekt Mehrfachnennungen möglich	Äußerer Blitzschutz in den gesetzlichen und behördlichen Vorschriften gefordert (siehe auch Tabelle 1 und 2)	Gebäude [1] (-teile, -bereiche, -einrichtungen sowie -kenndaten)	Äußerer Blitzschutz Blitzschutzklasse nach DIN V VDE V 0185	Prüfintervalle in Jahren behördliche Vorgabe	Prüfintervalle in Jahren Empfehlung der Versicherer	Überspannungsschutz (innerer Blitzschutz) Potenzialausgleich erforderlich erforderlich	Ausführung nach DIN VDE 0100 Teil 443 und 534, DIN V VDE V 0185, DIN VDE 845 sowie VdS 2031 und zusätzlich
Anlagen für brennbare Gase	DVGW G 491	Druck-, Regelanlagen, Verdichterstationen	II		3	X	Online-Überwachung [2] DVGW G 491
		Lager > 1000 kg	II		3	X	
		Ex-Bereiche	I		1	X	
Antenne						X	DIN VDE 0855 VdS 2080
Archive			III		5	X	
Bäder		Hallenbad	III		5	X	
		Freibad	III		5		
		Kombi-(Spaß-)bad [3]	II		5		
Bahnhöfe			III		3	X	
Banken						X	VdS 2569
		Nutzfläche >2000 m²	III		3	X	VdS 2569
bauliche Anlagen der chemische, petroche-			II		3	X	Online-Überwachung [2]
		Explosionsgefahr	I		1	X	Online-Überwachung [2]
bauliche Anlagen der Landwirtschaft		Biogasanlage				X	VdS 2017
		Stall				X	VdS 2017
		Wohnhaus				X	VdS 2017 / 2019
		Silo				X	
		mit Heu-/Strohlagerung	III		5		
		Gebäude > 10.000 m³	III		5		
bauliche Anlagen des Bergbaus		Tagesanlagen	III		5	X	
		Bohrgerüste	III		5	X	
		Fördergerüste	III		5	X	
bauliche Anlagen in exponierter Lage für Personen zugänglich		Burgruinen [3]	III		5		
		Schutzhütten [3]	III		5		
bauliche Anlagen mit elektronischen MSR-Anlagen			III		5	X	
bauliche Anlagen zur Be-/Verarbeitung u. Lagerung v. brennbaren Stoffen (s. VdS2033)		Holzverarbeitung	II		3	X	
		Mühlen	II		3	X	
		Lack- und Farbenfabriken (außer Ex-Bereich)	II		3	X	
		Kunststoff-Fabriken	II		3	X	
		feuergefährdete Betriebsstätten	II		3	X	

Tabelle 17.6a (Fortsetzung)

Objekt Mehrfachnennungen möglich	Äußerer Blitzschutz in den gesetzlichen und behördlichen Vorschriften gefordert (siehe auch Tabelle 1 und 2)	Gebäude [1] (-teile, -bereiche, -einrichtungen sowie -kenndaten)	Äußerer Blitzschutz Blitzschutzklasse nach DIN V VDE V 0185	Äußerer Blitzschutz Prüfintervalle in Jahren behördliche Vorgabe	Äußerer Blitzschutz Prüfintervalle in Jahren Empfehlung der Versicherer	Überspannungsschutz (innerer Blitzschutz) Potenzialausgleich erforderlich	Ausführung nach DIN VDE 0100 Teil 443 und 534, DIN V VDE V 0185, DIN VDE 845 sowie VdS 2031 und zusätzlich
Beherbergungsstätten: Almhütte			III		5	X	
Hotel		Anzahl Betten < 60				X	VdS 2569
Pension Gästehaus		Anzahl Betten > 60	III		5	X	VdS 2569
Burgen			III		5	X	
Burgruinen [3]			III		5		
Bürogebäude						X	VdS 2569
		Nutzfläche >2000 m²	III		3	X	VdS 2569
Campingplätze / Wochenendplätze			III		5	X	
Druckereien			III		5	X	
Explosionsgefährdete Bereiche und Lager			I		1	X	
Feuerwehr		Gerätehaus				X	
		Einsatz-Leitwarte	II		3	X	
Fliegende Bauten			5)			X	
Flughäfen			III		3	X	
		Kontrollturm (Tower)	I		1	X	
Galvanikbetriebe			III		3	X	
Garagen / Parkhäuser		groß (> 1000 m²)				X	
Gaststätten		> 200 Plätze	III		3	X	
Gebäude unter Denkmalschutz, von historischem Wert oder mit Kulturgütern			III		5	X	
Gebäude mit alternativen regenerativen Energieversorgungsanlagen		Brennstoffzellen > 100 kW elektrisch	III		5	X	
		Fotovoltaik (< 10 kW)	III		5	X	
		Sonnenkollektoren (> 15 m²)	III		5	X	
		industriell genutzte Biogasanlage	III		5	X	
Gewerbebetriebe (gewerbliche Zwecke)		Brandabschnittsfläche >2000m² oder 2 Mio. Euro Inhalt	III		5	X	VdS 2569
		erhöhte Brandgefahr	II		3	X	VdS 2569
		Explosionsgefahr	I		1	X	VdS 2569

17.6 Ermittlung der Blitzschutzklasse/Risikobetrachtung

Tabelle 17.6a (Fortsetzung)

Objekt Mehrfachnennungen möglich	Äußerer Blitzschutz in den gesetzlichen und behördlichen Vorschriften gefordert (siehe auch Tabelle 1 und 2)	Gebäude [1] (-teile, -bereiche, -einrichtungen sowie -kenndaten)	Äußerer Blitzschutz Blitzschutzklasse nach DIN V VDE V 0185	Prüfintervalle in Jahren behördliche Vorgabe	Empfehlung der Versicherer	Überspannungsschutz (innerer Blitzschutz) Potenzialausgleich erforderlich	Ausführung nach DIN VDE 0100 Teil 443 und 534, DIN V VDE V 0185, DIN VDE 845 sowie VdS 2031 und zusätzlich
Heime		Pflegeheim	III		5	X	
		Altenheim	III		5	X	
		Entbindungsheim	III		5	X	
		Kinderheim	III		5	X	
Hochhäuser	HE, NW, RP, Sa, LSA	> 22 m	III	RP, Sa = 5	3	X	VdS 2019/ 2569
		> 100 m	II	RP, Sa = 5	3	X	VdS 2019/ 2569
Hochregallager			III		5	X	
Industrieanlagen		Brandabschnittsfläche >2000m² oder 2 Mio. Euro Inhalt	III		5	X	VdS 2569
		erhöhte Brandgefahr	II		3	X	VdS 2569
		Explosionsgefahr	I		1	X	VdS 2569
Justizvollzugsanstalten			III		5	X	
Kindergärten [3]			III		5	X	
Kirchen mit Turm			III		5	X	
Kläranlagen / Pumpstationen		Leitwarte	III		5	X	
		Pumpstation				X	
		Klärbecken				X	
Krankenhäuser	Bra, HE, NW, RP, Srl, Sa, LSA	Krankenhaus	II	HE, NW = 3, sonst 5	3	X	Bra
		Bettenhaus	II		5	X	
		Verwaltung	III		5	X	
		Versorgungsgebäude	II		5	X	
		Schwesternwohnheim	III		5	X	
Kuhlhäuser	VdS 2032		III		5	X	
Lager (Lagerstätten)		Explosionsgefahr	I		1	X	
		Speditionslager	II		3	X	VdS 2569
		schädliche Flüssigkeiten	III		5	X	
	VbF	brennbare Flüssigkeiten	II	3	3	X	
		> 100 t Getreide	III		5	X	
		> 100 t Gewürze	III		5	X	
		> 100 t Futtermittel	III		5	X	
		Ammoniumnitrathaltige Stoffe (Mehrnährstoffdünger)	III		5	X	
	GefstoffVO	> 1 t Gefahrstoffe	III		5	X	
		Sprengstofflager	I		1	X	

Tabelle 17.6a (Fortsetzung)

Objekt Mehrfachnennungen möglich	Äußerer Blitzschutz in den gesetzlichen und behördlichen Vorschriften gefordert (siehe auch Tabelle 1 und 2)	Gebäude [1] (-teile, -bereiche, -einrichtungen sowie -kenndaten)	Äußerer Blitzschutz Blitzschutzklasse nach DIN V VDE V 0185	Prüfintervalle in Jahren behördliche Vorgabe	Empfehlung der Versicherer	Überspannungsschutz (innerer Blitzschutz) Potenzialausgleich erforderlich erforderlich	Ausführung nach DIN VDE 0100 Teil 443 und 534, DIN V VDE V 0185, DIN VDE 845 sowie VdS 2031 und zusätzlich
Museen		Historisch	III		5	X	
		Kunst	III		5	X	
		Technisch	III		5	X	
öffentlich zugängliche Gebäude mit Publikumsverkehr			III		3	X	
Polizei		Revier				X	
		Einsatz-Leitstelle	II		3	X	
Rechenzentren			I		1	X	
Schifffahrtabfertigungsgebäude			III		3	X	
Schlösser			III		5	X	
Schornsteine (freistehend)			III		5	X [4]	
Schulen	Bra, HE, Nds, NW, RP, Sa, LSA		III	HE, NW = 3, sonst 5	3	X	
Schutzhütten [3]			III		5		
Seilbahnen			III		5	X	
Silos (außer Landwirtschaft)		ohne Explosionsgefahr	II		3	X	
		mit Explosionsgefahr	I		1	X	
Sparkassen						X	VdS 2569
		Nutzfläche >2000 m²	III		3	X	VdS 2569
Sprengstofffabriken		Explosionsgefahr	I		1	X	
Tragluftbauten			III		5		
Türme [3]		Aussichts-, Beobachtungstürme	III		5		
		Fernmeldetürme	II		3	X	Online-Überwachung [2]
Verkaufsstätten	BW, Bay, Bln, Bra, Hbg, HE, Nds, NW, RP, Srl, Sa, LSA, SH, Th	Verkaufsfläche> 2000 m²	III	HE, NW = 3	3	X	

17.6 Ermittlung der Blitzschutzklasse/Risikobetrachtung

Tabelle 17.6a (Fortsetzung)

Objekt Mehrfachnennungen möglich	Äußerer Blitzschutz in den gesetzlichen und behördlichen Vorschriften gefordert (siehe auch Tabelle 1 und 2)	Gebäude [1] (-teile, -bereiche, -einrichtungen sowie -kenndaten)	Äußerer Blitzschutz Blitzschutzklasse nach DIN V VDE V 0185	Prüfintervalle in Jahren behördliche Vorgabe	Prüfintervalle in Jahren Empfehlung der Versicherer	Überspannungsschutz (innerer Blitzschutz) Potenzialausgleich erforderlich	Ausführung nach DIN VDE 0100 Teil 443 und 534, DIN V VDE V 0185, DIN VDE 845 sowie VdS 2031 und zusätzlich
Versammlungsstätten	BW Bra, Hbg, HE, MV, Nds, NW, RP, Sa, LSA	Arenen > 1000 Personen	III		3	X	
		Ausstellungshallen > 2000m²	III	LSA, NW = 3 Sa = 5	3	X	
		Diskothek > 200 Plätze	III		3	X	
		Gaststätte > 200 Plätze	III		3	X	
		Lichtspieltheater > 100 Plätze	III		3	X	
		Mehrzweckhallen > 200 Personen	III	BW = 1, RP = 5	3	X	
		Messehallen > 2000 m²	III		3	X	
		Oper > 100 Plätze	III		3	X	
		Sportstätten (>5000 Besucher)	III	Nds = 5	3	X	
		Theater > 100 Plätze	III		3	X	
Verwaltungsgebäude						X	VdS 2569
		Nutzfläche >2000 m²	III		3	X	VdS 2569
Verwaltungsgebäude, öffentlich			III		3	X	VdS 2569
Wasserwerke		Pumpstationen				X	
		Hochbehälter	III		5	X	
		Leitwarte	III		5	X	
Windkraftanlagen (Sondervorschriften beachten)		elektrische Energieanlagen	II		3	X	Online-Überwachung [2]
Windmühlen			III		5	X	
Wohnhäuser		Mehrfamilienhaus ab 20 Whg.	III		5	X	VdS 2019
		mit weicher Bedachung	II		5		

Stand 02/2004

[1] Sind die Gebäude zusammenhängend, d.h. bautechnisch und versorgungstechnisch (Vernetzung) miteinander verbunden, so gelten die Anforderungen zum Blitzschutz generell für alle Gebäude und der Blitzschutz ist für alle Gebäude einheitlich mit der höchsten Blitzschutzklasse (auf das Objekt bezogen) auszuführen

[2] Fernsignalisierung des Überspannungsschutz

[3] Potenzialsteuerung nach Abschnitt 7.2

[4] Überspannungsschutzmaßnahmen, falls elektrische Einrichtungen vorhanden sind, z. B. Messeinrichtung, Beleuchtungsanlagen zum Zweck der Flugsicherheit

[5] Einzelfallentscheidung

Anmerkung: Werden in der Tabelle keine Angaben gemacht, liegen keine entsprechende Anforderung vor.

17.7 Bestimmungen in Sonderfällen

17.7.1 Bundesweit geltende Regelungen verschiedener Sonderfälle

Tabelle 17.7.1a: Bundesweit geltende Regelungen zum Blitz- und Überspannungsschutz
(Quelle: VDS-Richtlinie 2010:2002-07)

Regelung	Ausgabedatum	Fundstelle Blitz- und Überspannungs-Schutz	Fundstelle Prüfung / Prüfintervalle
Technische Regeln			
Technische Regeln für Druckbehälter; TRB 610 - Druckbehälter; Aufstellung von Druckbehältern zum Lagern von Gasen	05/02	4.2.3.6	
Technische Regeln für Gashochdruckleitungen; TRGL 181 - Ausrüstung	02/85	10.1	
Technische Regeln für Gashochdruckleitungen; TRGL 201 - Allgemeine Anforderungen an Stationen	02/85	5	
Technische Regeln für brennbare Flüssigkeiten 20 - Läger	06/02	12 (Nachrüstfrist 31.12.03)	
Technische Regeln für brennbare Flüssigkeiten 30 - Füllstellen, Entleerstellen und Flugfeldbetankungsstellen	06/02	9 (Nachrüstfrist 31.12.03)	
Technische Regeln für brennbare Flüssigkeiten 40 - Tankstellen	06/02	7.5 und 9	
Technische Regeln für brennbare Flüssigkeiten 50 – Rohrleitungen	06/02	11 (Nachrüstfrist 31.12.03)	
Technische Regeln für Acetylenanlagen und Calciumcarbidlager; TRAC 301 - Calciumcarbidlager	08/88	3.2.4	
Technische Regeln für Acetylenanlagen und Calciumcarbidlager; TRAC 201 - Acetylenentwickler	07/90	8.14	
Technische Regeln für Acetylenanlagen und Calciumcarbidlager; TRAC 205 - Acetylenspeicher	07/90	8.12	
Technische Regeln für Acetylenanlagen und Calciumcarbidlager; TRAC 209 - Anlagen zur Herstellung und Abfüllung von unter Druck gelöstem Acetylen (Acetylenwerke, Dissousgaswerke)	11/82	3.26	
Verordnung zum Schutz vor gefährlichen Stoffen; GefStoffV– Gefahrstoffverordnung	08/03	Anhang V2 Nr. 2 2.4.2.2(1) 11.	
Technische Regeln für Gefahrstoffe; TRGS 511 Ammoniumnitrat	06/98	6.2.2.1 (17) 6.3.3.7 (1)	6.2.2.1 (18) jährlich
Anhang V Nr.2 Ammoniumnitrat	10/99	2.4.2.2 (1) 11.	

17.7 Bestimmungen in Sonderfällen

Tabelle 17.7.1a (Fortsetzung)

Technische Regeln für Gefahrstoffe; TRGS 515 - Lagern brandfördernder Stoffe in Verpackungen und ortsbeweglichen Behältern	09/02	4.6 (1)	4.6 (2) 3 Jahre
Technische Regeln für Gefahrstoffe; TRGS 514 - Lagern sehr giftiger und giftiger Stoffe in Verpackungen und ortsbeweglichen Behältern	09/98	3.3.8 (1)	3.3.8 (2) 3 Jahre
Technische Regeln für Gefahrstoffe; TRGS 520 - Errichtung und Betrieb von Sammelstellen und zugehörigen Zwischenlagern für Kleinmengen gefährlicher Abfälle	06/95	3.4 (1)	
Gesetz über explosionsgefährliche Stoffe – SprengG – Sprengstoffgesetz Zweite Verordnung zum Sprengstoffgesetz	11/3	2.5.2(4)	2.5.3(9) jährlich 3.3.2(9) 3 Jahre
Sprengstofflagerrichtlinie; SprengLR 300 - Richtlinie Aufbewahrung sonstiger explosionsgefährlicher Stoffe	09/91	3.4	
Maschinenrichtlinie (98/37/EG) Anhang 1 (4.1)	1998	4.1.2.8	
Unfallverhütungsvorschriften (UVV) der gewerblichen Berufsgenossenschaften			
Berufsgenossenschaftliche Vorschriften – BGI 740 Lackieren - Lackierräume und -einrichtungen	5/02	Anhang 4	
Berufsgenossenschaftliche Vorschriften - BGV; B4 Organische Peroxide	10/93	§ 5 (12)	
Berufsgenossenschaftliche Vorschriften - BGV; B5 Explosivstoffe Allgemeine Vorschrift	04/01	§ 23	
Berufsgenossenschaftliche Vorschriften - BGV; B6 Gase	01/97	§ 50	
Berufsgenossenschaftliche Vorschriften - BGV; D13 - Herstellen und Bearbeiten von Aluminiumpulver	01/97	§ 8	
Regeln für Sicherheit und Gesundheitsschutz bei der Arbeit BRG 134 Einsatz von Feuerlöschanlagen mit sauerstoffverdrängenden Gasen	07/98	4.1.12	
Arbeits-Sicherheits-Informationen (ASI); 8.51 / 98 Ölsaatenextraktionsanlagen	1998	3.5.1	
Vereinigung Deutscher Elektrizitätswerke – VDEW – e.V.			
Überspannungs-Schutzeinrichtungen der Anforderungsklasse B; Richtlinie für den Einsatz in Hauptstromversorgungssystemen	1998		3.8 4 Jahren
DIN Deutsches Institut für Normung e.V.			
DIN 18015 Teil 1 - Elektrische Anlagen in Wohngebäuden - Planungsgrundlagen	09/02	10 / 11	
VdS Richtlinien			
Abfallverbrennungsanlagen (AVA) Richtlinien für den Brandschutz VdS 2515	11/98	9	3 Jahre
Kühlhäuser Empfehlungen für den Brandschutz VdS 2032	05/81	3.5	

Tabelle 17.7.1a (Fortsetzung)

Rauchgas-Entschwefelungs-Anlagen (REA) Richtlinien für den Brandschutz VdS 2371	10/93	8
Brandschutzkonzept für Hotel- und Beherbergungs-betriebe Richtlinien für die Planung und den Betrieb VdS 2082	02/03	4.1.6
Krankenhäuser Richtlinien für den Brandschutz VdS 2226	03/96	5.6
Brandschutzmaßnahmen für Dächer Merkblatt für die Planung und Ausführung VdS 2216	08/01	4.6
Richtlinien für die Ansteuerung von Feuerlöschanlagen VdS 2496	12/96	4.3.1 9
VdS-Richtlinien für Gefahrenmeldeanlagen Schutzmaßnahmen gegen Überspannung für Gefahrenmeldeanlagen VdS 2833	11/03	
Brandmeldeanlagen – Planung und Einbau VdS 2095 : 2001-03 (05) Schutzmaßnahmen gegen Überspannungen	03/01	
Stand 02/2004		
Anmerkung: Werden in der Tabelle keine Angaben gemacht, liegen keine entsprechende Anforderung vor.		

Tabelle 17.7.1a enthält eine Aufzählung von bundesweit geltenden Regelungen für den Blitz- und Überspannungsschutz verschiedener Sonderfälle.

17.7.2 Bundeswehr

Das Handbuch „Blitz- und Überspannungsschutz" (HB BÜS), Allg. Umdruck Nr. 172, ist eine verbindliche Arbeitsgrundlage für alle, die an der Planung, Errichtung und den Betrieb von Blitzschutzsystemen in Liegenschaften der Bundeswehr beteiligt sind. In ihm sind die wesentlichen Festlegungen für Blitzschutzsysteme zusammengefasst.

17.7.3 Deutsche Telekom

DeTe Immobilien gibt nachfolgende Projektierungshinweise:

- Projektierungs-Hinweis PH 4460-2 „Potentialausgleich und Überspannungsschutz"
- Projektierungs-Hinweis PH 4460-01 „Blitzschutz und Erdungssysteme – Vorgaben für die Errichtung".

17.7.4 VdS-Merkblätter

Der Verband der Sachversicherer e. V. (VdS) hat eine Reihe von Merkblättern herausgegeben, die sich mit der Thematik Blitzschutz/Überspannungsschutz befassen. Beispielhaft seien aufgeführt:

- VdS 2006: „Blitzschutz durch Blitzableiter"
- VdS 2010: „Risikoorientierter Blitz- und Überspannungsschutz"
- VdS 2014: „Ursachenermittlung bei Schäden durch Blitz und Überspannung"
- VdS 2017: „Blitz- und Überspannungsschutz für landwirtschaftliche Betriebe"
- VdS 2019: „Überspannungsschutz in Wohngebäuden"
- VdS 2031: „Blitz- und Überspannungsschutz in elektrischen Anlagen"
- VdS 2258: „Schutzmaßnahmen gegen Überspannung"
- VdS 2349: „Störungsarme Elektroinstallation"
- VdS 2569: „Überspannungsschutz für Elektronische Datenverarbeitungsanlagen"
- VdS 2596: „Richtlinie für die Anerkennung von Sachkundigen für Blitz- und Überspannungsschutz sowie EMV-gerechte elektrische Anlagen (EMV-Sachkundige)".

17.7.5 Fundamenterder

DIN 18014:1994-02 „Fundamenterder" gibt Richtlinien für die Ausführung des Fundamenterders.

17.7.6 Kathodischer Korrosionsschutz in explosionsgefährdeten Bereichen

Von der Arbeitsgemeinschaft DVGW/VDE für Korrosionsfragen (AfK) wurde Afk-Empfehlung Nr. 5, 1986: „Kathodischer Korrosionsschutz in Verbindung mit explosionsgefährdeten Bereichen" herausgegeben. Hierin wird festgelegt, dass Isolierstücke durch explosionsgeschützte Trennfunkenstrecken zu überbrücken sind, wobei die Ansprech-Stoßspannung (1,2/50 μs) der Trennfunkenstrecke unter 50 % der 50-Hz-Überschlagsspannung (Effektivwert) des Isolierstückes liegen soll.

17.7.7 Blitzschutz in Hoch- und Niederspannungsanlagen von Wasserwerken

Hier gilt das Merkblatt W 636 (Januar 2001) „Hochspannungs- und Niederspannungsanlagen in Wasserwerken – Erdung, Blitzschutz, Potentialausgleich und Überspannungsschutz" von der DVGW (Deutsche Vereinigung das Gas- und Wasserfaches e.V.). Dem Planer und Betreiber werden praxisbezogene Hinweise für die Planung und Instandhaltung gegeben.

17.7.8 Schornsteine

DIN 1056:1984-10 „Freistehende Schornsteine in Massivbauart – Berechnung und Ausführung" verweist bezüglich des Blitzschutzes auf die geltende Normenreihe VDE 0185.

Sachverzeichnis

A

ABB 43
Ableitung 42, 157
–, isolierte 158, 266
Abspringen 275
Abwärtsblitz 56
ALDIS 75
Aluminium 87, 90, 157
Amplitudendichte 236
Amplitudenspektrum 102, 130, 236
Anderson 69
Anfangsfeldstärke 143f
Anlagen, bauliche 132
–, informationstechnische 133
Anode 189
Anodenfall 85
Anodische Stromdichte 194
Anschlussbauteil 207, 260
Anschlussklemme 207
Antenne 210
Aperiodische Dämpfung 254
– Grenzfall 252
Äquivalente Frequenz 173
Äquivalenter Trennungsabstand 267
Auffangstange 42
Ausbreitungswiderstand 164f, 168
Ausdehnungsstück 260
Äußerer Blitzschutz 132

B

Baatz, H. 20
Bahnerde 210
Bauliche Anlagen 132
Bauordnung 295
Bauteile 293
Beatmung 273
Bellaschi, P. L. 33
Bemessungs-Stoßspannung 290
Berger, K. 21f, 45
Bestandteile, natürliche 158

Berührungsspannung 165, 187
Bewusstsein 273
Bezugselektrode 189
Bezugserde 163
Bezugspotential 189
Binz, H. 22
Biot-Savart 91
Bipolare Blitzentladung 79
Blechschirm 236
BLIDS 75
Blitzentladung 52
–, bipolare 79
Blitzgefahr 269
Blitzhäufigkeit 68
Blitzkugel-Verfahren 141
Blitzortung 27, 72
Blitzschutz, äußerer 132
– -bestimmungen 285
– -erdung 164
–, innerer 132, 205
– -klasse 298
– -Management 227
– -Potentialausgleich 168, 205
– -zelt 279
– -zonen 228
– -Zonen-Konzept 136, 229
Blitz-Störquelle 227
Blitzstoßspannung 22
Blitzstrom 33, 129
– -Ableiter 138, 214, 217
– -Generator 33
– -steilheit 262
– -verlauf 79
Blitztriggerstation 26, 65
Blitztriggerung 26
Blitztyp 56
Blitzzählung 27, 70
Bodenfeldstärke 55
Bodenfeldstrecke 142
Bodenwiderstand, spezifischer 271
Boys, Ch. v. 22f
Bundeswehr 306

Sachverzeichnis

C

CIGRE 70, 76, 83, 145f
C-L-R-Stoßstromkreis 250
Combination Wave Generator 264
Crowbar-Funkenstrecke 255

D

Dachaufbauten 155
Dalibard, F. 17
Dämpfung, periodische 251
Datennetz 211
Deutsche Telekom 306
Direkter Effekt 248
Divisch, P. 36
Drachen 18
Draht 141
Du Four 21

E

Edison, Th. A. 33
Effekt, direkter 248
–, indirekter 248
Effektive Erderlänge 172
Eigeninduktivität 116
Eindringgeschwindigkeit 175
Eindringtiefe 173, 237
Einleiterkabel 160
Einsatz-Feldstärke 177
Einschlaghäufigkeit 75
Einschlagpunkt 142
Eisen 87, 90
– -elektrode 191
Elektrisches Feld 122
Elektrisiermaschine 16
Elektrochemische Korrosion 189
Elektrode 189
Elektrodenpotential 189
Elektrolyt 189f
Elektromagnetisches Feld 120, 123
Elektromagnetische Verträglichkeit 227
Element, galvanisches 190
Empire State Building 23
EMV 227
Enddurchschlagstrecke 59, 141, 143f, 146
Energie, spezifische 83, 88
– -netz 211
Entladung, multiple 60, 62
Erde 163

Erde-Wolke-Blitz 63
Erder-Anordnung 169
– -länge, effektive 172
–, natürlicher 164
– -typ 170
– -werkstoff 188, 196
Erdoberflächen-Potential 165
Erdung 42, 163, 288
Erdungsanlage 164
– -impedanz 165
– -leitung 164
– -ringleiter 207
– -spannung 165
– -widerstand 84
Erdwiderstand, spezifischer 164ff
Eriksson 69, 76
Erwärmung 89
EUCLID 28f, 75

F

Fangeinrichtung 140
–, isolierte 154, 266
Fangentladung 59, 141, 143
Fangleitung 140, 149f
Fangstab 140
Fangstange 37, 147, 149
Faraday'scher Käfig 277
Felbinger, J. I. v. 38
Feld, elektrisches 122
–, elektromagnetisches 120, 123
–, magnetisches 101
– -steuerung 160
Fernmeldeanlage 210
Ferromagnetische Materialien 244
Flächenerder 171
Flächengesetz 223
Flugzeug 278
Flussdichte 91
Folge-Stoßstrom 130
Foligno 23
Franklin, B. 17f, 36f
Frequenz, äquivalente 173
Fritsch, V. 45
Frontgewitter 52
Fundamenterder 164, 170f, 183, 307
Funktions-Potentialausgleich 228

G

Galvanisches Element 190

Gasleitung 193
Gebäudefundament 171
Gefährdungspegel 83
Gefährdungswert 125
Gegeninduktivität 93, 102, 112, 222
Geometrisch-elektrisches Modell 145
Gewittermeteorologie 52
Gewitter, orographisches 52
– -tage 68
– -warnung 68
– -zelle 52f
Gleichstromwiderstand 242
Gleitentladung 158
Gleitlichtbogen 269
Gleitüberschlag 269
Golde, R. H. 27
Golf 275
Gray, S. 36
Grenzfall, aperiodischer 252
Guericke, O. v. 17

H

Hauptentladung 60, 143
Hauptpotentialausgleich 210
Heidler 95, 123
Helmholtz, H. L. F. v. 43
Hemmer, J. J. 40
Herzdruckmassage 273
Herzkammerflimmern 272
Herzschädigung 272
Herzstillstand 272
Hilfserder 200f
Hochsitz 280
Hochspannungsfreileitung 145
Hoher Peissenberg 24
Hybridgenerator 264

I

ICLP 45f, 48
IMPACT 75
Indirekter Effekt 248
Induktion, magnetische 261
Induktionsschleife 221
Induzierte Spannung 112
Induzierter Strom 116
Informationstechnische Anlage 133
Innerer Blitzschutz 132, 205
Interferometrische Messung 28, 73
Isolationskoordinaten 288

Isolierte Ableitung 158, 266
– Fangeinrichtung 154, 266

J

Jahreszeit 166

K

Kathode 189
Kathodenfall 85
Kathodischer Korrosionsschutz 210, 307
Keraunischer Pegel 68
Kind 223
Kirchhoff, A. J. 31
–, G. R. 43
Klydonograph 20
Koaxialkabel 160
Kombinierte Wirkungen 95
Kompensations-Messbrücke 199
Konfigurationsfaktor 224
Konzentrationselement 191
Kopplungsstrecke 227
Kopplungswiderstand 242, 246
Koronagebiet 144
Koronahülle 143
Körperwiderstand 269
Korrosion 188
–, elektrochemische 189
– -element 189
– -geschwindigkeit 194
– -schutz, kathodischer 210, 307
– -strom 192
Kostelecky, W. 45
Kraftfahrzeug 276
Kraftwirkung 91f
Kunststoffbahn-Abdichtung 185
Kupfer 87, 90, 157
– -elektrode 191
– -sulfat 190
– -Sulfat-Elektrode 189
Kurzschluss-Stoßstrom 264

L

Ladung 82, 85
Ladungstrennung 52
Lähmung 272
Längswiderstandsbelag 173
Längsinduktivitätsbelag 173
Längsspannung 242
Langzeitstrom 61, 79, 130

Sachverzeichnis

– -Ladung 86
Laufzeit-Methode 28
Leerlauf-Stoßspannung 264
Leitblitz 58f, 141, 143
– -kanal 144
– -kopf 142
Leiterquerschnitt 90
Leitungsgebundene Blitz-
 Stoßspannung 263
LEMP 30, 64, 120, 125
– -Messung 30
– -Schutz 227
Leydener Flasche 16
Lichtbogenenergie 87
Lichtenberg, G. Ch. 38
Lichtgeschwindigkeit 143
LLP 75
Lorentz-Kraft 91
Lösedrehmoment 260
Lösungsdruck 190
LPZ 136f

M

Mackerras 69
Magnetfeld-Peilmethode 28
Magnetic Direction Finding System
 (MDF) 72
Magnetische Induktion 261
Magnetisches Feld 101
Magnetstäbchen 19
Marxgenerator 33
Maschen 141, 150
Massedichte 87, 90
Materialfaktor 224
Mc Eachron, B. 23
MDF 72
Messerde 210
Mess-Stelle 260
Mindestquerschnitt 206
Modell, geometrisch-elektrisches
 145
Momentankraft 91
Monte San Salvatore 22
Multiple Entladung 60, 62

N

Nahbereich 101
Näherung 42, 140, 221
Näherungsstrecke 221
Natürliche Bestandteile 158

Natürlicher Erder 164
NEMP 134
Nervensystem 272
Newman 26, 64
Nicht rostender Stahl 87, 90
Norinder, H. 21
Norm 285
Nullmethode 167

O

Oberflächenerder 164, 167, 176,
 180
Objekthöhe 145
Öffnungen in Schirmen 240
ONERA 75
Orographisches Gewitter 52
Osmotischer Druck 190
Oszillograph 21

P

PE-Leiter 210
PEN-Leiter 210
Periodische Dämpfung 251
Permeabilitätszahl 237, 244
Personen 269
– -schutz 269
Phasenspektrum 192
Pierce, T. 27
Potentialanhebung 84
Potentialausgleich 42, 165, 288,
 294
– -schiene 211
Potentialsteuerung 165, 187
Prüfverfahren 207, 248, 260, 266

Q

Querkapazitätsbelag 173
Querleitwertsbelag 173
Querschnitt 157f

R

Ragaller 223
Raketengetriggerter Blitz 25, 64
Raketentriggerstation 26
Rakov 65
Raumladungsdichte 54
Rechteckschleife 104
Reibung 52
Reibungselektrizität 15
Reimarus, J. A. H. 38ff

Ringerder 170, 182
Risikoanalyse 228
Risikobetrachtung 298
Rohrschelle 207
Roman, S. W. 33

S

SAFIR 75
Satellit 28
Schadensrisiko 227
Scheitelwert 82, 84, 93, 144
Schiff 280
Schilderhaus-Experiment 18
Schirm 235
– -dämpfungsmaß 236, 238, 240
– -faktor 236, 238, 240
– -gitter 238
– -rohr 241
Schmelztemperatur 87
Schmelzwärme 87
Schonland, B. J. 22
Schornstein 308
Schrittspannung 165, 187
Schrittstrom 271
Schutzbereich 141
Schutzgerät 293
Schutzhütte 276
Schutzleiter 210
Schutzraum 32, 147
– im Kleinen 154
– -kegel 148
– -modell 141
– -theorie 145
Schutzwinkel 148f
Schutzzonen-Konzept 134
Schwarze Wanne 185
Schwenkhagen, H. F. 45
Segelyacht 280ff
Seiteneinschlag 145
Sicherheitsabstand 275
Siemens, W. v. 43
Sinushalbwellen-Stoßstrom 256
Sondenabstand 167
Spannung, induzierte 112
Spannungssteilheit 159
– -trichter 199f
SPD 138, 205, 212, 214, 228, 232, 263
SPD Typ 1 215

SPD Typ 2 216
– Typ 3 216
Spezifische Energie 83, 88
– Wärmekapazität 90
Spezifischer Bodenwiderstand 271
– Erdwiderstand 164ff
– Widerstand 90
Sportboot 280
Sportfeld 275
Stadium 275
Stahl 157
–, nicht rostender 87, 90, 158
Standardleistungsbuch 295
Stange 141
Starkstromanlage 210
Steilheit 93
Steinbigler 221
Steuererder 164
Stirnzeit 93
Störgenerator 263
Störquelle 227
Störsenke 227
Stoß-Durchschlagsspannung 223
Stoßerdungswiderstand 165, 172, 175
Stoßspannungs-Generator 32
Stoßstrom 60, 79, 130
– -Generator 34, 249
– -Ladung 86
– -Prüfanlage
Strom, induzierter 116
– -dichte, anodische 194
– -kennwert 79
– -steilheit 83, 93
– -verdrängung 244

T

TCS-Modell 124
Teilentladung 159
Temperaturerhöhung 90f, 157
Temperaturkoeffizient 90
Tiefenerder 164, 167, 178
– -kupplung 260
Time of Arrival System (TOA) 72
Toepler, M. 19, 43, 159
Trennfunkenstrecke 168, 205, 260
Trennungsabstand 140, 154, 221
–, äquivalenter 267

U

Überbrückungsbauteil 260
Übergangswiderstand 260
Überschlagsgefahr 168
Überspannungs-Ableiter 138, 214, 217
– -schutz 288, 294
– -Schutzgerät (SPD) 138, 205, 212, 214, 228, 232, 263
Uman 65

V

VdS 307
Verbinder 207, 260
Verbindungsbauteil 207, 260
Verdingungsordnung 295
Vergleichfunkenstrecke 267
Verkettungskapazität 159
Verlegungstiefe 170
Verschiebungsstrom 159
VG-Norm 287
Vogelsanger 22

W

Wanderwellenleitung 174
Wärmegewitter 52f
Wärmekapazität 87
Weiße Wanne 185
Wellengeschwindigkeit 174
Wellenwiderstand 174
Wenner 167
Werkstoffkombination 197
Wettermaschine 36
Widerstand, spezifischer 90
Winkler, H. 36
Wirkungen, kombinierte 95
Wirkungsparameter 82
Wolke-Erde-Blitz 56, 58
Wolke-Wolke-Blitz 56

Z

Zelt 278
Zuggeschwindigkeit 274
Zweiradfahrer 278